ABB 工业机器人实战教程

蔡杏山 编著

电子工业出版社·
Publishing House of Electronics Industry
北京·BEIJING

内 容 简 介

本书专注于ABB工业机器人领域,是一本全面且实用的技术指导书籍,涵盖了ABB工业机器人从基础认知到复杂编程的全方位知识体系,为读者搭建起系统学习的桥梁。

本书7章,包括认识ABB工业机器人、ABB工业机器人的基本操作、ABB标准I/O板的接线与配置、程序数据的类型与建立、RAPID程序与编程实例、常用指令与函数、ABB工业机器人编程实例。

本书专为基础薄弱的读者打造,以零基础为起点,既适合作为ABB工业机器人的自学用书,也适合作为职业院校的ABB工业机器人课程教材。

未经许可,不得以任何方式复制或抄袭本书之部分或全部内容。
版权所有,侵权必究。

图书在版编目(CIP)数据

ABB工业机器人实战教程 / 蔡杏山编著. -- 北京:电子工业出版社, 2025. 7. -- ISBN 978-7-121-50241-5

Ⅰ. TP242.2

中国国家版本馆CIP数据核字第20252K67N3号

责任编辑:张　楠　　特约编辑:田学清
印　　刷:三河市兴达印务有限公司
装　　订:三河市兴达印务有限公司
出版发行:电子工业出版社
　　　　　北京市海淀区万寿路173信箱　邮编：100036
开　　本:787×1092　1/16　印张:15　字数:384千字
版　　次:2025年7月第1版
印　　次:2025年7月第1次印刷
定　　价:56.00元

凡所购买电子工业出版社图书有缺损问题,请向购买书店调换。若书店售缺,请与本社发行部联系,联系及邮购电话：(010)88254888,88258888。

质量投诉请发邮件至 zlts@phei.com.cn,盗版侵权举报请发邮件至 dbqq@phei.com.cn。

本书咨询联系方式：(010)88254579。

前　言

回溯至 20 世纪 50 年代末，工业机器人开启了投入实际应用的征程。约瑟夫·恩格尔伯格受伺服系统启发，携手乔治·德沃尔共同研制出首台工业机器人——尤尼梅特（Unimate），1961 年，这一创举率先亮相于通用汽车的生产车间。时光推进至 2020 年，中国机器人产业实现重大跨越，营业收入首次冲破 1000 亿元大关。"十三五"期间，工业机器人产量从 7.2 万套迅猛跃升至 21.2 万套，年均增长率达 31%。在技术与产品维度，精密减速器、高性能伺服系统、智能控制器、智能一体化关节等关键技术与部件加速实现突破，创新成果层出不穷，工业机器人整机性能显著提升，功能愈发多元，产品质量持续优化。当下，工业机器人已在汽车、电子、冶金、轻工、石化、医药等 52 个行业大类、143 个行业中类广泛落地应用。本书共 7 章，具备如下特色。

- 以零基础为起点：专为初中文化程度的读者量身打造，零基础也能轻松开启阅读之旅。
- 语言通俗：书中规避大量专业术语，针对晦涩内容巧用形象比喻阐释，杜绝复杂理论剖析与繁琐公式推导。
- 解说详细：充分考虑到自学场景下缺乏教师指导的难题，编写时对知识技能进行详细解读，助力读者轻松领会所学内容。
- 图文并茂：大量运用直观图表呈现内容，契合读者偏好，缓解阅读疲劳。
- 内容安排符合认知规律：依据知识的逻辑关联与难易程度，精心规划各章节的先后顺序。读者只要依序逐章阅读，无须额外助力，就能轻松理解并掌握每章的知识要点。

本书在编写过程中得到了许多教师的支持，在此一并表示感谢。由于我们水平有限，书中的不足和疏漏在所难免，望广大读者和同仁予以批评指正。

编　者

2024 年 12 月

目 录

第 1 章 认识 ABB 工业机器人 ································· 1
1.1 ABB 工业机器人的组成及说明 ··························· 1
1.1.1 ABB 工业机器人的组成 ···························· 1
1.1.2 示教器的组成及说明 ······························ 2
1.1.3 示教器软件界面说明及语言设置 ···················· 3
1.2 RobotStudio 编程仿真软件安装与使用入门 ················ 5
1.2.1 主要功能 ······································· 5
1.2.2 软件的安装 ····································· 6
1.2.3 启动软件和创建机器人工作站 ······················ 7
1.2.4 绘制工作台和工件 ································ 13
1.3 ABB 工业机器人常用型号与安全操作 ····················· 16
1.3.1 ABB 工业机器人常用型号 ························· 16
1.3.2 ABB 工业机器人操作规程 ························· 21

第 2 章 ABB 工业机器人的基本操作 ··························· 23
2.1 ABB 工业机器人的手动操作 ····························· 23
2.1.1 单轴运动 ······································· 23
2.1.2 线性运动 ······································· 28
2.1.3 重定位运动 ····································· 32
2.2 ABB 工业机器人转数计数器的更新 ······················· 34
2.2.1 需要更新转数计数器的情况 ························ 35
2.2.2 转数计数器的更新操作 ···························· 35

第 3 章 ABB 标准 I/O 板的接线与配置 ························· 43
3.1 ABB 标准 I/O 板的接线与安装 ·························· 43
3.1.1 DSQC 651 的实物外形与端子 ······················ 44
3.1.2 DSQC 651 的各端子说明 ·························· 44
3.1.3 DSQC 651 的安装 ································ 46
3.2 ABB 标准 I/O 板的参数配置 ···························· 47
3.2.1 I/O 板的地址配置 ································ 47

3.2.2　I/O板输入、输出端子的参数配置 ⋯⋯⋯⋯⋯⋯⋯⋯⋯⋯⋯⋯ 50
　3.3　I/O板信号的监视仿真与示教器可编程按键的配置使用 ⋯⋯⋯⋯⋯⋯⋯⋯ 69
　　　3.3.1　I/O板信号的监视仿真 ⋯⋯⋯⋯⋯⋯⋯⋯⋯⋯⋯⋯⋯⋯⋯⋯⋯⋯ 69
　　　3.3.2　示教器可编程按键的配置使用 ⋯⋯⋯⋯⋯⋯⋯⋯⋯⋯⋯⋯⋯⋯ 73

第4章　程序数据的类型与建立 ⋯⋯⋯⋯⋯⋯⋯⋯⋯⋯⋯⋯⋯⋯⋯⋯⋯⋯⋯⋯⋯ 76

　4.1　程序数据的类型 ⋯⋯⋯⋯⋯⋯⋯⋯⋯⋯⋯⋯⋯⋯⋯⋯⋯⋯⋯⋯⋯⋯⋯⋯ 76
　　　4.1.1　常用程序数据的类型及说明 ⋯⋯⋯⋯⋯⋯⋯⋯⋯⋯⋯⋯⋯⋯⋯⋯ 76
　　　4.1.2　程序数据的存储类型 ⋯⋯⋯⋯⋯⋯⋯⋯⋯⋯⋯⋯⋯⋯⋯⋯⋯⋯⋯ 77
　4.2　程序数据的建立 ⋯⋯⋯⋯⋯⋯⋯⋯⋯⋯⋯⋯⋯⋯⋯⋯⋯⋯⋯⋯⋯⋯⋯⋯ 78
　　　4.2.1　bool类型数据的建立 ⋯⋯⋯⋯⋯⋯⋯⋯⋯⋯⋯⋯⋯⋯⋯⋯⋯⋯⋯ 78
　　　4.2.2　num类型数据的建立 ⋯⋯⋯⋯⋯⋯⋯⋯⋯⋯⋯⋯⋯⋯⋯⋯⋯⋯⋯ 80
　4.3　工具、工件和载荷数据的建立 ⋯⋯⋯⋯⋯⋯⋯⋯⋯⋯⋯⋯⋯⋯⋯⋯⋯⋯ 83
　　　4.3.1　工具数据的建立 ⋯⋯⋯⋯⋯⋯⋯⋯⋯⋯⋯⋯⋯⋯⋯⋯⋯⋯⋯⋯⋯ 83
　　　4.3.2　工件坐标数据的建立 ⋯⋯⋯⋯⋯⋯⋯⋯⋯⋯⋯⋯⋯⋯⋯⋯⋯⋯⋯ 93
　　　4.3.3　有效载荷数据的建立 ⋯⋯⋯⋯⋯⋯⋯⋯⋯⋯⋯⋯⋯⋯⋯⋯⋯⋯⋯ 98

第5章　RAPID程序与编程实例 ⋯⋯⋯⋯⋯⋯⋯⋯⋯⋯⋯⋯⋯⋯⋯⋯⋯⋯⋯⋯⋯ 101

　5.1　RAPID程序的结构与程序编辑器 ⋯⋯⋯⋯⋯⋯⋯⋯⋯⋯⋯⋯⋯⋯⋯⋯⋯ 101
　　　5.1.1　RAPID程序的结构 ⋯⋯⋯⋯⋯⋯⋯⋯⋯⋯⋯⋯⋯⋯⋯⋯⋯⋯⋯⋯ 101
　　　5.1.2　程序编辑器 ⋯⋯⋯⋯⋯⋯⋯⋯⋯⋯⋯⋯⋯⋯⋯⋯⋯⋯⋯⋯⋯⋯⋯ 101
　5.2　外部信号控制机器人的RAPID程序编程实例 ⋯⋯⋯⋯⋯⋯⋯⋯⋯⋯⋯⋯ 104
　　　5.2.1　程序的控制要求 ⋯⋯⋯⋯⋯⋯⋯⋯⋯⋯⋯⋯⋯⋯⋯⋯⋯⋯⋯⋯⋯ 104
　　　5.2.2　建立程序模块和例行程序 ⋯⋯⋯⋯⋯⋯⋯⋯⋯⋯⋯⋯⋯⋯⋯⋯⋯ 104
　　　5.2.3　编写程序 ⋯⋯⋯⋯⋯⋯⋯⋯⋯⋯⋯⋯⋯⋯⋯⋯⋯⋯⋯⋯⋯⋯⋯⋯ 107
　　　5.2.4　调试程序 ⋯⋯⋯⋯⋯⋯⋯⋯⋯⋯⋯⋯⋯⋯⋯⋯⋯⋯⋯⋯⋯⋯⋯⋯ 123
　　　5.2.5　设置程序自动运行 ⋯⋯⋯⋯⋯⋯⋯⋯⋯⋯⋯⋯⋯⋯⋯⋯⋯⋯⋯⋯ 127
　　　5.2.6　程序的保存 ⋯⋯⋯⋯⋯⋯⋯⋯⋯⋯⋯⋯⋯⋯⋯⋯⋯⋯⋯⋯⋯⋯⋯ 129
　5.3　中断与中断程序编程举例 ⋯⋯⋯⋯⋯⋯⋯⋯⋯⋯⋯⋯⋯⋯⋯⋯⋯⋯⋯⋯ 130
　　　5.3.1　中断与中断程序 ⋯⋯⋯⋯⋯⋯⋯⋯⋯⋯⋯⋯⋯⋯⋯⋯⋯⋯⋯⋯⋯ 130
　　　5.3.2　中断程序编程举例 ⋯⋯⋯⋯⋯⋯⋯⋯⋯⋯⋯⋯⋯⋯⋯⋯⋯⋯⋯⋯ 130

第6章　常用指令与函数 ⋯⋯⋯⋯⋯⋯⋯⋯⋯⋯⋯⋯⋯⋯⋯⋯⋯⋯⋯⋯⋯⋯⋯⋯⋯ 137

　6.1　赋值指令 ⋯⋯⋯⋯⋯⋯⋯⋯⋯⋯⋯⋯⋯⋯⋯⋯⋯⋯⋯⋯⋯⋯⋯⋯⋯⋯⋯ 137
　　　6.1.1　常量赋值操作 ⋯⋯⋯⋯⋯⋯⋯⋯⋯⋯⋯⋯⋯⋯⋯⋯⋯⋯⋯⋯⋯⋯ 137
　　　6.1.2　表达式赋值操作 ⋯⋯⋯⋯⋯⋯⋯⋯⋯⋯⋯⋯⋯⋯⋯⋯⋯⋯⋯⋯⋯ 139

6.2 运算符与运算指令 142
6.2.1 基本运算符 142
6.2.2 数学运算指令 142
6.3 运动指令 143
6.3.1 关节运动指令 143
6.3.2 线性运动指令 147
6.3.3 圆弧运动指令 148
6.3.4 绝对位置运动指令 148
6.4 I/O 控制指令 149
6.4.1 数字信号置位指令 149
6.4.2 数字信号复位指令 150
6.4.3 数字输入信号等待指令 150
6.4.4 数字输出信号等待指令 150
6.4.5 条件等待指令 151
6.4.6 等待时间指令 152
6.5 流程控制类指令 153
6.5.1 Compact IF 与 IF 指令 153
6.5.2 FOR 指令 156
6.5.3 WHILE 指令 159
6.5.4 TEST 指令 160
6.5.5 GOTO、LABEL 指令 161
6.5.6 ProcCall 和 RETURN 指令 164
6.5.7 查找指令 166
6.6 函数的使用 166
6.6.1 常用的运算函数 167
6.6.2 Abs 函数的功能与输入操作 167
6.6.3 Offs 函数的功能与输入操作 169
6.6.4 CRobT 函数的功能与输入操作 173
6.6.5 创建自定义函数 175

第7章 ABB 工业机器人编程实例 182
7.1 ABB 工业机器人切割图形（轨迹运动） 182
7.1.1 控制要求与注意事项 182
7.1.2 配置 I/O 信号 183
7.1.3 创建工具和工件坐标数据 184
7.1.4 编写程序 184
7.1.5 程序调试和设置自动运行 196

7.2 ABB 工业机器人搬运码垛 ··· 198
    7.2.1 控制要求 ·· 198
    7.2.2 配置 I/O 信号 ·· 199
    7.2.3 创建工具、工件、载荷数据 ·· 200
    7.2.4 编写程序 ·· 201
    7.2.5 程序调试和设置自动运行 ·· 224

附录 A　ABB 工业机器人常用 RAPID 指令 ··· 225

认识 ABB 工业机器人

工业机器人是一种主要用于工业领域的多关节机械手或具有多自由度的机器装置，可依靠自身的动力和控制能力实现各种工业加工制造功能。工业机器人广泛应用于电子、物流、化工等各个工业领域。世界知名的工业机器人品牌有瑞士的 ABB、德国的库卡（KUKA）、日本的发那科（FANUC）和安川电机（YASKAWA）。

工业机器人是集机械、电子、控制、传感器、人工智能等多学科先进技术于一体的自动化装备，主要具有以下特点。

（1）可编程。工业机器人可根据不同的需要编写相应的任务程序，以适合用在不同的工作场景中。

（2）拟人化。工业机器人在机械结构上有类似人类的行走、腰转、大臂、小臂、手腕、手爪等部分，一些智能工业机器人还有许多类似人类的生物传感器（如皮肤型接触传感器、力传感器、负载传感器、视觉传感器、声觉传感器等）。

（3）通用性。除专用工业机器人外，大多数工业机器人可通过更换手部末端操作器（手爪、工具等）来执行不同的作业任务。

1.1　ABB 工业机器人的组成及说明

ABB 公司于 1974 年研发出全球第一台全电控式工业机器人 IRB 6，目前 ABB 工业机器人主要应用于弧焊、码垛、搬运、喷涂、上下料、切割/去毛刺、包装、清洁/喷雾、挤胶、测量等方面。

 ### 1.1.1　ABB 工业机器人的组成

ABB 工业机器人（以下简称机器人）主要由机器人本体（如 IRB 1200）、控制柜（如 IRC 5）和示教器组成，如图 1-1 所示，三者之间的连接如图 1-2 所示。在工作时，220V 或 380V 的电源从控制柜 XS0 端输入供电，控制柜从 XS1 端输出电流，通过动力电缆送入机器人本体，驱动内部各轴（如 6 个轴）的电机运转，从而让机器人产生各种动作。机器人本体内部的传感器将各轴位置及状态信号通过 SMB 电缆传送给控制柜，让控制柜内的控制电路能随时掌握机器人的位置和状态。示教器通过示教器电缆连接控制柜，可以配置和控制机器人。控制柜除会控制机器人产生动作外，还会将机器人的有关信息传送给示教器显示出来。

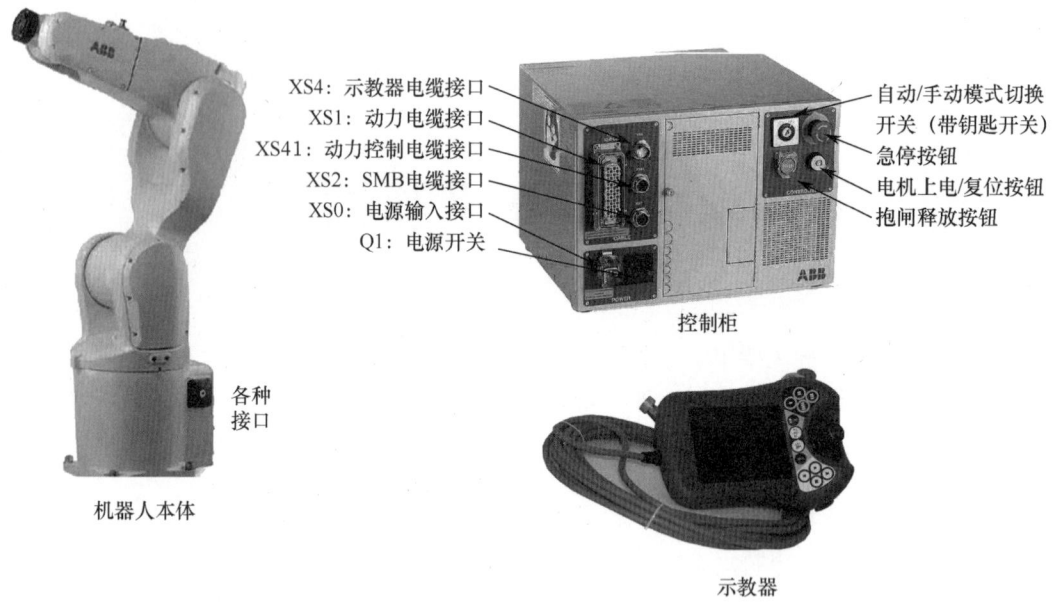

图 1-1 ABB 工业机器人的组成

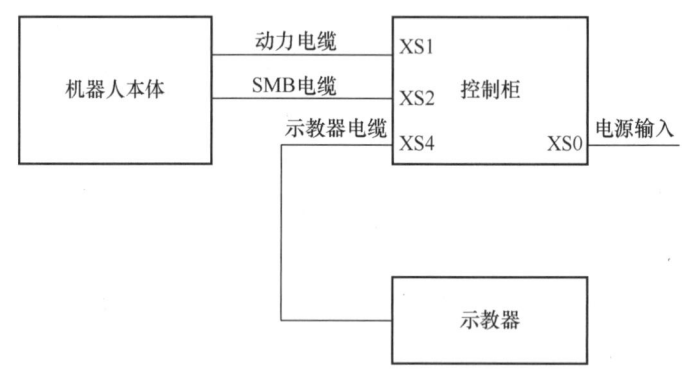

图 1-2 机器人本体、控制柜和示教器之间的连接

 1.1.2 示教器的组成及说明

示教器（FlexPendant）又称示教编程器，是一种对机器人进行手动操纵、程序编写、参数配置及监控的手持装置。

以 ABB 工业机器人为例，示教器的外形及组成如图 1-3 所示。在示教器侧面有一个很大的使能按钮，该按钮有 I、II、III 挡，对应按钮的全松、半按和全按的 3 种状态，在 I、III 挡时，机器人电机均处于停止状态，只有在 II 挡时机器人电机才处于激活启动状态。如果需要机器人马上停止动作，则可按下紧急停止按钮，再次按该按钮可退出紧急停止状态。示教器上有 12 个按钮，其功能如图 1-4 所示。在使用示教器时，一只手伸到示教器背面，其中 4 个手指穿过腕带按住使能按钮，另一只手在正面操作示教器，如图 1-5 所示。

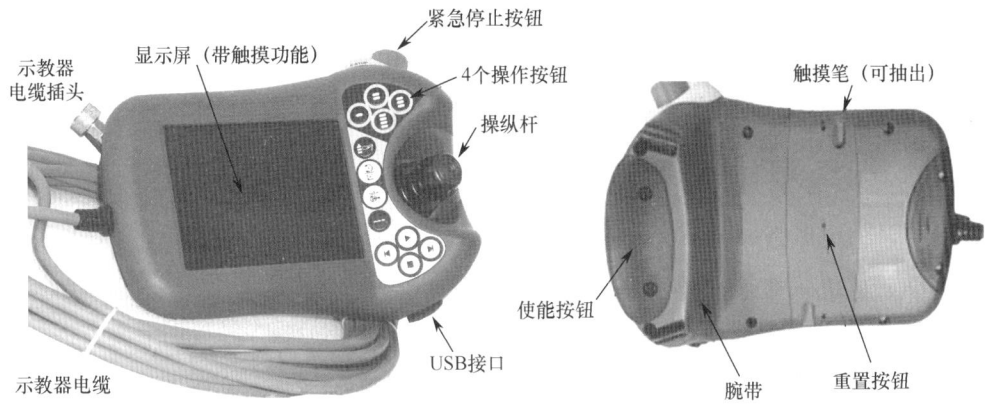

图 1-3 示教器的外形及组成

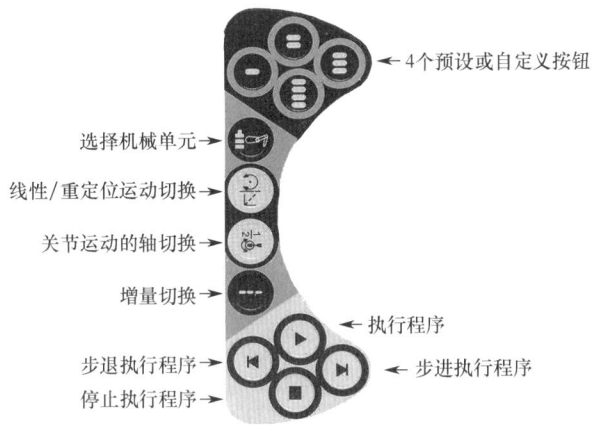

图 1-4 示教器按钮的功能

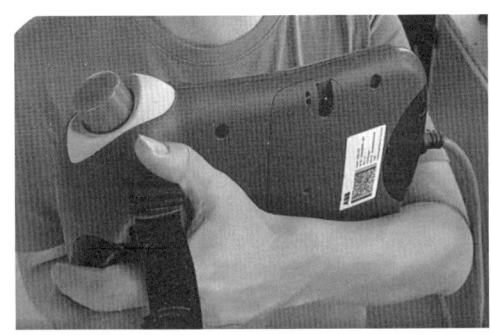

图 1-5 示教器的握持与操作

1.1.3 示教器软件界面说明及语言设置

1. 软件界面说明

ABB 工业机器人的示教器就像一台可以触摸操作的平板电脑，其软件界面组成及说明见表 1-1，在操作时可使用自带的触摸笔，也可以直接用手指触摸单击。

表1-1　ABB工业机器人的示教器软件界面组成及说明

软件界面	说　明
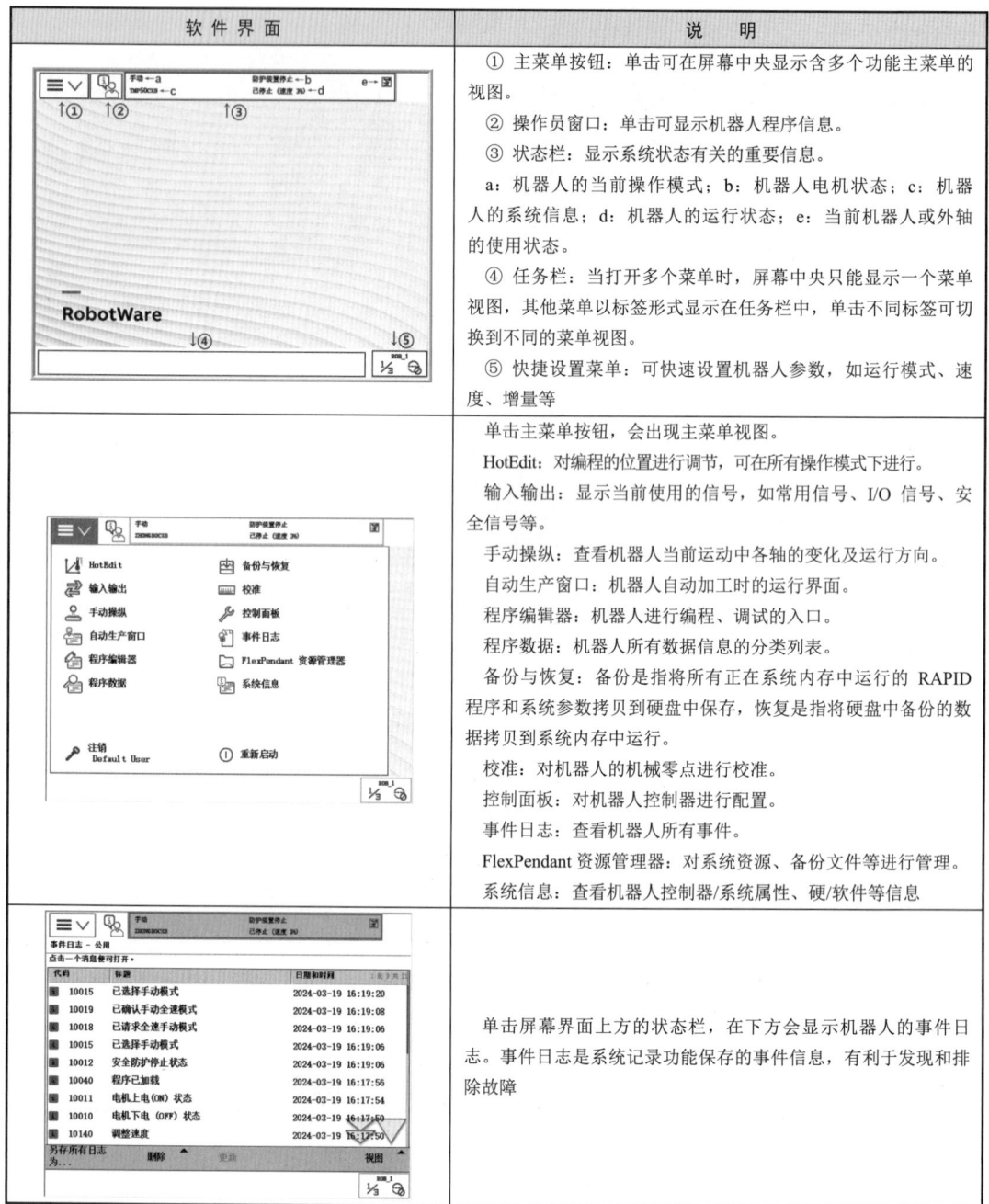	① 主菜单按钮：单击可在屏幕中央显示含多个功能主菜单的视图。 ② 操作员窗口：单击可显示机器人程序信息。 ③ 状态栏：显示系统状态有关的重要信息。 　a：机器人的当前操作模式；b：机器人电机状态；c：机器人的系统信息；d：机器人的运行状态；e：当前机器人或外轴的使用状态。 ④ 任务栏：当打开多个菜单时，屏幕中央只能显示一个菜单视图，其他菜单以标签形式显示在任务栏中，单击不同标签可切换到不同的菜单视图。 ⑤ 快捷设置菜单：可快速设置机器人参数，如运行模式、速度、增量等
	单击主菜单按钮，会出现主菜单视图。 HotEdit：对编程的位置进行调节，可在所有操作模式下进行。 输入输出：显示当前使用的信号，如常用信号、I/O 信号、安全信号等。 手动操纵：查看机器人当前运动中各轴的变化及运行方向。 自动生产窗口：机器人自动加工时的运行界面。 程序编辑器：机器人进行编程、调试的入口。 程序数据：机器人所有数据信息的分类列表。 备份与恢复：备份是指将所有正在系统内存中运行的 RAPID 程序和系统参数拷贝到硬盘中保存，恢复是指将硬盘中备份的数据拷贝到系统内存中运行。 校准：对机器人的机械零点进行校准。 控制面板：对机器人控制器进行配置。 事件日志：查看机器人所有事件。 FlexPendant 资源管理器：对系统资源、备份文件等进行管理。 系统信息：查看机器人控制器/系统属性、硬/软件等信息
	单击屏幕界面上方的状态栏，在下方会显示机器人的事件日志。事件日志是系统记录功能保存的事件信息，有利于发现和排除故障

2. 界面语言切换

ABB 工业机器人示教器的软件界面默认为英文界面，如果要切换到中文界面，则可单击屏幕界面左上角的主菜单按钮打开主菜单视图，如图 1-6（a）所示，选择其中的"Control Panel"，出现图 1-6（b）所示的视图，选择"Language"，出现图 1-6（c）所示的视图，选择"Chinese"，单击"OK"，系统会重启，重启后软件界面就变成中文界面，如图 1-6（d）所示。

第 1 章 认识 ABB 工业机器人

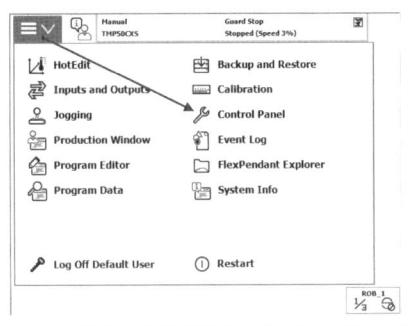

（a）打开主菜单视图并选择"Control Panel"

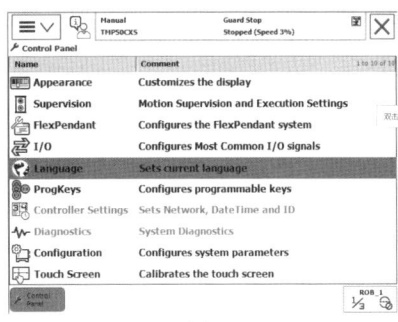

（b）选择"Language"

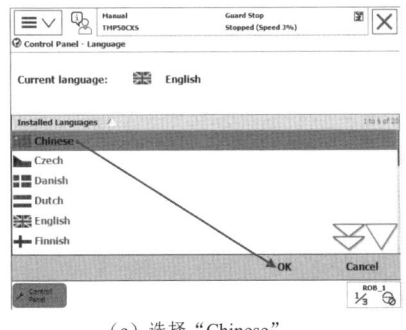

（c）选择"Chinese"

（d）重启后软件界面切换成中文界面

图 1-6 将示教器软件界面切换成中文界面

1.2 RobotStudio 编程仿真软件安装与使用入门

RobotStudio 是 ABB 公司开发的一款专业的工业机器人离线编程仿真软件，使用它可以轻松地在个人计算机上进行机器人编程培训、编程和优化之类的任务。

1.2.1 主要功能

RobotStudio 的主要功能如下。

（1）编程。

RobotStudio 既是仿真软件，又是编程软件，可以把编好的程序下载到真实的机器人中。

（2）在线作业。

使用 RobotStudio 可以与真实的机器人进行连接通信，对机器人进行监控、程序修改、参数设定、文件传送、程序备份与恢复等。

（3）创建工作站。

RobotStudio 可以创建工作站，并且模拟真实场景，测量节拍时间，这样工作人员就可以在办公室测试整个工作站的流水线生产。构建工作站时，RobotStudio 支持 CAD、UG、SolidWorks 等软件模型导入（支持 iges、vrml、catia、sat、vdafs 等格式）。

（4）自动分析伸展能力。

RobotStudio 可以测量机器人能够到达哪些位置，优化工作站单元布局。

（5）自动生成路径。

对于一些不规则的轨迹，通常人为示教比较麻烦，并且效率低，这时可以使用 RobotStudio 的自动生成路径功能，把生成好的路径下载到真实机器人中，从而大大提高效率。

（6）碰撞监测。

RobotStudio 可以测量机器人与周边设备是否会碰撞，确保机器人离线编程所得程序的可用性。

（7）二次开发。

RobotStudio 提供二次开发的功能，可以使工作人员方便地调试机器人，以及更加直观地观察机器人的生产状态。

1.2.2 软件的安装

打开 RobotStudio 安装包文件夹，双击其中的 setup.exe 文件，如图 1-7（a）所示，弹出图 1-7（b）所示对话框，选择"中文（简体）"，弹出软件安装向导对话框，如图 1-7（c）所示，单击"下一步"，弹出图 1-7（d）所示对话框，选中"我接受…"，单击"下一步"，弹出图 1-7（e）所示对话框，单击"更改"可以选择软件的安装路径，这里保持默认，单击"下一步"，弹出图 1-7（f）所示对话框，选中"完整安装"，单击"下一步"，弹出图 1-7（g）所示对话框，显示安装进度，单击"取消"可以取消安装软件，软件安装完成后，会弹出图 1-7（h）所示对话框，单击"完成"结束 RobotStudio 的安装。

（a）在 RobotStudio 安装包文件夹中双击 setup.exe 文件

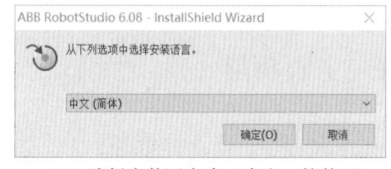
（b）选择安装语言为"中文（简体）"

（c）单击"下一步"

（d）选中"我接受…"后单击"下一步"

图 1-7　RobotStudio 的安装

第 1 章 认识 ABB 工业机器人

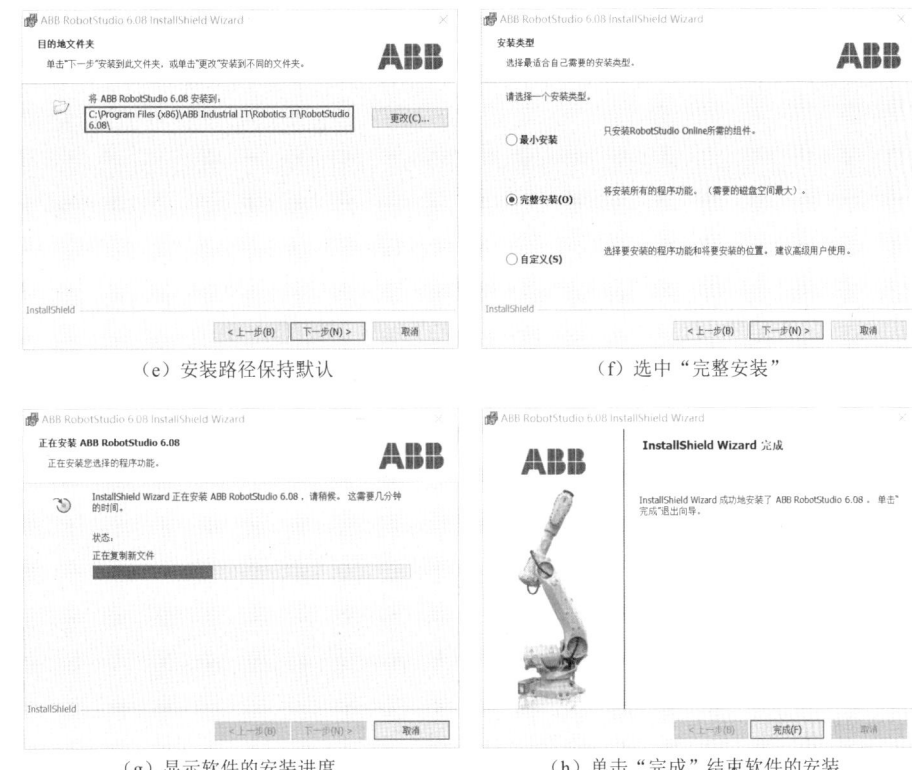

(e) 安装路径保持默认　　　　　　(f) 选中"完整安装"

(g) 显示软件的安装进度　　　　　(h) 单击"完成"结束软件的安装

图 1-7　RobotStudio 的安装（续）

1.2.3　启动软件和创建机器人工作站

1. RobotStudio 的启动

RobotStudio 安装完成后，在计算机桌面会出现图 1-8 所示的两个图标，如果计算机安装的是 32 位操作系统，则应双击名称带"（32-bit）"的图标来启动 RobotStudio，64 位操作系统的计算机双击另一个图标。另外，在开始菜单中也可以找到这两个图标来启动 RobotStudio。

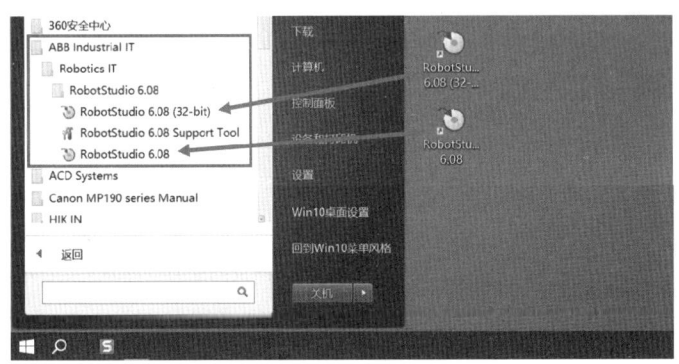

图 1-8　在计算机桌面或开始菜单中启动 RobotStudio

2. 创建机器人工作站

RobotStudio 启动后出现图 1-9（a）所示的界面，按照"文件"→"新建"→"空工作站"的顺序选中"空工作站"后，单击"创建"，打开 RobotStudio 窗口，如图 1-9（b）所示，在"文件"菜单中选择"ABB 模型库"中的"IRB 1200"，如图 1-9（c）所示，弹出图 1-9（d）所示的对话框，根据实际设置机器人的版本、容量和接口，这里保持默认，单击"确定"，在 RobotStudio 的工作区出现了一个机器人本体，同时在左侧的管理区出现该机器人的名称，如图 1-9（e）所示，后续的操作见图 1-9（f）～图 1-9（u）。

在创建机器人工作站时，在 RobotStudio 的工作区放置了机器人本体、机器人控制器、机器人工具和含工件的工作台，并调出了虚拟示教器，之后可以手动操作虚拟示教器的操纵杆来控制机器人的动作，也可以在虚拟示教器的程序编辑器中编写程序，通过程序来控制机器人的动作。

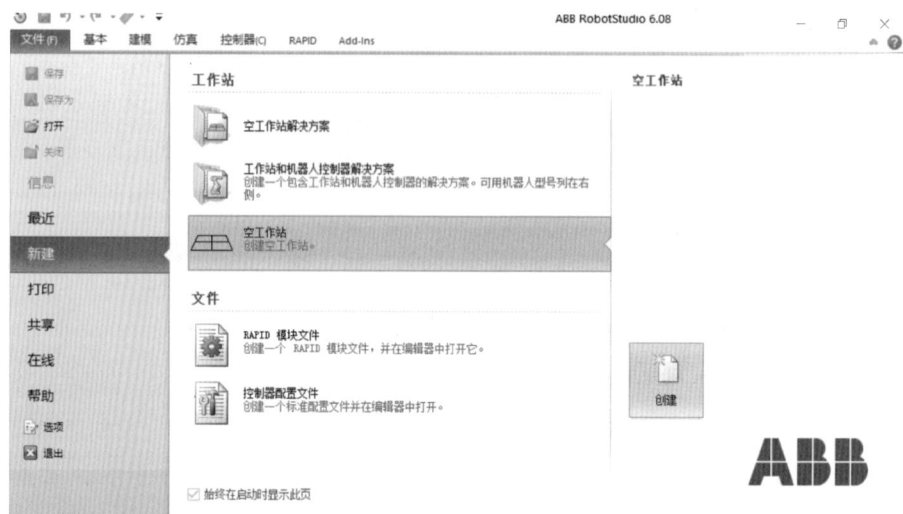

（a）选中"空工作站"后单击"创建"

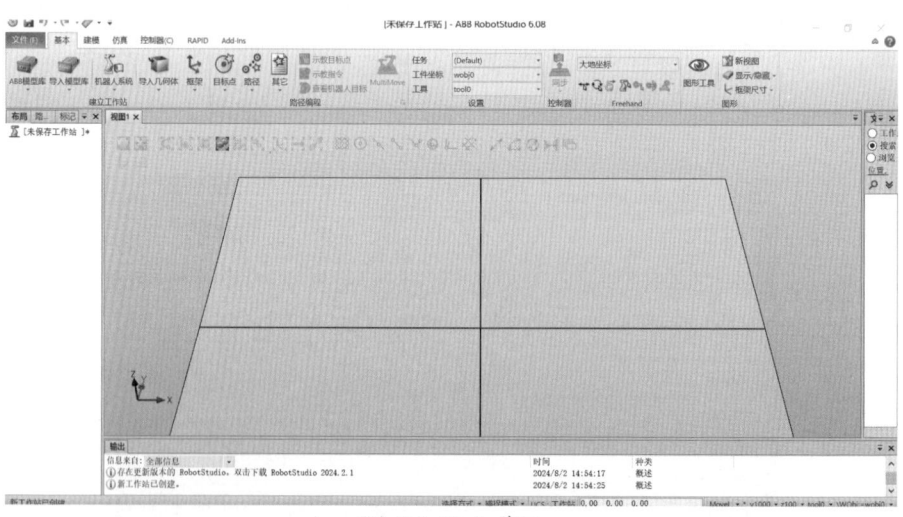

（b）RobotStudio 窗口

图 1-9 创建机器人工作站

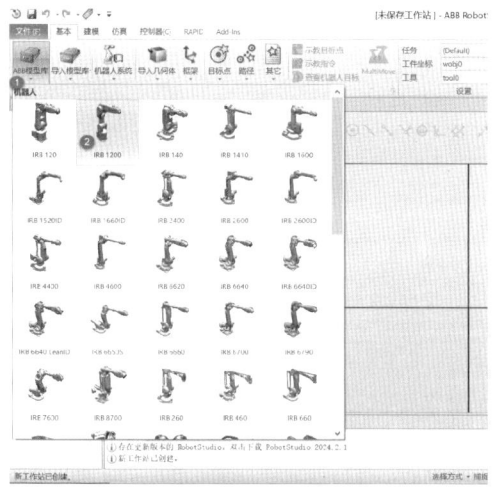
（c）选择"ABB模型库"中的"IRB 1200"

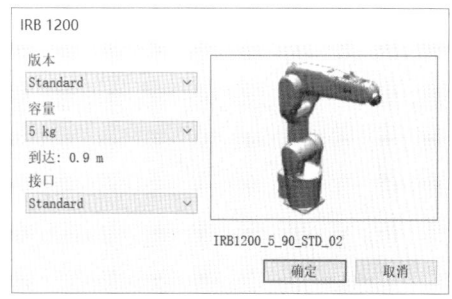
（d）设置机器人的版本、容量和接口

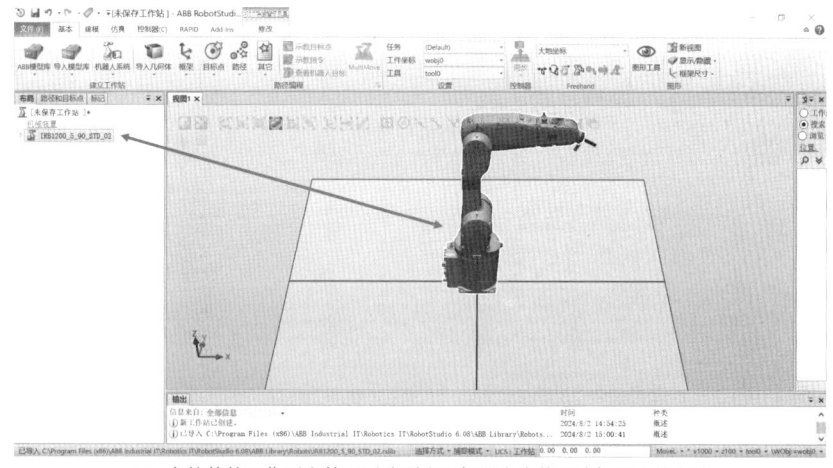
（e）在软件的工作区和管理区分别出现机器人本体和该机器人的名称

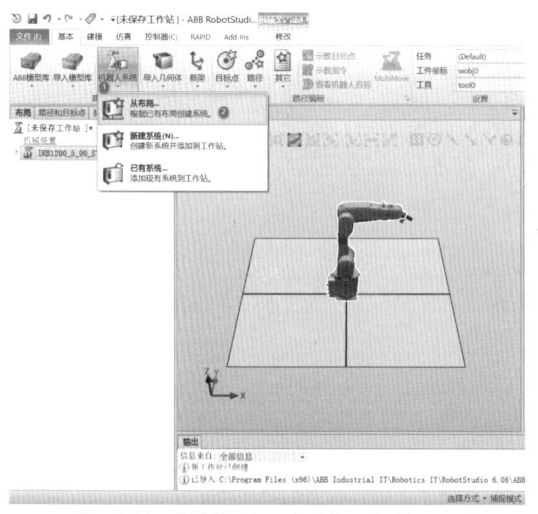
（f）从"文件"菜单的"机器人系统"中选择"从布局"

（g）设置机器人系统的文件名称和存放位置

图1-9　创建机器人工作站（续）

(h)选择系统的机械装置后单击"下一个"　　(i)单击"选项"打开"更改选项"视图

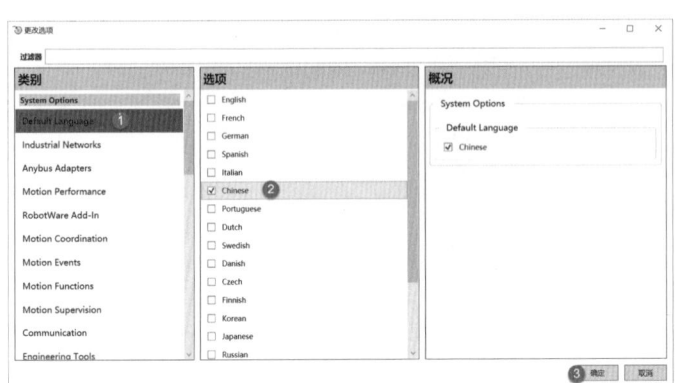

(j)在"更改选项"视图中选择语言为"Chinese"　　(k)单击"完成"

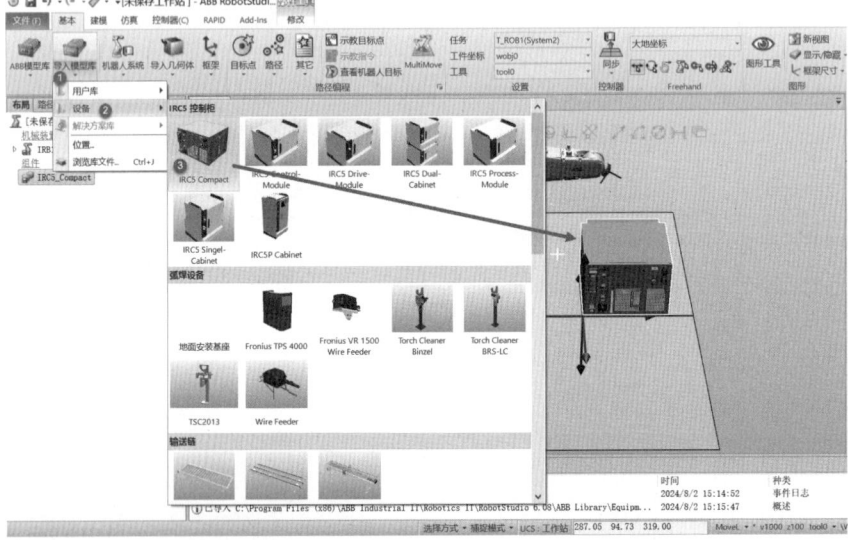

(l)按①②③顺序在工作区放置机器人控制器 IRC5 Compact

图 1-9　创建机器人工作站（续）

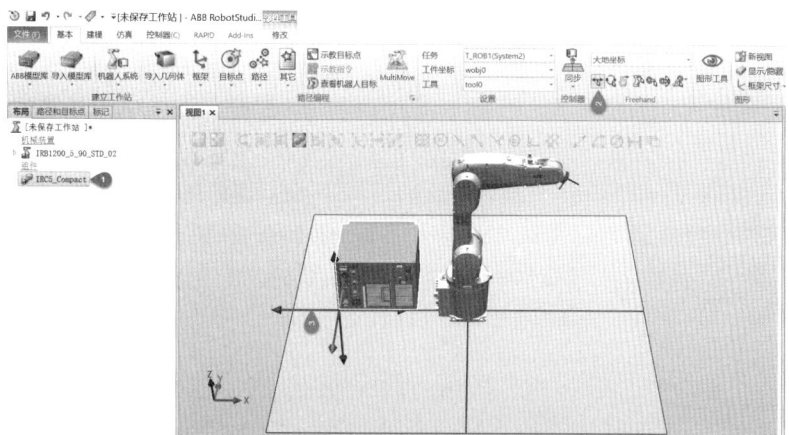

（m）在界面左侧选中机器人控制器并单击移动工具后按住机器人控制器的 X 轴水平拖动到合适位置

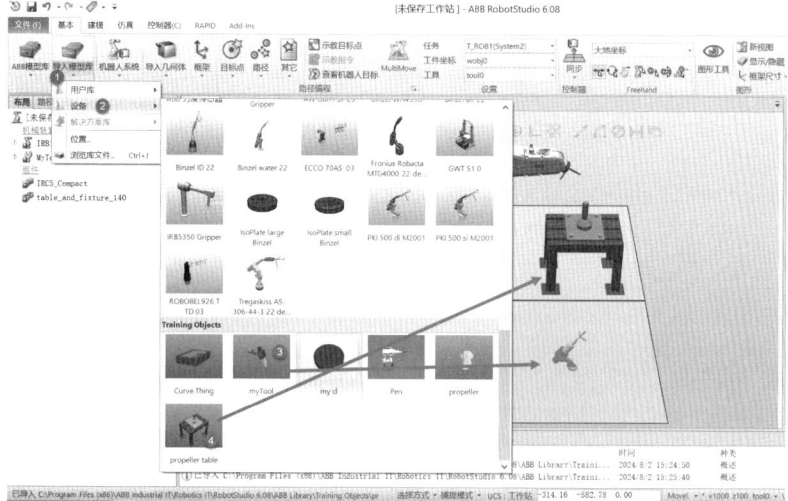

（n）按①②③④顺序在工作区放置机器人工具和含工件的工作台

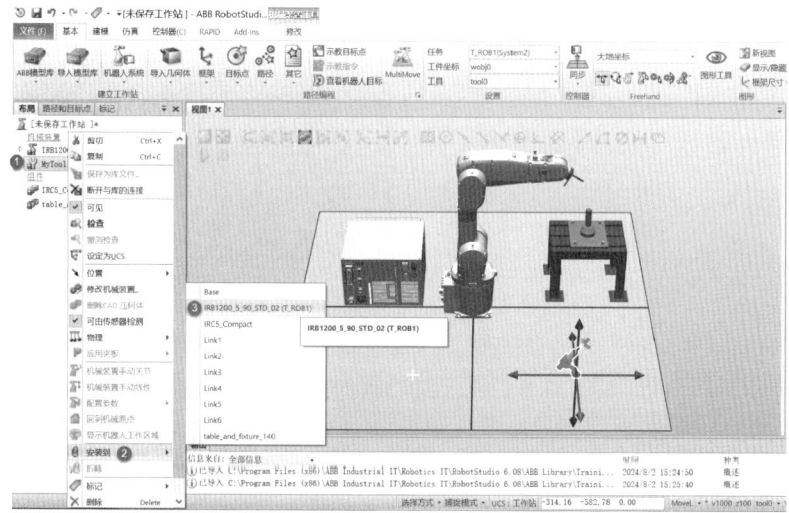

（o）按①②③顺序操作右键菜单将工具安装到机器人上

图 1-9　创建机器人工作站（续）

（p）单击"是"

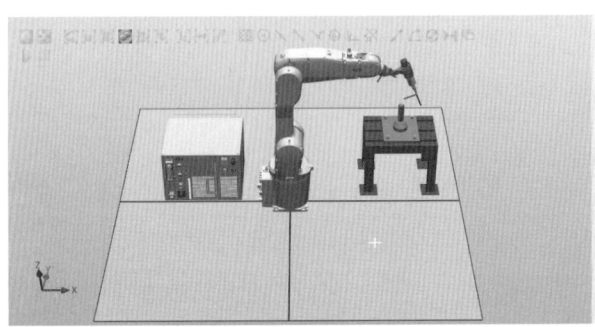
（q）机器人工具被安装到机器人上

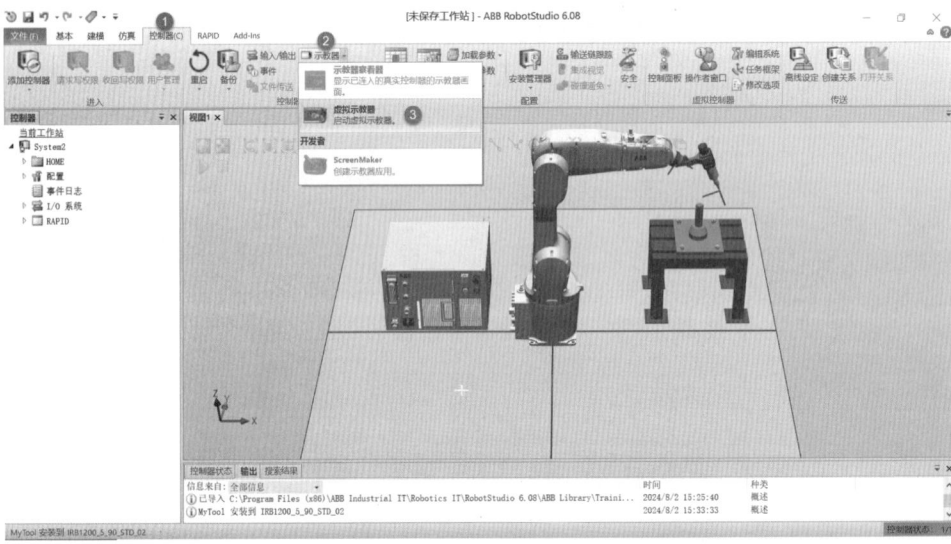
（r）单击"控制器"菜单下"示教器"中的"虚拟示教器"

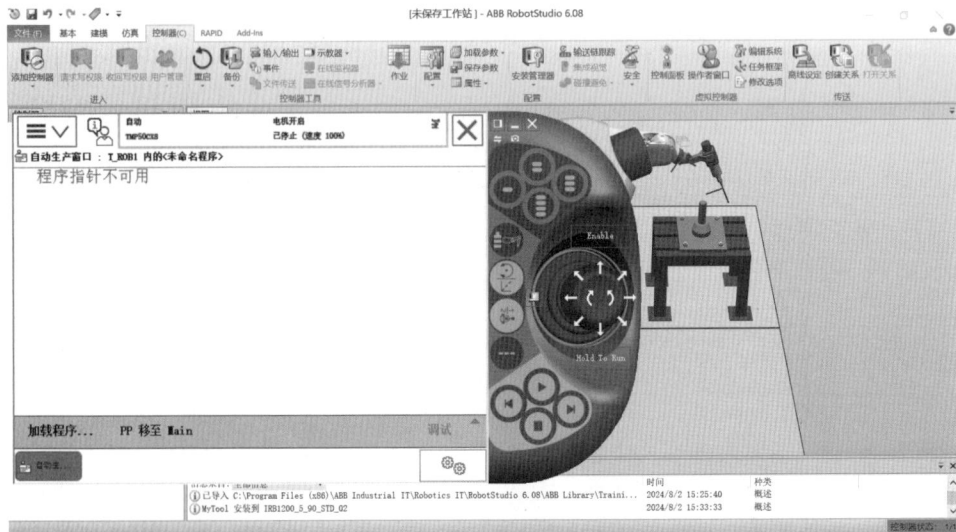
（s）界面上出现了一个虚拟示教器

图1-9　创建机器人工作站（续）

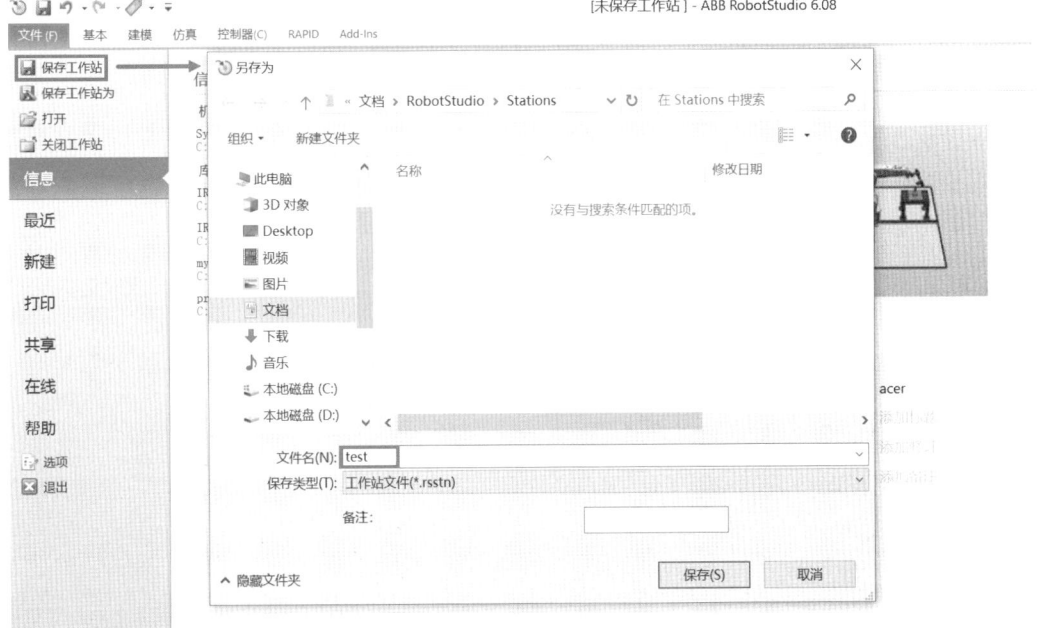

(t) 将当前工作站命名为 test 并保存下来

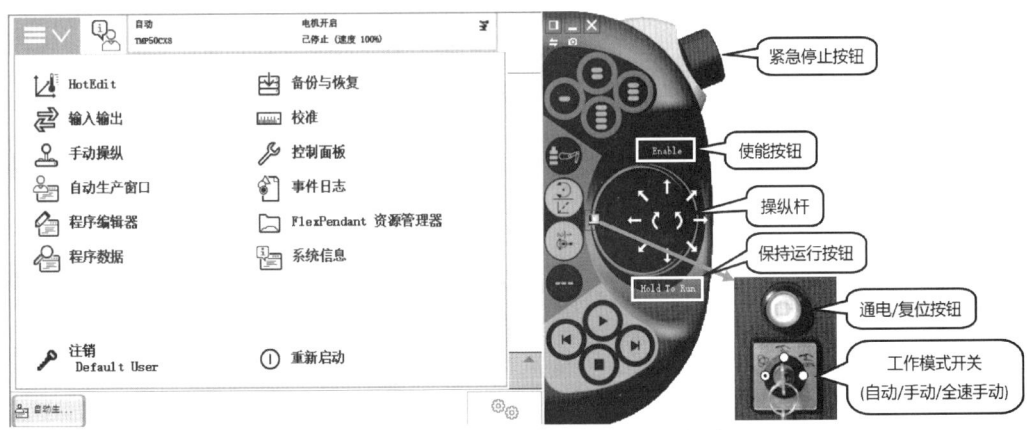

(u) 虚拟示教器的一些部件名称（功能与实际示教器相同）

图 1-9　创建机器人工作站（续）

1.2.4　绘制工作台和工件

　　工业机器人的工作对象是工件，工件通常放在工作台上，用 RobotStudio 仿真工业机器人加工工件时，除在创建工业机器人工作站时在工作区放置机器人主体、机器人控制器和虚拟示教器外，还应放置工作台和工件，如果在 RobotStudio 中找不到现成的工作台和工件，则可以使用 RobotStudio 自己绘制工作台和工件。下面用 RobotStudio 在工作区绘制一个方块工作台和一个由圆柱体、圆锥体组成的工件，操作过程见表 1-2。

表 1-2　绘制工作台和工件的操作过程

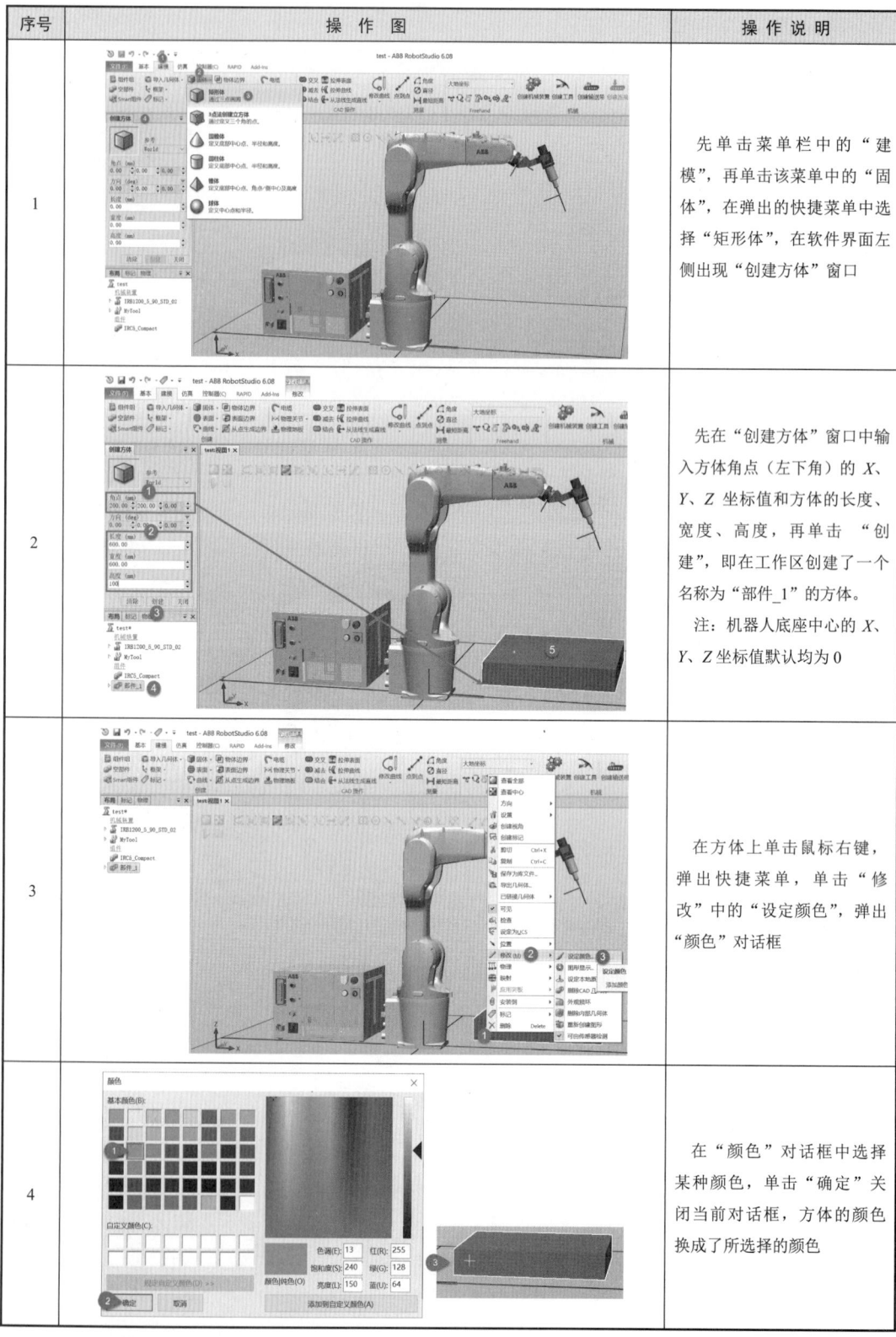

序号	操作图	操作说明
1		先单击菜单栏中的"建模",再单击该菜单中的"固体",在弹出的快捷菜单中选择"矩形体",在软件界面左侧出现"创建方体"窗口
2		先在"创建方体"窗口中输入方体角点(左下角)的 X、Y、Z 坐标值和方体的长度、宽度、高度,再单击"创建",即在工作区创建了一个名称为"部件_1"的方体。 注:机器人底座中心的 X、Y、Z 坐标值默认均为 0
3		在方体上单击鼠标右键,弹出快捷菜单,单击"修改"中的"设定颜色",弹出"颜色"对话框
4		在"颜色"对话框中选择某种颜色,单击"确定"关闭当前对话框,方体的颜色换成了所选择的颜色

(续表)

序号	操 作 图	操 作 说 明
5	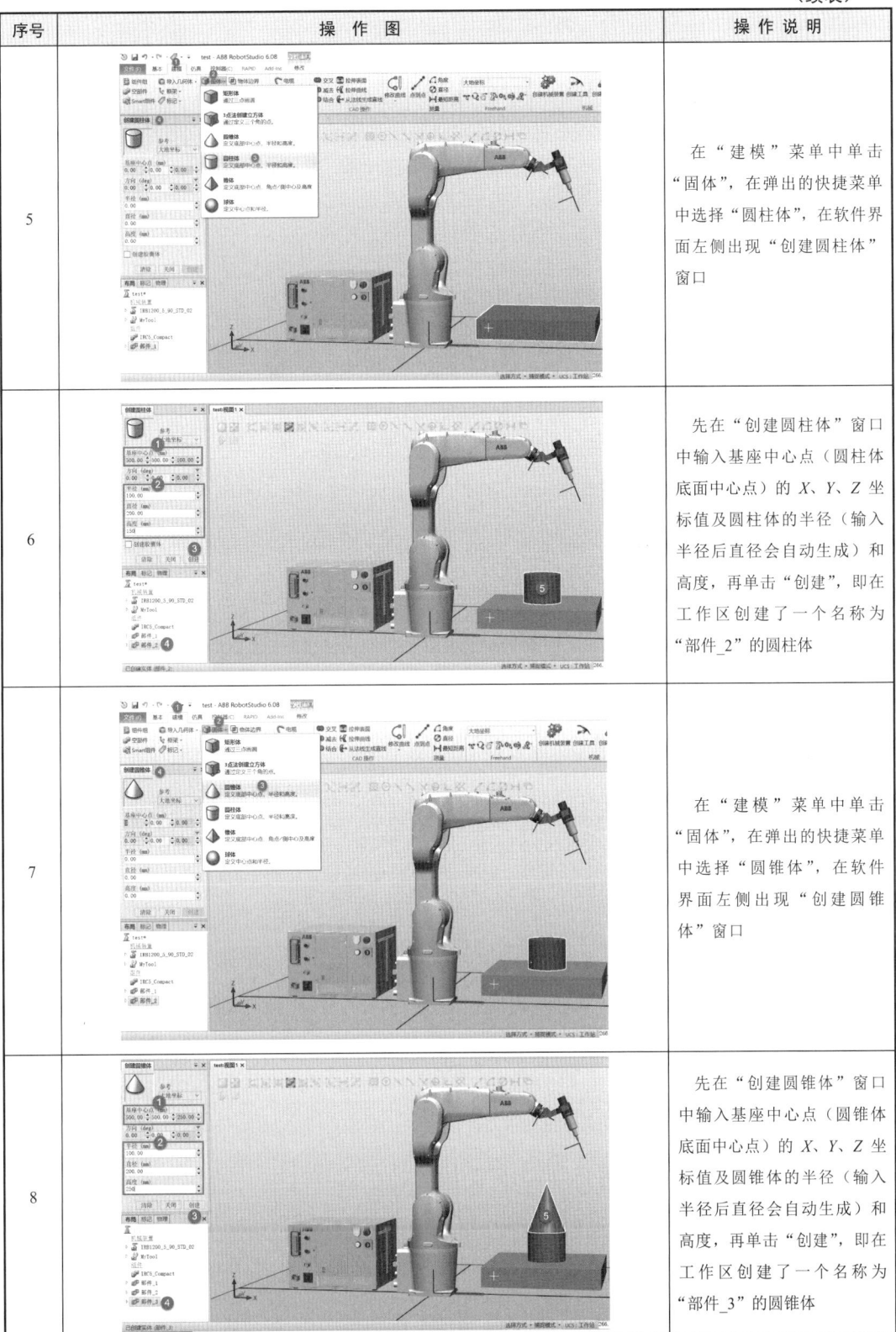	在"建模"菜单中单击"固体",在弹出的快捷菜单中选择"圆柱体",在软件界面左侧出现"创建圆柱体"窗口
6		先在"创建圆柱体"窗口中输入基座中心点(圆柱体底面中心点)的 X、Y、Z 坐标值及圆柱体的半径(输入半径后直径会自动生成)和高度,再单击"创建",即在工作区创建了一个名称为"部件_2"的圆柱体
7		在"建模"菜单中单击"固体",在弹出的快捷菜单中选择"圆锥体",在软件界面左侧出现"创建圆锥体"窗口
8		先在"创建圆锥体"窗口中输入基座中心点(圆锥体底面中心点)的 X、Y、Z 坐标值及圆锥体的半径(输入半径后直径会自动生成)和高度,再单击"创建",即在工作区创建了一个名称为"部件_3"的圆锥体

（续表）

序号	操 作 图	操 作 说 明
9	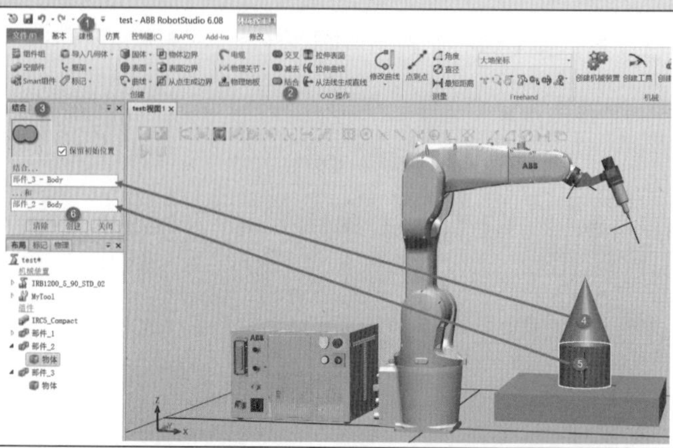	首先在建模菜单中单击"结合"，在软件界面左侧出现"结合"窗口，单击工作区中的圆锥体，在"结合"窗口上面的输入栏中出现该对象的名称"部件_3-Body"，然后单击工作区的圆柱体，在"结合"窗口下面的输入栏中出现该对象的名称"部件_2-Body"，再单击"创建"，即将两个物体结合成一个物体
10	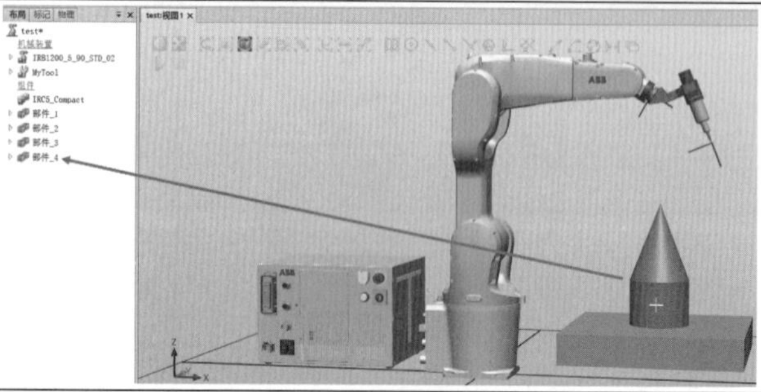	圆锥体和圆柱体结合成一个物体后，在软件界面左侧管理区显示该物体的名称为"部件_4"
11	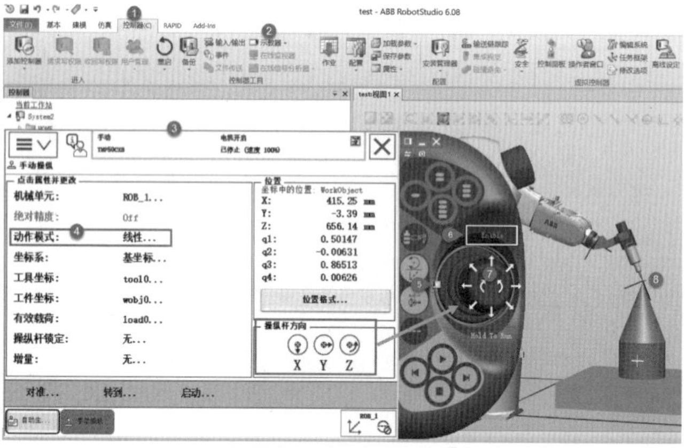	先单击"控制器"，再单击"示教器"，打开示教器（虚拟示教器）。将动作模式设为"线性"，单击⑤处将工作模式开关切换到手动模式，单击⑥处开启电机，按压操纵杆上的各种箭头可控制机器人手臂移动。其中，↓、↑分别控制机器人手臂往 X 轴正、反向移动，→、←分别控制机器人手臂往 Y 轴正、反向移动，逆时针、顺时针箭头分别控制机器人手臂往 Z 轴正、反向移动。示教器的操作在后续章节有详细介绍

1.3　ABB 工业机器人常用型号与安全操作

1.3.1　ABB 工业机器人常用型号

ABB 工业机器人的型号很多，其常用型号及说明见表 1-3。

表 1-3　ABB 工业机器人常用型号及说明

型　号	外　形	说　明
IRB 120		IRB 120 是 ABB 公司最小的多用途机器人，仅重 25kg，荷重为 3kg（垂直腕荷重为 4kg），工作范围达 580mm，具有低投资、高产出的优势，适用于食品、饮料、制药、医疗、电子等领域的物料搬运和装配 | 型　号	工作范围	承重能力 | |---|---|---| | IRB 120-7/0.7 | 0.7m | 7kg | | IRB 120-5/0.9 | 0.9m | 5kg |
IRB 1200		IRB 1200 是多用途的小型工业机器人，可在狭小空间内发挥其工作范围优势与性能优势。该机器人两次动作间移动距离短，既可以缩短节拍时间，又有利于工作站体积的最小化，适用于装配与测试、上下料、拧紧螺丝和插入橡胶等 | 型　号	工作范围	承重能力 | |---|---|---| | IRB 1200-7/0.7 | 0.7m | 7kg | | IRB 1200-5/0.9 | 0.9m | 5kg |
IRB 140		IRB 140 具有体积小、动力强、可靠性强（正常运行时间长）、速度快（操作周期短）、精度高（零件生产质量稳定）、功率大、坚固耐用（适合恶劣生产环境）、通用性佳的特点 | 型　号	工作范围	承重能力 | |---|---|---| | IRB 140 | 0.81m | 6kg | | IRB 140T | 0.81m | 6kg |
IRB 1410		IRB 1410 具有坚固耐用、稳定可靠、操作周期较短、性能卓越等特点，在弧焊、物料搬运和过程应用领域使用广泛 | 型　号	工作范围	承重能力 | |---|---|---| | IRB 1410 | 1.44m | 5kg |
IRB 1520ID		IRB 1520ID 是一款高精度中空臂弧焊机器人，能够连续不间断地工作，可节省高达 50%的维护成本，与同类产品相比，焊接单位成本最低，安装调试方便。 | 型　号	工作范围	承重能力 | |---|---|---| | IRB 1520ID | 1.5m | 4kg |

(续表)

型　号	外　形	说　明
IRB 1600		IRB 1600 兼顾速度和精度，大大缩短了工作周期，能够大幅提高产量，是最高性能的 10kg 机器人 | 型　号	工作范围	承重能力
IRB 1600-6 / 1.2	1.2m	6kg
IRB 1600-6 / 1.45	1.45m	6kg
IRB 1600-10 / 1.2	1.2m	10kg
IRB 1600-10 / 1.45	1.45m	10kg	
IRB 1600ID		IRB 1600ID 是专业弧焊机器人，采用集成式配套设计，所有电缆和软管均内嵌于机器人上臂，线缆包供应弧焊所需的全部介质（电源、焊丝、保护气和压缩空气），因此 IRB 1600ID 是弧焊应用的理想选择 | 型　号	工作范围	承重能力
IRB 1600ID-4/1.5	1.5m	4kg	
IRB 2400		IRB 2400 具有极高的作业精度，在物料搬运、机械管理和过程应用等方面均有出色表现。IRB 2400 可提高生产效率、缩短生产周期、加快交货速度，应用非常广泛 | 型　号	工作范围	承重能力
IRB 2400/10	1.5m	12kg
IRB 2400/16	1.5m	20kg	
IRB 260		IRB 260 主要针对包装应用进行设计和优化，机身小巧，能集成于紧凑型包装机械中，并且能满足在工作范围和有效载荷方面的所有要求。配以 ABB 运动控制和跟踪性能，该机器人非常适合应用于柔性包装系统 | 型　号	工作范围	承重能力
IRB 260	1.53m	30kg	
IRB 2600		IRB 2600 属于中型机器人，包含 3 个子型号，主要用于上下料、物料搬运、弧焊及其他加工应用等 | 型　号	工作范围	承重能力
IRB 2600-12/1.65	1.65m	12kg
IRB 2600-20/1.65	1.65m	20kg
IRB 2600-12/1.85	1.85m	12kg	

(续表)

型　号	外　形	说　明
IRB 2600ID		IRB 2600ID 主要用于弧焊、物料搬运及上下料的应用中。该机型采用集成配套技术，扩大了工作范围，弧焊节拍时间最多可缩短15%，占地成本减少75% | 型　号	工作范围	承重能力
IRB 2600ID-15/1.85	1.85m	15kg
IRB 2600ID-8/2.00	2m	8kg	
IRB 360		IRB 360 主要用于拾料和包装，与传统刚性自动化机器人相比，IRB 360 具有灵活性高、占地面积小、精度高和负载大等优势 | 型　号	工作范围	承重能力
IRB 360-1/800	0.8m	1kg
IRB 360-1/1130	1.13m	1kg
IRB 360-3/1130	1.13m	3kg
IRB 360-1/1600	1.6m	1kg
IRB 360-8/1130	1.13m	8kg	
IRB 460		IRB 460 是一款荷重为110kg 的紧凑型4轴码垛机器人，工作节拍最高可达2190次循环/小时，是生产线末端进行码垛作业的理想之选 | 型　号	工作范围	承重能力
IRB 460	2.4m	110kg	
IRB 52		IRB 52 是一款紧凑型喷涂机器人，广泛应用于各行业中小型零部件的喷涂，为客户提供经济、专业、优质的喷涂解决方案。IRB 52 体型小巧，工作范围宽大，柔性与通用性俱佳，且其操作速度快、精度高、周期短 | 型　号	工作范围	承重能力
IRB 52	1.2m	7kg	
IRB 5400		IRB 5400 是喷涂机器人，具有喷涂精确、正常运行时间长、漆料耗用省、工作节拍时间短、工作域大、负荷能力强及运行可靠性高和有效集成涂装设备等特点。 ABB 独创的集成化工艺系统（IPS）具备供漆和供气闭环调节与高速控制功能，可最大限度地减少过喷现象，并确保漆膜的均匀一致。IRB 5400 将换色阀、漆料泵、流量传感器和空气/漆料调节器集成到手臂上，在同类喷涂机器人中是可靠性强、经济效益高的产品。 | 型　号	工作范围	承重能力
IRB 5400-02	3.13m	25kg
IRB 5400-03	3.13m	25kg
IRB 5400-04	3.13m	25kg	

（续表）

型　号	外　形	说　明
IRB 5500		IRB 5500 采用独有的设计与结构，工作范围大，动作灵活。只需要 2 台 IRB 5500 即可胜任通常需要 4 台机器人才能完成的喷涂任务。IRB 5500 不仅可以降低初期投资和长期运营成本，还能缩短安装时间、延长正常运行时间、提高生产可靠性。 IRB 5500 专门配备 ABB 高效的 FlexBell 弹匣式旋杯系统（CBS），换色过程中的涂料损耗接近于零，是小批量喷涂和多色喷涂的有效解决方案 | 型　号 | 工作范围 | 承重能力 | |---|---|---| | IRB 5500 | 2.97m | 13kg |
IRB 7600		IRB 7600 为大功率机器人，该机器人有多种版本，最大承重能力高达 650kg，适用于各行业重载场合，其具有大转矩、大惯性、刚性结构及卓越的加速性能等优良特性。 | 型　号 | 工作范围 | 承重能力 | |---|---|---| | IRB 7600-500 | 2.55m | 500kg | | IRB 7600-400 | 2.55m | 400kg | | IRB 7600-340 | 2.8m | 340kg | | IRB 7600-325 | 3.1m | 325kg | | IRB 7600-150 | 3.5m | 150kg |
IRB 910SC		IRB 910SC 是一款快速、高效的小部件装配、材料处理和检查的机器人，主要应用于小件物体 | 型　号 | 工作范围 | 承重能力 | |---|---|---| | IRB 910SC-3/ 0.45 | 0.45m | 6kg | | IRB 910SC-3/ 0.55 | 0.55m | 6kg | | IRB 910SC-3/ 0.65 | 0.65m | 6kg |
IRB 14000YuMi		IRB 14000YuMi 是一款集灵活的触手、精确的成像位置和部分先进的机器人控制功能于一体的机器人。IRB 14000YuMi 为全新的自动化时代而设计，主要应用于小件搬运、小件装配 | 型　号 | 工作范围 | 承重能力 | |---|---|---| | IRB 14000YuMi | 0.5m | 0.5kg per Arm |

1.3.2 ABB 工业机器人操作规程

1. 安全操作规程

（1）所有操作人员必须穿戴符合安全规范的防护设备，包括头盔、手套、护目镜等，确保人身安全。

（2）在机器人工作区域内，禁止穿戴松散的衣物和饰品，以免被卷入机器人运动部件中。

（3）严禁在机器人工作时触摸机器人本体或工具。机器人运动部件可能突然启动，导致操作人员受到伤害。

（4）操作人员在机器人开始工作前必须确保自己的位置安全，并远离机器人的运动轨迹。

（5）在机器人卸载负载时，必须先停止机器人的运动，然后进行卸载操作。禁止在机器人运动时进行卸载操作。

（6）在机器人操作过程中，禁止将工具或物品搁置在机器人运动范围内，以免干扰机器人运动或造成损坏。

（7）操作结束后，必须将机器人的电源断开，并进行必要的维护和清洁工作，以确保机器人的正常运行。

2. 机器人编程和控制规程

（1）在进行机器人编程前，必须对机器人进行合适的校准，确保其运动范围和准确性。

（2）当编写机器人的动作指令时，必须充分考虑安全因素，并设置合适的运动限制，避免机器人与操作人员或其他设备发生碰撞。

（3）当机器人工作时，操作人员必须熟悉相关的控制界面和指令，并能随时调整和控制机器人的运动状态。

（4）在机器人运行过程中，严禁随意更改或调整机器人的参数和程序，除非经过合适的授权和审批。

（5）在编写机器人程序时，操作人员必须遵循工艺规范和安全规程，确保机器人的操作符合生产要求和安全标准。

（6）在机器人运行期间，操作人员需要时刻关注机器人的运动情况，并及时调整和干预，以确保机器人工作的稳定性和准确性。

3. 紧急事故处理规程

（1）当发生机器人故障或意外事故时，操作人员必须立即停止机器人的运动，并按照相关紧急事故处理程序进行处理。

（2）如果机器人发生故障导致无法正常停止，则操作人员必须立即通知相关人员并采取其他紧急措施，确保人员安全。

（3）在紧急事故处理过程中，操作人员必须佩戴适当的防护设备，并按照相关程序进行救援和处理，避免进一步的伤害。

（4）完成紧急事故处理后，操作人员必须对机器人进行全面检查，并修复可能存在的故障，以保证机器人的正常运行。

4．机器人维护和保养规程

（1）定期对机器人进行维护和保养，包括清洁机器人表面、清除机器人工作区域的杂物等。

（2）当维护和保养机器人时，必须先将机器人的电源断开，避免误操作导致伤害。

（3）对机器人的关键部件（如传感器、执行器等）必须进行定期的检查和校准，确保其正常工作。

（4）在维护和保养过程中，必须使用适当的工具和设备，并按照相关操作规程进行操作，避免损坏机器人或自身受伤。

遵守以上规程，能够确保机器人操作的安全性和可靠性。同时，操作人员应不断提升自己的专业技能和安全意识，做好机器人的维护和保养工作，以延长机器人的使用寿命和提高工作效率。

ABB 工业机器人的基本操作

大多数 ABB 工业机器人采用 6 个电机控制 6 个关节轴运动,从而完成各种各样的动作。ABB 工业机器人的 6 个关节轴如图 2-1 所示。

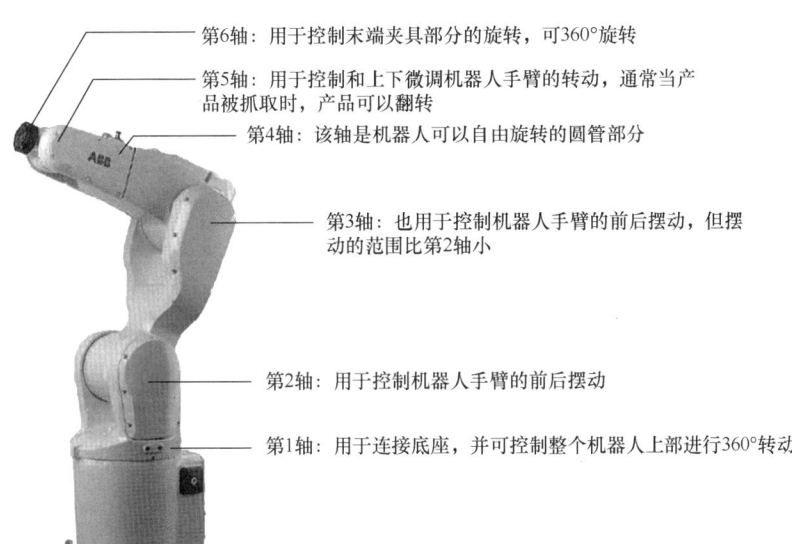

图 2-1　ABB 工业机器人的 6 个关节轴

2.1　ABB 工业机器人的手动操作

ABB 工业机器人的手动操作是指在手动模式下,通过操作示教器上的操纵杆来控制 6 个关节轴运动。手动操作有单轴运动、线性运动和重定位运动 3 种方式。手动操作的特点是速度慢,ABB 工业机器人的很多设置是在该模式下进行的。

2.1.1　单轴运动

单轴运动又称关节运行,是指每次手动操作一个关节轴的运动。单轴运动常用于转数计数器的更新操作,或者当机器人出现机械或软件限位(超出移动范围)时,可进行单轴运动操作将机器人的某个关节轴移动到合适位置。

1. 手动单轴运动的操作方法

手动单轴运动的操作方法见表 2-1。

表 2-1 手动单轴运动的操作方法

序号	操 作 图	操 作 说 明
1		将机器人控制器上的工作模式开关切换到手动模式，示教器屏幕视图（又称窗口或画面）上方的状态栏会显示"手动"
2		先在示教器屏幕视图工作模式的左上角单击主菜单按钮，打开主菜单视图，再单击"手动操纵"，从而打开"手动操纵"视图
3		在"手动操纵"视图中，单击"动作模式"，会打开"手动操作-动作模式"视图
4		在"手动操作-动作模式"视图中，先单击"轴 1-3"，再单击"确定"，即选择手动操作第 1、2、3 轴

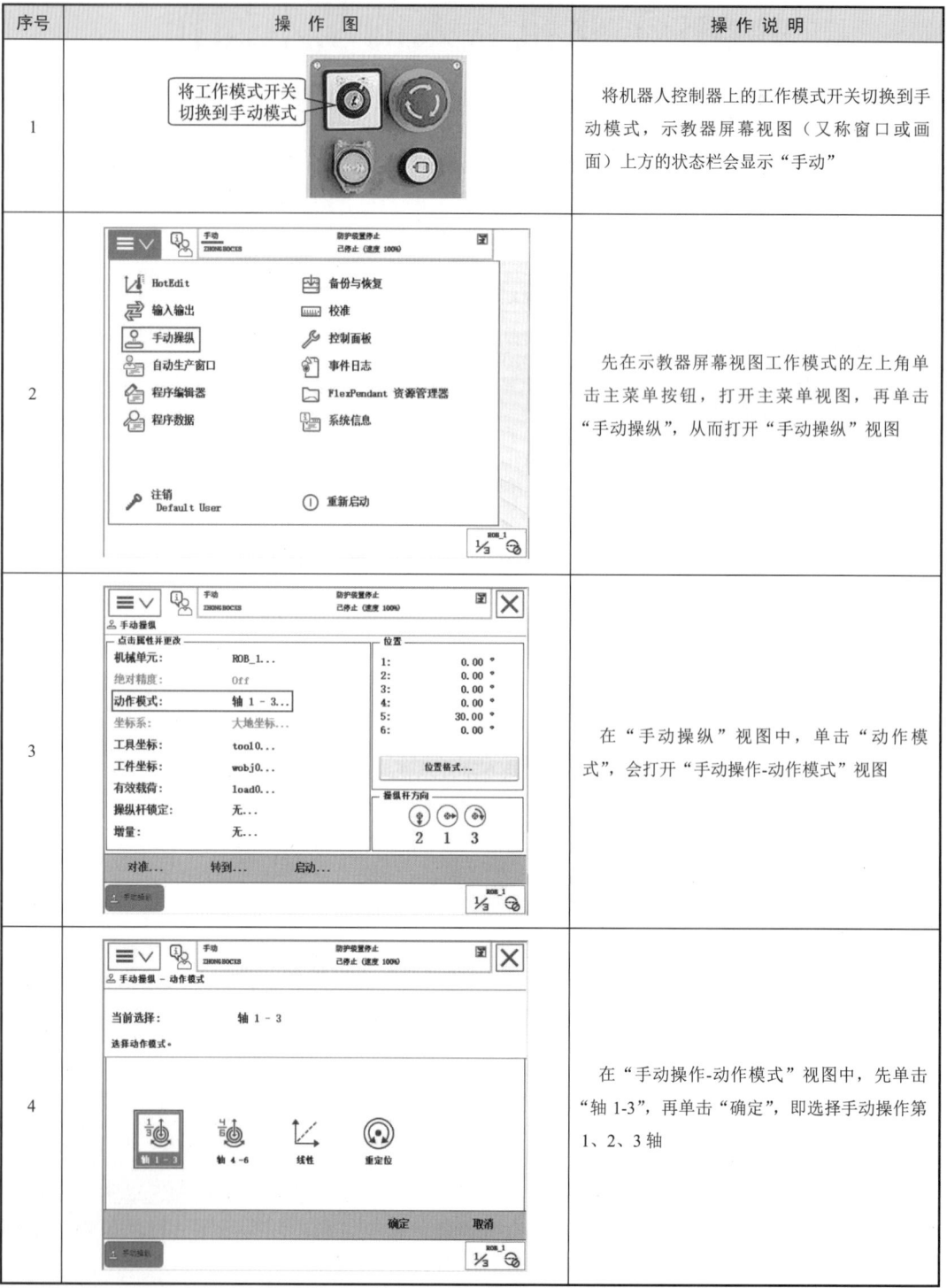

第 2 章　ABB 工业机器人的基本操作

（续表）

序号	操 作 图	操 作 说 明
5		将示教器的使能按钮按至中挡（半按），示教器屏幕视图上方的状态栏会显示"电机开启"，如果不按或全按，则电机均会进入停止状态
6		半按示教器的使能按钮后，示教器屏幕视图上方的状态栏显示"电机开启"，在屏幕视图右下角显示使用操纵杆操作第 1、2、3 轴的方法。当操纵杆往右拨时，第 1 轴往正向旋转，往左拨时，第 1 轴往反向旋转；当操纵杆往下拨时，第 2 轴往正向旋转，往上拨时，第 2 轴往反向旋转；当操纵杆顺时针转动时，第 3 轴往正向旋转，逆时针转动时，第 3 轴往反向旋转
7		如果在"手动操纵-动作模式"视图中选择"轴 4-6"，则可以手动操作第 4、5、6 轴，操纵杆左右拨动时旋转第 4 轴，操纵杆上下拨动时旋转第 5 轴，操纵杆顺/逆时针转动时旋转第 6 轴

2．手动单轴运动仿真操作

ABB 工业机器人价格昂贵，在学习时如果没有实体 ABB 工业机器人和示教器，则可使用 RobotStudio 进行仿真操作以查看效果。手动单轴运动仿真操作见表 2-2。

表 2-2　手动单轴运动仿真操作

序号	操 作 图	操 作 说 明
1	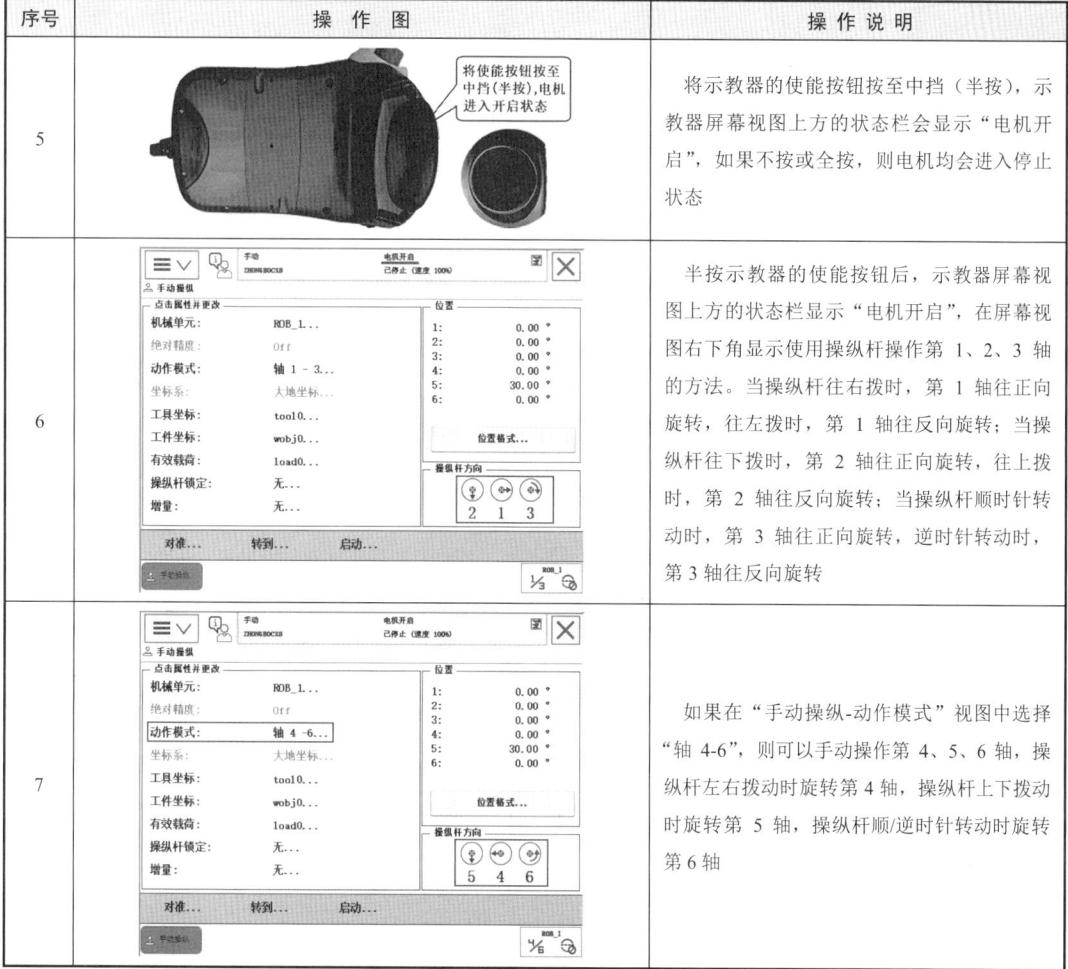	在 RobotStudio 中创建机器人工作站后，打开虚拟示教器，先单击①处打开工作模式开关，将工作模式开关切换到②手动模式，示教器屏幕视图上方状态栏显示"手动"，再将动作模式设为"轴 1-3"，在示教器屏幕视图"位置"区显示机器人当前位置下第 1~6 轴各轴的角度

25

（续表）

序号	操 作 图	操 作 说 明
2	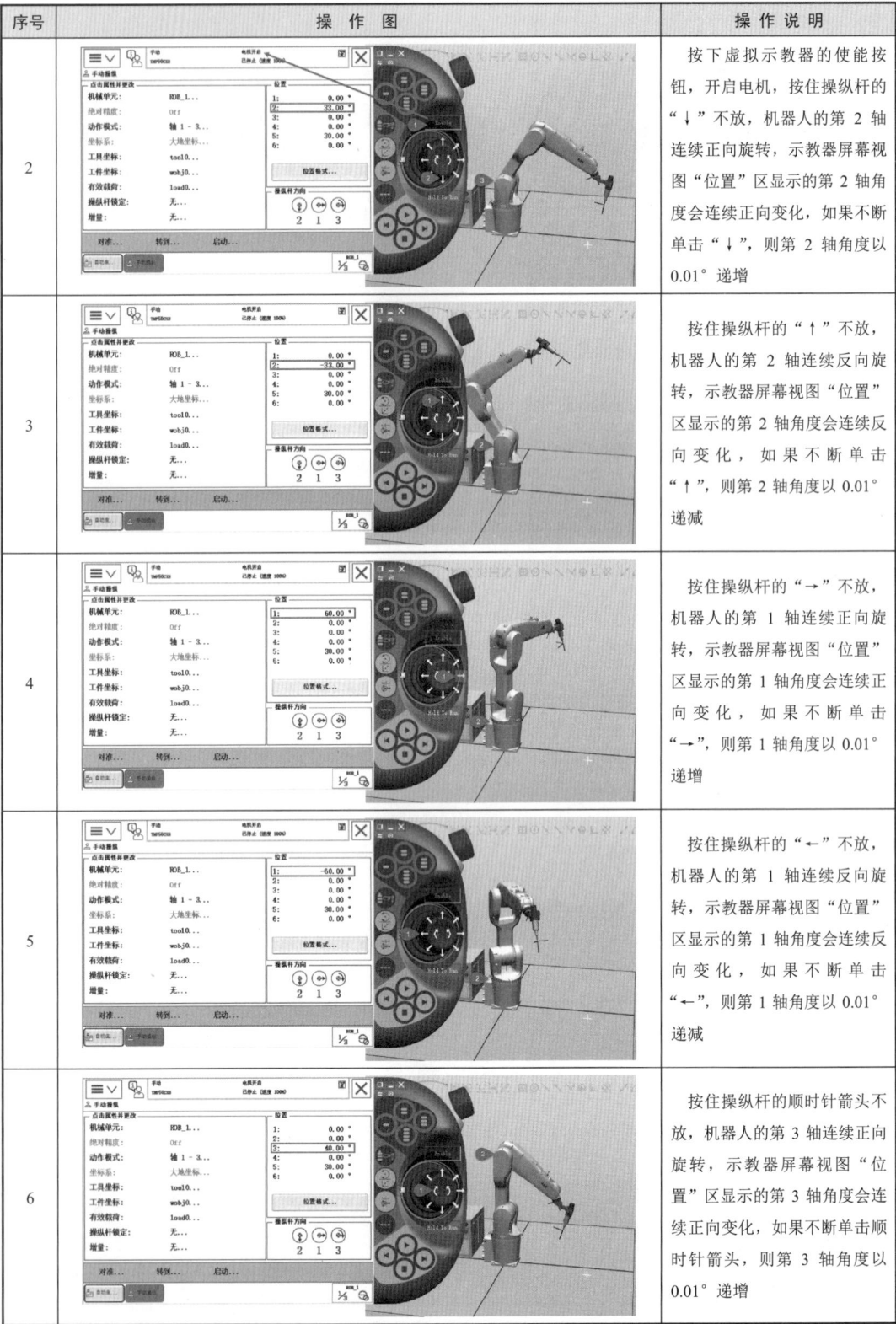	按下虚拟示教器的使能按钮，开启电机，按住操纵杆的"↓"不放，机器人的第2轴连续正向旋转，示教器屏幕视图"位置"区显示的第2轴角度会连续正向变化，如果不断单击"↓"，则第2轴角度以0.01°递增
3		按住操纵杆的"↑"不放，机器人的第2轴连续反向旋转，示教器屏幕视图"位置"区显示的第2轴角度会连续反向变化，如果不断单击"↑"，则第2轴角度以0.01°递减
4		按住操纵杆的"→"不放，机器人的第1轴连续正向旋转，示教器屏幕视图"位置"区显示的第1轴角度会连续正向变化，如果不断单击"→"，则第1轴角度以0.01°递增
5		按住操纵杆的"←"不放，机器人的第1轴连续反向旋转，示教器屏幕视图"位置"区显示的第1轴角度会连续反向变化，如果不断单击"←"，则第1轴角度以0.01°递减
6		按住操纵杆的顺时针箭头不放，机器人的第3轴连续正向旋转，示教器屏幕视图"位置"区显示的第3轴角度会连续正向变化，如果不断单击顺时针箭头，则第3轴角度以0.01°递增

(续表)

序号	操 作 图	操 作 说 明
7	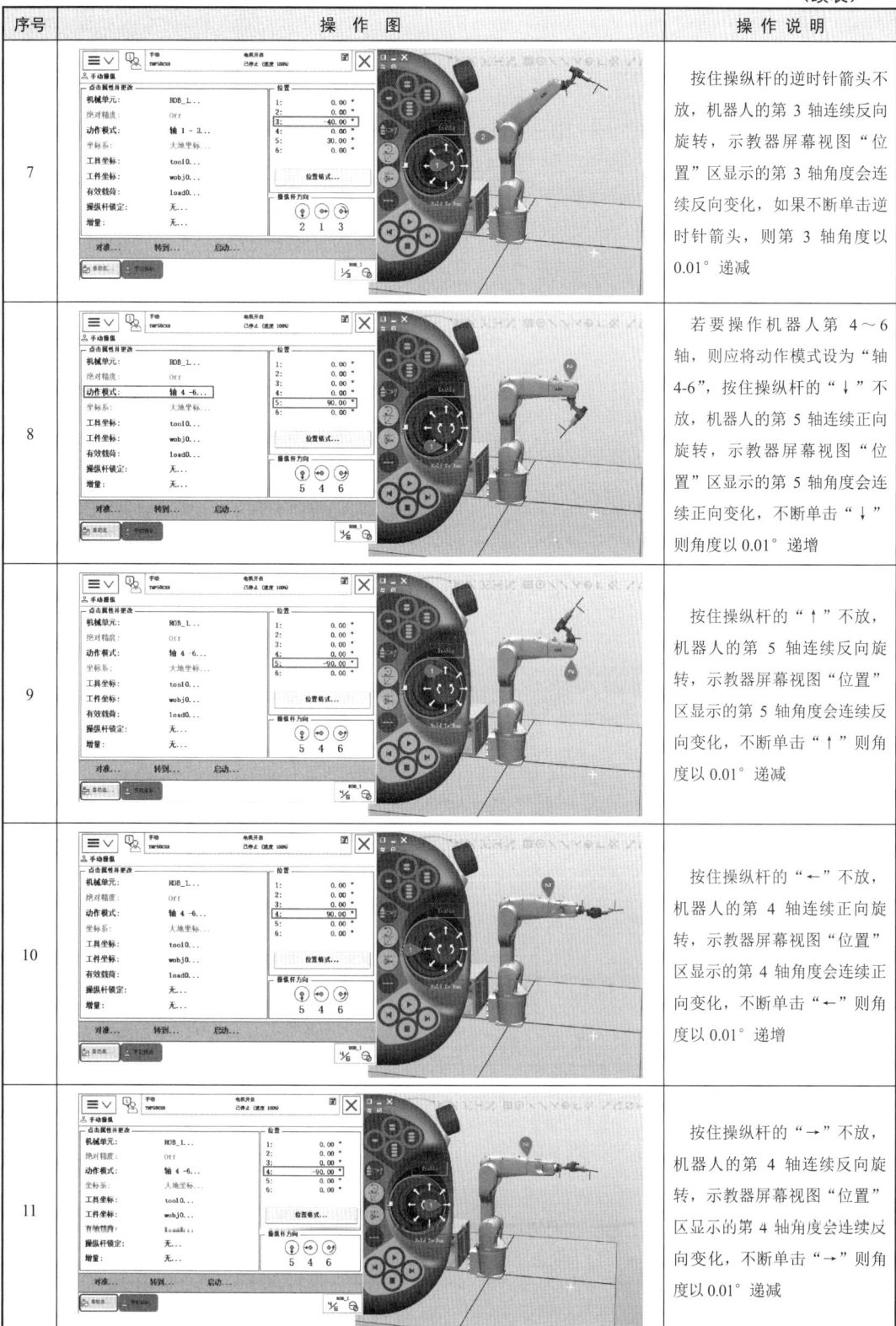	按住操纵杆的逆时针箭头不放,机器人的第3轴连续反向旋转,示教器屏幕视图"位置"区显示的第3轴角度会连续反向变化,如果不断单击逆时针箭头,则第3轴角度以0.01°递减
8		若要操作机器人第4～6轴,则应将动作模式设为"轴4-6",按住操纵杆的"↓"不放,机器人的第5轴连续正向旋转,示教器屏幕视图"位置"区显示的第5轴角度会连续正向变化,不断单击"↓"则角度以0.01°递增
9		按住操纵杆的"↑"不放,机器人的第5轴连续反向旋转,示教器屏幕视图"位置"区显示的第5轴角度会连续反向变化,不断单击"↑"则角度以0.01°递减
10		按住操纵杆的"←"不放,机器人的第4轴连续正向旋转,示教器屏幕视图"位置"区显示的第4轴角度会连续正向变化,不断单击"←"则角度以0.01°递增
11		按住操纵杆的"→"不放,机器人的第4轴连续反向旋转,示教器屏幕视图"位置"区显示的第4轴角度会连续反向变化,不断单击"→"则角度以0.01°递减

（续表）

序号	操作图	操作说明
12	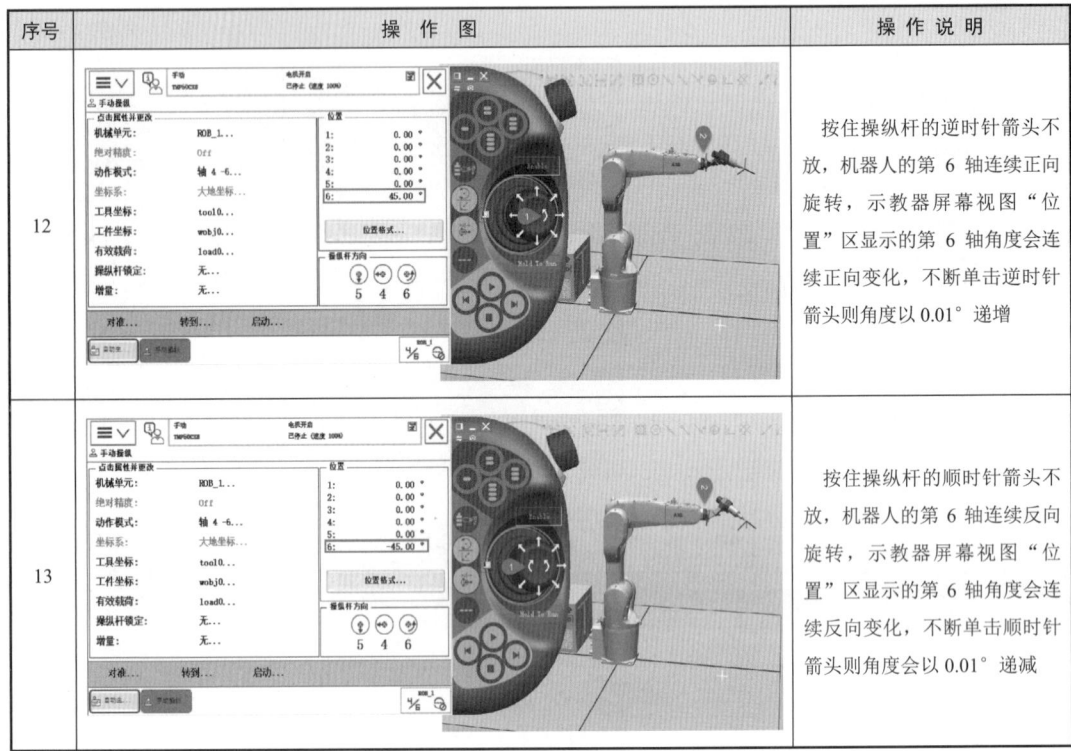	按住操纵杆的逆时针箭头不放，机器人的第 6 轴连续正向旋转，示教器屏幕视图"位置"区显示的第 6 轴角度会连续正向变化，不断单击逆时针箭头则角度以 0.01° 递增
13		按住操纵杆的顺时针箭头不放，机器人的第 6 轴连续反向旋转，示教器屏幕视图"位置"区显示的第 6 轴角度会连续反向变化，不断单击顺时针箭头则角度会以 0.01° 递减

2.1.2 线性运动

线性运动是指 ABB 工业机器人末端（第 6 轴法兰盘）安装的工具中心点（TCP，如喷枪的喷嘴）在空间做线性运动。在线性运动模式下，可以通过操纵杆让 TCP 在 X、Y、Z 轴 3 个方向做线性运动，该模式下机器人的移动幅度小，适合较为精确地定位和移动。

1．手动线性运动的操作方法

手动线性运动的操作方法见表 2-3。

表 2-3 手动线性运动的操作方法

序号	操作图	操作说明
1	将工作模式开关切换到手动模式	将机器人控制器上的工作模式开关切换到手动模式，示教器屏幕视图上方的状态栏会显示"手动"

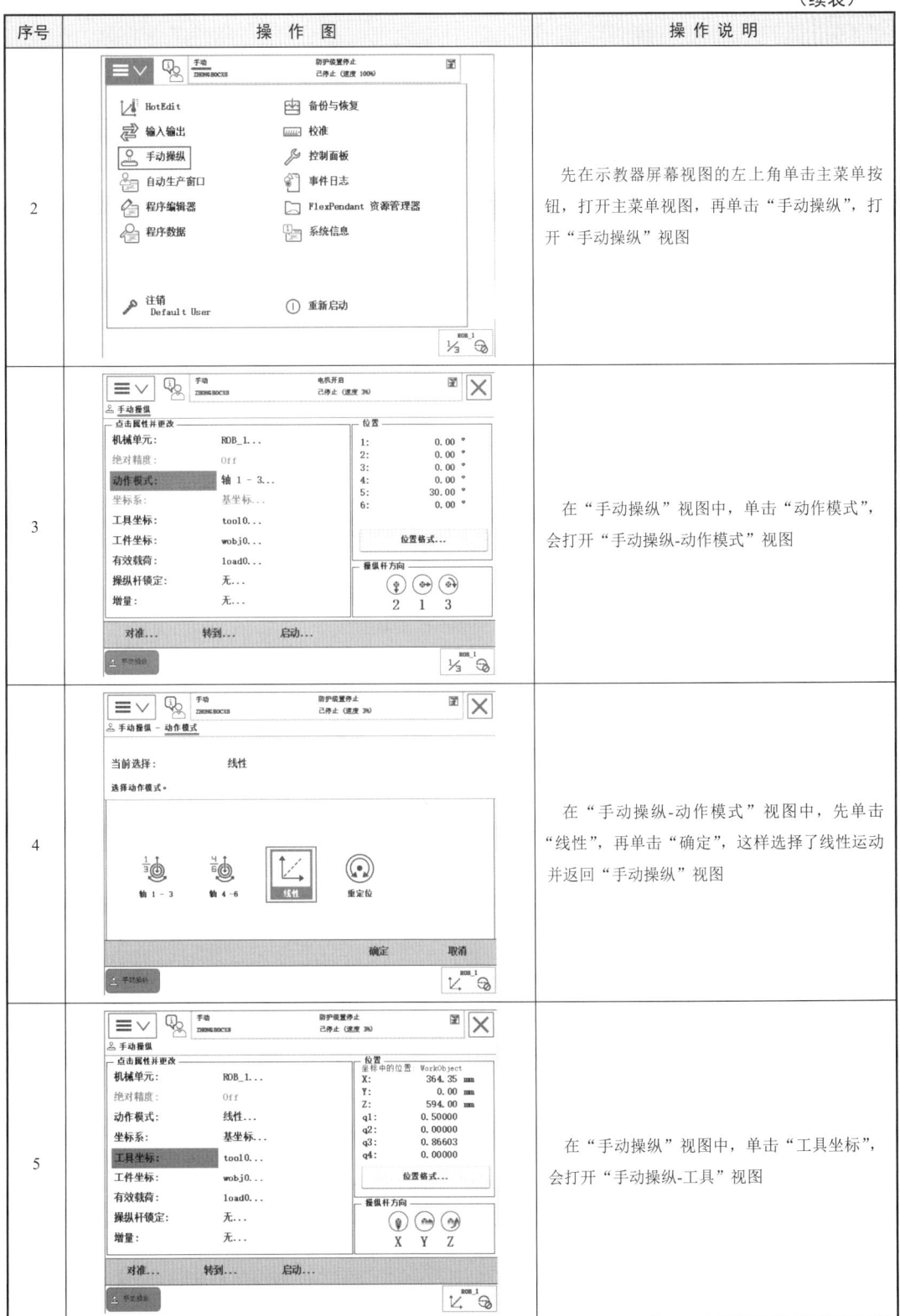

第 2 章　ABB 工业机器人的基本操作

（续表）

序号	操 作 图	操 作 说 明
2		先在示教器屏幕视图的左上角单击主菜单按钮，打开主菜单视图，再单击"手动操纵"，打开"手动操纵"视图
3		在"手动操纵"视图中，单击"动作模式"，会打开"手动操纵-动作模式"视图
4		在"手动操纵-动作模式"视图中，先单击"线性"，再单击"确定"，这样选择了线性运动并返回"手动操纵"视图
5		在"手动操纵"视图中，单击"工具坐标"，会打开"手动操纵-工具"视图

（续表）

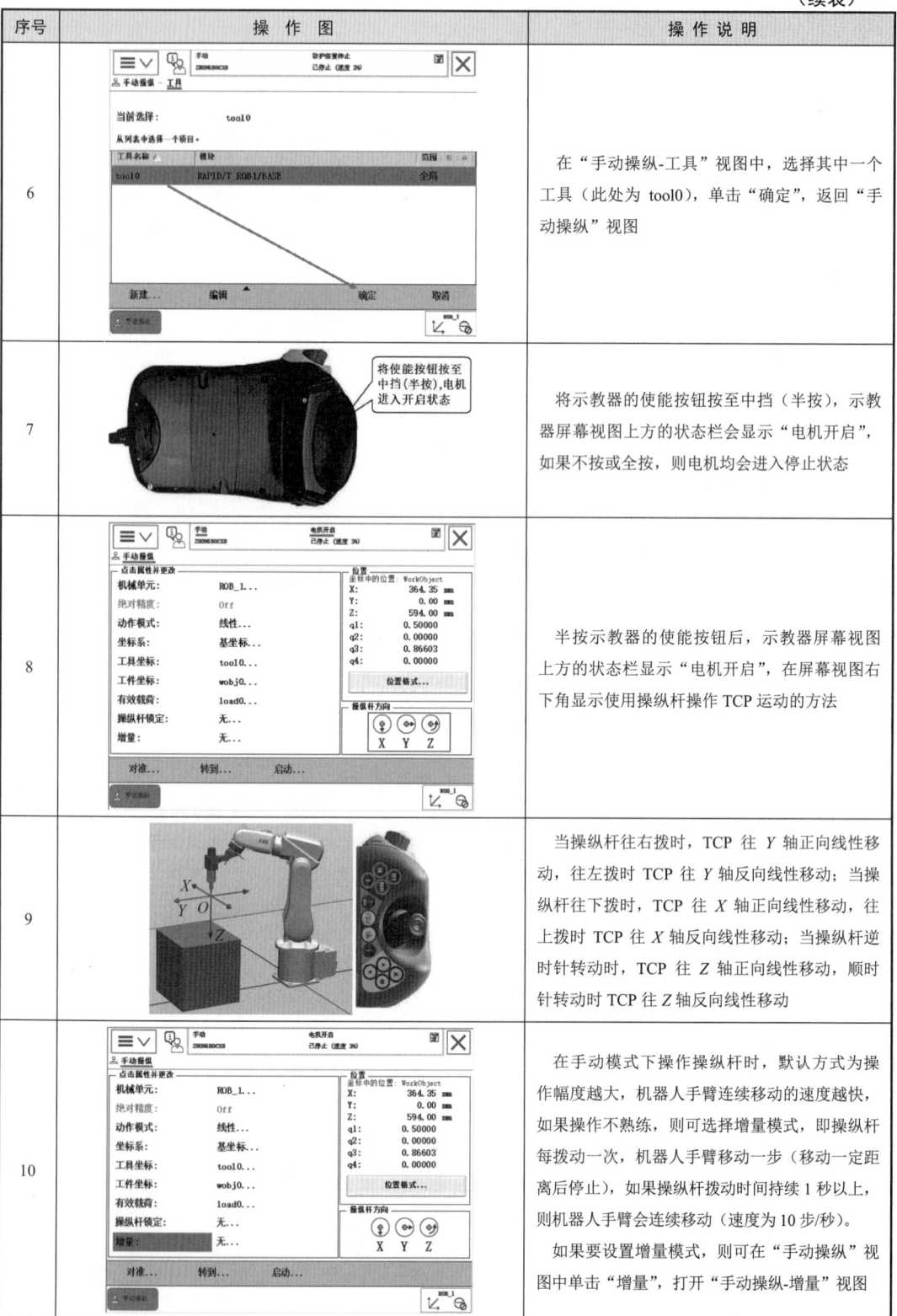

序号	操 作 图	操 作 说 明
6		在"手动操纵-工具"视图中，选择其中一个工具（此处为 tool0），单击"确定"，返回"手动操纵"视图
7		将示教器的使能按钮按至中挡（半按），示教器屏幕视图上方的状态栏会显示"电机开启"，如果不按或全按，则电机均会进入停止状态
8		半按示教器的使能按钮后，示教器屏幕视图上方的状态栏显示"电机开启"，在屏幕视图右下角显示使用操纵杆操作 TCP 运动的方法
9		当操纵杆往右拨时，TCP 往 Y 轴正向线性移动，往左拨时 TCP 往 Y 轴反向线性移动；当操纵杆往下拨时，TCP 往 X 轴正向线性移动，往上拨时 TCP 往 X 轴反向线性移动；当操纵杆逆时针转动时，TCP 往 Z 轴正向线性移动，顺时针转动时 TCP 往 Z 轴反向线性移动
10		在手动模式下操作操纵杆时，默认方式为操作幅度越大，机器人手臂连续移动的速度越快，如果操作不熟练，则可选择增量模式，即操纵杆每拨动一次，机器人手臂移动一步（移动一定距离后停止），如果操纵杆拨动时间持续 1 秒以上，则机器人手臂会连续移动（速度为 10 步/秒）。如果要设置增量模式，则可在"手动操纵"视图中单击"增量"，打开"手动操纵-增量"视图

(续表)

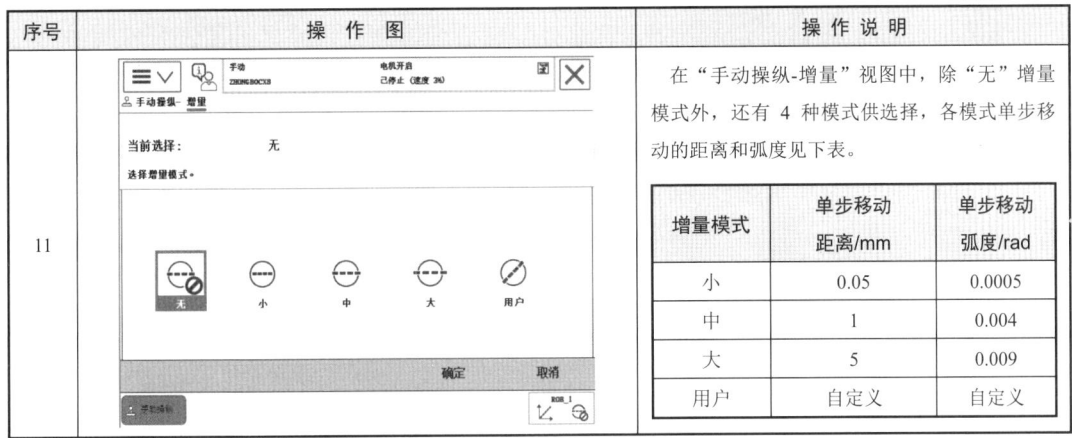

序号	操 作 图	操 作 说 明
11		在"手动操纵-增量"视图中,除"无"增量模式外,还有 4 种模式供选择,各模式单步移动的距离和弧度见下表。 | 增量模式	单步移动距离/mm	单步移动弧度/rad
小	0.05	0.0005
中	1	0.004
大	5	0.009
用户	自定义	自定义	

2. 手动线性运动仿真操作

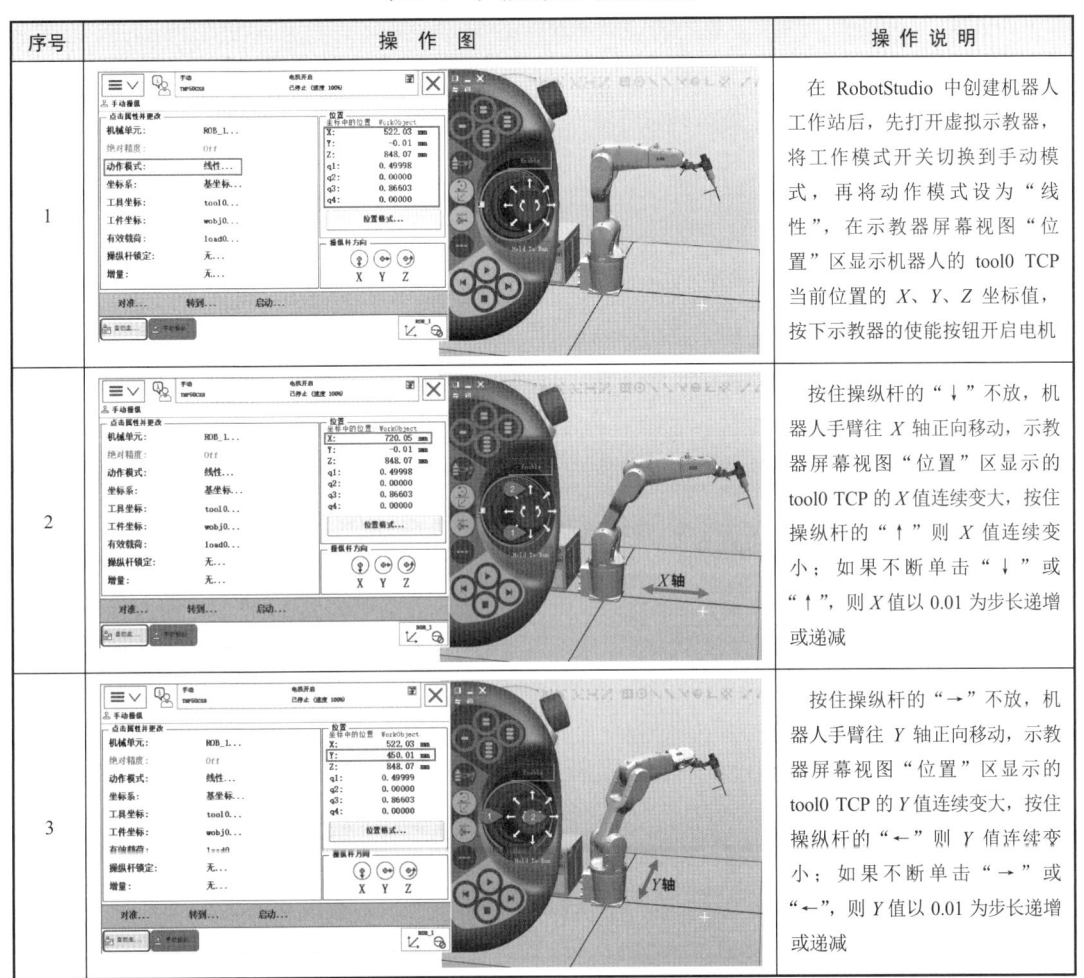

手动线性运动仿真操作见表 2-4。

表 2-4　手动线性运动仿真操作

序号	操 作 图	操 作 说 明
1		在 RobotStudio 中创建机器人工作站后,先打开虚拟示教器,将工作模式开关切换到手动模式,再将动作模式设为"线性",在示教器屏幕视图"位置"区显示机器人的 tool0 TCP 当前位置的 X、Y、Z 坐标值,按下示教器的使能按钮开启电机
2		按住操纵杆的"↓"不放,机器人手臂往 X 轴正方向移动,示教器屏幕视图"位置"区显示的 tool0 TCP 的 X 值连续变大,按住操纵杆的"↑"则 X 值连续变小;如果不断单击"↓"或"↑",则 X 值以 0.01 为步长递增或递减
3		按住操纵杆的"→"不放,机器人手臂往 Y 轴正方向移动,示教器屏幕视图"位置"区显示的 tool0 TCP 的 Y 值连续变大,按住操纵杆的"←"则 Y 值连续变小;如果不断单击"→"或"←",则 Y 值以 0.01 为步长递增或递减

(续表)

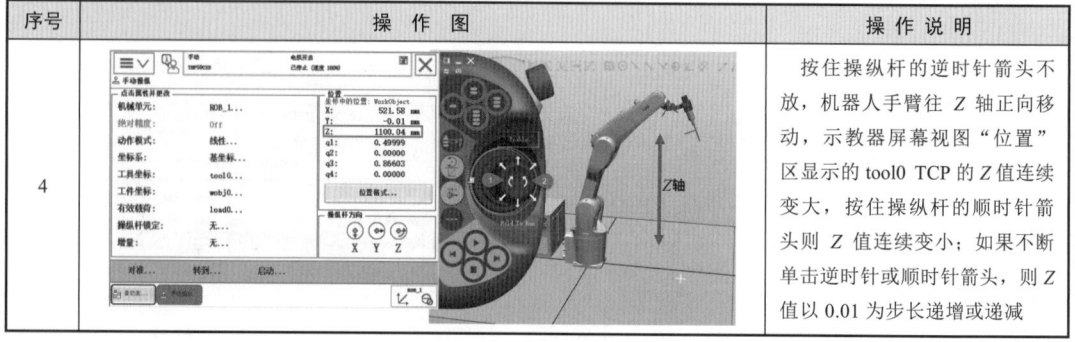

序号	操 作 图	操 作 说 明
4		按住操纵杆的逆时针箭头不放,机器人手臂往 Z 轴正向移动,示教器屏幕视图"位置"区显示的 tool0 TCP 的 Z 值连续变大,按住操纵杆的顺时针箭头则 Z 值连续变小;如果不断单击逆时针或顺时针箭头,则 Z 值以 0.01 为步长递增或递减

2.1.3 重定位运动

重定位运动是指 ABB 工业机器人手臂绕着 TCP 在空间做旋转运动。在重定位运动模式下,可以使用操纵杆让机器人手臂绕着 TCP 在 X、Y、Z 轴 3 个方向做旋转运动。

手动重定位运动的操作方法见表 2-5。

表 2-5 手动重定位运动的操作方法

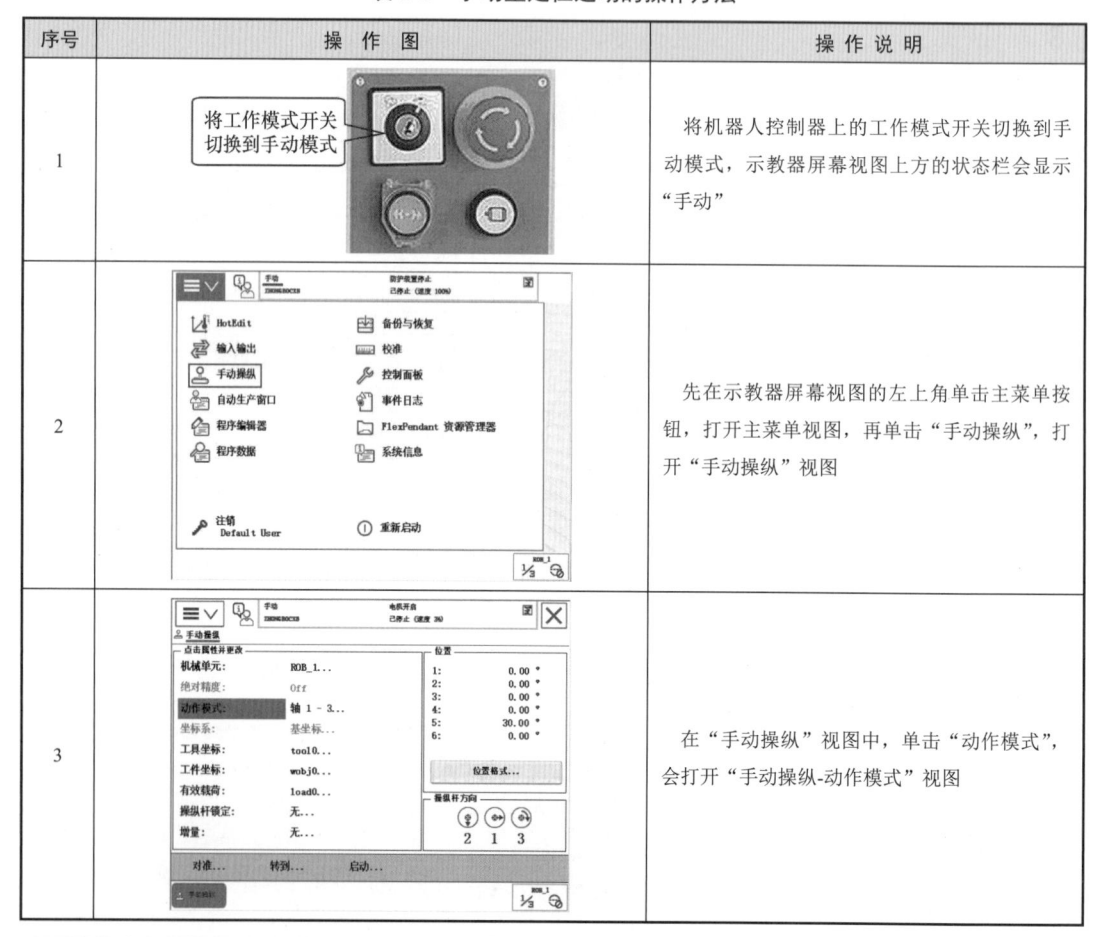

序号	操 作 图	操 作 说 明
1		将机器人控制器上的工作模式开关切换到手动模式,示教器屏幕视图上方的状态栏会显示"手动"
2		先在示教器屏幕视图的左上角单击主菜单按钮,打开主菜单视图,再单击"手动操纵",打开"手动操纵"视图
3		在"手动操纵"视图中,单击"动作模式",会打开"手动操纵-动作模式"视图

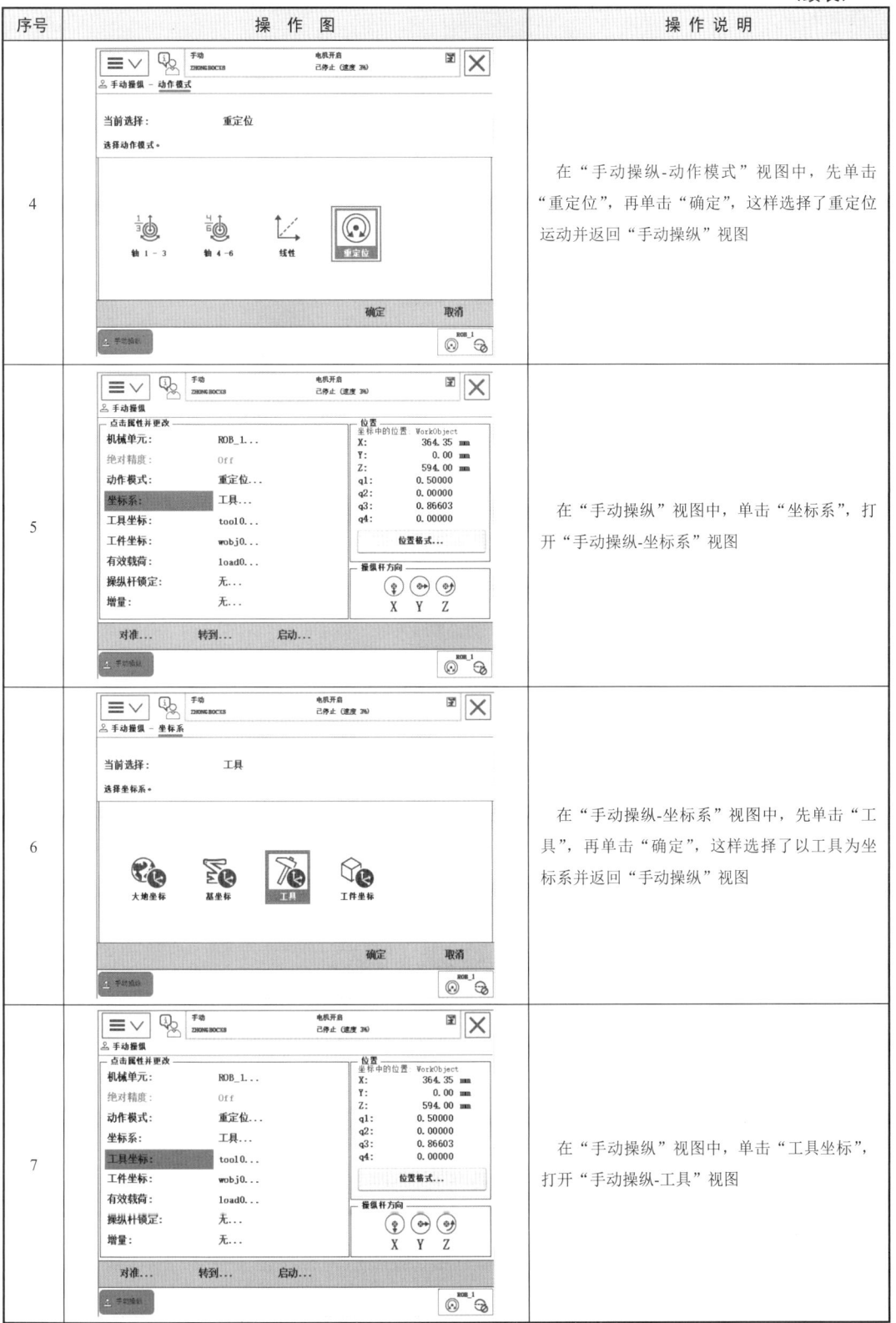

第 2 章　ABB 工业机器人的基本操作

（续表）

序号	操 作 图	操 作 说 明
4		在"手动操纵-动作模式"视图中，先单击"重定位"，再单击"确定"，这样选择了重定位运动并返回"手动操纵"视图
5		在"手动操纵"视图中，单击"坐标系"，打开"手动操纵-坐标系"视图
6		在"手动操纵-坐标系"视图中，先单击"工具"，再单击"确定"，这样选择了以工具为坐标系并返回"手动操纵"视图
7		在"手动操纵"视图中，单击"工具坐标"，打开"手动操纵-工具"视图

33

(续表)

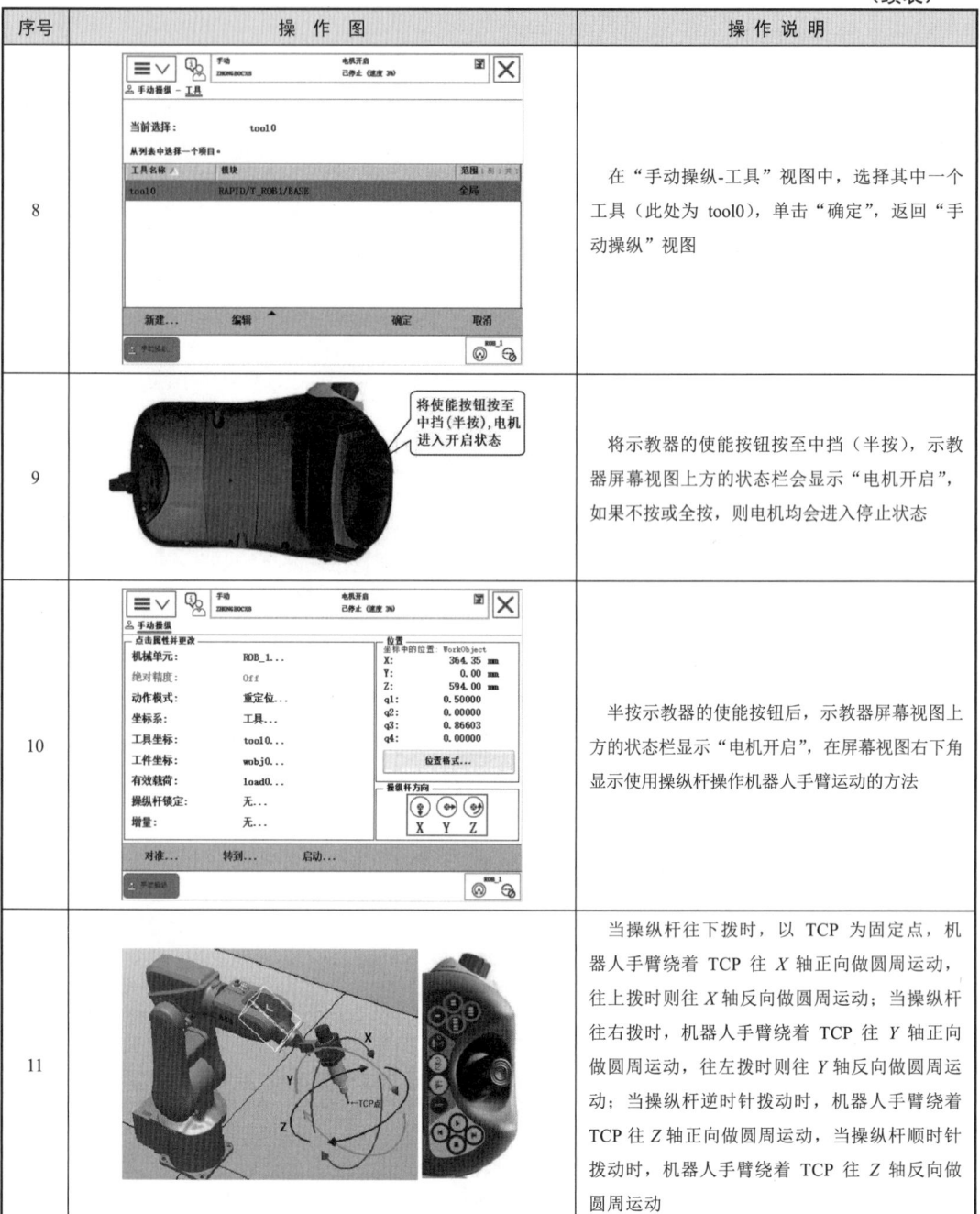

序号	操 作 图	操 作 说 明
8		在"手动操纵-工具"视图中,选择其中一个工具(此处为 tool0),单击"确定",返回"手动操纵"视图
9		将示教器的使能按钮按至中挡(半按),示教器屏幕视图上方的状态栏会显示"电机开启",如果不按或全按,则电机均会进入停止状态
10		半按示教器的使能按钮后,示教器屏幕视图上方的状态栏显示"电机开启",在屏幕视图右下角显示使用操纵杆操作机器人手臂运动的方法
11		当操纵杆往下拨时,以 TCP 为固定点,机器人手臂绕着 TCP 往 X 轴正向做圆周运动,往上拨时则往 X 轴反向做圆周运动;当操纵杆往右拨时,机器人手臂绕着 TCP 往 Y 轴正向做圆周运动,往左拨时则往 Y 轴反向做圆周运动;当操纵杆逆时针拨动时,机器人手臂绕着 TCP 往 Z 轴正向做圆周运动,当操纵杆顺时针拨动时,机器人手臂绕着 TCP 往 Z 轴反向做圆周运动

2.2　ABB 工业机器人转数计数器的更新

　　ABB 工业机器人有 6 个关节轴,每个关节轴依靠伺服电机驱动,并采用旋转编码器获取关节轴的旋转位置,从原点(又称起点)位置开始,关节轴旋转角度越大,旋转编码器产生的脉冲数越多。假设关节轴旋转一周，旋转编码器产生 3600 个脉冲，那么关节轴旋转后，旋转编码器产生了 600 个脉冲，表明关节轴从原点开始旋转了 60°。

2.2.1 需要更新转数计数器的情况

ABB 工业机器人采用转数计数器来记录 6 个关节轴的位置，在出厂时已将各个关节轴调到原点位置，并将 6 个关节轴在原点位置时转数计数器的数值记录下来，作为标签贴在机器人本体上，如图 2-2 所示。

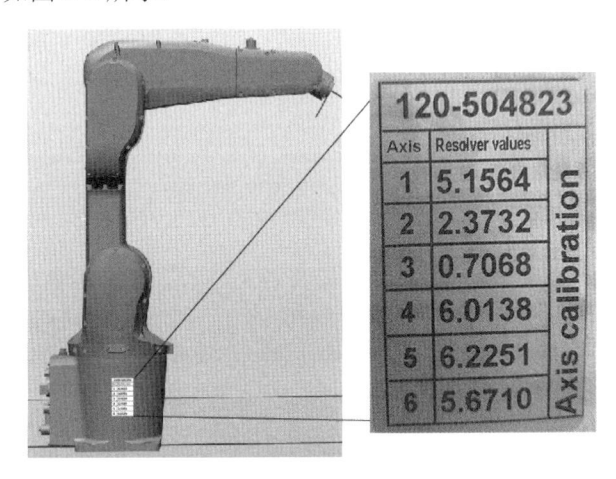

图 2-2 ABB 工业机器人 6 个关节轴原点位置的转数计数器数值

如果发生下列情况，则需要更新转数计数器：①转数计数器发生故障且修复后；②转数计数器与测量板之间的连接断开过；③断电后 ABB 工业机器人的关节轴发生了移动；④系统报警提示"10036 转数计数器未更新"。

2.2.2 转数计数器的更新操作

ABB 工业机器人转数计数器的更新是先手动将 6 个关节轴都调到原点位置，再按标准的 6 个关节轴原点位置数值设置转数计数器。

1. 调节 ABB 工业机器人 6 个关节轴到原点位置

将 ABB 工业机器人 6 个关节轴调到原点位置的操作见表 2-6。

表 2-6 将 ABB 工业机器人 6 个关节轴调到原点位置的操作

序号	操 作 图	操 作 说 明
1		将机器人控制器上的工作模式开关切换到手动模式，示教器屏幕视图上方的状态栏会显示"手动"

（续表）

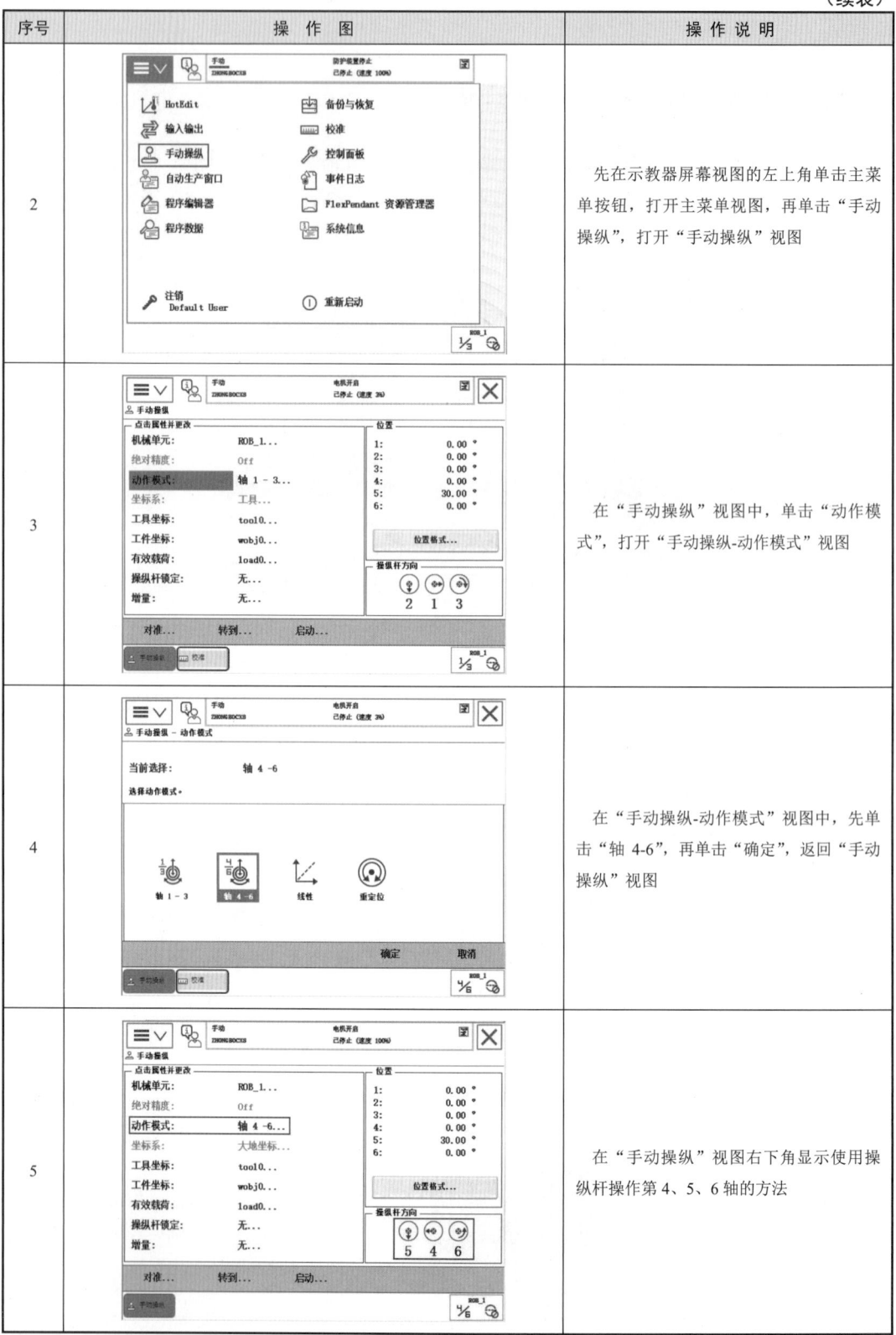

序号	操 作 图	操 作 说 明
2		先在示教器屏幕视图的左上角单击主菜单按钮，打开主菜单视图，再单击"手动操纵"，打开"手动操纵"视图
3		在"手动操纵"视图中，单击"动作模式"，打开"手动操纵-动作模式"视图
4		在"手动操纵-动作模式"视图中，先单击"轴4-6"，再单击"确定"，返回"手动操纵"视图
5		在"手动操纵"视图右下角显示使用操纵杆操作第4、5、6轴的方法

第 2 章　ABB 工业机器人的基本操作

（续表）

序号	操 作 图	操 作 说 明
6	将使能按钮按至中挡（半按），电机进入开启状态	将示教器的使能按钮按至中挡（半按），示教器屏幕视图上方的状态栏会显示"电机开启"，如果不按或全按，则电机均会进入停止状态
7		将示教器的操纵杆左右拨动，机器人的第 4 轴旋转，使关节轴上的定位点与第 4 轴的原点标志对应起来
8		将示教器的操纵杆上下拨动，机器人的第 5 轴旋转，使关节轴上的定位点与第 5 轴的原点标志对应起来
9		将示教器的操纵杆顺/逆时针拨动，机器人的第 6 轴旋转，使关节轴上的定位点与第 6 轴的原点标志对应起来
10		调整完第 4、5、6 轴后，在"手动操纵-动作模式"视图中单击"轴 1-3"，以手动操作第 1、2、3 轴
11		将示教器的操纵杆左右拨动，机器人的第 1 轴旋转，使关节轴上的定位点与第 1 轴的原点标志对应起来

37

(续表)

序号	操 作 图	操 作 说 明
12		将示教器的操纵杆上下拨动，机器人的第 2 轴旋转，使关节轴上的定位点与第 2 轴的原点标志对应起来
13		将示教器的操纵杆顺/逆时针拨动，机器人的第 3 轴旋转，使关节轴上的定位点与第 3 轴的原点标志对应起来。至此，6 个关节轴全部调到各自的原点位置

2. 转数计数器的更新

将 ABB 工业机器人的 6 个关节轴都调到原点位置后，按机器人本体标签上的数值在示教器上设置 6 个关节轴的原点数值，然后将这些数值更新到（写入）转数计数器。转数计数器的更新操作见表 2-7。

表 2-7 转数计数器的更新操作

序号	操 作 图	操 作 说 明
1		在示教器屏幕视图的左上角单击主菜单按钮，打开主菜单视图，单击"校准"，打开"校准"视图
2		在"校准"视图中，单击机械单元"ROB_1"，打开"校准-ROB_1"视图

(续表)

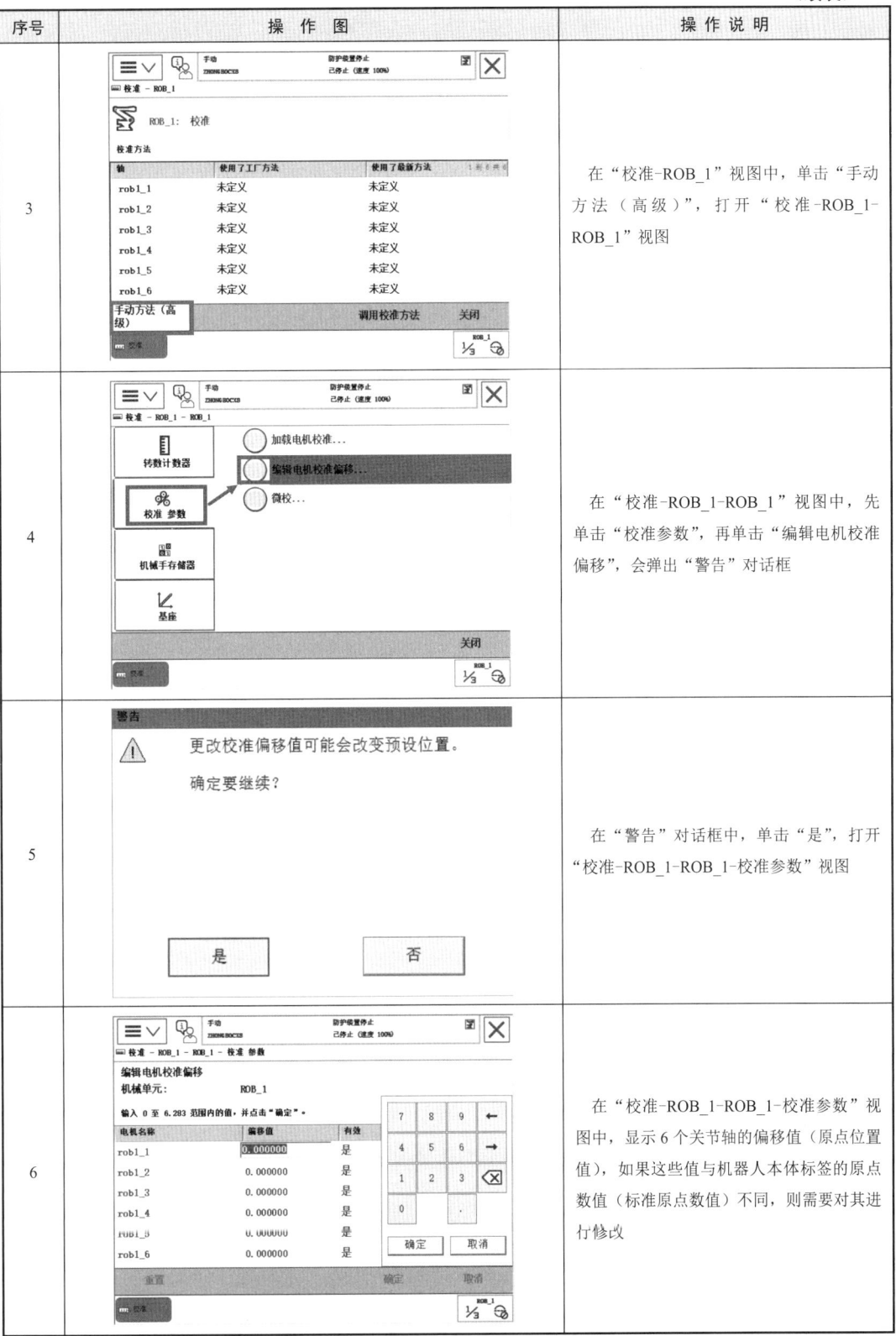

序号	操 作 图	操 作 说 明
3		在"校准-ROB_1"视图中,单击"手动方法(高级)",打开"校准-ROB_1-ROB_1"视图
4		在"校准-ROB_1-ROB_1"视图中,先单击"校准参数",再单击"编辑电机校准偏移",会弹出"警告"对话框
5		在"警告"对话框中,单击"是",打开"校准-ROB_1-ROB_1-校准参数"视图
6		在"校准-ROB_1-ROB_1-校准参数"视图中,显示6个关节轴的偏移值(原点位置值),如果这些值与机器人本体标签的原点数值(标准原点数值)不同,则需要对其进行修改

（续表）

序号	操 作 图	操 作 说 明
7		用屏幕键盘逐个将每个关节轴的偏移值设成与标准原点数值相同，每设置完一个关节轴的数值都需要单击屏幕键盘上的"确定"，才能设置下一个关节轴，6个关节轴设置完成后，单击下方的"确定"，会弹出"系统"对话框
8		在"系统"对话框中，提示设置的数值已保存在系统参数中，需要重启控制器（示教器）才能使这些值生效，单击"是"重启示教器
9		重启示教器后，在示教器屏幕视图的左上角先单击主菜单按钮，打开主菜单视图，再单击"校准"，打开"校准"视图
10		在"校准"视图中，单击机械单元"ROB_1"，打开"校准-ROB_1"视图

(续表)

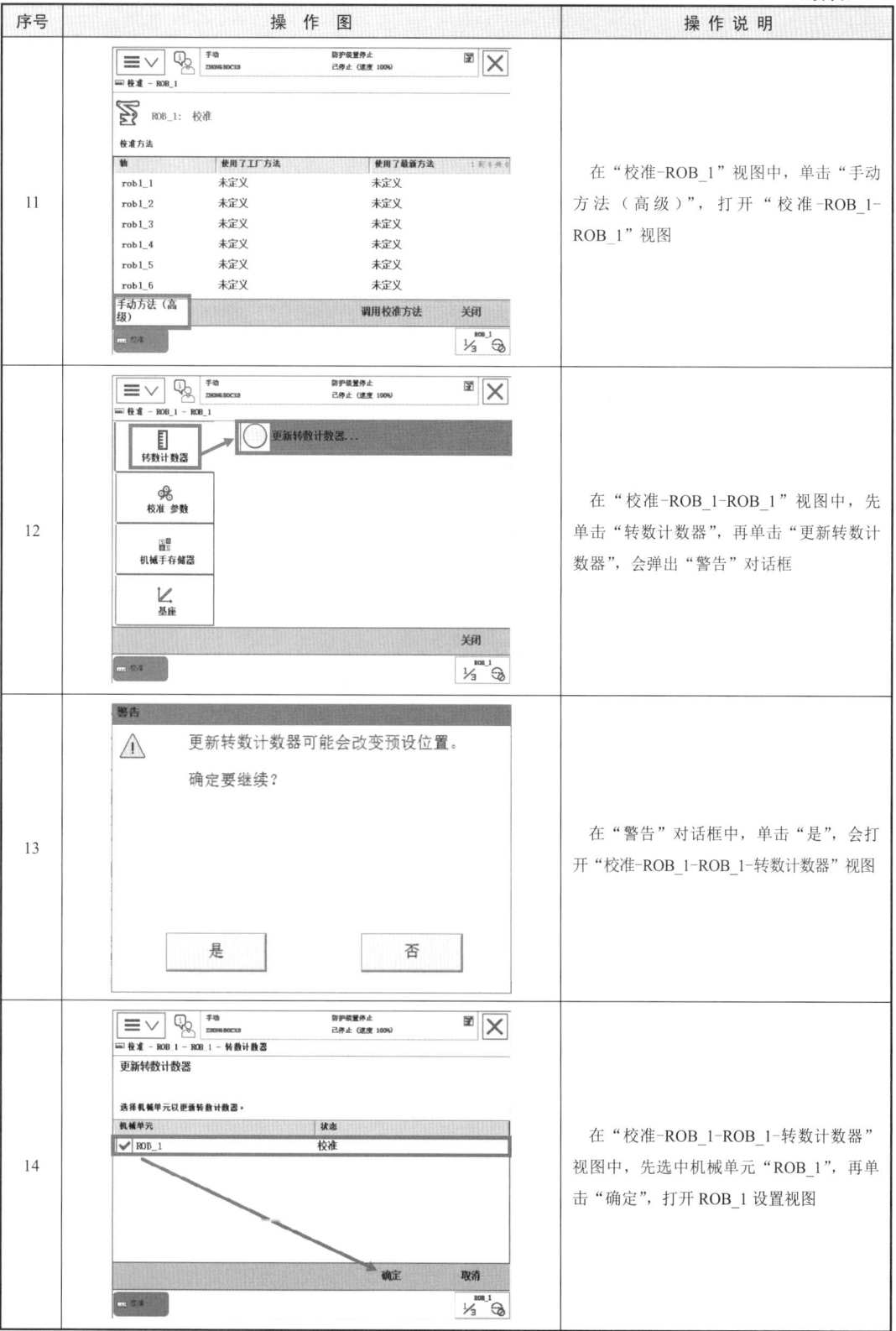

序号	操 作 图	操 作 说 明
11		在"校准-ROB_1"视图中,单击"手动方法(高级)",打开"校准-ROB_1-ROB_1"视图
12		在"校准-ROB_1-ROB_1"视图中,先单击"转数计数器",再单击"更新转数计数器",会弹出"警告"对话框
13		在"警告"对话框中,单击"是",会打开"校准-ROB_1-ROB_1-转数计数器"视图
14		在"校准-ROB_1-ROB_1-转数计数器"视图中,先选中机械单元"ROB_1",再击"确定",打开ROB_1设置视图

(续表)

序号	操 作 图	操 作 说 明
15	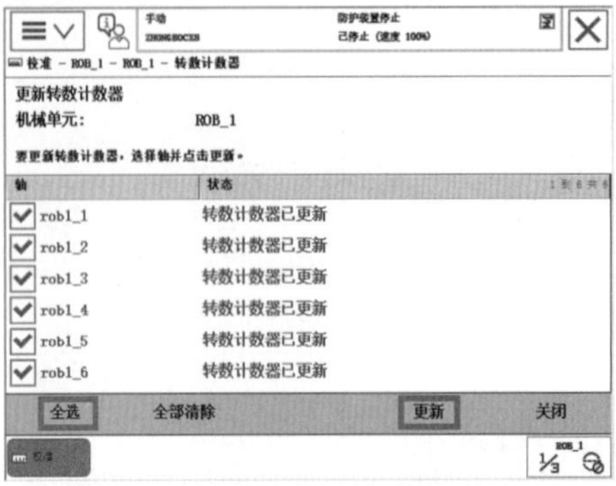	在 ROB_1 设置视图中，先单击"全选"，选中 rob 1_1～rob 1_6 这 6 个关节轴的转数计数器，再单击"更新"，会弹出"警告"对话框
16	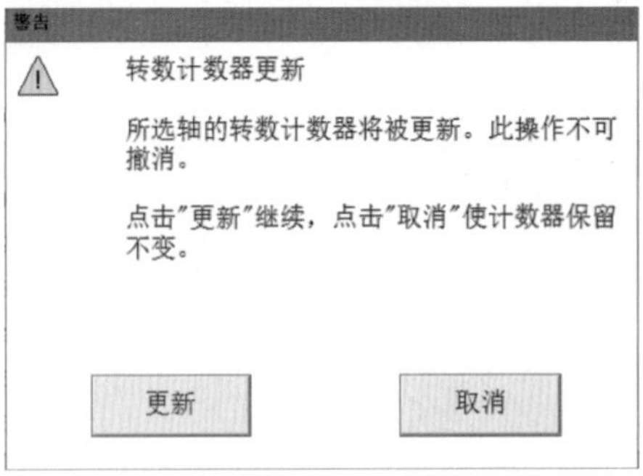	在"警告"对话框中，提示所选轴的转数计数器将被更新，单击"更新"，即可将新设置的轴原点数值更新到（写入）各轴的转数计数器中
17	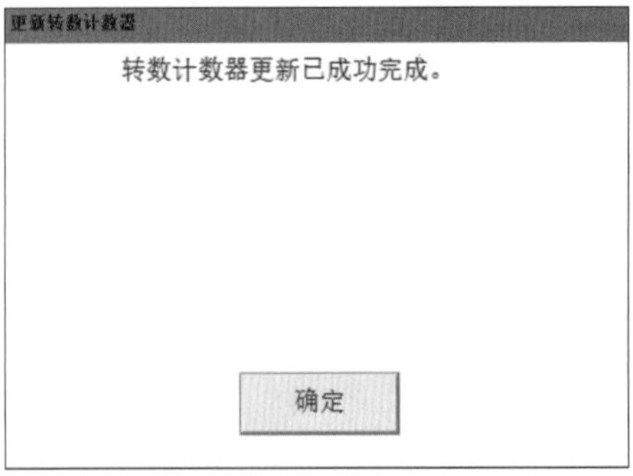	转数计数器更新完成后，出现"更新转数计数器"对话框，单击"确定"结束转数计数器的更新

第3章 ABB 标准 I/O 板的接线与配置

ABB 工业机器人主要由机器人本体、控制器和示教器组成,控制器是一台机器人专用计算机,相当于机器人的大脑,除自身具有强大的控制功能外,还提供了丰富的通信接口,可以轻松地实现与周边设备的通信,增强或扩展其功能。ABB 工业机器人的通信种类如图 3-1 所示。

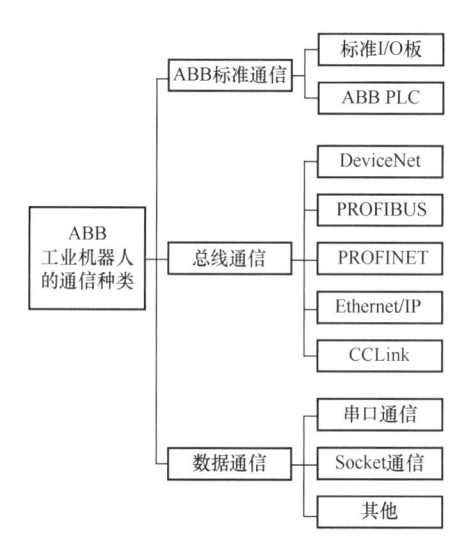

图 3-1 ABB 工业机器人的通信种类

3.1 ABB 标准 I/O 板的接线与安装

ABB 工业机器人的使用场景很多,有时需要先接收其他设备或传感器送来的信号才能进行后续动作。例如,ABB 工业机器人在将物品从 A 位置搬运到 B 位置时,需要先检测 A 位置是否有物品,若有物品则开始搬运,检测到 B 位置有物品后则完成搬运。在 ABB 工业机器人的控制器中增加标准 I/O(输入/输出)板,可以让机器人具有检测外部信号等功能。

ABB 标准 I/O 板主要有 DSQC 651(di8/do8/ao2)、DSQC 652(di16/do16)、DSQC 653(di8/do8,带继电器)、DSQC355A(ai4/ao4),其中 DSQC 651 提供 8 路数字量输入(di8)、8 路数字量输出(do8)和 2 路模拟量输出(ao2)。本章以 DSQC 651 为例介绍 ABB 标准 I/O 板的接线、安装与配置。

3.1.1 DSQC 651 的实物外形与端子

DSQC 651 的实物外形与端子如图 3-2 所示。其中，X1 为 8 路数字量输出端子，用于输出 8 路数字量信号（高电平为 24V，低电平为 0V），当某路端子输出高电平信号时，该路的指示灯会变亮；X3 为 8 路数字量输入端子，用于输入 8 路数字量信号，当某路端子输入高电平信号时，该路的指示灯会变亮；X6 为 2 路模拟量输出端子，用于输出 2 路模拟量信号（0～10V）；X5 为 DeviceNet 接口端子，用于设置 DSQC 651 的地址，并与 ABB 工业机器人的控制器主板连接通信。

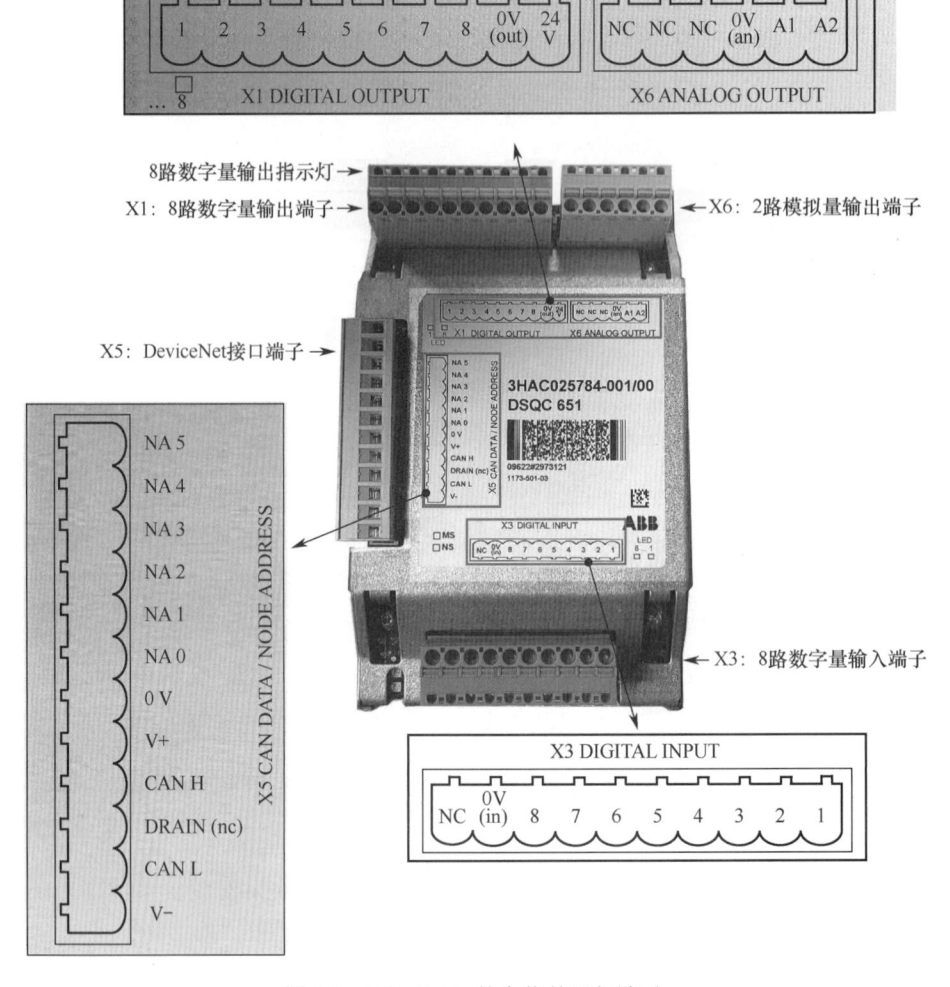

图 3-2 DSQC 651 的实物外形与端子

3.1.2 DSQC 651 的各端子说明

1. 数字量输入端子的定义、接线和地址分配

DSQC 651 的 X3 各端子的定义、接线和地址分配如图 3-3 所示。当 1 号端子的外接开关闭合时，有电流流入该端子（电流途径：24V→闭合的开关→1号端子→内部输入电路→9号端子→0V），1号端子即输入高电平信号（可用1或H表示）；当1号端子的外接开关断开时，该端子输入低电平信号（可用0或L表示）。

X3端子编号	使用定义	地址分配
1	INPUT CH1	0
2	INPUT CH2	1
3	INPUT CH3	2
4	INPUT CH4	3
5	INPUT CH5	4
6	INPUT CH6	5
7	INPUT CH7	6
8	INPUT CH8	7
9	0V	
10	未使用	

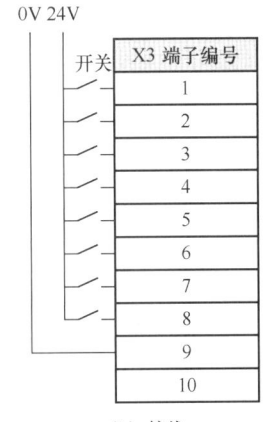

(a) 定义与地址分配　　　　(b) 接线

图 3-3　DSQC 651 的 X3 各端子的定义、接线和地址分配

2. 数字量输出端子的定义、接线和地址分配

DSQC 651 的 X1 各端子的定义、接线和地址分配如图 3-4 所示。当 1 号端子需要输出高电平信号时，1、10 号端子之间的内部晶体管导通，有电流从 1 号端子输出（电流途径：24V→10 号端子→1、10 号端子之间的内部晶体管→1 号端子→负载→0V），1 号端子即输出高电平信号（24V）。当 1 号端子内部晶体管截止时，输出低电平信号，此时 1 号端子输出电压为 0V。

X1端子编号	使用定义	地址分配
1	OUTPUT CH1	32
2	OUTPUT CH2	33
3	OUTPUT CH3	34
4	OUTPUT CH4	35
5	OUTPUT CH5	36
6	OUTPUT CH6	37
7	OUTPUT CH7	38
8	OUTPUT CH8	39
9	0V	
10	24V	

(a) 定义与地址分配　　　　(b) 接线

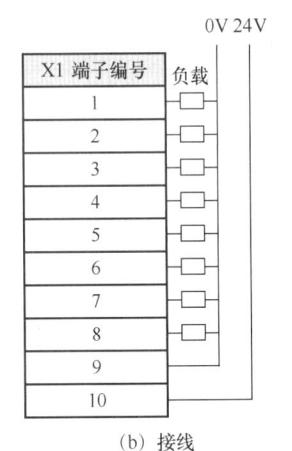

图 3-4　DSQC 651 的 X1 各端子的定义、接线和地址分配

3. 模拟量输出端子的定义、接线和地址分配

DSQC 651 的 X6 各端子的定义、接线和地址分配如图 3-5 所示。X6 的 5、4 号端子之间和 6、4 号端子之间均可输出 0～10V 的电压。

X6 端子编号	使用定义	地址分配
1	未使用	
2	未使用	
3	未使用	
4	0V	模拟输出公共端
5	模拟输出 ao1	0~15，模拟输出范围为0~10V
6	模拟输出 ao2	16~31，模拟输出范围为0~10V

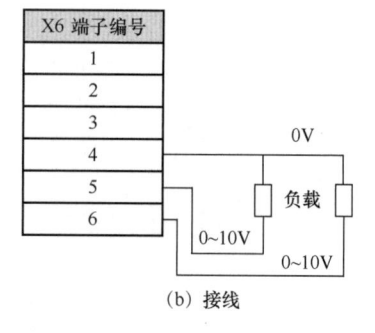

(a) 定义与地址分配

(b) 接线

图 3-5　DSQC 651 的 X6 各端子的定义、接线和地址分配

4. DeviceNet 接口端子的定义和接线

DSQC 651 的 X5 各端子的定义和接线如图 3-6 所示。

X5 的 6~12 号端子用于设置 DSQC 651 的地址，采用 6 位二进制数（12~7 号端子分别对应 bit5~bit0）来设置地址，一般将 DSQC 651 的地址设为 10，则 bit5~bit0 应为 001010，即 10、8 号端子信号应为 1（高电平），其他端子信号均为 0（低电平）。可以使用 7 个针脚的短路跳线来设置地址，将跳线的 3、5 号针脚剪掉，再将跳线插入 X5 的 12~6 号端子，这样 X5 除 10、8 号端子外，其他端子均通过跳线与 6 号端子（接地，0V）短接，12~7 号端子信号为 001010，DSQC 651 的地址被设为 10。

X5 的 1、2、4、5 号端子用于与 ABB 工业机器人的控制器主板进行 DeviceNet 总线通信，与主板的 XS8 接口连接。

X6 端子编号	使用定义
1	0V，黑色
2	CAN 信号线，Low，蓝色
3	屏蔽线
4	CAN 信号线，High，白色
5	24V，红色
6	GND地址选择公共端
7	模块ID bit0 (LSB)
8	模块ID bit1 (LSB)
9	模块ID bit2 (LSB)
10	模块ID bit3 (LSB)
11	模块ID bit4 (LSB)
12	模块ID bit5 (LSB)

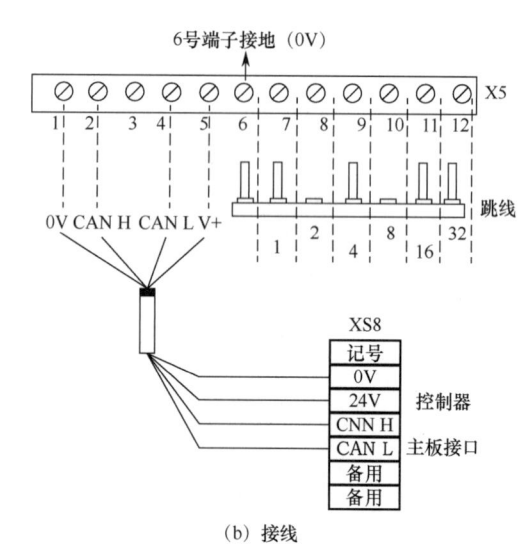

(a) 定义

(b) 接线

图 3-6　DSQC 651 的 X5 各端子的定义和接线

3.1.3　DSQC 651 的安装

在安装 DSQC 651 时，需要先打开控制器的柜门，再将其安装在柜门内侧的导轨上，如图 3-7 所示。

第 3 章　ABB 标准 I/O 板的接线与配置

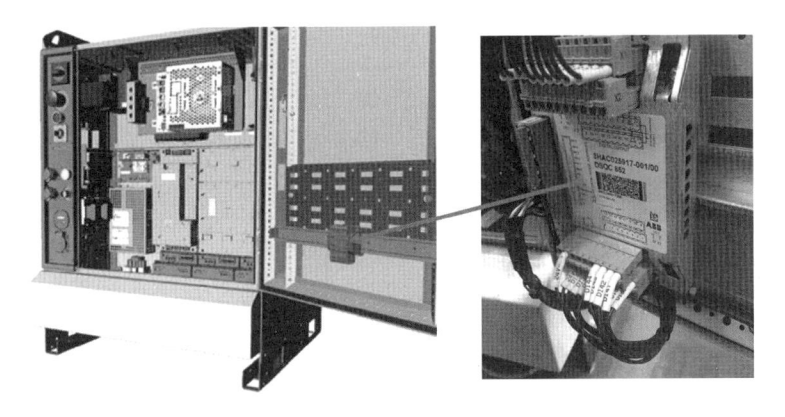

图 3-7　DSQC 651 的安装

3.2　ABB 标准 I/O 板的参数配置

3.2.1　I/O 板的地址配置

DSQC 651 与 ABB 工业机器人的控制器连接后，系统需要为其分配地址才能使用该 I/O 板。DSQC 651 的地址配置见表 3-1。

表 3-1　DSQC 651 的地址配置

序号	操 作 图	操 作 说 明
1		在示教器屏幕视图的左上角单击主菜单按钮，打开主菜单视图，单击"控制面板"，打开"控制面板"视图
2		在"控制面板"视图中，单击"配置"，打开"配置"视图

47

(续表)

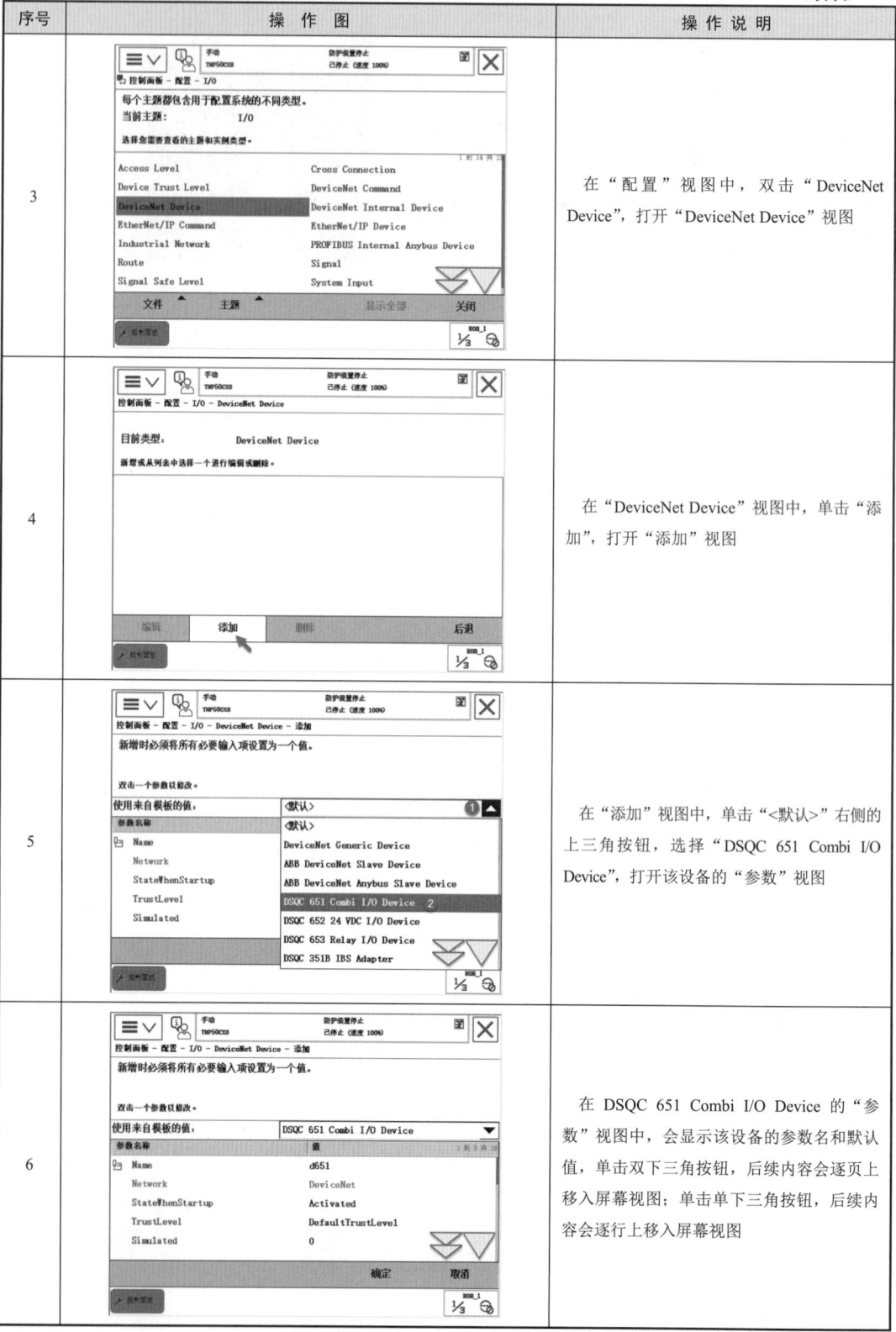

序号	操作图	操作说明
3		在"配置"视图中,双击"DeviceNet Device",打开"DeviceNet Device"视图
4		在"DeviceNet Device"视图中,单击"添加",打开"添加"视图
5		在"添加"视图中,单击"<默认>"右侧的上三角按钮,选择"DSQC 651 Combi I/O Device",打开该设备的"参数"视图
6		在 DSQC 651 Combi I/O Device 的"参数"视图中,会显示该设备的参数名和默认值,单击双下三角按钮,后续内容会逐页上移入屏幕视图;单击单下三角按钮,后续内容会逐行上移入屏幕视图

(续表)

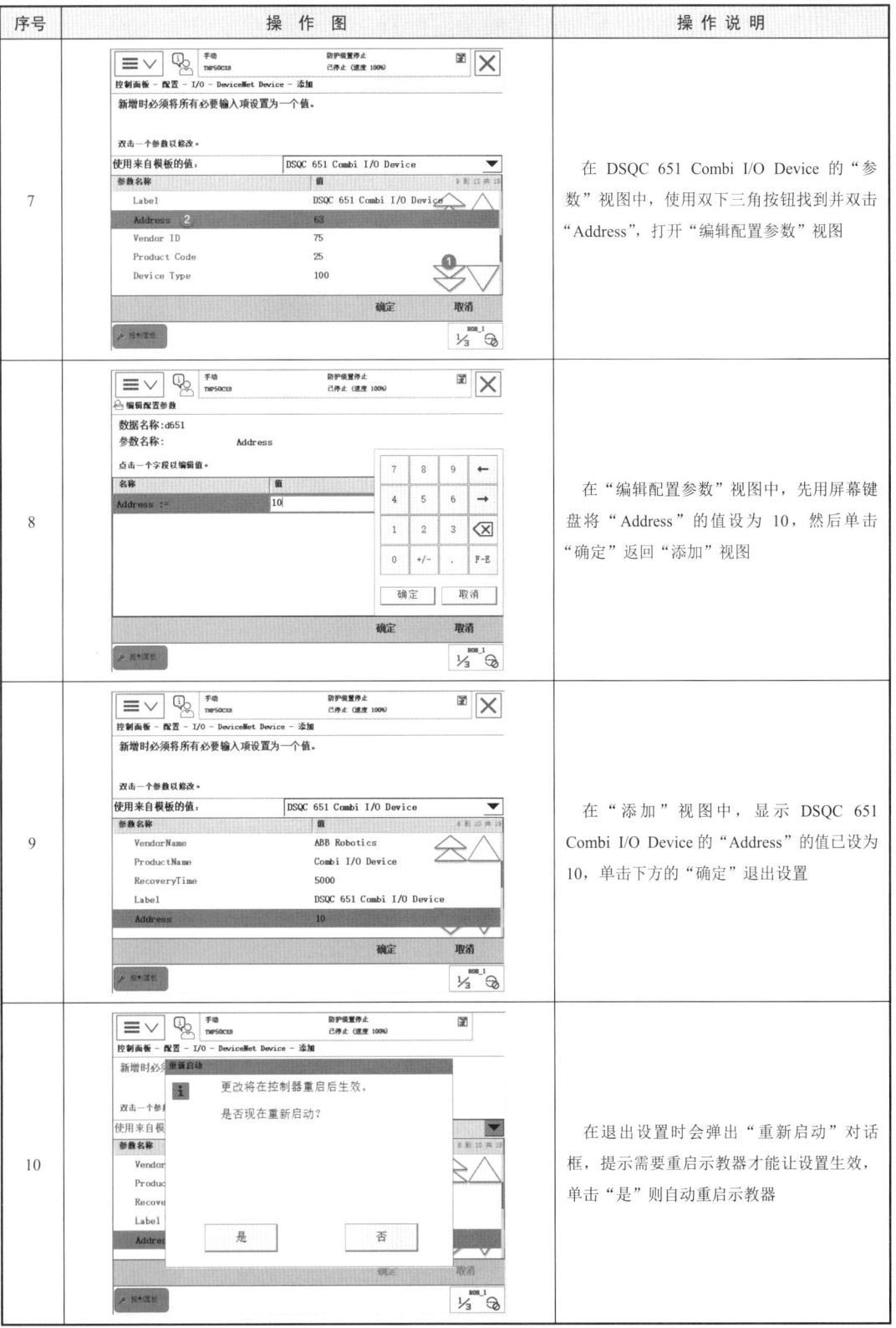

序号	操作图	操作说明
7		在 DSQC 651 Combi I/O Device 的"参数"视图中，使用双下三角按钮找到并双击"Address"，打开"编辑配置参数"视图
8		在"编辑配置参数"视图中，先用屏幕键盘将"Address"的值设为 10，然后单击"确定"返回"添加"视图
9		在"添加"视图中，显示 DSQC 651 Combi I/O Device 的"Address"的值已设为 10，单击下方的"确定"退出设置
10		在退出设置时会弹出"重新启动"对话框，提示需要重启示教器才能让设置生效，单击"是"则自动重启示教器

3.2.2 I/O 板输入、输出端子的参数配置

1．数字量输入端子的配置

DSQC 651 有 8 路数字量输入端子，需要先对其进行设置，系统才能使用这些端子。下面将 1 号端子设置为名称为 di1、信号类型为数字量输入、地址为 0（2 号端子的地址为 1，以此类推），具体过程见表 3-2。

表 3-2 数字量输入端子的配置

序号	操作图	操作说明
1		先在示教器屏幕视图的左上角单击主菜单按钮，打开主菜单视图，再单击"控制面板"，打开"控制面板"视图
2		在"控制面板"视图中，单击"配置"，打开"配置"视图
3		在"配置"视图中，双击"Signal"，打开"Signal"视图

(续表)

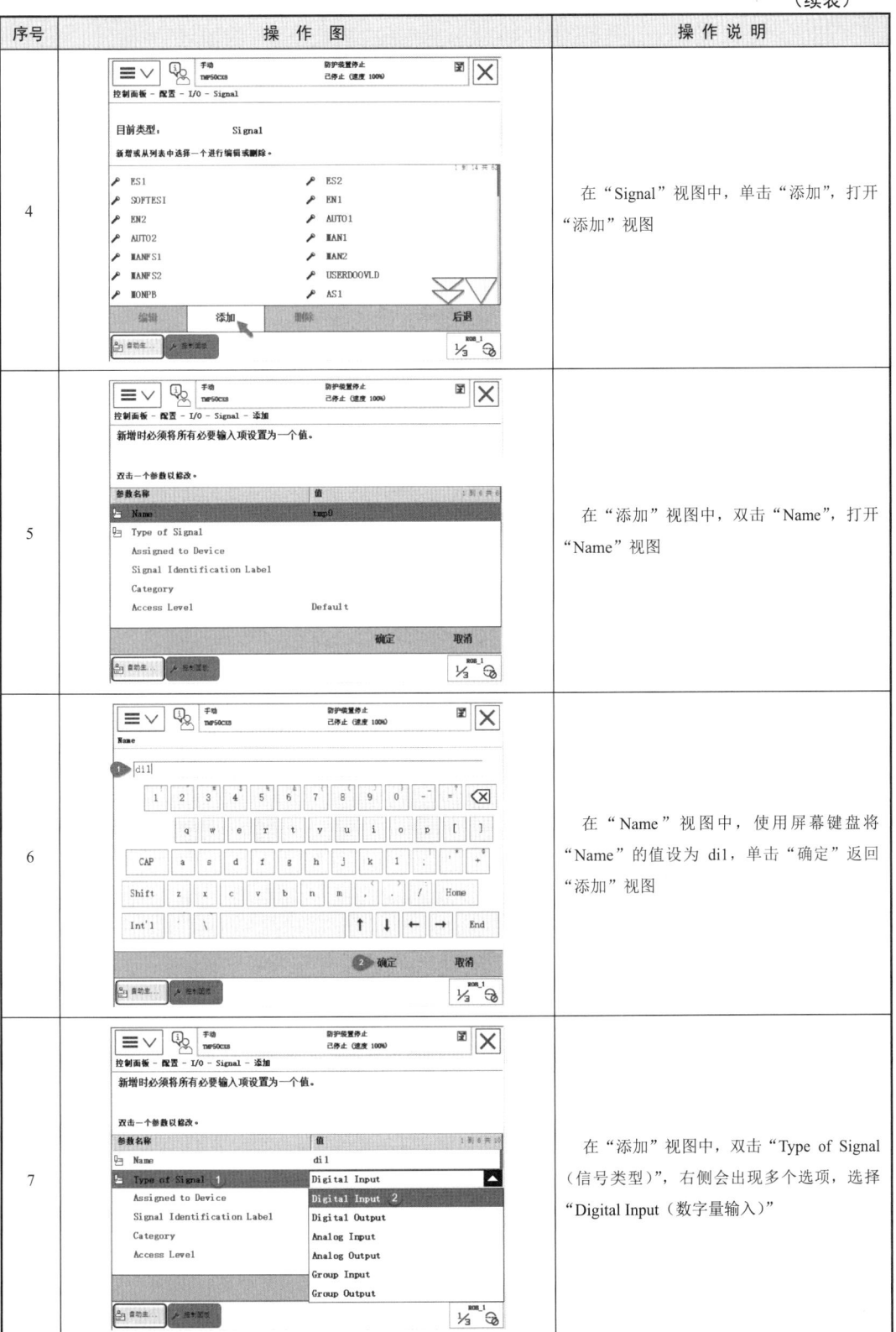

序号	操 作 图	操 作 说 明
4		在"Signal"视图中,单击"添加",打开"添加"视图
5		在"添加"视图中,双击"Name",打开"Name"视图
6		在"Name"视图中,使用屏幕键盘将"Name"的值设为 di1,单击"确定"返回"添加"视图
7		在"添加"视图中,双击"Type of Signal(信号类型)",右侧会出现多个选项,选择"Digital Input(数字量输入)"

51

（续表）

序号	操 作 图	操 作 说 明
8		在"添加"视图中，双击"Assigned to Device（分配给设备）"，右侧会出现多个选项，选择"d651"
9		在"添加"视图中，双击"Device Mapping（信号通道使用的地址）"，打开"Device Mapping"视图
10		在"Device Mapping"视图中，使用屏幕键盘将"Device Mapping"的值设为 0，单击"确定"返回"添加"视图
11		此时，在"添加"视图中设置了 4 个参数，这样就可以使用 DSQC 651（名称为 d651）的 1 号数字量输入端子（地址设为 0 时使用该端子）了，该端子名称为 di1，信号类型为数字量输入。 单击"确定"退出设置

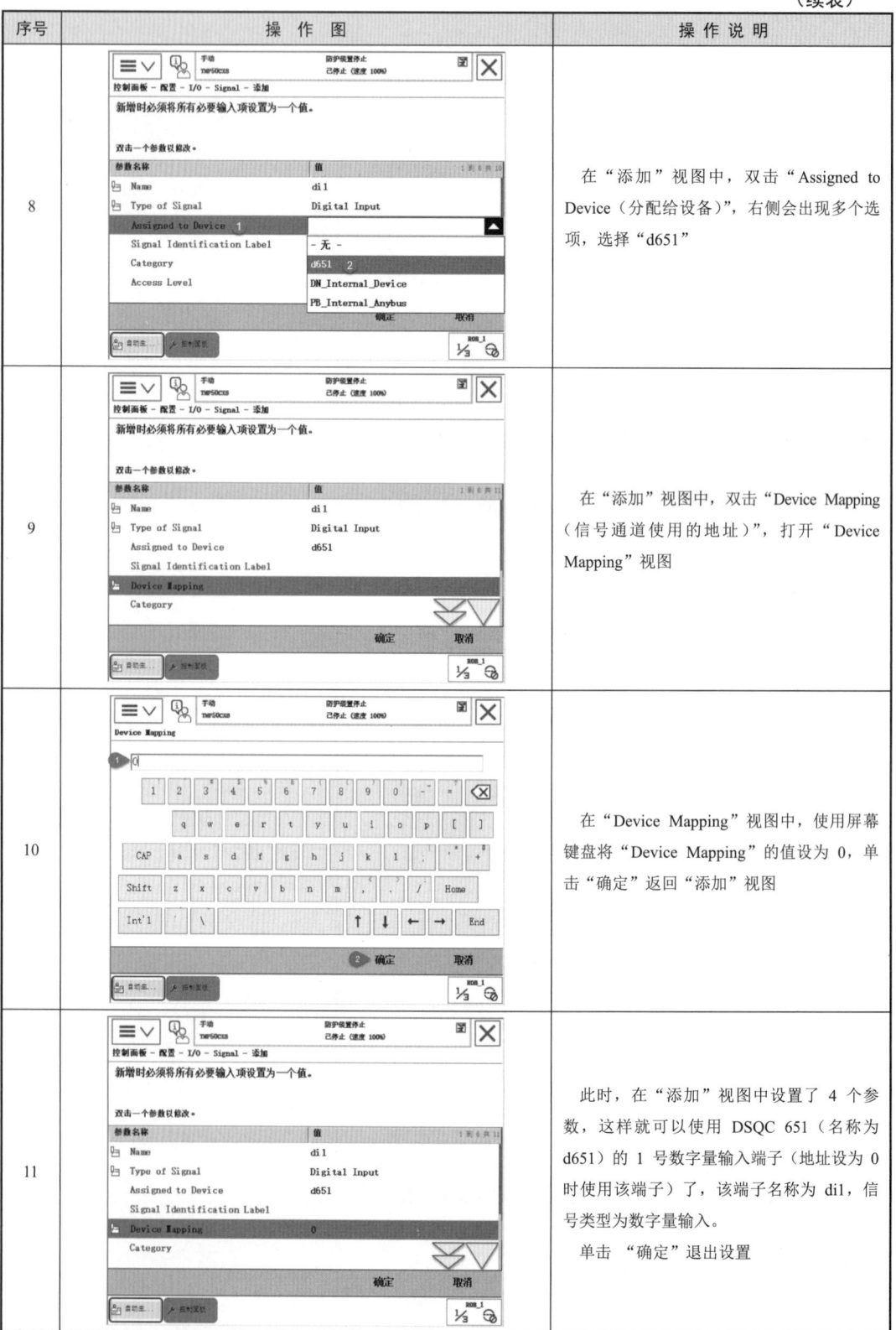

(续表)

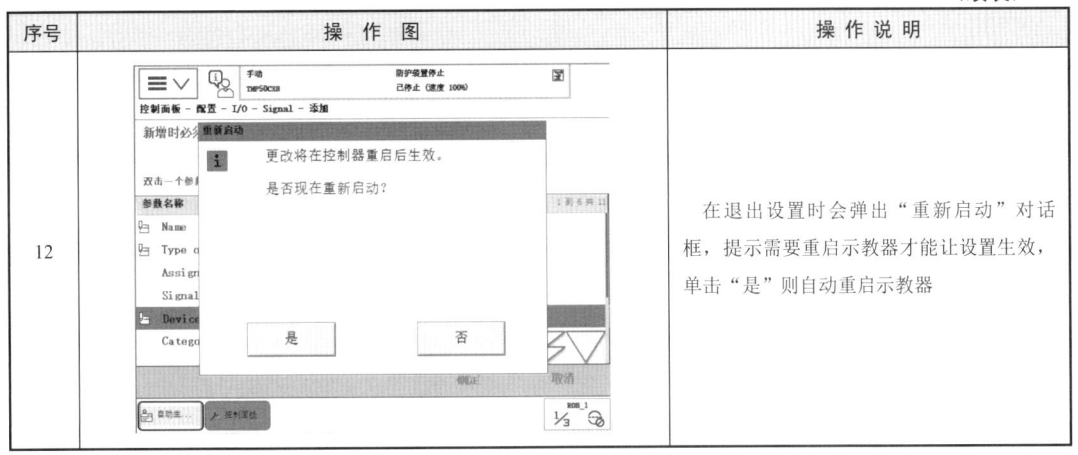

序号	操 作 图	操 作 说 明
12		在退出设置时会弹出"重新启动"对话框,提示需要重启示教器才能让设置生效,单击"是"则自动重启示教器

2. 数字量输出端子的配置

DSQC 651 有 8 路数字量输出端子,需要先对其进行设置,系统才能使用这些端子。下面将 1 号端子设置为名称为 do1、信号类型为数字量输出、地址为 32(2 号端子的地址为 33,以此类推),具体过程见表 3-3。

表3-3 数字量输出端子的配置

序号	操 作 图	操 作 说 明
1		先在示教器屏幕视图的左上角单击主菜单按钮,打开主菜单视图,再单击"控制面板",打开"控制面板"视图
2		在"控制面板"视图中,单击"配置",打开"配置"视图

(续表)

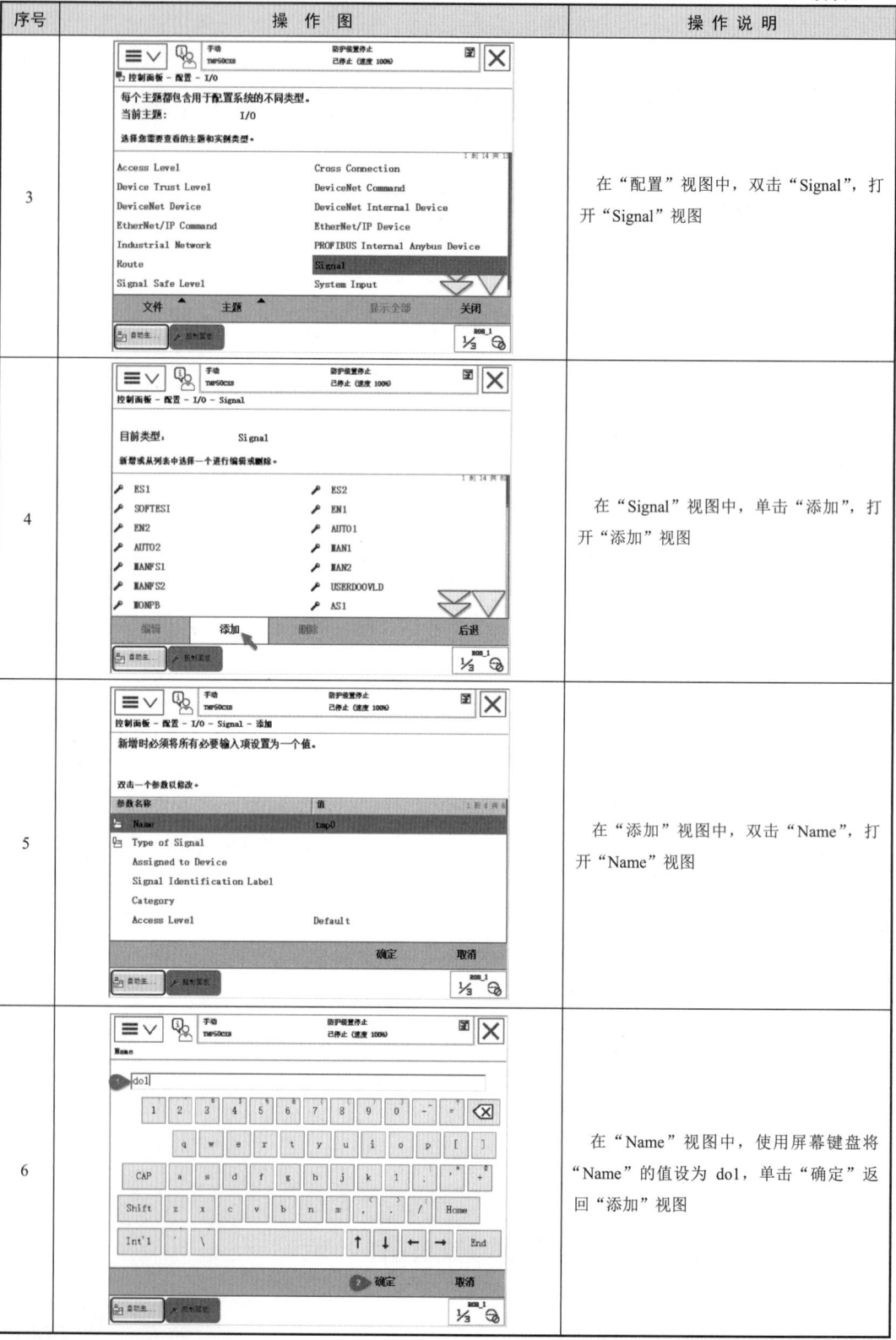

序号	操 作 图	操 作 说 明
3		在"配置"视图中,双击"Signal",打开"Signal"视图
4		在"Signal"视图中,单击"添加",打开"添加"视图
5		在"添加"视图,双击"Name",打开"Name"视图
6		在"Name"视图中,使用屏幕键盘将"Name"的值设为 do1,单击"确定"返回"添加"视图

(续表)

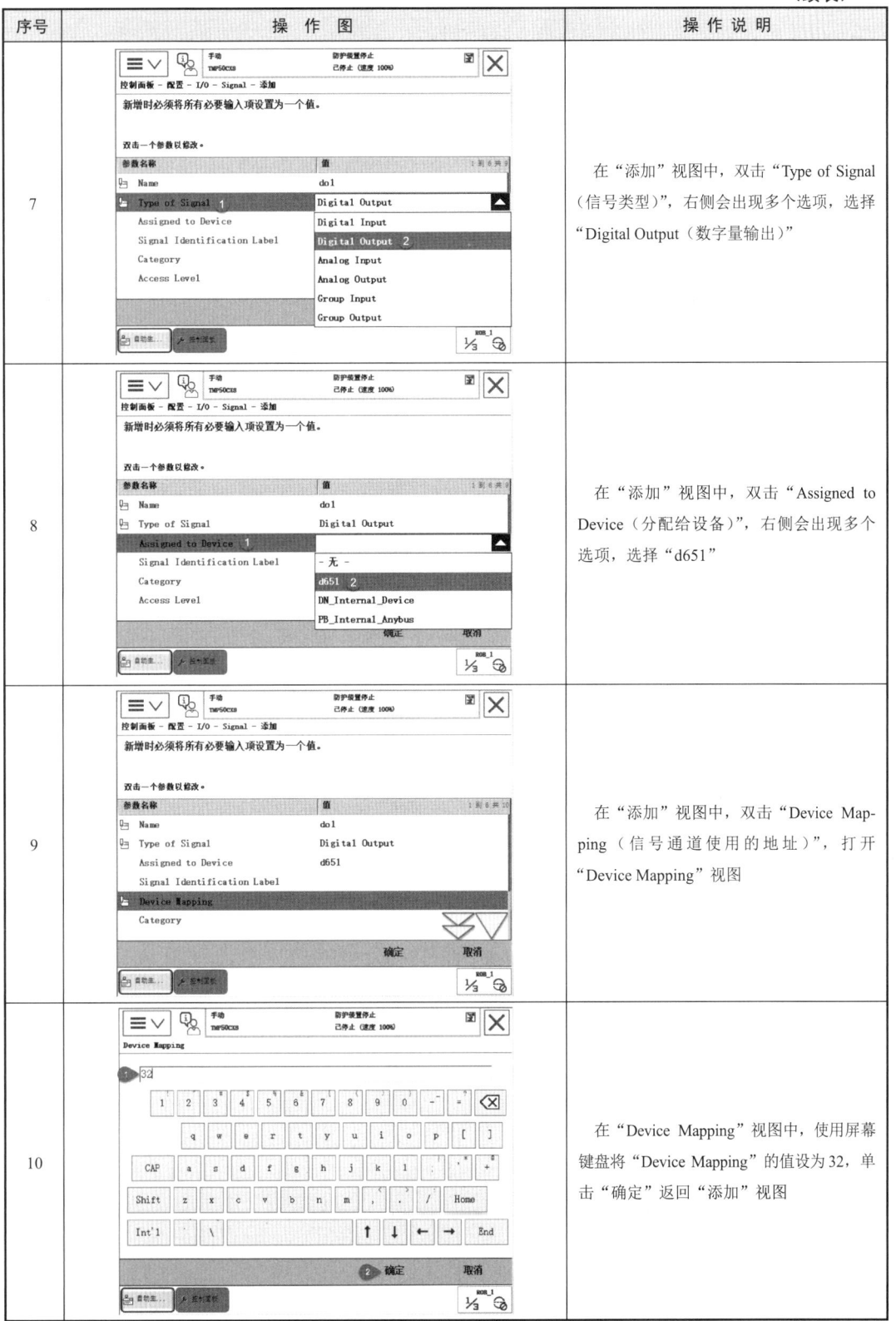

序号	操 作 图	操 作 说 明
7		在"添加"视图中，双击"Type of Signal（信号类型）"，右侧会出现多个选项，选择"Digital Output（数字量输出）"
8		在"添加"视图中，双击"Assigned to Device（分配给设备）"，右侧会出现多个选项，选择"d651"
9		在"添加"视图中，双击"Device Mapping（信号通道使用的地址）"，打开"Device Mapping"视图
10		在"Device Mapping"视图中，使用屏幕键盘将"Device Mapping"的值设为32，单击"确定"返回"添加"视图

(续表)

序号	操 作 图	操 作 说 明
11		此时，在"添加"视图中设置了4个参数，这样就可以使用DSQC 651（名称为d651）的1号数字量输出端子（地址设为32时使用该端子）了，该端子名称为do1，信号类型为数字量输出。 单击"确定"退出设置
12		在退出设置时会弹出"重新启动"对话框，提示需要重启示教器才能让设置生效，单击"是"则自动重启示教器

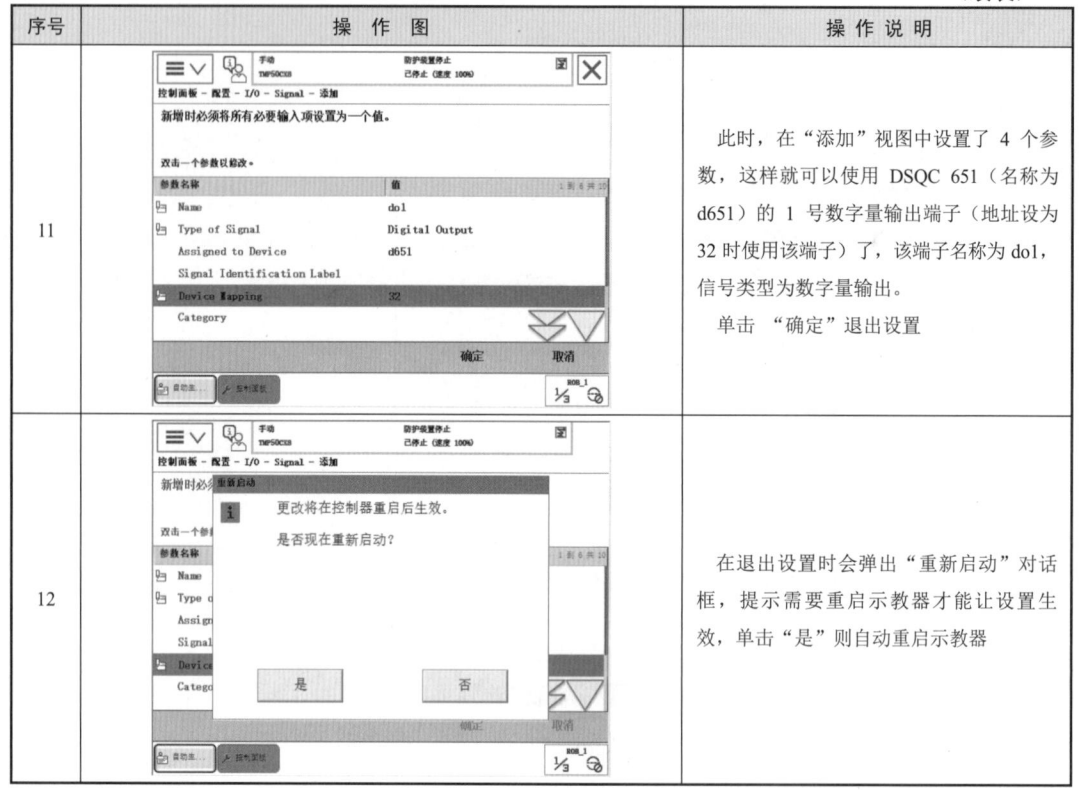

3．数字量组输入端子的配置

DSQC 651有8路数字量输入端子，这些输入端子可以单个使用，也可以将多个输入端子配置成一组输入端子。数字量组输入端子常用于同时输入多位二进制数。例如，将2～5号端子配置成一组输入端子，可以输入4位二进制数0000～1111，对应十六进制数0～F，如果仅输入0000～1001，则可表示十进制数0～9。

下面将2～5号端子配置成名称为gi1、信号类型为组输入、地址为1-4的组输入端子，具体过程见表3-4。

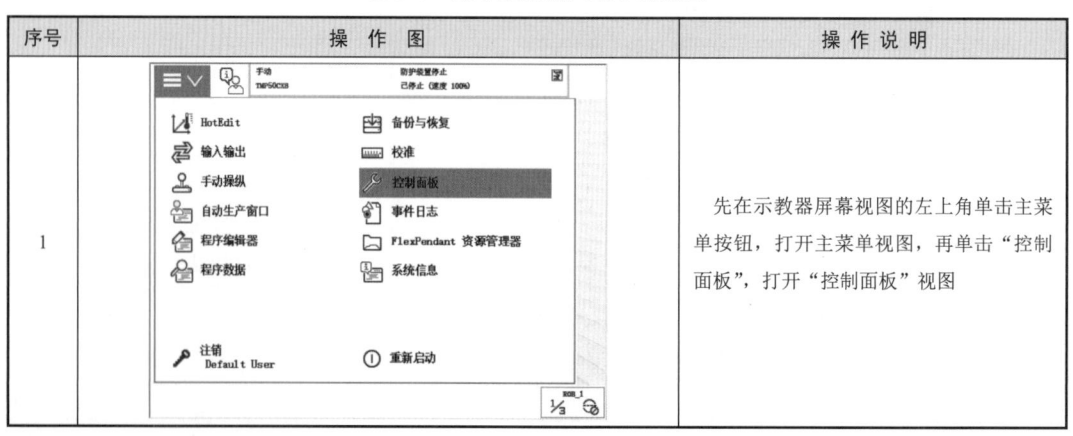

表3-4　数字量组输入端子的配置

序号	操 作 图	操 作 说 明
1		先在示教器屏幕视图的左上角单击主菜单按钮，打开主菜单视图，再单击"控制面板"，打开"控制面板"视图

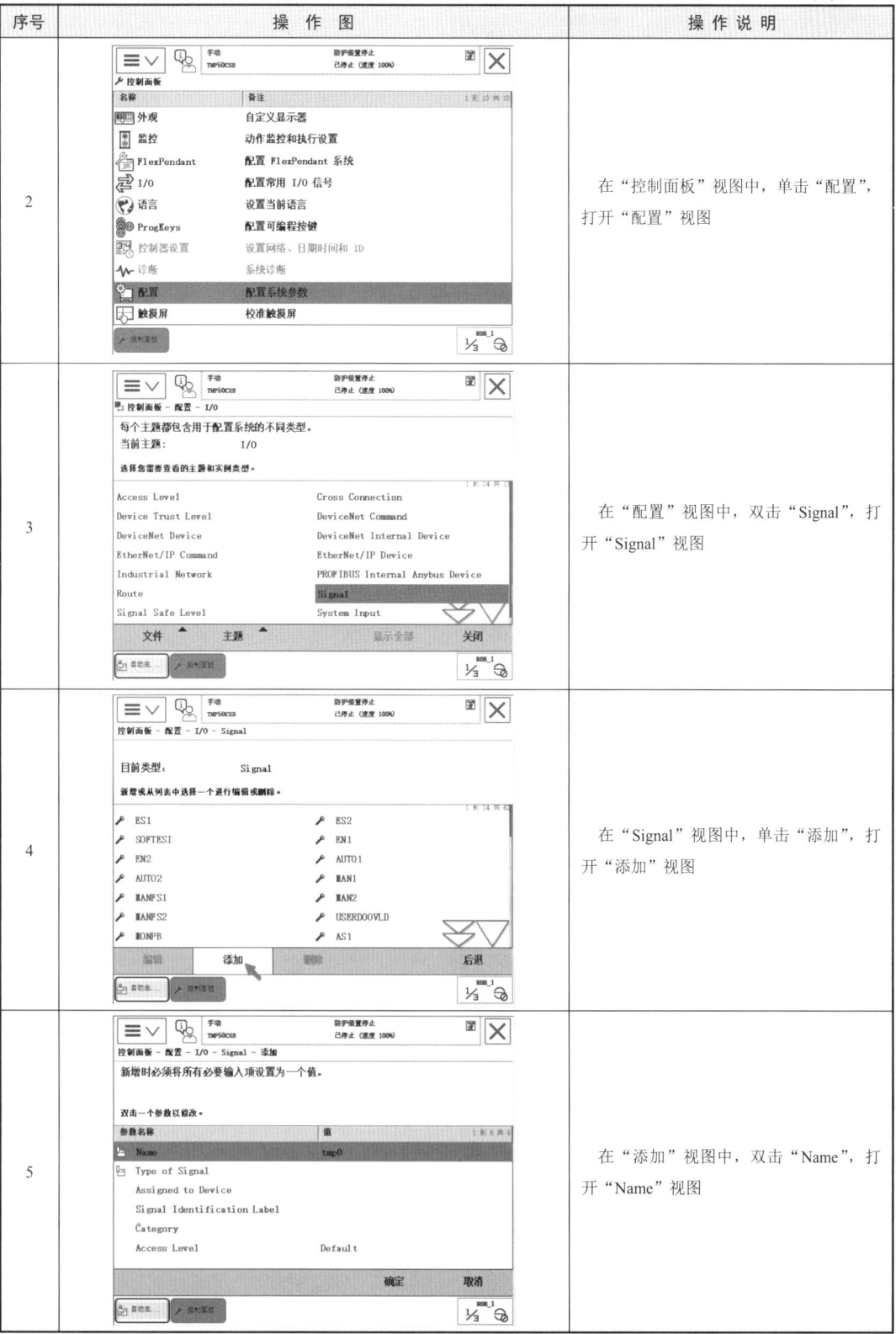

第 3 章　ABB 标准 I/O 板的接线与配置

（续表）

序号	操 作 图	操 作 说 明
2		在"控制面板"视图中，单击"配置"，打开"配置"视图
3		在"配置"视图中，双击"Signal"，打开"Signal"视图
4		在"Signal"视图中，单击"添加"，打开"添加"视图
5		在"添加"视图中，双击"Name"，打开"Name"视图

57

(续表)

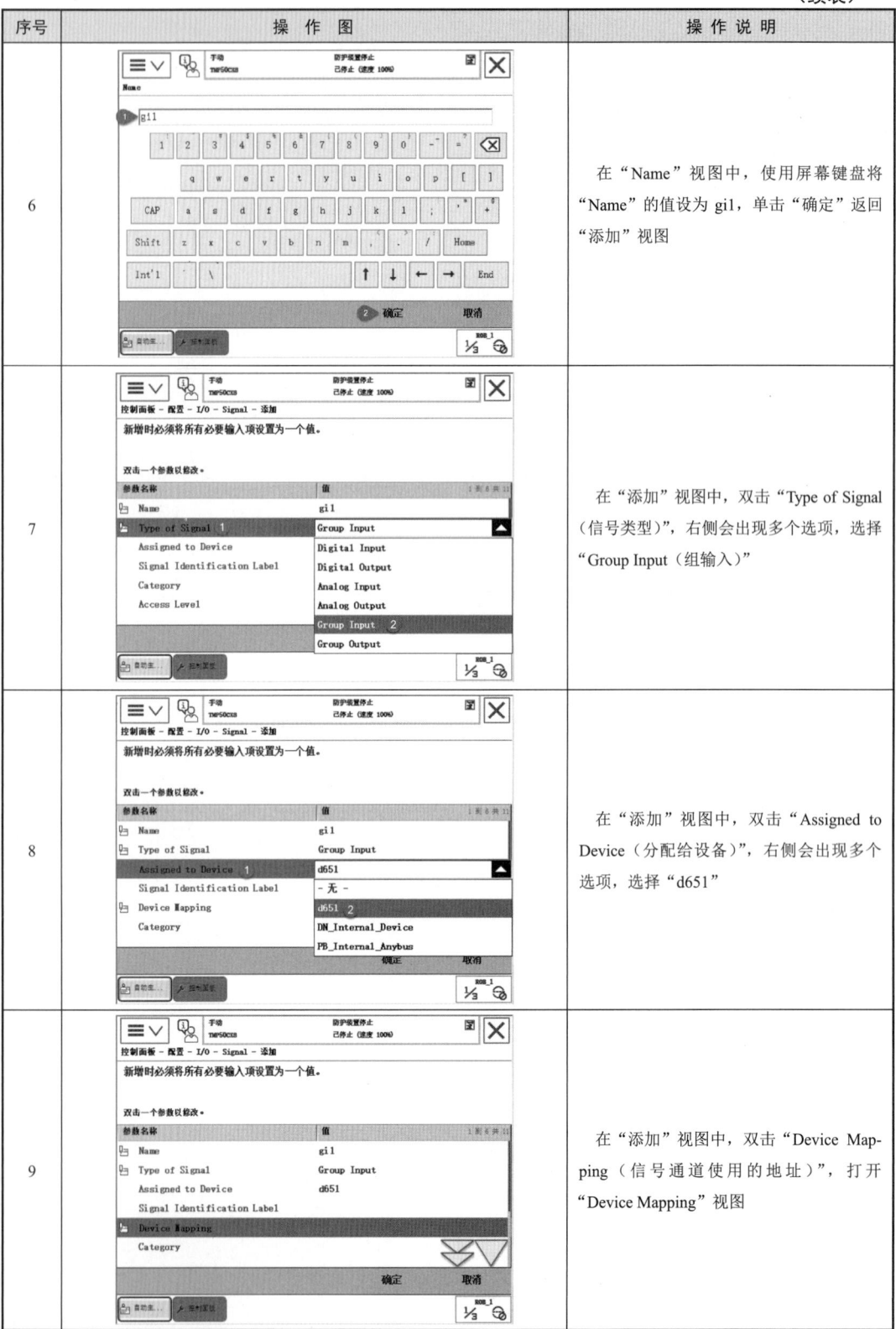

序号	操 作 图	操 作 说 明
6		在"Name"视图中，使用屏幕键盘将"Name"的值设为gi1，单击"确定"返回"添加"视图
7		在"添加"视图中，双击"Type of Signal（信号类型）"，右侧会出现多个选项，选择"Group Input（组输入）"
8		在"添加"视图中，双击"Assigned to Device（分配给设备）"，右侧会出现多个选项，选择"d651"
9		在"添加"视图中，双击"Device Mapping（信号通道使用的地址）"，打开"Device Mapping"视图

（续表）

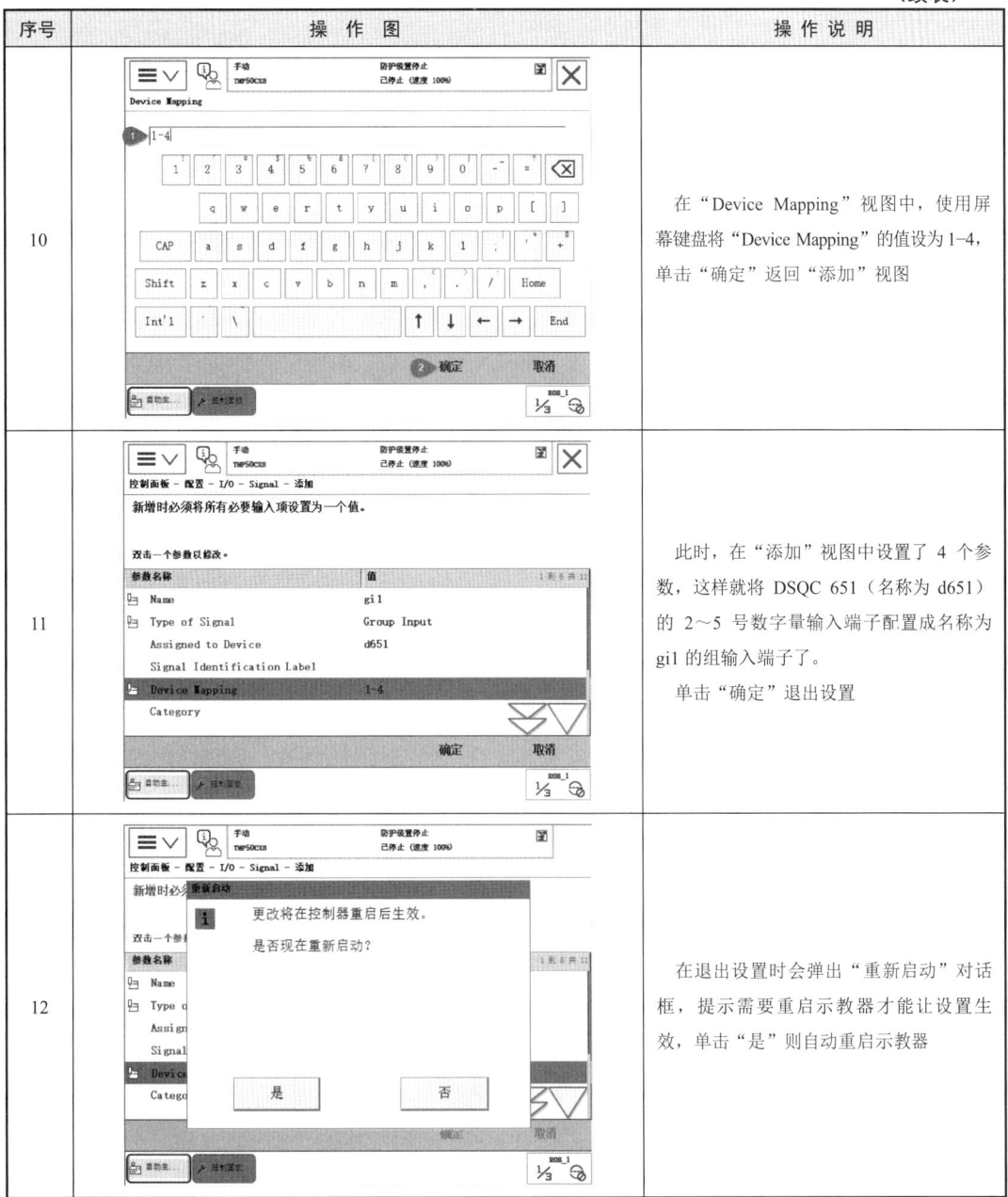

序号	操 作 图	操 作 说 明
10		在"Device Mapping"视图中，使用屏幕键盘将"Device Mapping"的值设为1-4，单击"确定"返回"添加"视图
11		此时，在"添加"视图中设置了4个参数，这样就将DSQC 651（名称为d651）的2~5号数字量输入端子配置成名称为gi1的组输入端子了。 单击"确定"退出设置
12		在退出设置时会弹出"重新启动"对话框，提示需要重启示教器才能让设置生效，单击"是"则自动重启示教器

4．数字量组输出端子的配置

DSQC 651 有 8 路数字量输出端子，这些输出端子可以单个使用，也可以将多个输出端子配置成一组输出端子。数字量组输出端子常用于同时输出多位二进制数。例如，将 2~5 号输出端子配置成一组输出端子，可以输出 4 位二进制数 0000~1111，对应十六进制数 0~F，如果仅输出 0000~1001，则可表示十进制数 0~9。

下面将 2~5 号端子配置成名称为 go1、信号类型为组输出、地址为 33-36 的组输出端子，具体过程见表 3-5。

表 3-5 数字量组输出端子的配置

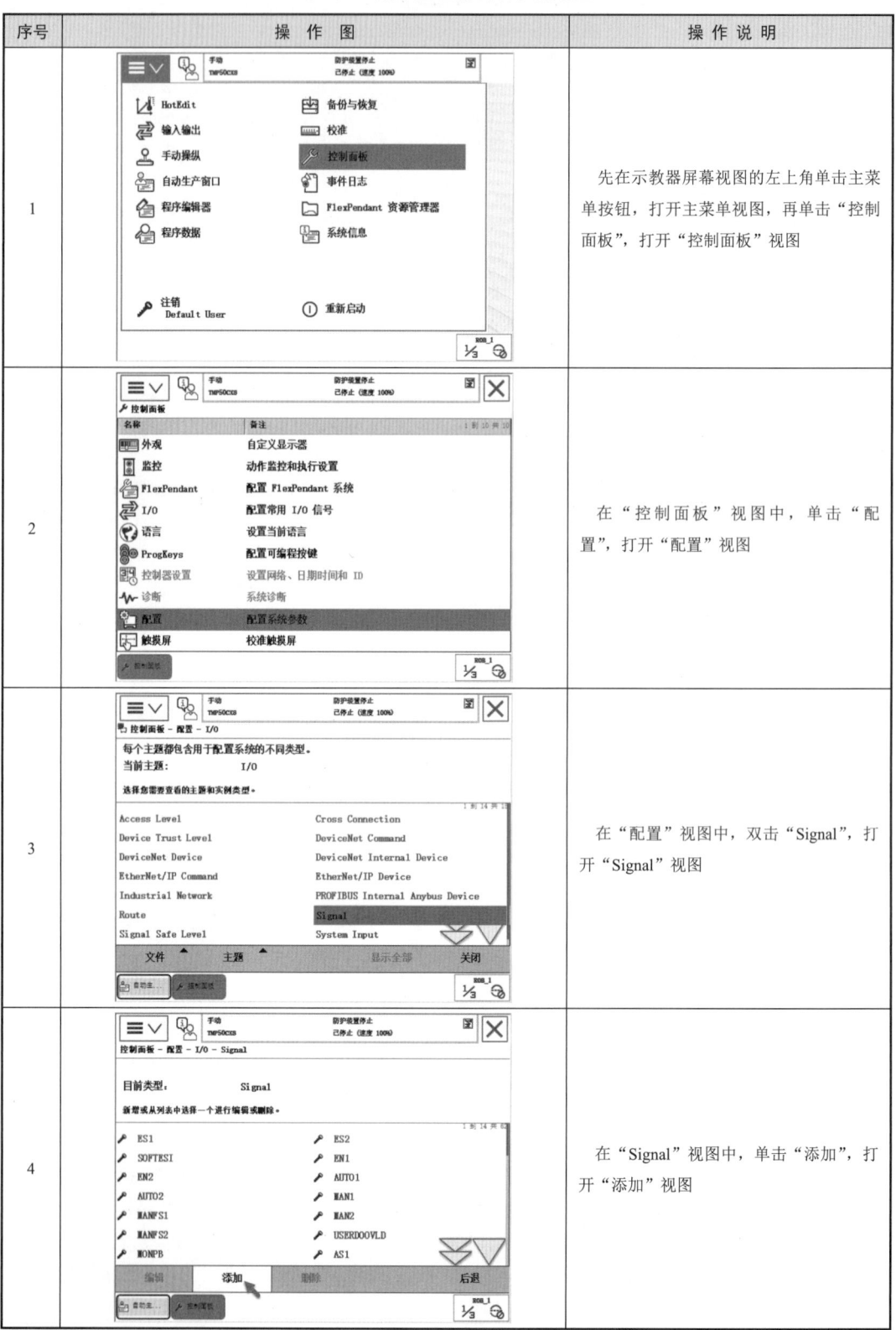

序号	操作图	操作说明
1		先在示教器屏幕视图的左上角单击主菜单按钮，打开主菜单视图，再单击"控制面板"，打开"控制面板"视图
2		在"控制面板"视图中，单击"配置"，打开"配置"视图
3		在"配置"视图中，双击"Signal"，打开"Signal"视图
4		在"Signal"视图中，单击"添加"，打开"添加"视图

(续表)

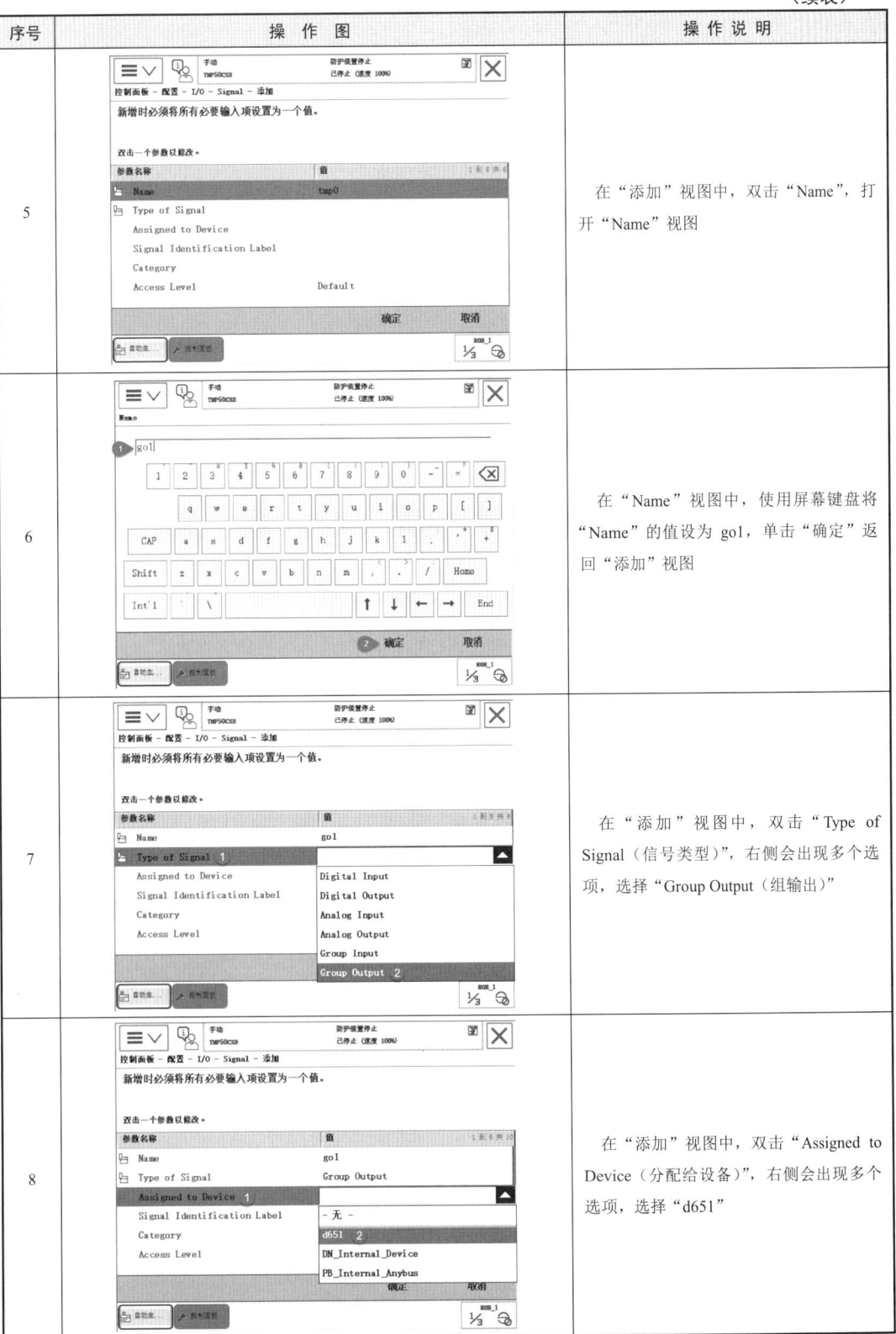

序号	操 作 图	操 作 说 明
5		在"添加"视图中,双击"Name",打开"Name"视图
6		在"Name"视图中,使用屏幕键盘将"Name"的值设为go1,单击"确定"返回"添加"视图
7		在"添加"视图中,双击"Type of Signal(信号类型)",右侧会出现多个选项,选择"Group Output(组输出)"
8		在"添加"视图中,双击"Assigned to Device(分配给设备)",右侧会出现多个选项,选择"d651"

（续表）

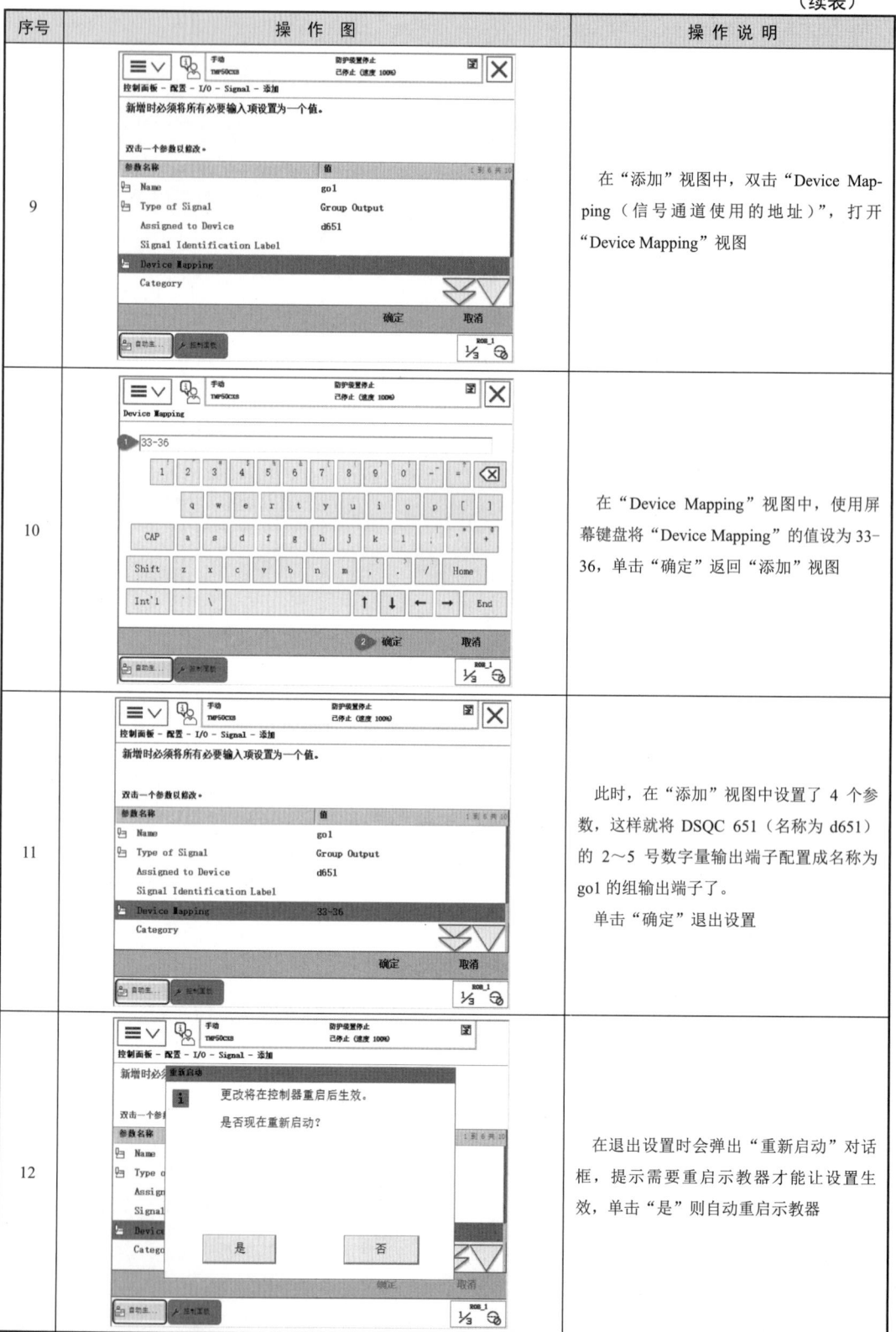

序号	操 作 图	操 作 说 明
9		在"添加"视图中，双击"Device Mapping（信号通道使用的地址）"，打开"Device Mapping"视图
10		在"Device Mapping"视图中，使用屏幕键盘将"Device Mapping"的值设为33-36，单击"确定"返回"添加"视图
11		此时，在"添加"视图中设置了4个参数，这样就将DSQC 651（名称为d651）的2～5号数字量输出端子配置成名称为go1的组输出端子了。 单击"确定"退出设置
12		在退出设置时会弹出"重新启动"对话框，提示需要重启示教器才能让设置生效，单击"是"则自动重启示教器

5．模拟量输出端子的配置

DSQC 651 有 2 路模拟量输出端子，需要先对其进行设置，系统才能使用这些端子。下面将 1 号模拟量输出端子（AO1 端子）配置成名称为 ao1 的用于控制焊接电源的模拟量输出端子，当 AO1 端子输出 0～10V 电压时，焊接电源输出 12～40.2V 电压，两者呈现线性关系，如图 3-8 所示，参数配置内容见表 3-6，参数配置操作见表 3-7。

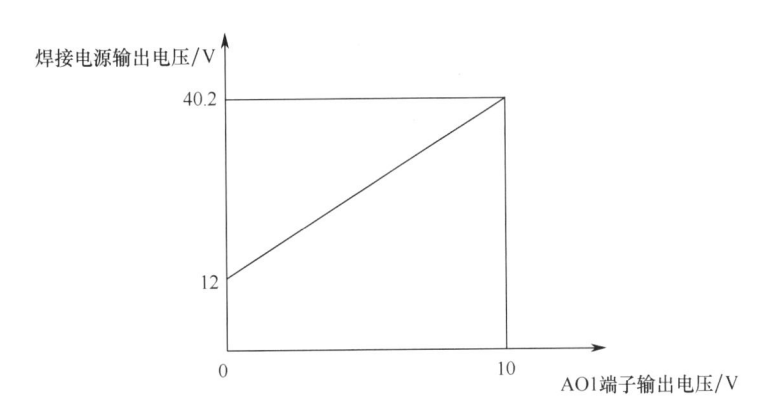

图 3-8 DSQC 651 AO1 端子输出电压与焊接电源输出电压的关系

表 3-6 DSQC 651 AO1 端子的参数配置内容

参 数 名 称	设 定 值	说　明
Name	ao1	设定模拟输出信号的名字
Type of Signal	Analog Output	设定信号的类型
Assigned to Device	d651	设定信号所在的 I/O 模块
Device Mapping	0-15	设定信号所占用的地址
Default Value	12	默认值，不得小于最小逻辑值
Analog Encoding Type	Unsigned	Two Complement 的数值范围为 −32768～+32768；Unsigned 的数值范围从 0 开始，无负数
Maximum Logical Value	40.2	最大逻辑值，焊接电源最大输出电压为 40.2V
Maximum Physical Value	10	最大物理值，焊接电源最大输出电压所对应 I/O 板的最大输出电压
Maximum Physical Value Limit	10	最大物理限值，I/O 板端子最大输出电压
Maximum Bit Value	65535	最大位值，16 位
Minimum Logical Value	12	最小逻辑值，焊接电源最小输出电压 12V
Minimum Physical Value	0	最小物理值，焊接电源最小输出电压时所对应 I/O 板的最小输出电压值
Minimum Physical Value Limit	0	最小物理限值，I/O 板端子最小输出电压
Minimum Bit Value	0	最小位值

表 3-7　DSQC 651 AO1 端子的参数配置操作

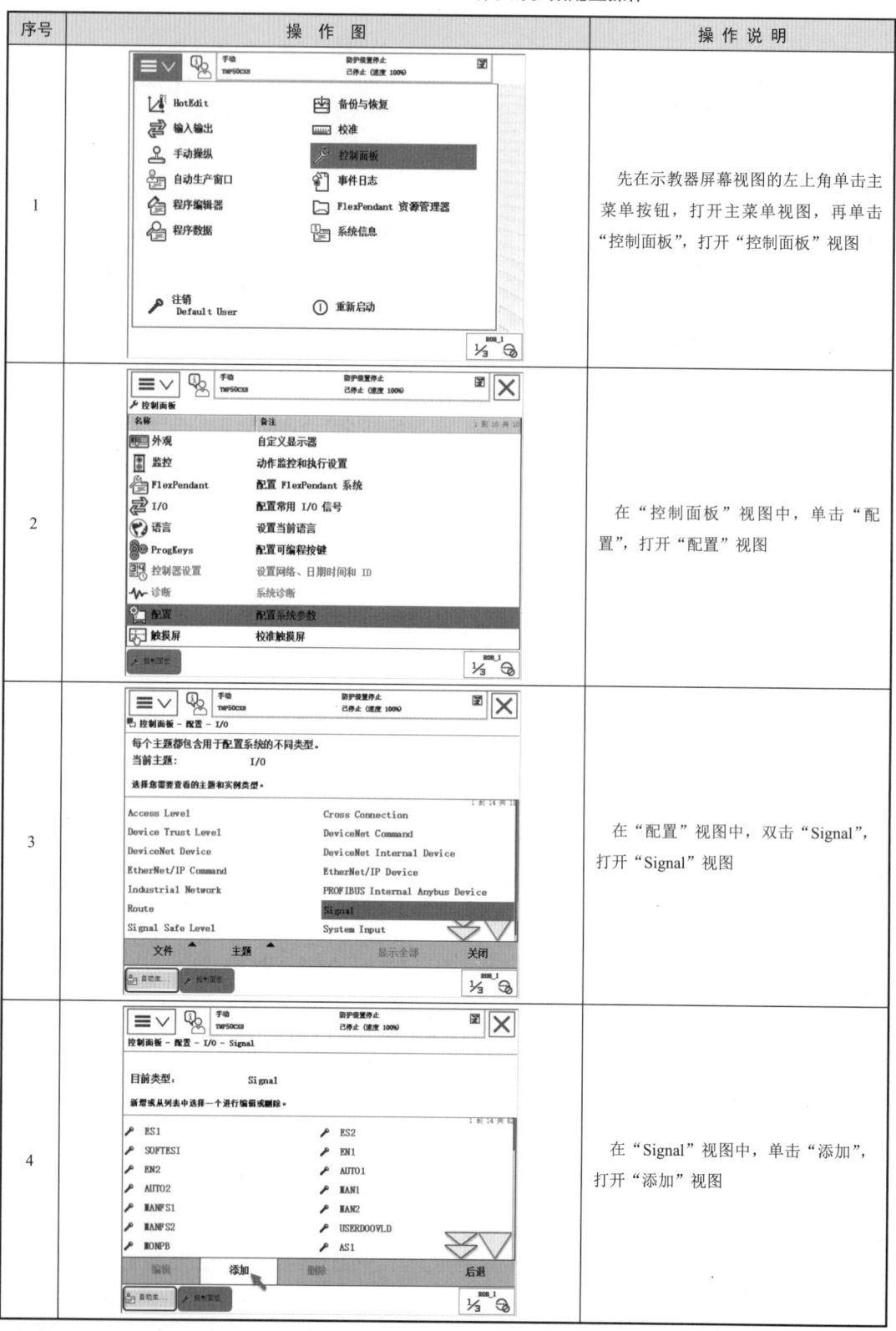

序号	操 作 图	操 作 说 明
1		先在示教器屏幕视图的左上角单击主菜单按钮，打开主菜单视图，再单击"控制面板"，打开"控制面板"视图
2		在"控制面板"视图中，单击"配置"，打开"配置"视图
3		在"配置"视图中，双击"Signal"，打开"Signal"视图
4		在"Signal"视图中，单击"添加"，打开"添加"视图

(续表)

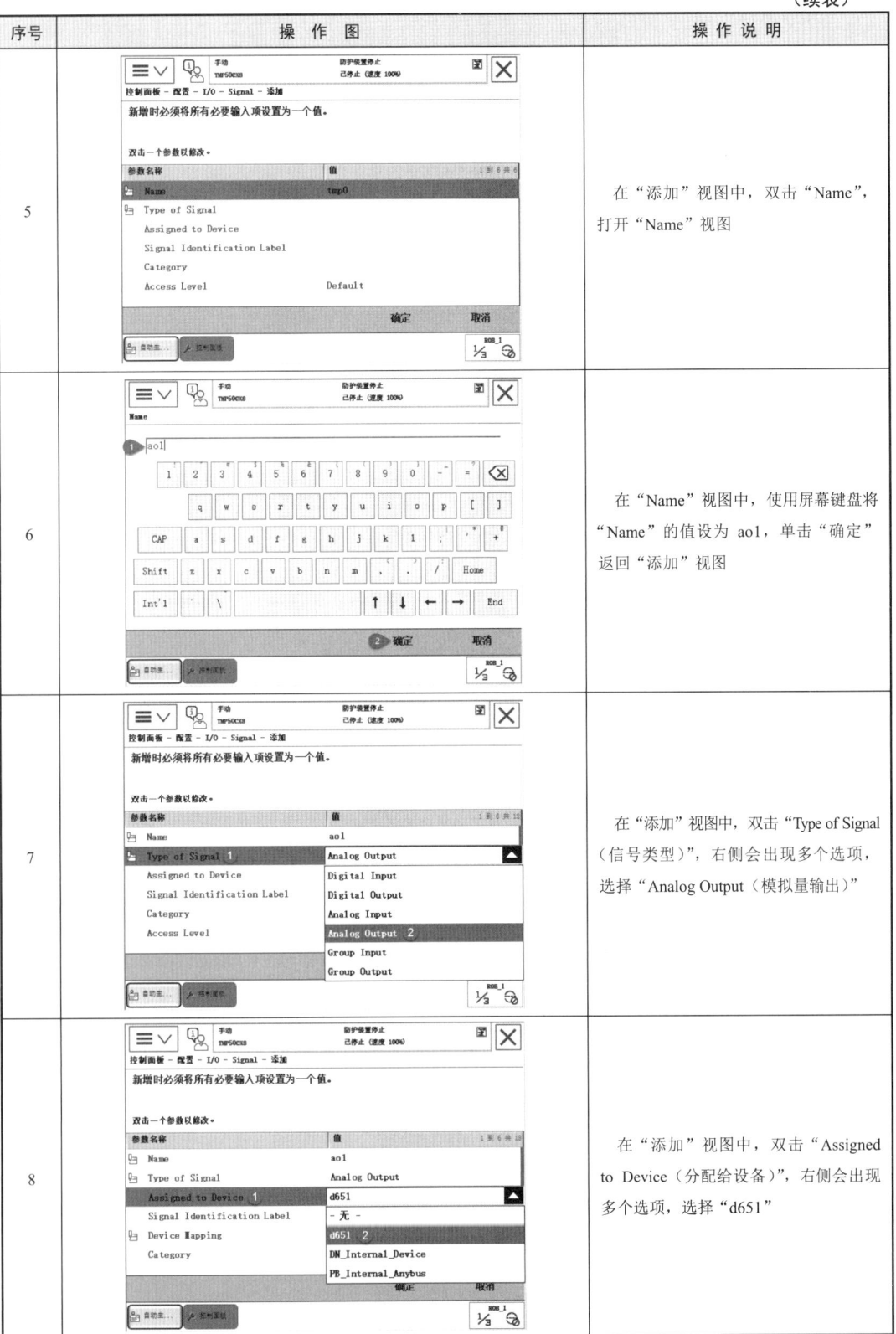

序号	操 作 图	操 作 说 明
5		在"添加"视图中,双击"Name",打开"Name"视图
6		在"Name"视图中,使用屏幕键盘将"Name"的值设为 ao1,单击"确定"返回"添加"视图
7		在"添加"视图中,双击"Type of Signal(信号类型)",右侧会出现多个选项,选择"Analog Output(模拟量输出)"
8		在"添加"视图中,双击"Assigned to Device(分配给设备)",右侧会出现多个选项,选择"d651"

65

（续表）

序号	操 作 图	操 作 说 明
9		在"添加"视图中，双击"Device Mapping（信号通道使用的地址）"，打开"Device Mapping"视图
10		在"Device Mapping"视图中，使用屏幕键盘将"Device Mapping"的值设为 0-15，单击"确定"返回"添加"视图
11		此时，在"添加"视图中设置了 4 个参数，这样就将 DSQC 651（名称为 d651）的 AO1 端子（地址为 0-15）配置成名称为 ao1 的模拟量输出端子了
12		在"添加"视图中，单击双下三角或单下三角按钮，找到并双击"Default Value（默认值）"，打开"编辑配置参数"视图

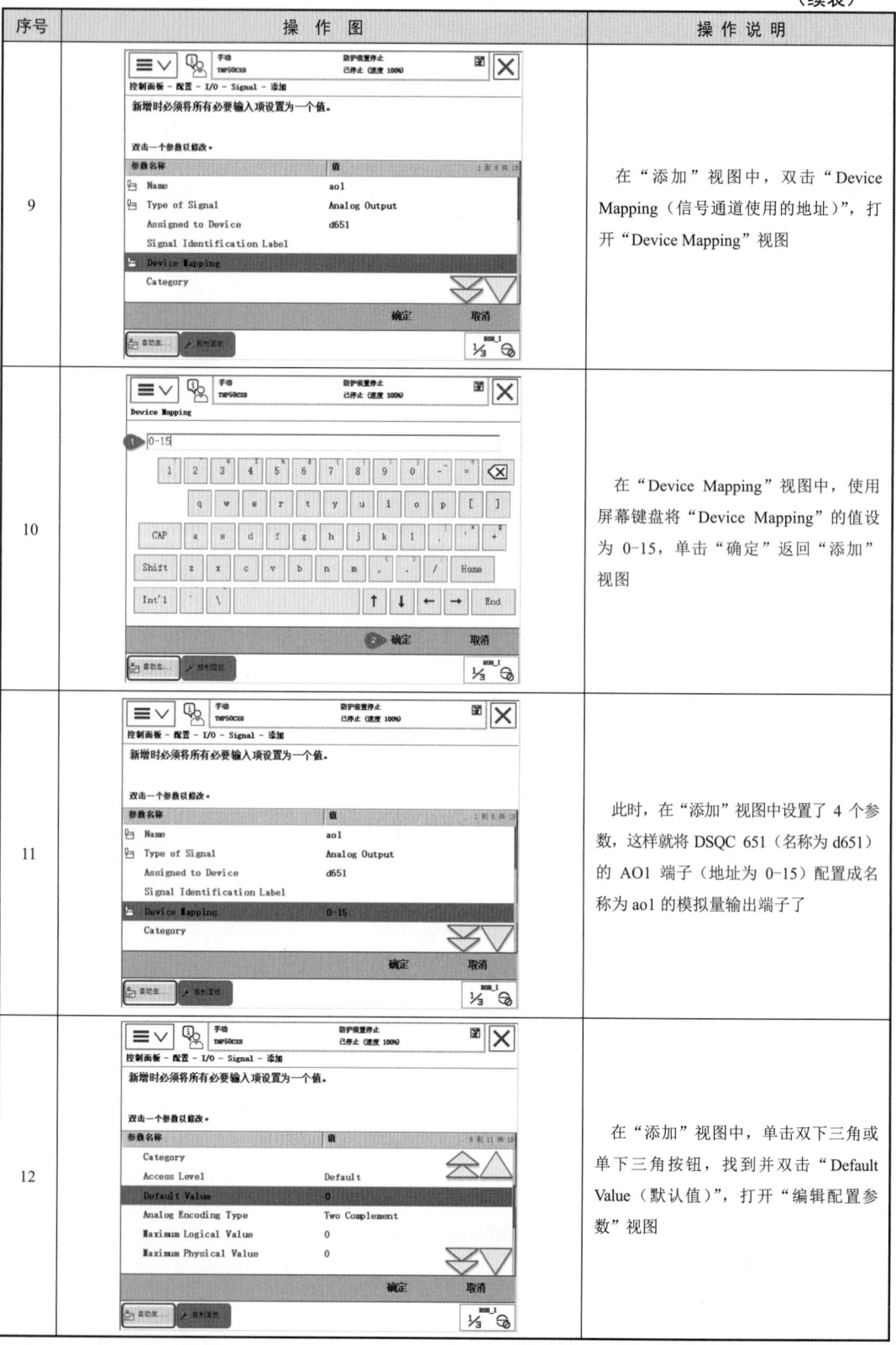

(续表)

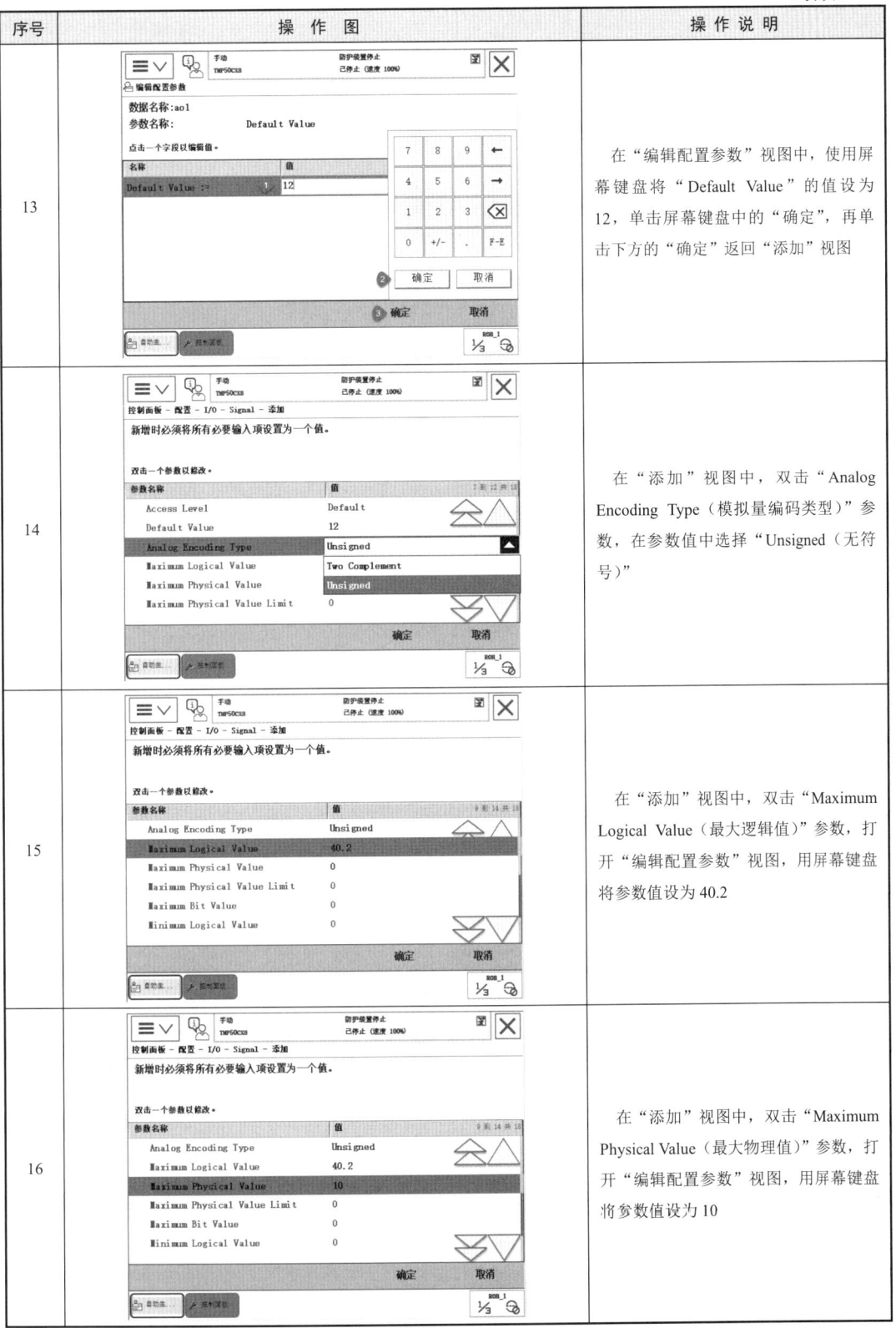

序号	操 作 图	操 作 说 明
13		在"编辑配置参数"视图中，使用屏幕键盘将"Default Value"的值设为12，单击屏幕键盘中的"确定"，再单击下方的"确定"返回"添加"视图
14		在"添加"视图中，双击"Analog Encoding Type（模拟量编码类型）"参数，在参数值中选择"Unsigned（无符号）"
15		在"添加"视图中，双击"Maximum Logical Value（最大逻辑值）"参数，打开"编辑配置参数"视图，用屏幕键盘将参数值设为40.2
16		在"添加"视图中，双击"Maximum Physical Value（最大物理值）"参数，打开"编辑配置参数"视图，用屏幕键盘将参数值设为10

(续表)

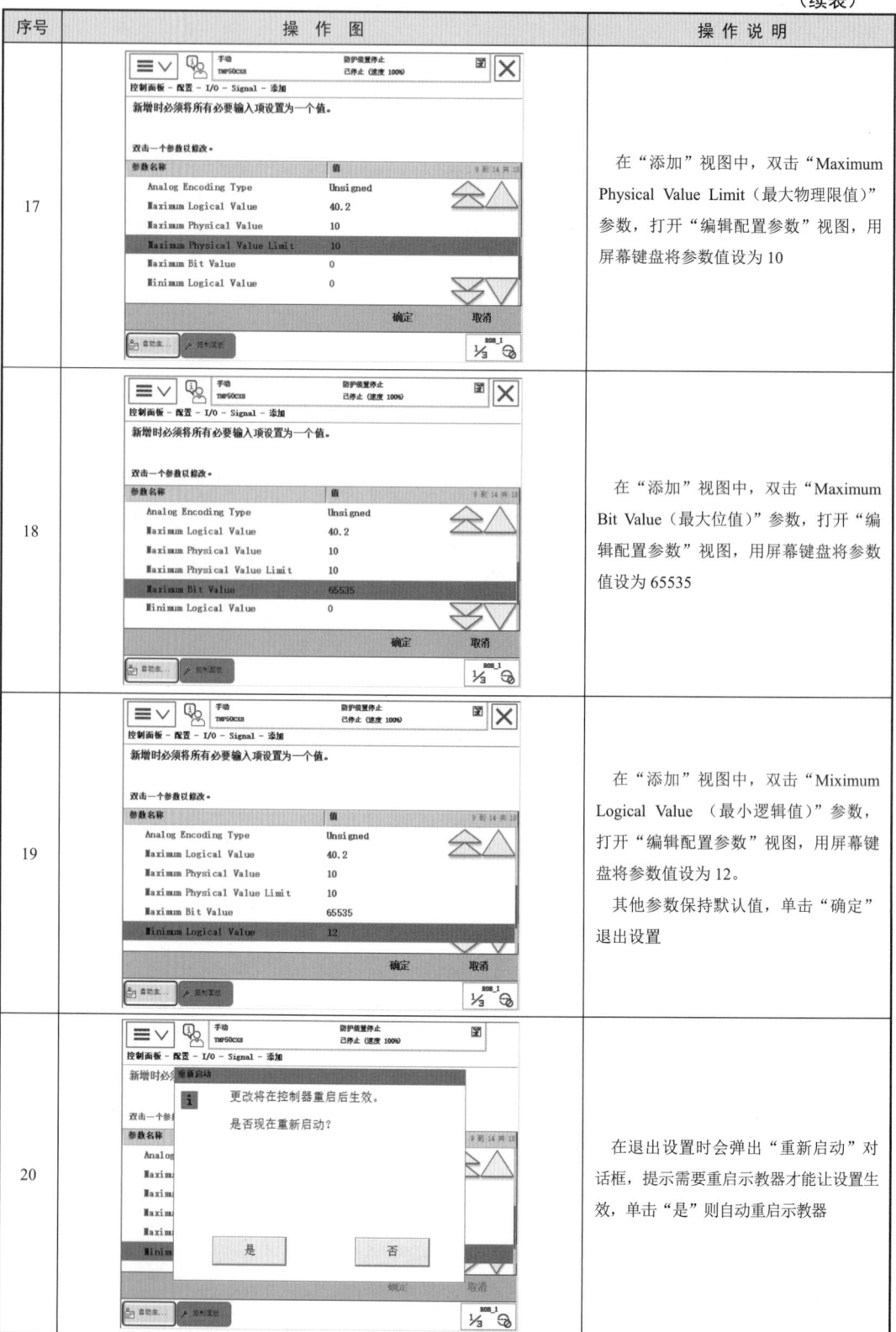

序号	操 作 图	操 作 说 明
17		在"添加"视图中，双击"Maximum Physical Value Limit（最大物理限值）"参数，打开"编辑配置参数"视图，用屏幕键盘将参数值设为10
18		在"添加"视图中，双击"Maximum Bit Value（最大位值）"参数，打开"编辑配置参数"视图，用屏幕键盘将参数值设为65535
19		在"添加"视图中，双击"Miximum Logical Value（最小逻辑值）"参数，打开"编辑配置参数"视图，用屏幕键盘将参数值设为12。 其他参数保持默认值，单击"确定"退出设置
20		在退出设置时会弹出"重新启动"对话框，提示需要重启示教器才能让设置生效，单击"是"则自动重启示教器

3.3 I/O 板信号的监视仿真与示教器可编程按键的配置使用

3.3.1 I/O 板信号的监视仿真

DSQC 651 与 ABB 工业机器人的控制器连接后，可以使用示教器监视 I/O 板信号的值，也可以使用仿真的方式强制让 I/O 板信号为指定值。DSQC 651 I/O 板信号的监视仿真操作见表 3-8。

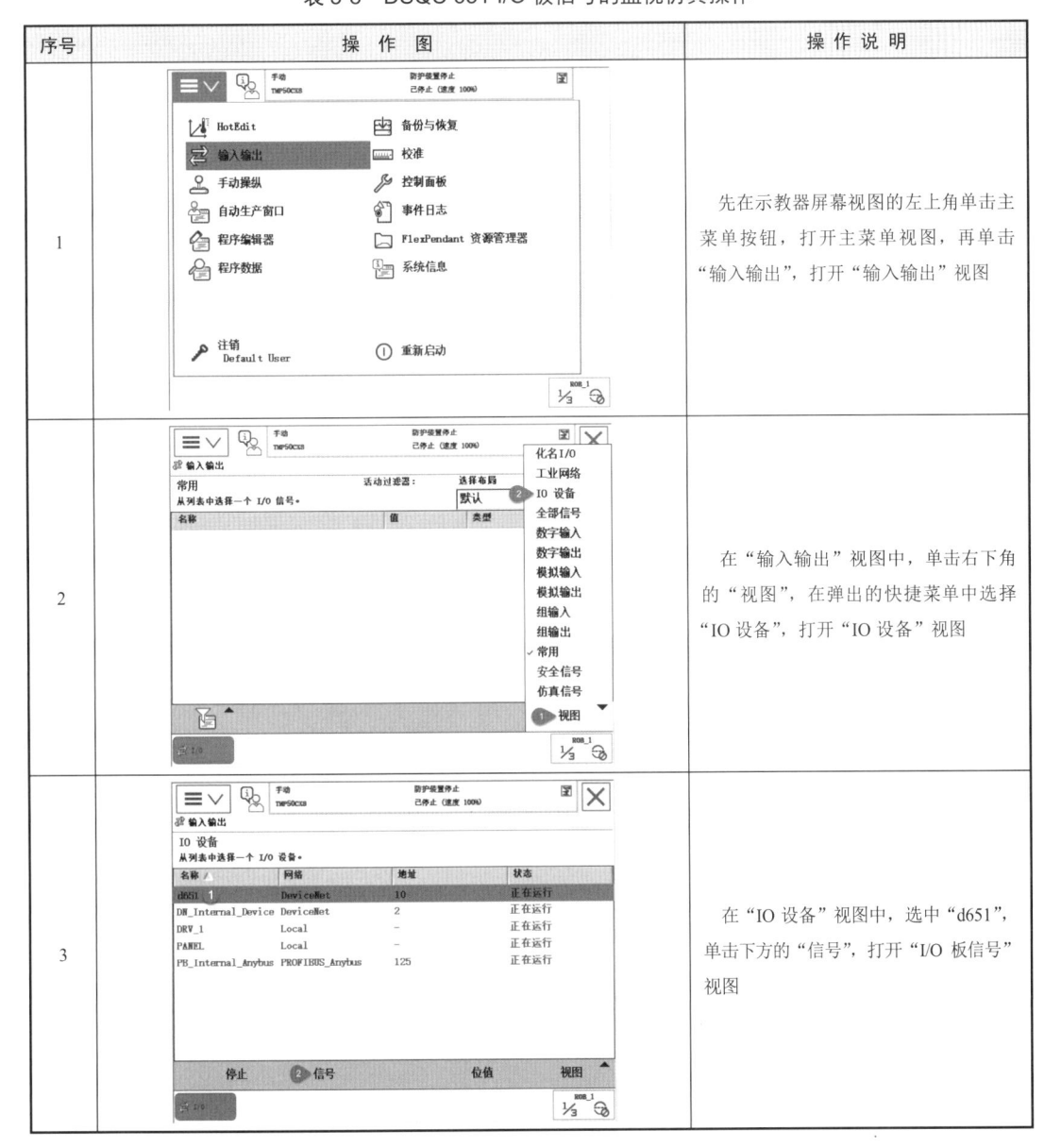

表 3-8 DSQC 651 I/O 板信号的监视仿真操作

序号	操 作 图	操 作 说 明
1		先在示教器屏幕视图的左上角单击主菜单按钮，打开主菜单视图，再单击"输入输出"，打开"输入输出"视图
2		在"输入输出"视图中，单击右下角的"视图"，在弹出的快捷菜单中选择"IO 设备"，打开"IO 设备"视图
3		在"IO 设备"视图中，选中"d651"，单击下方的"信号"，打开"I/O 板信号"视图

(续表)

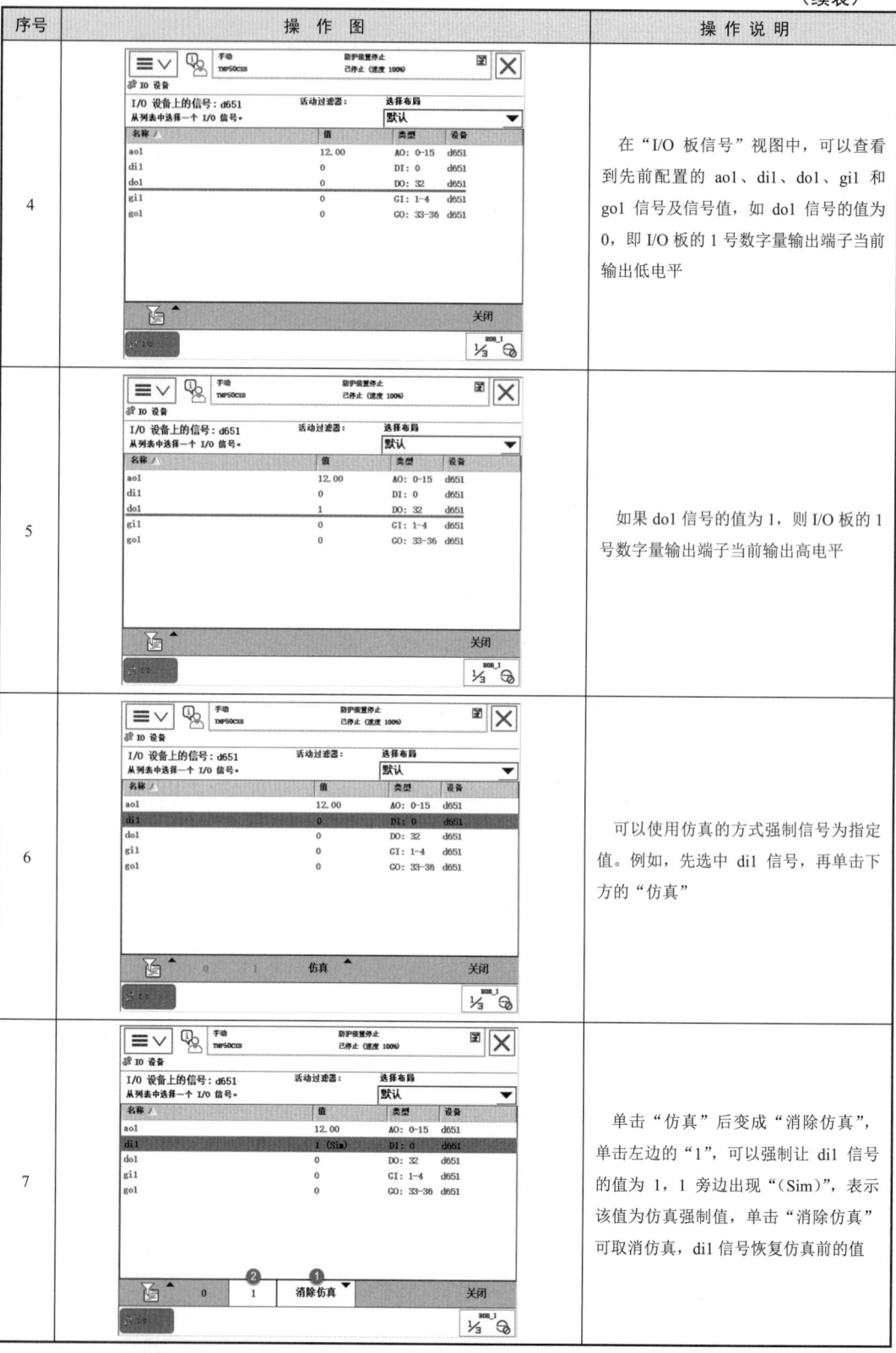

序号	操 作 图	操 作 说 明
4		在"I/O 板信号"视图中,可以查看到先前配置的 ao1、di1、do1、gi1 和 go1 信号及信号值,如 do1 信号的值为 0,即 I/O 板的 1 号数字量输出端子当前输出低电平
5		如果 do1 信号的值为 1,则 I/O 板的 1 号数字量输出端子当前输出高电平
6		可以使用仿真的方式强制信号为指定值。例如,先选中 di1 信号,再单击下方的"仿真"
7		单击"仿真"后变成"消除仿真",单击左边的"1",可以强制让 di1 信号的值为 1,1 旁边出现"(Sim)",表示该值为仿真强制值,单击"消除仿真"可取消仿真,di1 信号恢复仿真前的值

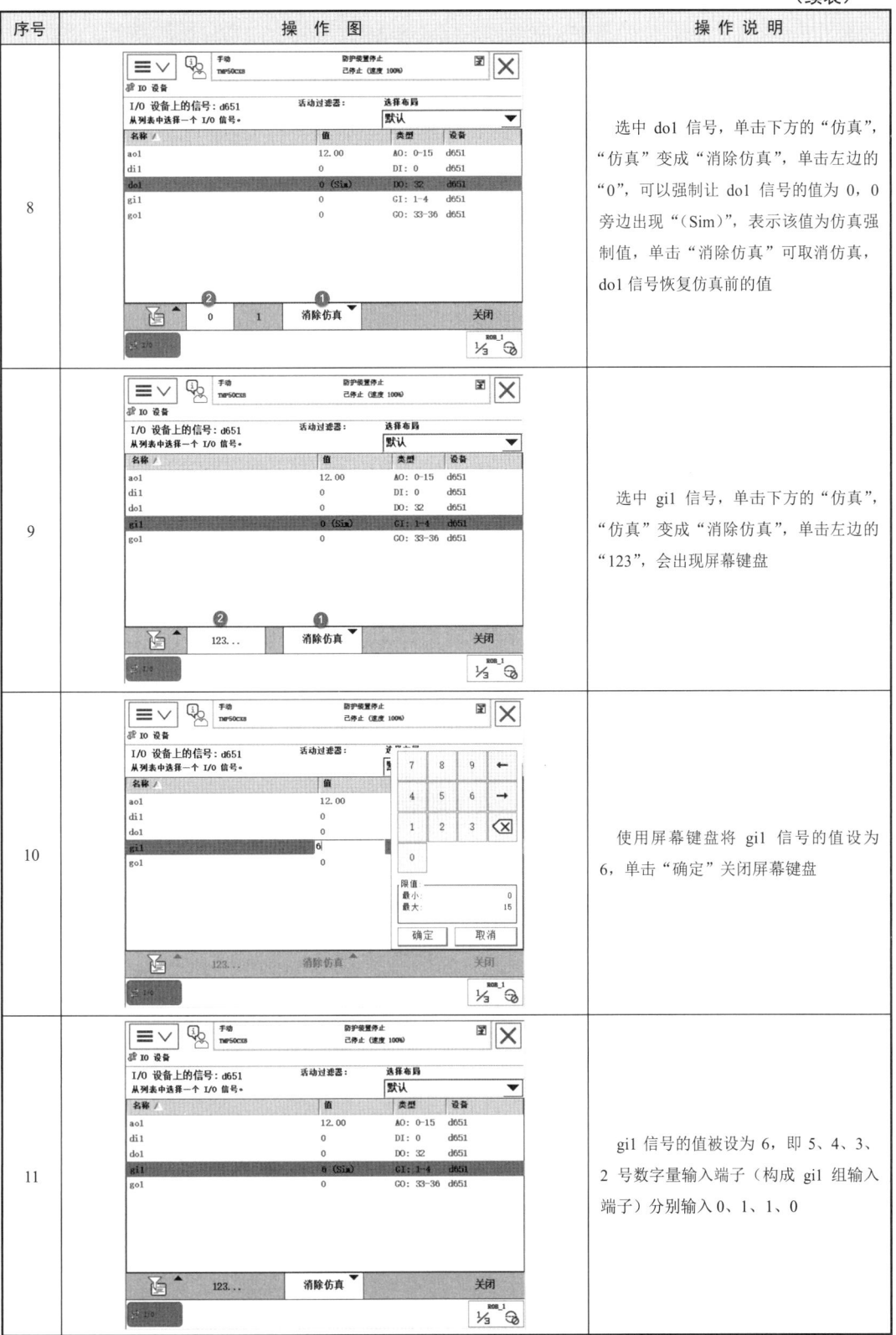

第 3 章　ABB 标准 I/O 板的接线与配置

(续表)

序号	操 作 图	操 作 说 明
8		选中 do1 信号，单击下方的"仿真"，"仿真"变成"消除仿真"，单击左边的"0"，可以强制让 do1 信号的值为 0，0 旁边出现"(Sim)"，表示该值为仿真强制值，单击"消除仿真"可取消仿真，do1 信号恢复仿真前的值
9		选中 gi1 信号，单击下方的"仿真"，"仿真"变成"消除仿真"，单击左边的"123"，会出现屏幕键盘
10		使用屏幕键盘将 gi1 信号的值设为 6，单击"确定"关闭屏幕键盘
11		gi1 信号的值被设为 6，即 5、4、3、2 号数字量输入端子（构成 gi1 组输入端子）分别输入 0、1、1、0

71

(续表)

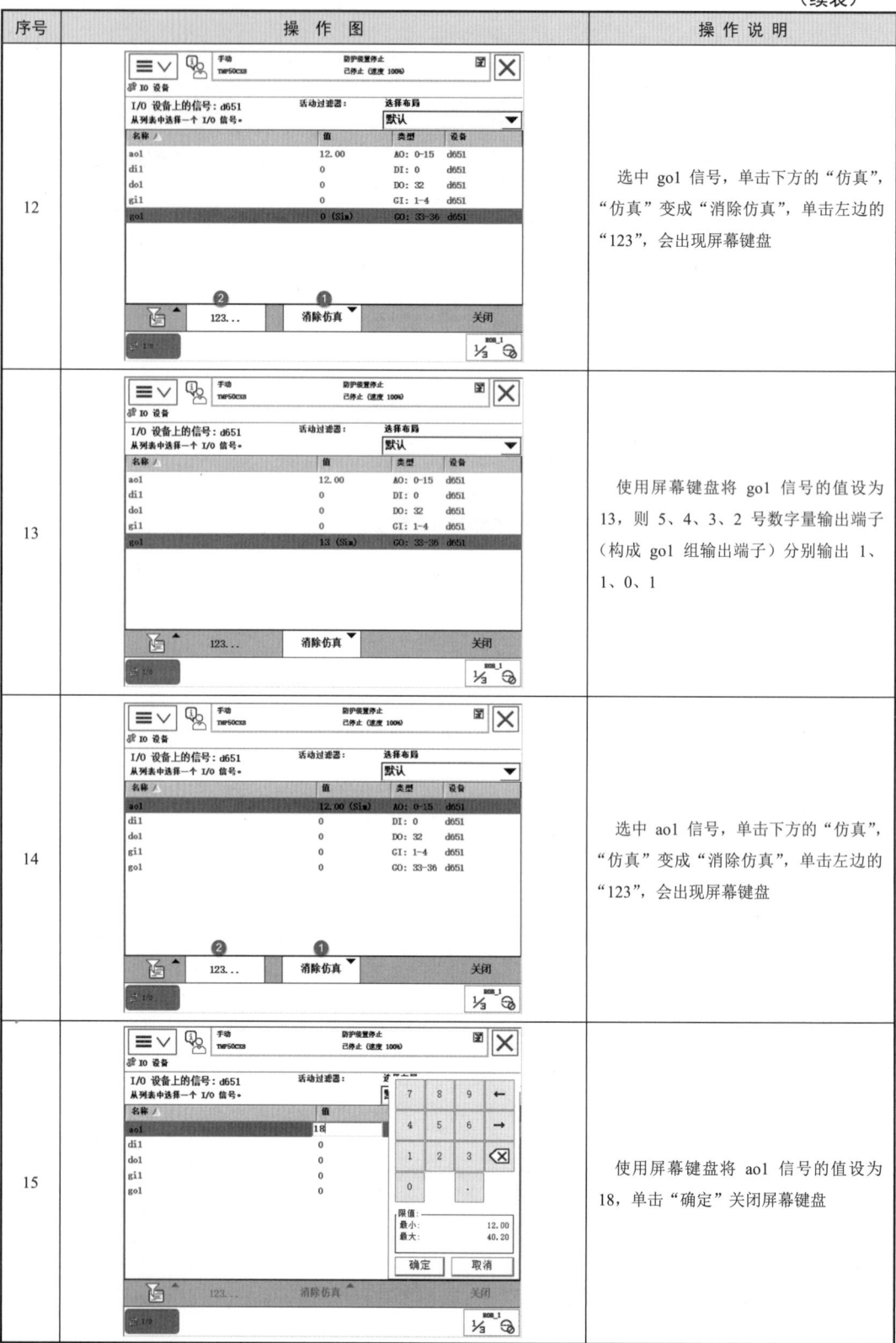

序号	操 作 图	操 作 说 明
12		选中 go1 信号，单击下方的"仿真"，"仿真"变成"消除仿真"，单击左边的"123"，会出现屏幕键盘
13		使用屏幕键盘将 go1 信号的值设为 13，则 5、4、3、2 号数字量输出端子（构成 go1 组输出端子）分别输出 1、1、0、1
14		选中 ao1 信号，单击下方的"仿真"，"仿真"变成"消除仿真"，单击左边的"123"，会出现屏幕键盘
15		使用屏幕键盘将 ao1 信号的值设为 18，单击"确定"关闭屏幕键盘

(续表)

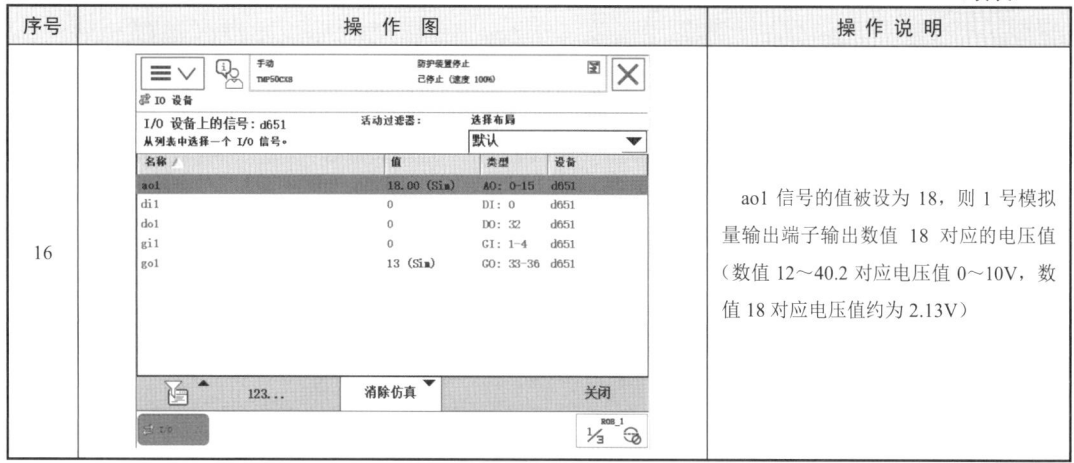

序号	操作图	操作说明
16	I/O 设备上的信号: d651 ao1 18.00 (Sim) AO: 0-15 d651 di1 0 DI: 0 d651 do1 0 DO: 32 d651 gi1 0 GI: 1-4 d651 go1 13 (Sim) GO: 33-36 d651	ao1 信号的值被设为 18, 则 1 号模拟量输出端子输出数值 18 对应的电压值（数值 12~40.2 对应电压值 0~10V, 数值 18 对应电压值约为 2.13V）

3.3.2 示教器可编程按键的配置使用

DSQC 651 与 ABB 工业机器人的控制器连接后，可以使用示教器的可编程按键（按钮）控制 I/O 板的输出信号状态。示教器面板上的 4 个可编程按键如图 3-9 所示，其配置操作见表 3-9。

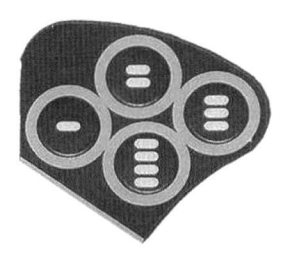

图 3-9 示教器面板上的 4 个可编程按键

表 3-9 示教器可编程按键的配置操作

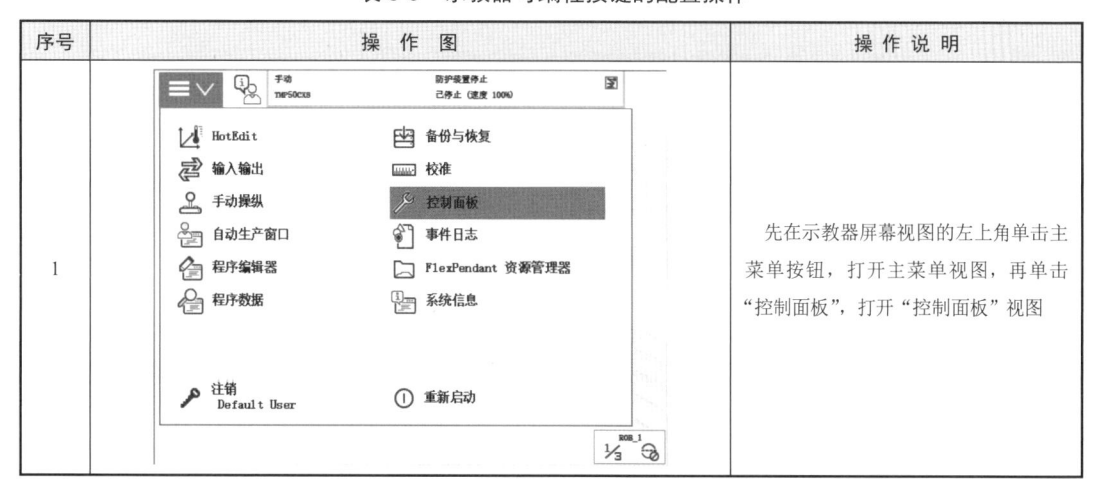

序号	操作图	操作说明
1	HotEdit / 备份与恢复 / 输入输出 / 校准 / 手动操纵 / 控制面板 / 自动生产窗口 / 事件日志 / 程序编辑器 / FlexPendant 资源管理器 / 程序数据 / 系统信息 / 注销 Default User / 重新启动	先在示教器屏幕视图的左上角单击主菜单按钮，打开主菜单视图，再单击"控制面板"，打开"控制面板"视图

（续表）

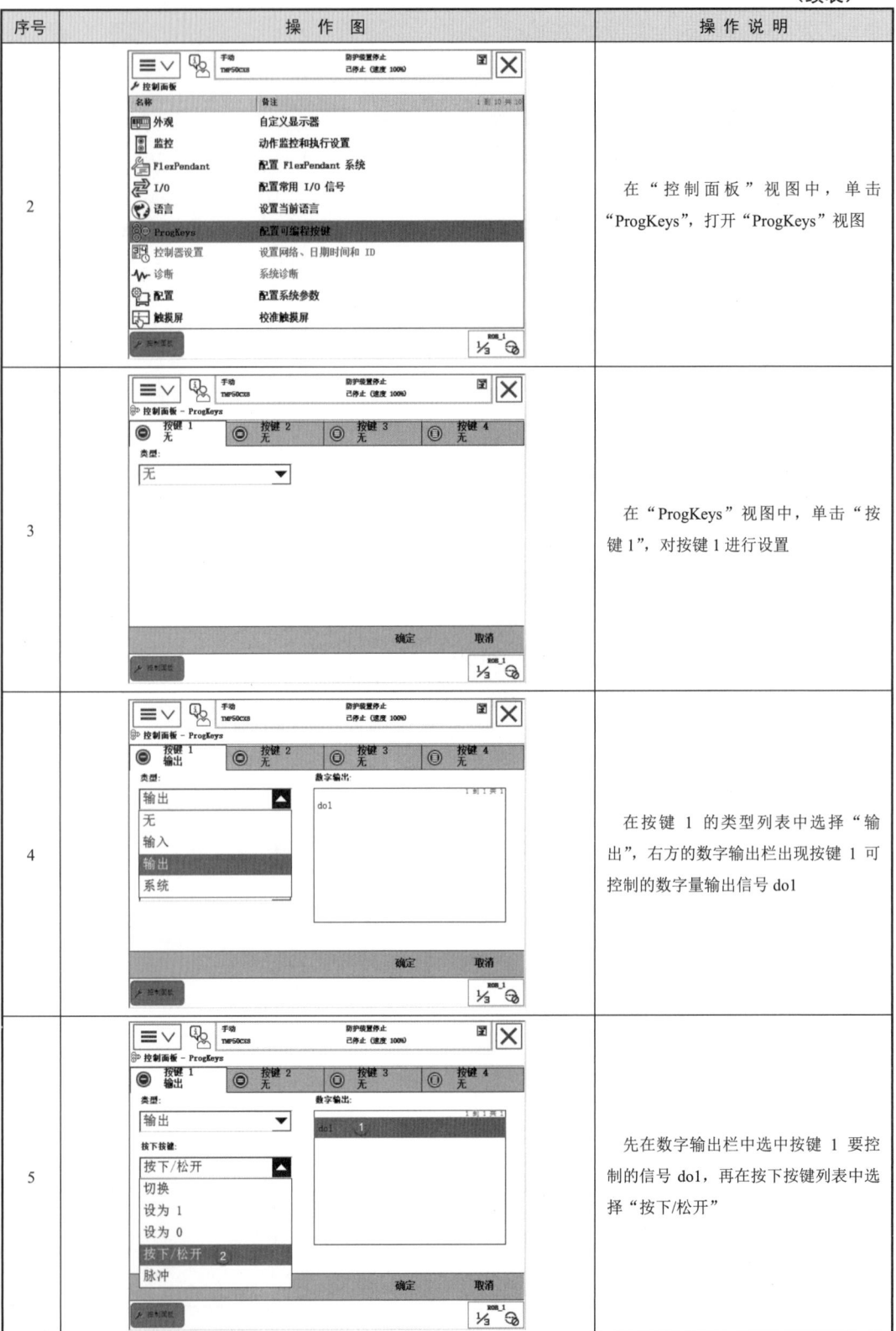

序号	操 作 图	操 作 说 明
2		在"控制面板"视图中，单击"ProgKeys"，打开"ProgKeys"视图
3		在"ProgKeys"视图中，单击"按键1"，对按键1进行设置
4		在按键1的类型列表中选择"输出"，右方的数字输出栏出现按键1可控制的数字量输出信号do1
5		先在数字输出栏中选中按键1要控制的信号do1，再在按下按键列表中选择"按下/松开"

(续表)

序号	操 作 图	操 作 说 明
6		在允许自动模式列表中选择"否",这样就完成了按键 1 的功能配置,可用同样的方法配置按键 2~按键 4 的功能,单击"确定"结束可编程按键的配置
7		打开 I/O 板信号视图(操作过程见表 3-8 的第 1~3 步),从 I/O 板信号视图中可以看到 do1 信号的值为 0
8		按下示教器面板上的按键 1,会发现 do1 信号的值变为 1,松开该按键,则 do1 信号的值又变为 0

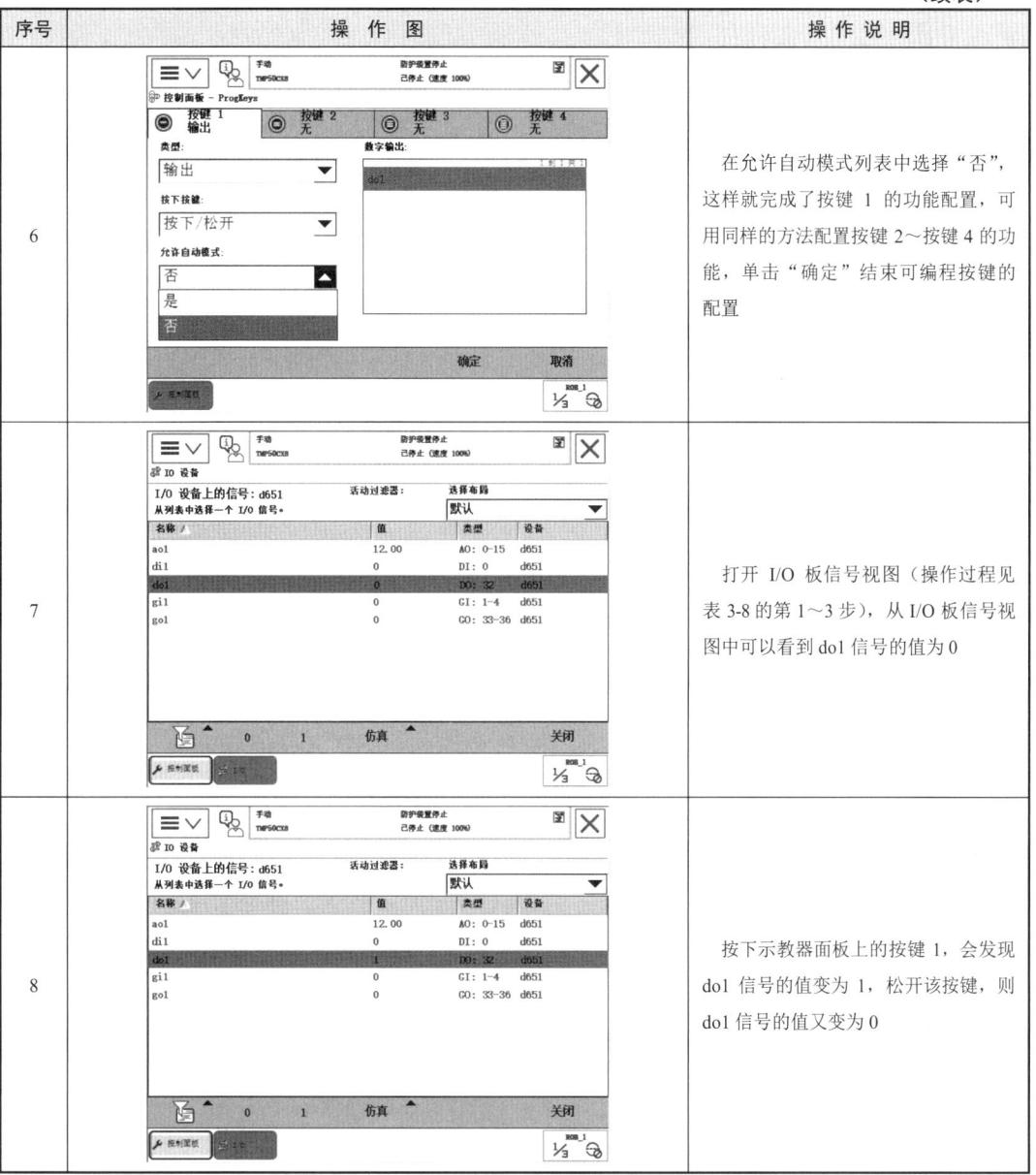

第4章 程序数据的类型与建立

程序数据是指程序中的数据。程序操作的对象是数据。ABB 工业机器人的数据类型很多，不同类型的数据具有不同的特点。例如，bool 类型数据只有 TRUE（真）和 FALSE（假）两种值，byte 类型数据的数值范围为 0~255，jointtarget 类型数据为关节位置数据。数据在使用前通常需要先建立（声明），然后在程序中才能使用该数据。

4.1 程序数据的类型

4.1.1 常用程序数据的类型及说明

ABB 工业机器人的程序数据类型可在示教器中查看。单击示教器屏幕视图左上角的主菜单按钮，出现主菜单视图，单击"程序数据"，如图 4-1（a）所示，打开"程序数据"视图，如图 4-1（b）所示，当前视图显示 T_ROB1 任务中已经使用的 clock 等 5 种数据类型，单击右下角的"视图"，在弹出的快捷菜单中选择"全部数据类型"，视图中马上显示全部数据类型，如图 4-1（c）所示，数据类型共有 102 种，分 5 页显示，当前显示第一页，单击下三角按钮可显示下一页，最后一页的数据类型如图 4-1（d）所示。

ABB 工业机器人常用程序数据的类型及说明见表 4-1。

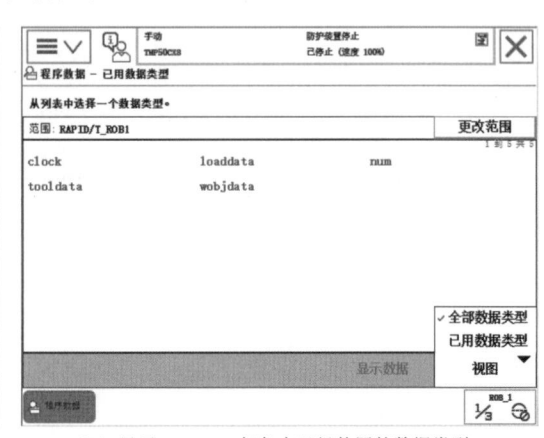

（a）单击"程序数据" （b）显示 T_ROB1 任务中已经使用的数据类型

图 4-1 查看程序数据类型

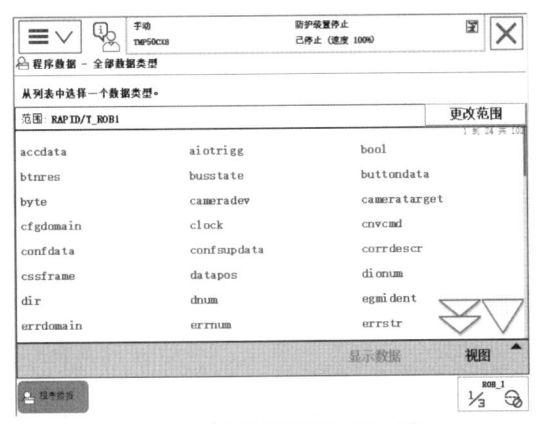

（c）显示全部的数据类型（第一页） 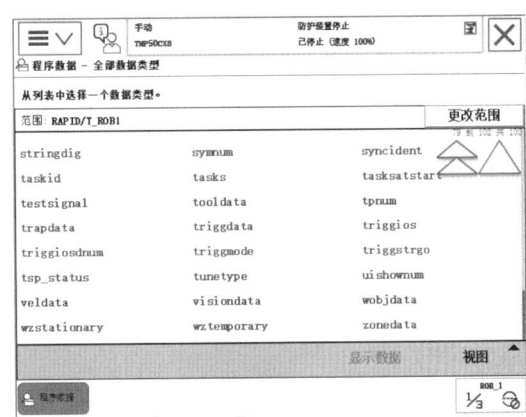　　　　（d）显示全部的数据类型（最后一页）

图 4-1　查看程序数据类型（续）

表 4-1　ABB 工业机器人常用程序数据的类型及说明

程序数据	说　明	程序数据	说　明
bool	逻辑值数据	pos	位置数据（只有 X、Y 和 Z 参数）
byte	整数数据 0~255	pose	坐标转换数据
clock	计时数据	robjoint	轴角度数据
dionum	数字 I/O 信号数据	robtarget	机器人与外轴的位置数据
extjoint	外轴位置数据	speeddata	机器人与外轴的速度数据
intnum	中断标识符	string	字符串
jointtarget	关节位置数据	tooldata	工具数据
loaddata	有效载荷数据	trapdata	中断数据
mecunit	机械装置数据	wobjdata	工件坐标数据
num	数值数据	zonedata	TCP 转弯半径数据
orient	姿态数据		

4.1.2　程序数据的存储类型

ABB 工业机器人的程序数据按存储类型分为变量（VAR）、可变量（PERS）和常量（CONST）3 种。

1．变量

变量有初始值，其值在程序中可以更改。变量在程序执行过程中和程序停止时，会保持当前值，复位后其值会恢复为初始值。

变量建立举例如下。

VAR num length :=3;　建立一个名称为 length 的变量型数值数据，length 的初始值为 3（建立变量时赋初始值）。

VAR string name :="XiaoMing";　建立一个名称为 name 的变量型字符串，name 的初始值为"XiaoMing"。

VAR bool finished :=TRUE;　建立一个名称为 finished 的变量型逻辑值数据，finished

的初始值为 TRUE。

2. 可变量

可变量没有初始值，可在程序中进行赋值操作，无论程序指针如何变化，机器人控制器是否重启，可变量都会保持最后的赋值。

可变量建立举例如下。

PERS num nb :=3; 建立一个名称为 nb 的可变量型数值数据，并将 3 赋给 nb。

PERS string name := "XiaoMing"; 建立一个名称为 name 的可变量型字符串，并将 "XiaoMing"赋给 name。

3. 常量

常量在定义时已赋值，并且不能被程序更改，只能手动更改。

常量建立举例如下。

CONST num nb :=1.2; 建立一个名称为 nb 的常量型数值数据 1.2，在程序中 nb 与 1.2 等同。

CONST string name := "XiaoMing"; 建立一个名称为 name 的常量型字符串 "XiaoMing"，在程序中 name 与"XiaoMing"等同。

4.2 程序数据的建立

程序数据需要建立后才可使用，虽然程序数据的类型很多，但建立方法大同小异，本节以 bool 和 num 两种常用类型数据的建立为例来说明程序数据的建立方法。

4.2.1 bool 类型数据的建立

bool 类型的数据用于存储逻辑值，逻辑值只有真（TRUE）和假（FALSE）。bool 类型数据的建立见表 4-2。

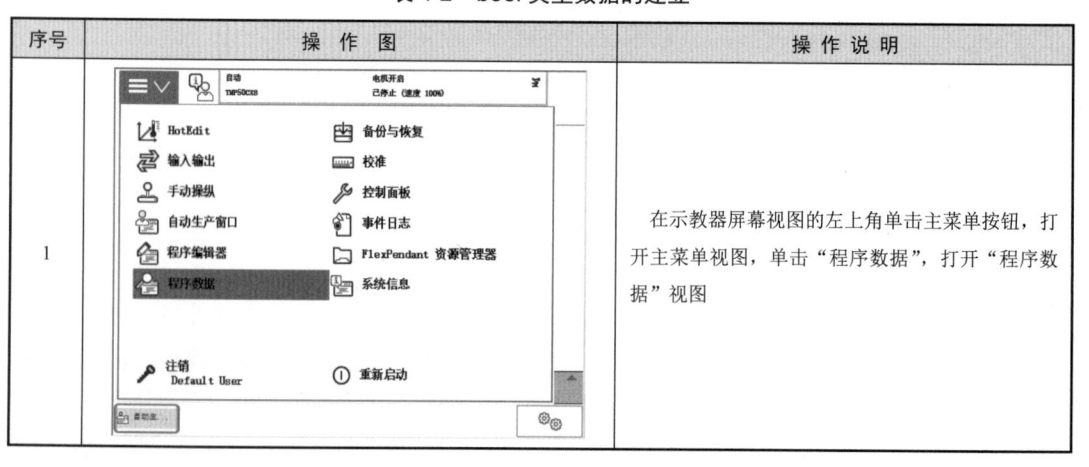

表 4-2 bool 类型数据的建立

序号	操作图	操作说明
1		在示教器屏幕视图的左上角单击主菜单按钮，打开主菜单视图，单击"程序数据"，打开"程序数据"视图

(续表)

序号	操 作 图	操 作 说 明
2		在"程序数据"视图中，单击右下角"视图"，弹出快捷菜单，选择"全部数据类型"，视图中会显示全部数据类型
3		在"全部数据类型"视图中，单击单下三角按钮，找到 bool 数据类型并选中后，单击下方的"显示数据"，打开"bool"视图
4		在"bool"视图中，单击下方的"新建"，打开"新数据声明"视图
5		在"新数据声明"视图中，可对 bool 类型数据的各个参数进行设置，各参数及说明见下表，单击"名称"右边的"..."，会打开"输入面板"视图

数据参数	说 明
名称	设定数据的名称
范围	设定数据可使用的范围（全局、本地和任务）
存储类型	设定数据的存储类型（常量、变量和可变量）
任务	设定数据所在的任务
模块	设定数据所在的模块
例行程序	设定数据所在的例行程序
维数	设定数据的维数（1 维、2 维和 3 维）
初始值	设定数据的初始值

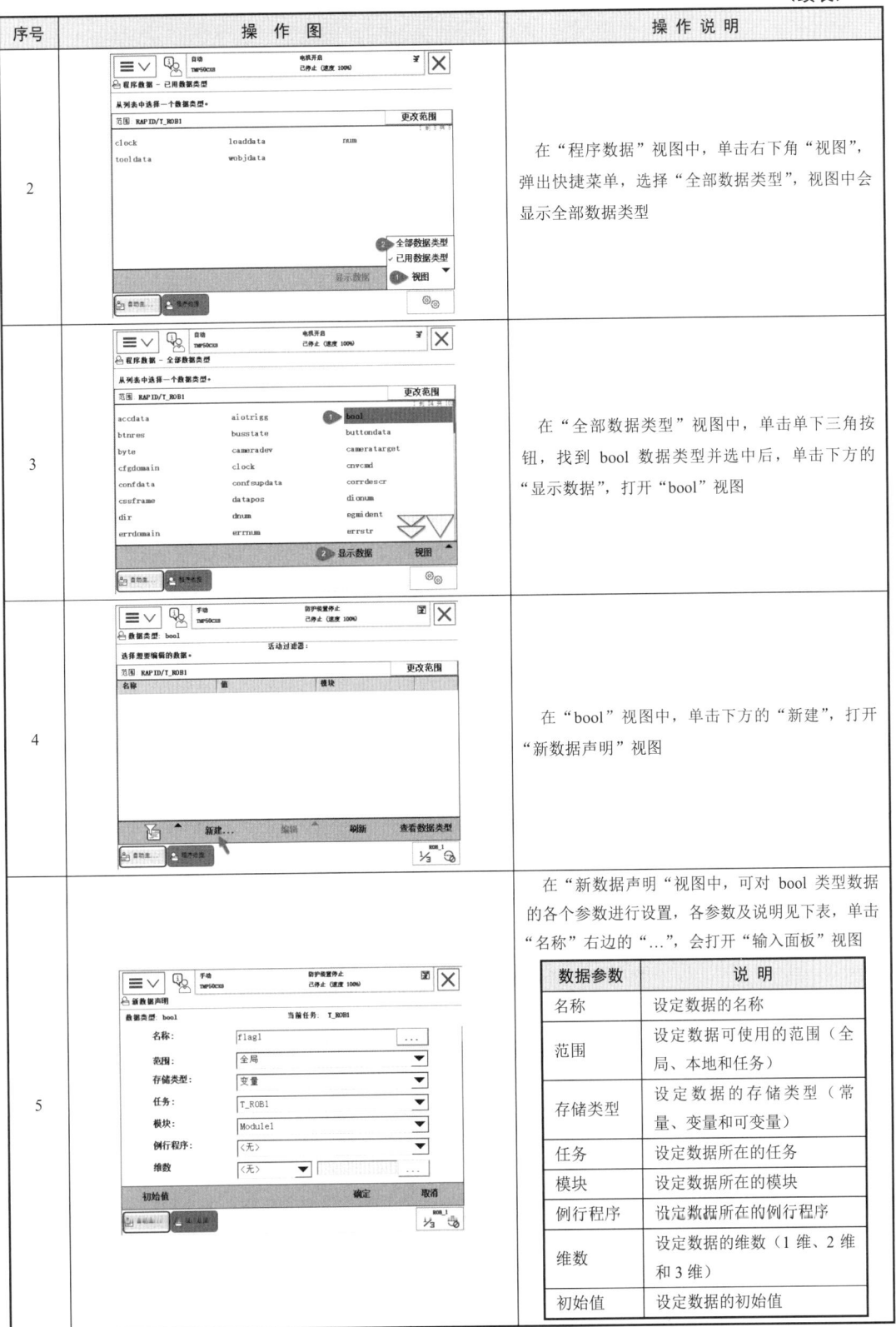

（续表）

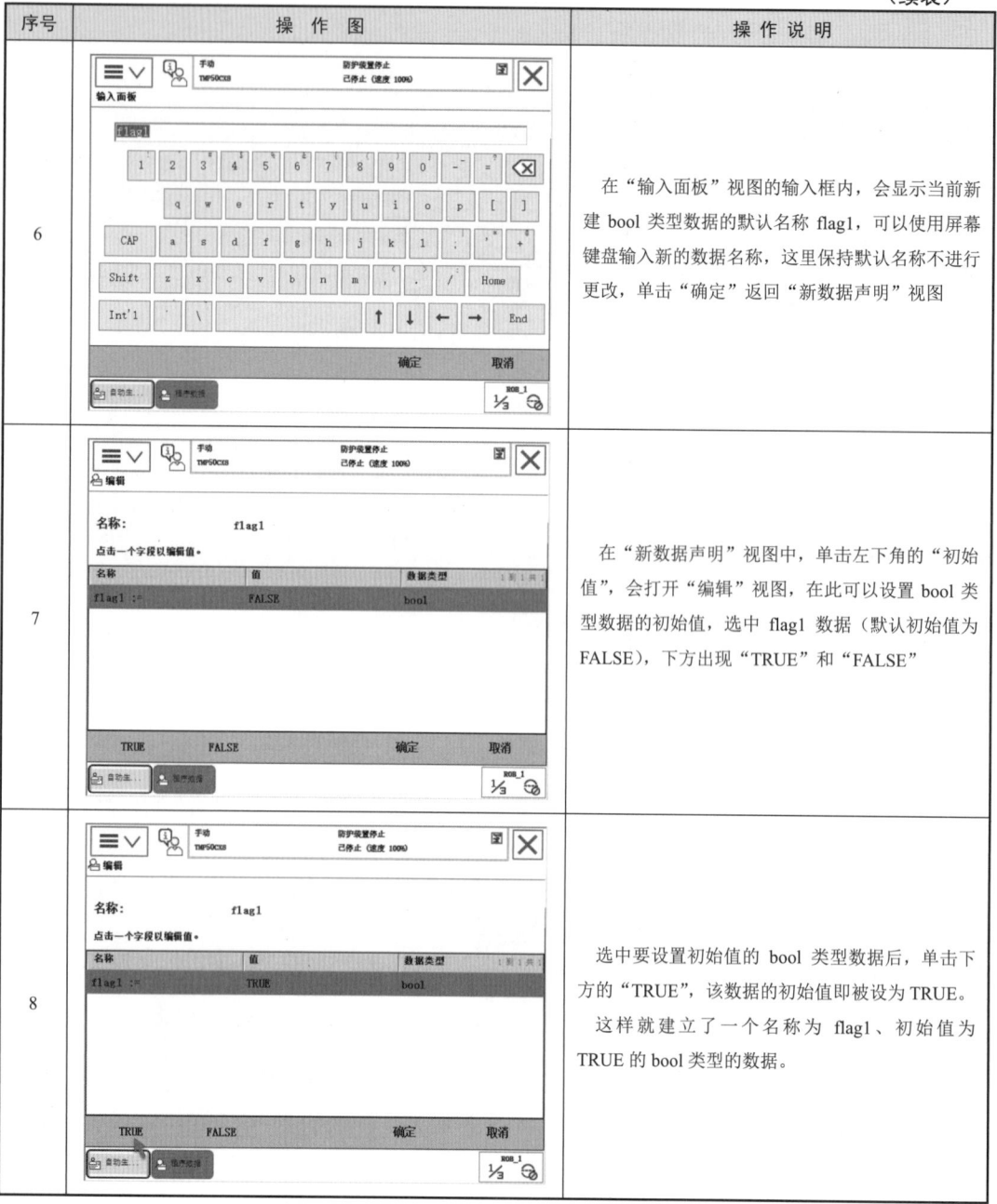

序号	操 作 图	操 作 说 明
6		在"输入面板"视图的输入框内，会显示当前新建 bool 类型数据的默认名称 flag1，可以使用屏幕键盘输入新的数据名称，这里保持默认名称不进行更改，单击"确定"返回"新数据声明"视图
7		在"新数据声明"视图中，单击左下角的"初始值"，会打开"编辑"视图，在此可以设置 bool 类型数据的初始值，选中 flag1 数据（默认初始值为 FALSE），下方出现"TRUE"和"FALSE"
8		选中要设置初始值的 bool 类型数据后，单击下方的"TRUE"，该数据的初始值即被设为 TRUE。这样就建立了一个名称为 flag1、初始值为 TRUE 的 bool 类型的数据。

4.2.2　num 类型数据的建立

num 类型的数据用于存储数值，其值可以用整数形式、小数形式或指数形式表示。num 类型的数据采用 32 位单精度格式，数据位为 23 位，指数位为 8 位，可表示的数值范围为 $-2^{23} \sim +(2^{23}-1)$；dnum 类型的数据采用 64 位双精度格式，数据位为 52 位，指数位为 11 位，可表示的数值范围为 $-2^{52} \sim +(2^{52}-1)$。num 类型数据的建立见表 4-3。

第 4 章 程序数据的类型与建立

表 4-3 num 类型数据的建立

序号	操 作 图	操 作 说 明
1		在示教器屏幕视图的左上角单击主菜单按钮，打开主菜单视图，单击"程序数据"，打开"程序数据"视图
2		在"程序数据"视图中，单击右下角"视图"，弹出快捷菜单，选择"全部数据类型"，视图中会显示全部数据类型
3		在"全部数据类型"视图中，单击单下三角按钮，找到 num 数据类型并选中后，单击下方的"显示数据"，打开"num"视图
4		在"num"视图中，显示已有的 5 个 num 类型数据（reg1~reg5），单击下方的"新建"，打开"新数据声明"视图

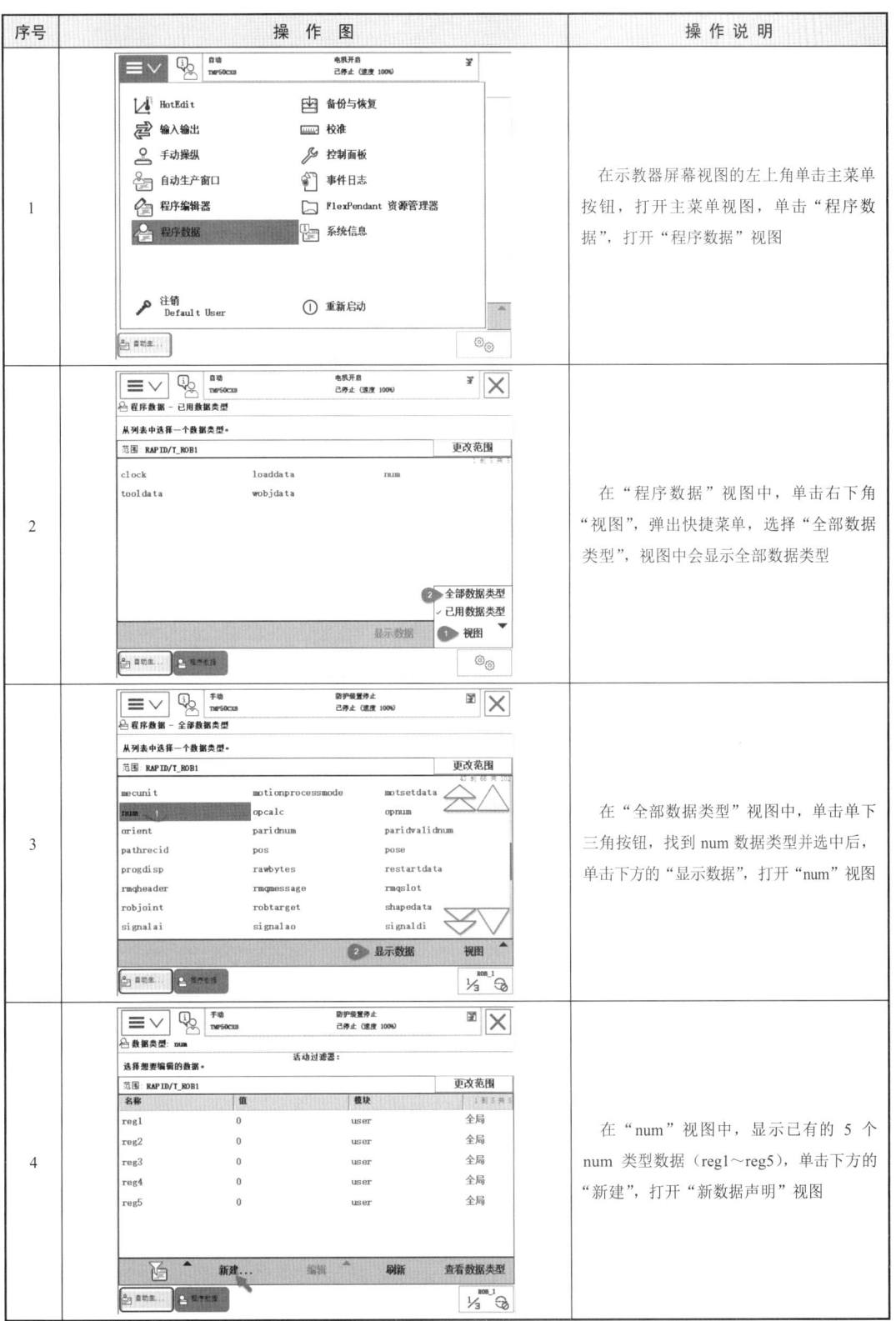

81

(续表)

序号	操 作 图	操 作 说 明
5		在"新数据声明"视图中，自动新建了一个名称为 reg6 的 num 类型数据，单击"名称"右边的"..."可以更改 num 类型数据的名称，在视图中可以对该数据的各个参数进行设置，这里让各参数保持默认值，单击"确定"，保存当前设置并返回"num"视图
6		在"num"视图中，出现了新建的名称为 reg6 的 num 类型数据，其默认值为 0，属于 Module1 模块
7		在"num"视图中，选中 reg6 数据，单击下方的"编辑"，在弹出的快捷菜单中选择"更改值"，打开"编辑"视图
8		在"编辑"视图中，用屏幕键盘将 reg6 数据的值改为 8，单击屏幕键盘中的"确定"，再单击视图下方的"确定"，返回"num"视图

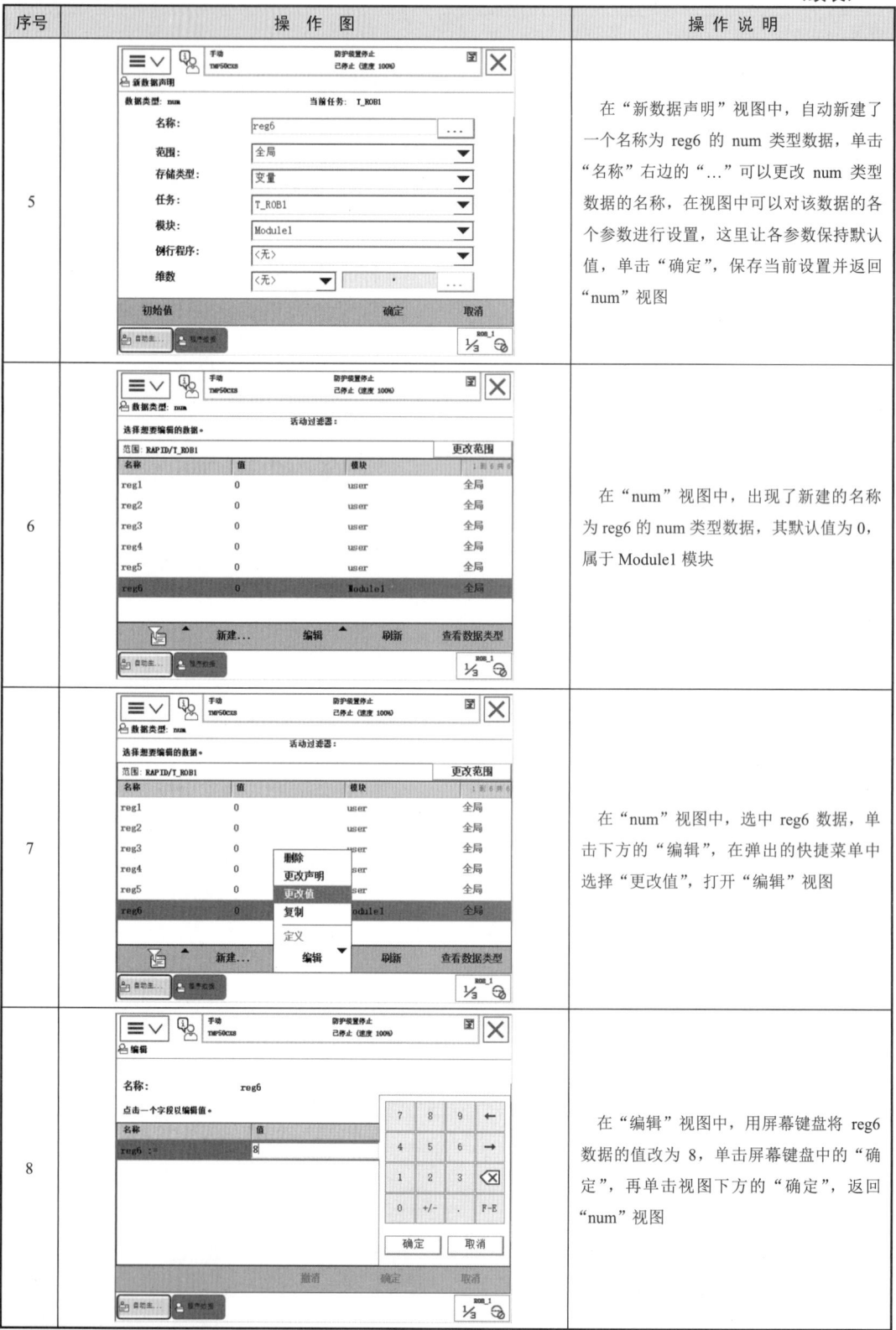

(续表)

序号	操作图	操作说明
9		在"num"视图中,可以看到 reg6 数据的值已变为 8

4.3 工具、工件和载荷数据的建立

在进行机器人编程前,需要先建立工具数据(tooldata)、工件坐标数据(wobjdata)和有效载荷数据(loaddata)3 种关键的程序数据。

4.3.1 工具数据的建立

工具数据用于描述机器人第 6 轴法兰盘上安装的工具的 TCP、质量和重心等参数。工具数据必须正确建立,因为该数据用于机器人的控制算法和速度、加速度、力矩、碰撞、能量的监控等。

1. TCP

工业机器人在未安装工具时,第 6 轴法兰盘的中心点为原始 TCP,如图 4-2(a)所示,以该点为中心的原始工具数据保存在 tool0 数据中。机器人在进行不同作业时会安装不同的工具,如搬运时安装吸盘式夹具作为工具,弧焊时安装焊枪作为工具,这时 TCP 就由第 6 轴法兰盘的中心点偏移到安装的工具上,安装工具后的 TCP 如图 4-2(b)所示。

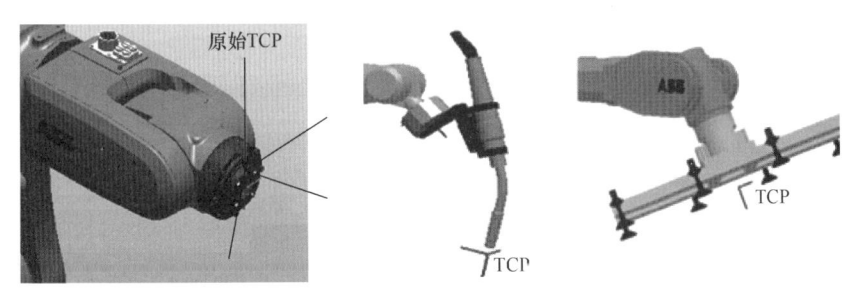

(a) 原始TCP　　(b) 安装工具后的TCP

图 4-2 原始 TCP 和安装工具后的 TCP

2. 工具数据的建立方法与操作

（1）建立方法。

工具数据的建立方法如下。

① 在机器人工作范围内找一个非常精确的固定点。

② 在工具上确定一个参考点（最好是工具的中心点，如焊枪的喷头）。

③ 手动操纵机器人移动工具，让工具上的参考点以最少 4 种不同的姿态尽可能与固定点接触，如图 4-3 所示。

机器人根据 4 种姿态接触时的位置数据计算获得工具数据，该工具数据就可以被程序调用。操作时可使用四点法、五点法和六点法。一般多使用六点法，其中第 4 点操作时让参考点垂直于固定点，第 5 点操作时将参考点从固定点往 X 轴方向移动，第 6 点操作时将参考点从固定点往 Z 轴方向移动。

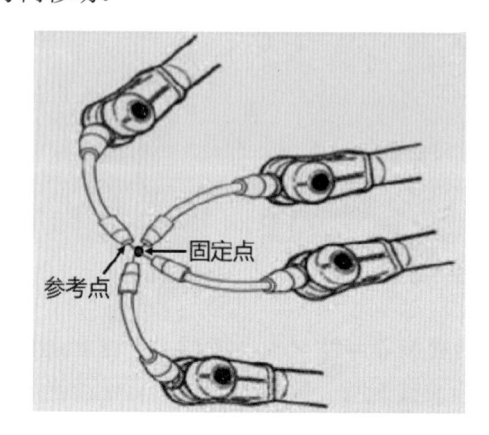

图 4-3　让参考点以 4 种不同姿态接触固定点

（2）建立操作。

工具数据的建立操作见表 4-4。

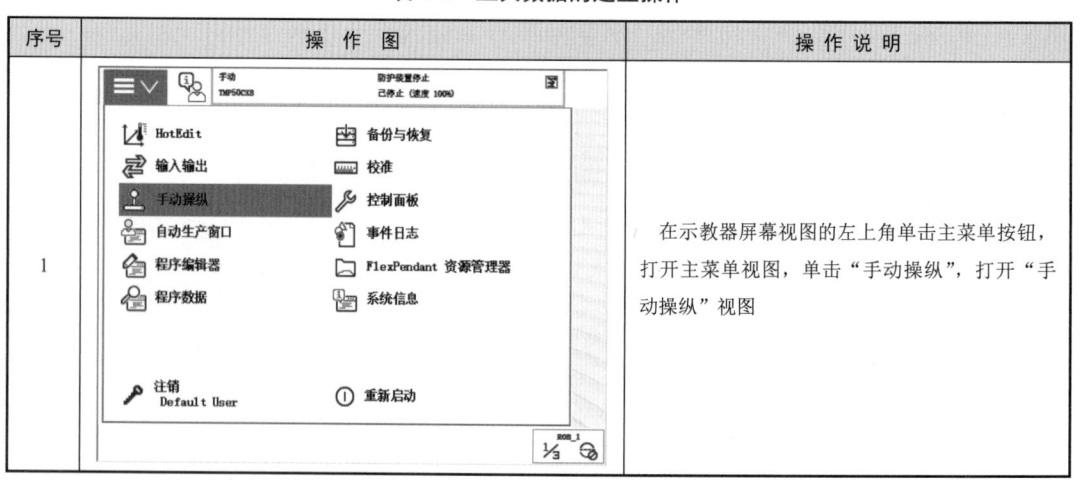

表 4-4　工具数据的建立操作

序号	操作图	操作说明
1		在示教器屏幕视图的左上角单击主菜单按钮，打开主菜单视图，单击"手动操纵"，打开"手动操纵"视图

第4章 程序数据的类型与建立

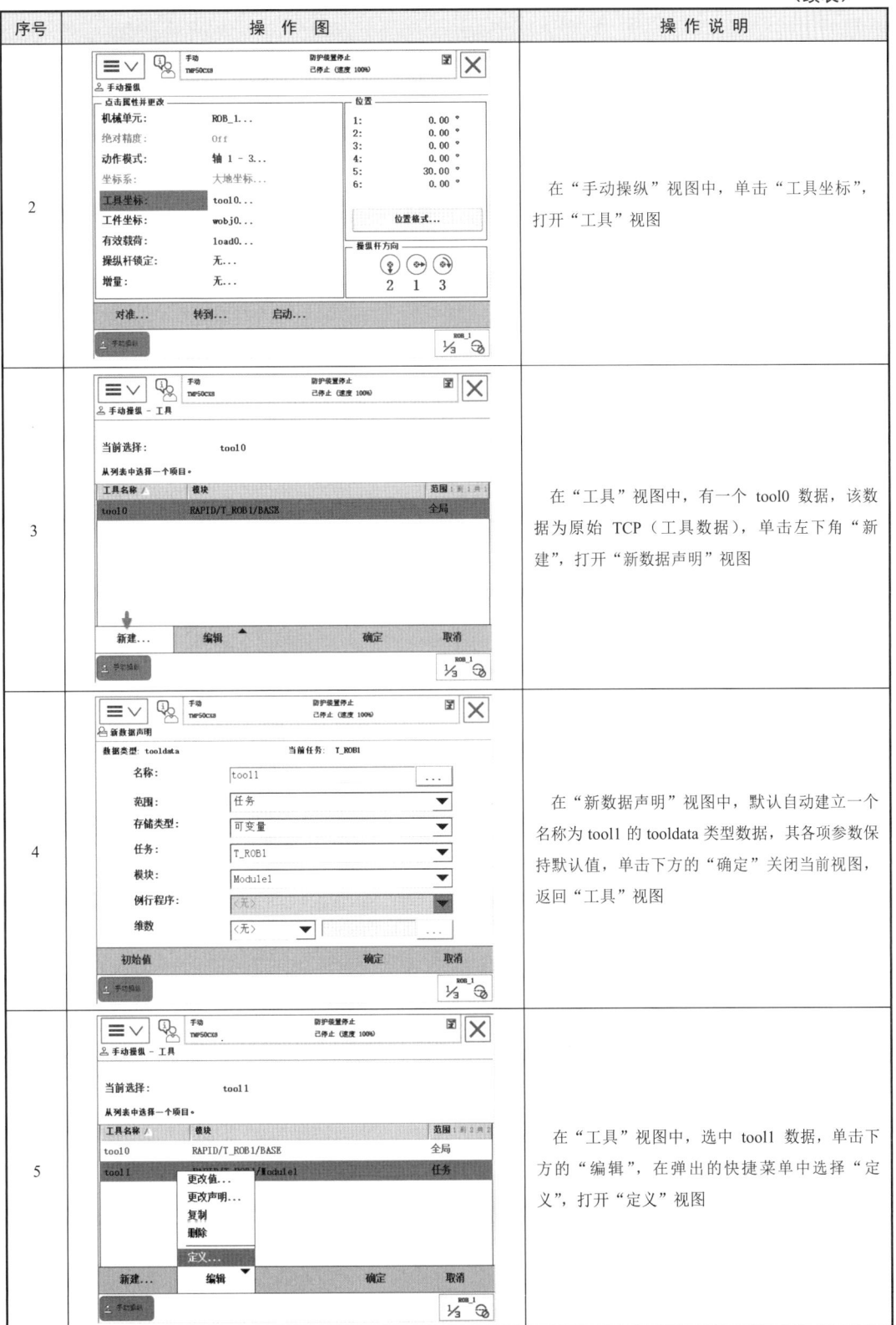

(续表)

序号	操 作 图	操 作 说 明
2		在"手动操纵"视图中,单击"工具坐标",打开"工具"视图
3		在"工具"视图中,有一个 tool0 数据,该数据为原始 TCP(工具数据),单击左下角"新建",打开"新数据声明"视图
4		在"新数据声明"视图中,默认自动建立一个名称为 tool1 的 tooldata 类型数据,其各项参数保持默认值,单击下方的"确定"关闭当前视图,返回"工具"视图
5		在"工具"视图中,选中 tool1 数据,单击下方的"编辑",在弹出的快捷菜单中选择"定义",打开"定义"视图

85

（续表）

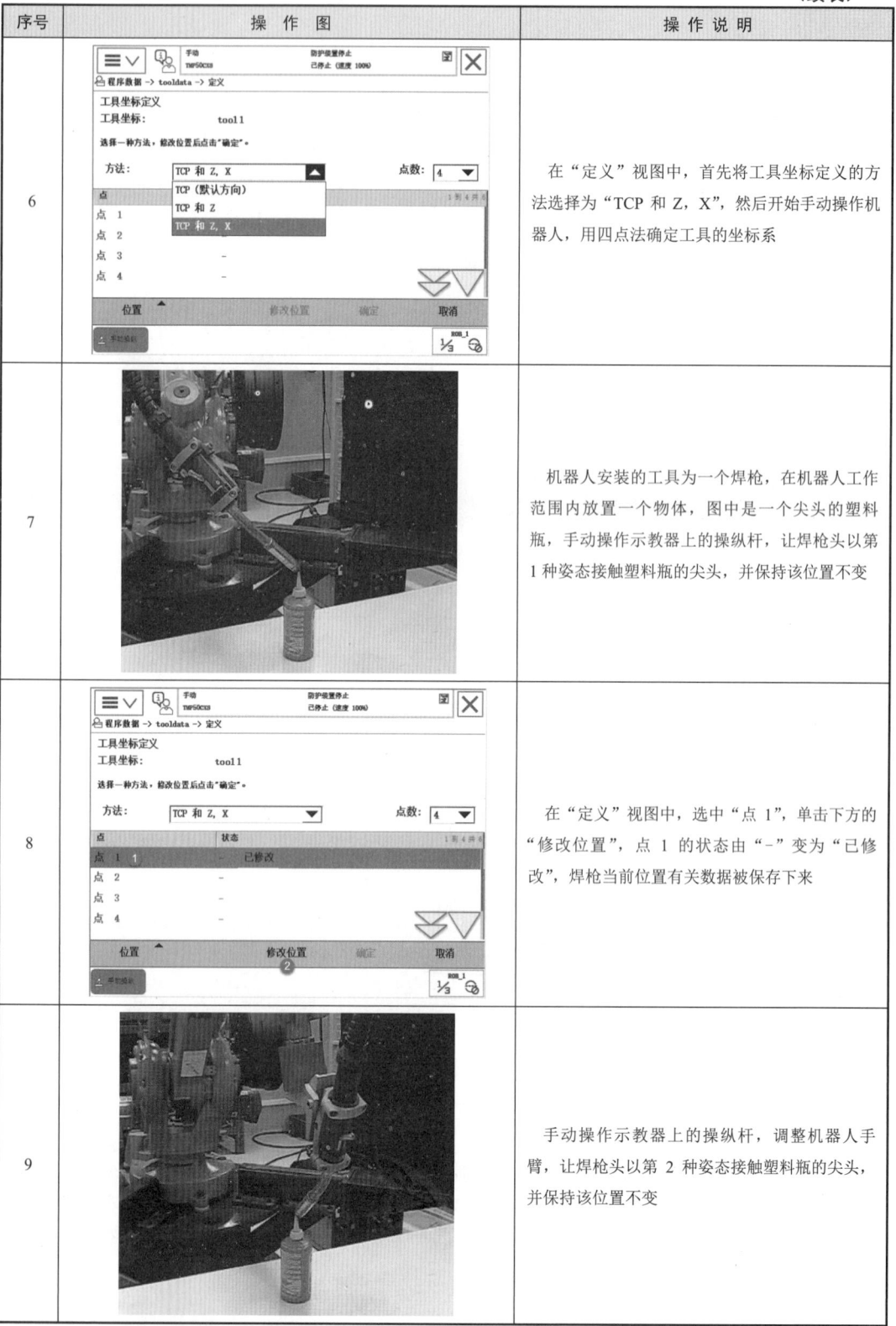

序号	操 作 图	操 作 说 明
6		在"定义"视图中，首先将工具坐标定义的方法选择为"TCP 和 Z，X"，然后开始手动操作机器人，用四点法确定工具的坐标系
7		机器人安装的工具为一个焊枪，在机器人工作范围内放置一个物体，图中是一个尖头的塑料瓶，手动操作示教器上的操纵杆，让焊枪头以第 1 种姿态接触塑料瓶的尖头，并保持该位置不变
8		在"定义"视图中，选中"点 1"，单击下方的"修改位置"，点 1 的状态由"-"变为"已修改"，焊枪当前位置有关数据被保存下来
9		手动操作示教器上的操纵杆，调整机器人手臂，让焊枪头以第 2 种姿态接触塑料瓶的尖头，并保持该位置不变

第4章 程序数据的类型与建立

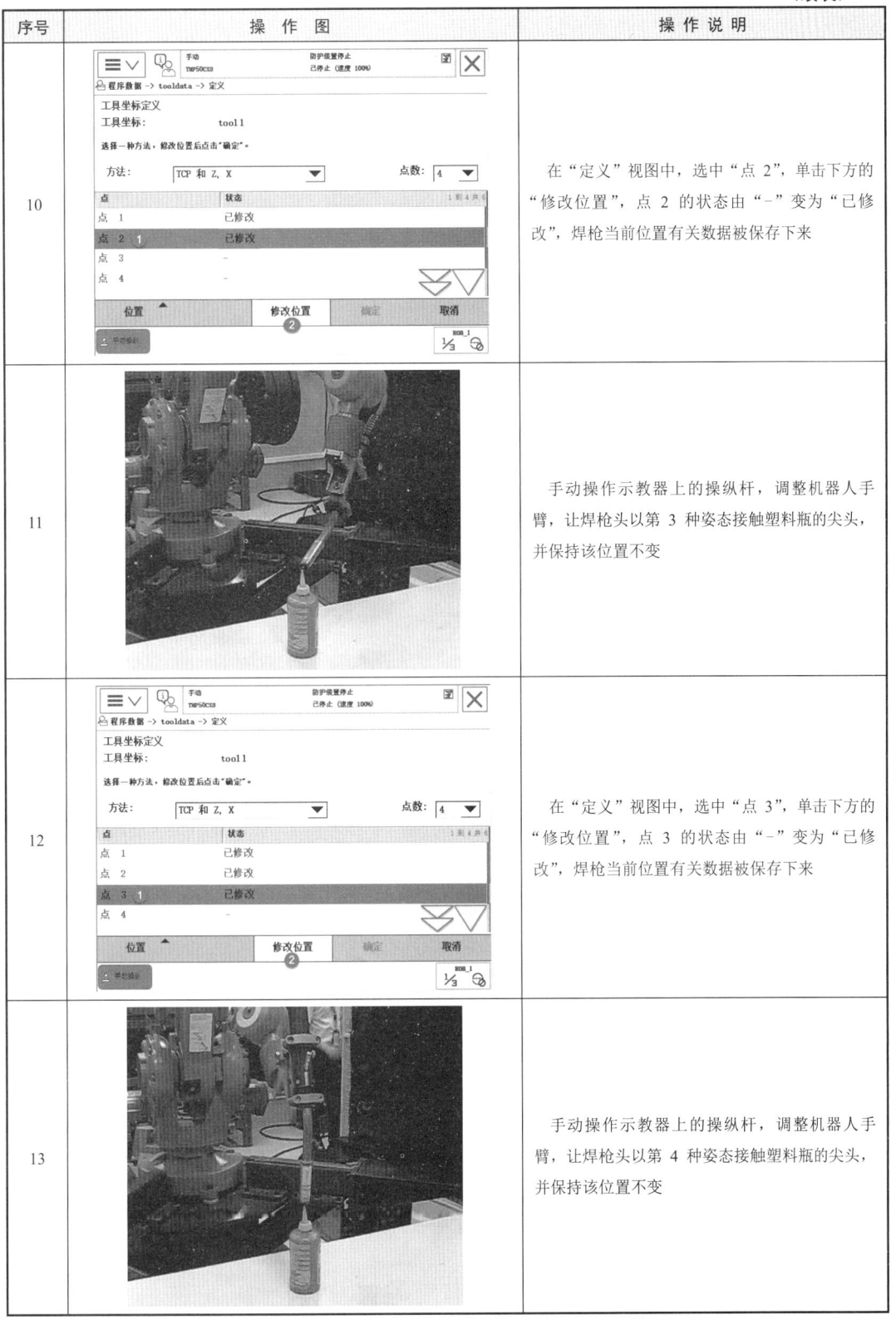

（续表）

序号	操 作 图	操 作 说 明
10		在"定义"视图中，选中"点2"，单击下方的"修改位置"，点2的状态由"-"变为"已修改"，焊枪当前位置有关数据被保存下来
11		手动操作示教器上的操纵杆，调整机器人手臂，让焊枪头以第3种姿态接触塑料瓶的尖头，并保持该位置不变
12		在"定义"视图中，选中"点3"，单击下方的"修改位置"，点3的状态由"-"变为"已修改"，焊枪当前位置有关数据被保存下来
13		手动操作示教器上的操纵杆，调整机器人手臂，让焊枪头以第4种姿态接触塑料瓶的尖头，并保持该位置不变

87

（续表）

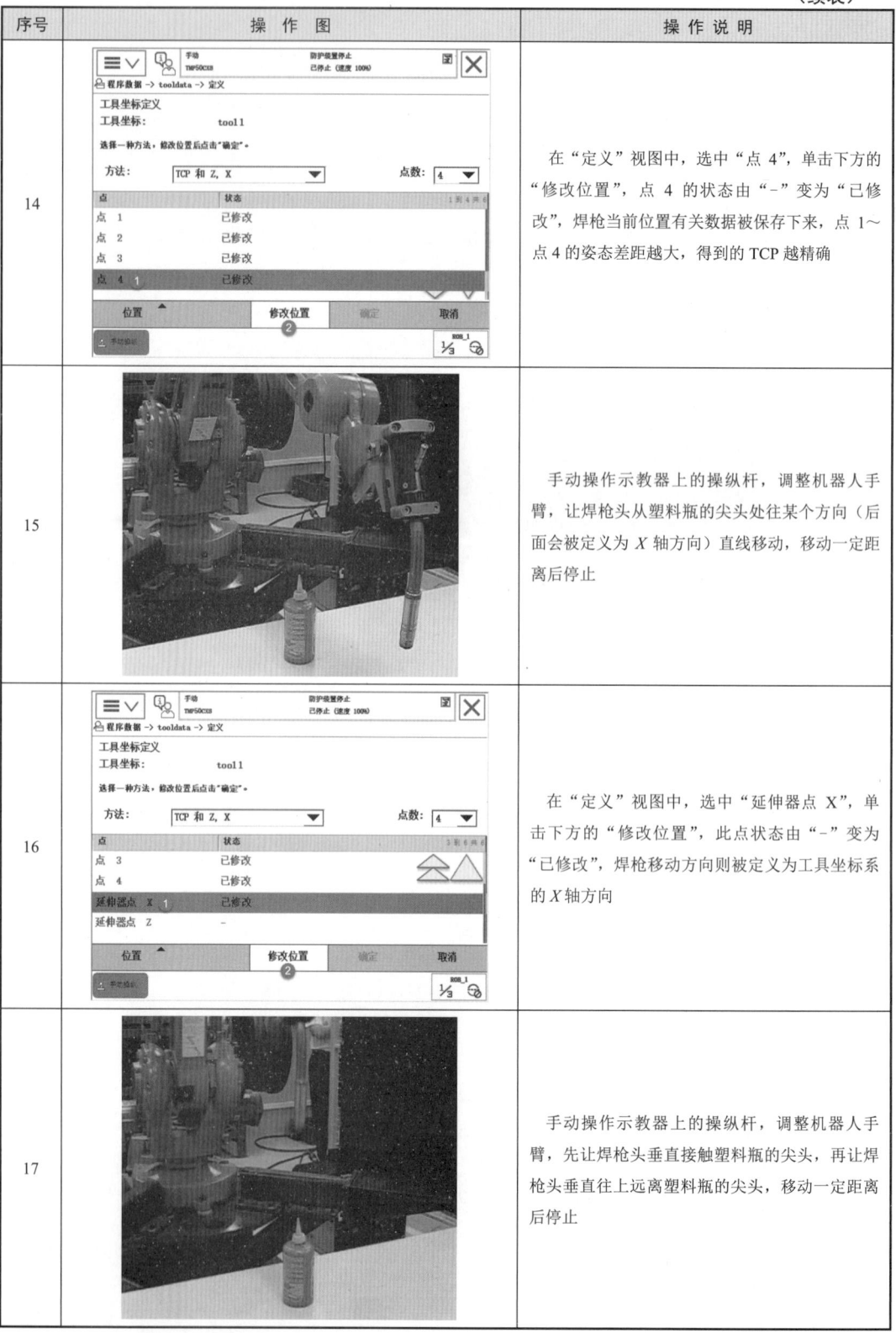

序号	操 作 图	操 作 说 明
14		在"定义"视图中，选中"点 4"，单击下方的"修改位置"，点 4 的状态由"-"变为"已修改"，焊枪当前位置有关数据被保存下来，点 1~点 4 的姿态差距越大，得到的 TCP 越精确
15		手动操作示教器上的操纵杆，调整机器人手臂，让焊枪头从塑料瓶的尖头处往某个方向（后面会被定义为 X 轴方向）直线移动，移动一定距离后停止
16		在"定义"视图中，选中"延伸器点 X"，单击下方的"修改位置"，此点状态由"-"变为"已修改"，焊枪移动方向则被定义为工具坐标系的 X 轴方向
17		手动操作示教器上的操纵杆，调整机器人手臂，先让焊枪头垂直接触塑料瓶的尖头，再让焊枪头垂直往上远离塑料瓶的尖头，移动一定距离后停止

第4章 程序数据的类型与建立

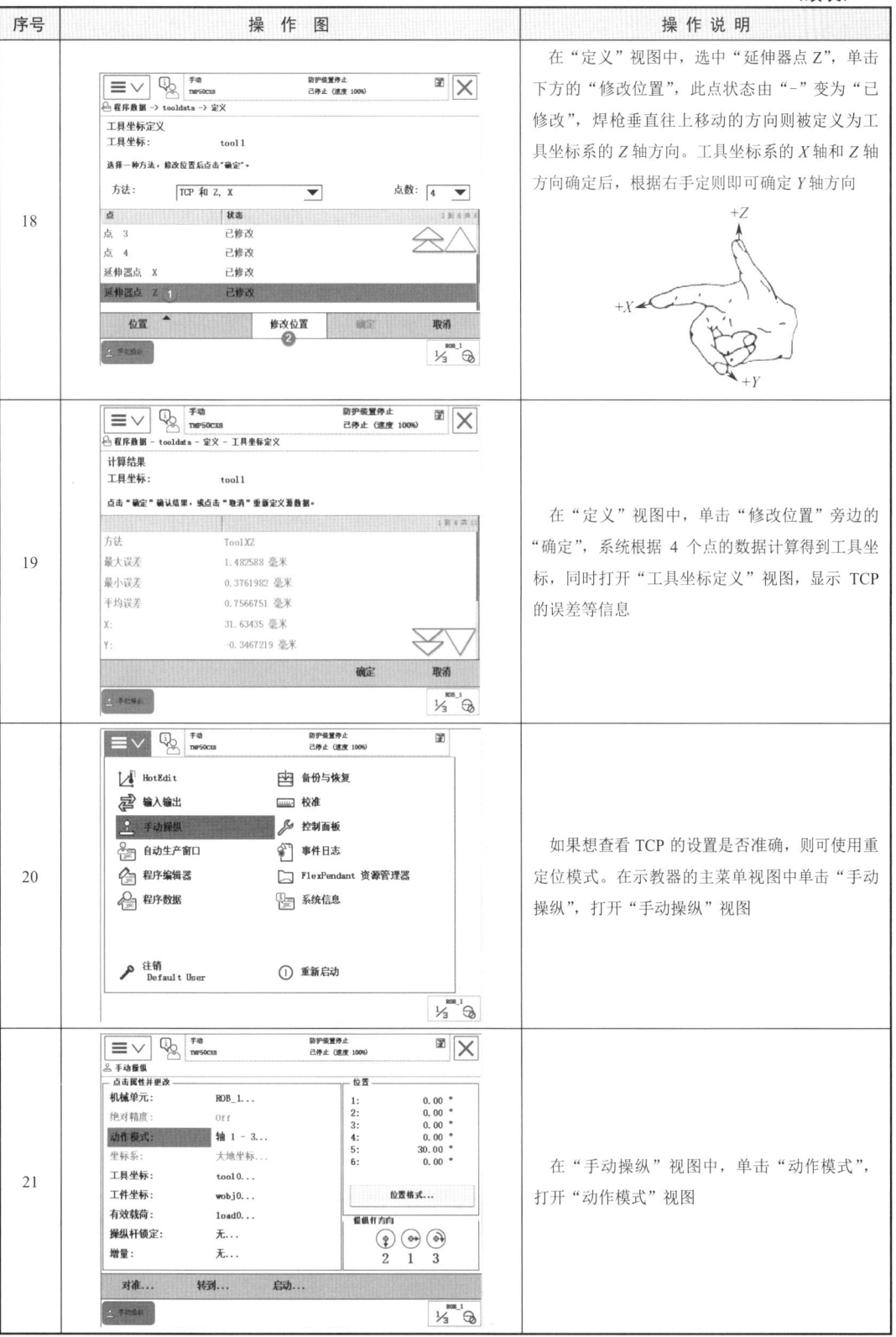

（续表）

序号	操 作 图	操 作 说 明
18		在"定义"视图中，选中"延伸器点 Z"，单击下方的"修改位置"，此点状态由"-"变为"已修改"，焊枪垂直往上移动的方向则被定义为工具坐标系的 Z 轴方向。工具坐标系的 X 轴和 Z 轴方向确定后，根据右手定则即可确定 Y 轴方向
19		在"定义"视图中，单击"修改位置"旁边的"确定"，系统根据 4 个点的数据计算得到工具坐标，同时打开"工具坐标定义"视图，显示 TCP 的误差等信息
20		如果想查看 TCP 的设置是否准确，则可使用重定位模式。在示教器的主菜单视图中单击"手动操纵"，打开"手动操纵"视图
21		在"手动操纵"视图中，单击"动作模式"，打开"动作模式"视图

（续表）

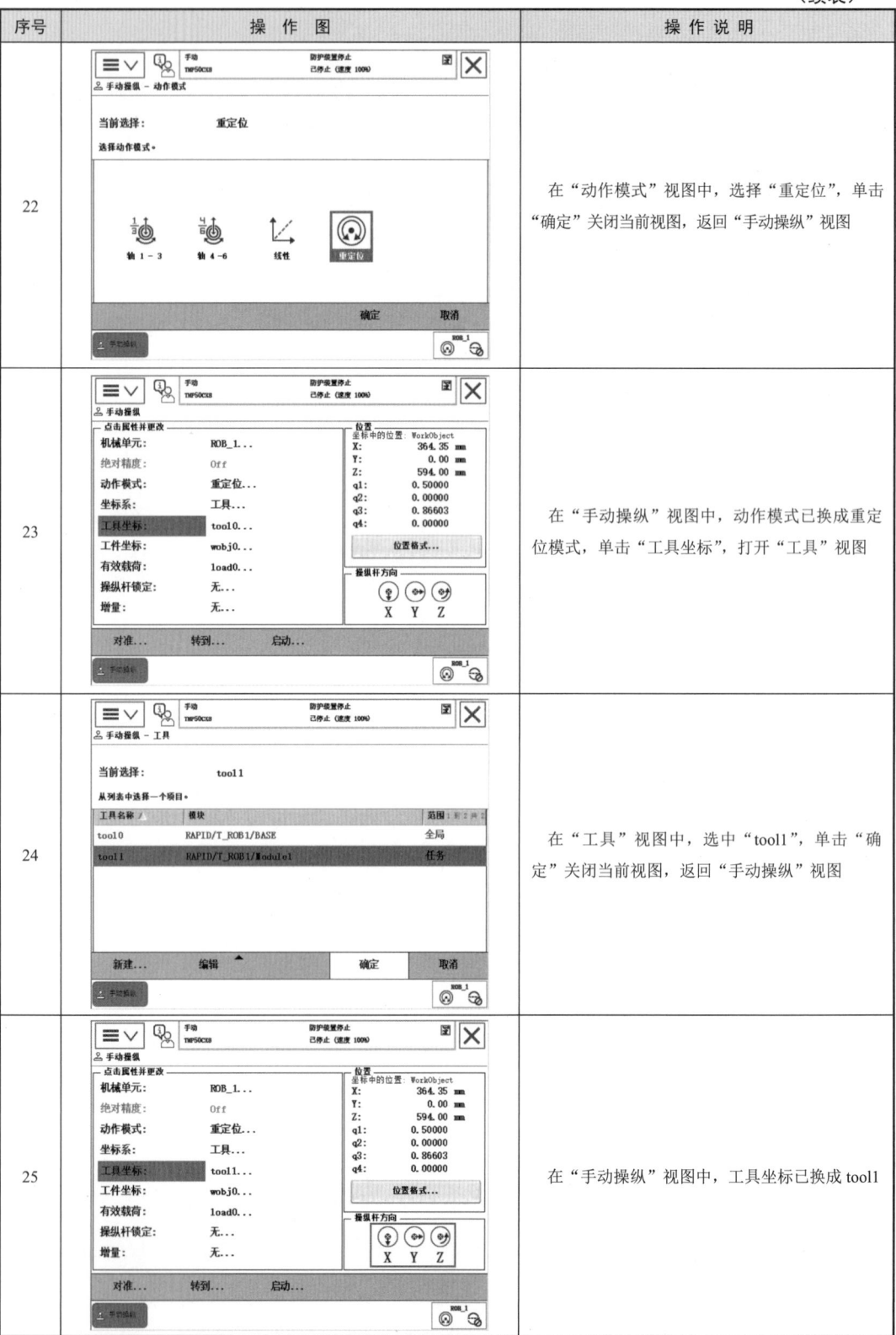

序号	操 作 图	操 作 说 明
22		在"动作模式"视图中，选择"重定位"，单击"确定"关闭当前视图，返回"手动操纵"视图
23		在"手动操纵"视图中，动作模式已换成重定位模式，单击"工具坐标"，打开"工具"视图
24		在"工具"视图中，选中"tool1"，单击"确定"关闭当前视图，返回"手动操纵"视图
25		在"手动操纵"视图中，工具坐标已换成 tool1

(续表)

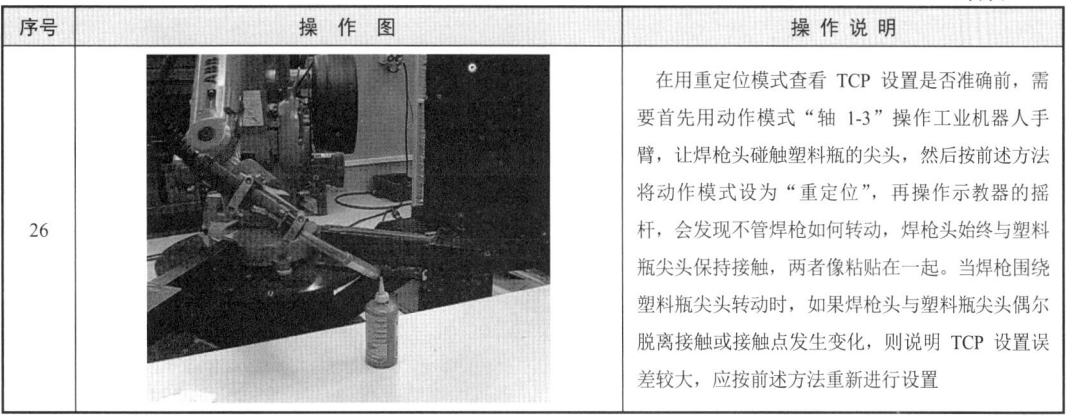

序号	操 作 图	操 作 说 明
26		在用重定位模式查看 TCP 设置是否准确前，需要首先用动作模式"轴 1-3"操作工业机器人手臂，让焊枪头碰触塑料瓶的尖头，然后按前述方法将动作模式设为"重定位"，再操作示教器的摇杆，会发现不管焊枪如何转动，焊枪头始终与塑料瓶尖头保持接触，两者像粘贴在一起。当焊枪围绕塑料瓶尖头转动时，如果焊枪头与塑料瓶尖头偶尔脱离接触或接触点发生变化，则说明 TCP 设置误差较大，应按前述方法重新进行设置

（3）搬运类机器人工具数据的建立操作。

如果机器人安装的工具是用于搬运的真空吸盘式夹具，则其 TCP 是原始 TCP 在 Z 轴方向上偏移 300mm 得到的，如图 4-4 所示，这种 TCP 数据可直接输入，无须用四点法计算获得。

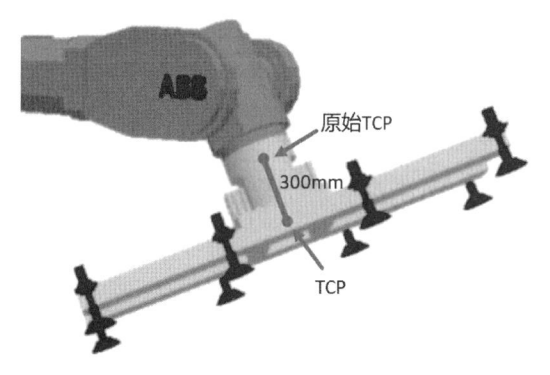

图 4-4 搬运类机器人的原始 TCP 与 TCP

搬运类机器人工具数据的建立操作见表 4-5。

表 4-5 搬运类机器人工具数据的建立操作

序号	操 作 图	操 作 说 明
1		在示教器屏幕视图的左上角单击主菜单按钮，打开主菜单视图，单击"手动操纵"，打开"手动操纵"视图

（续表）

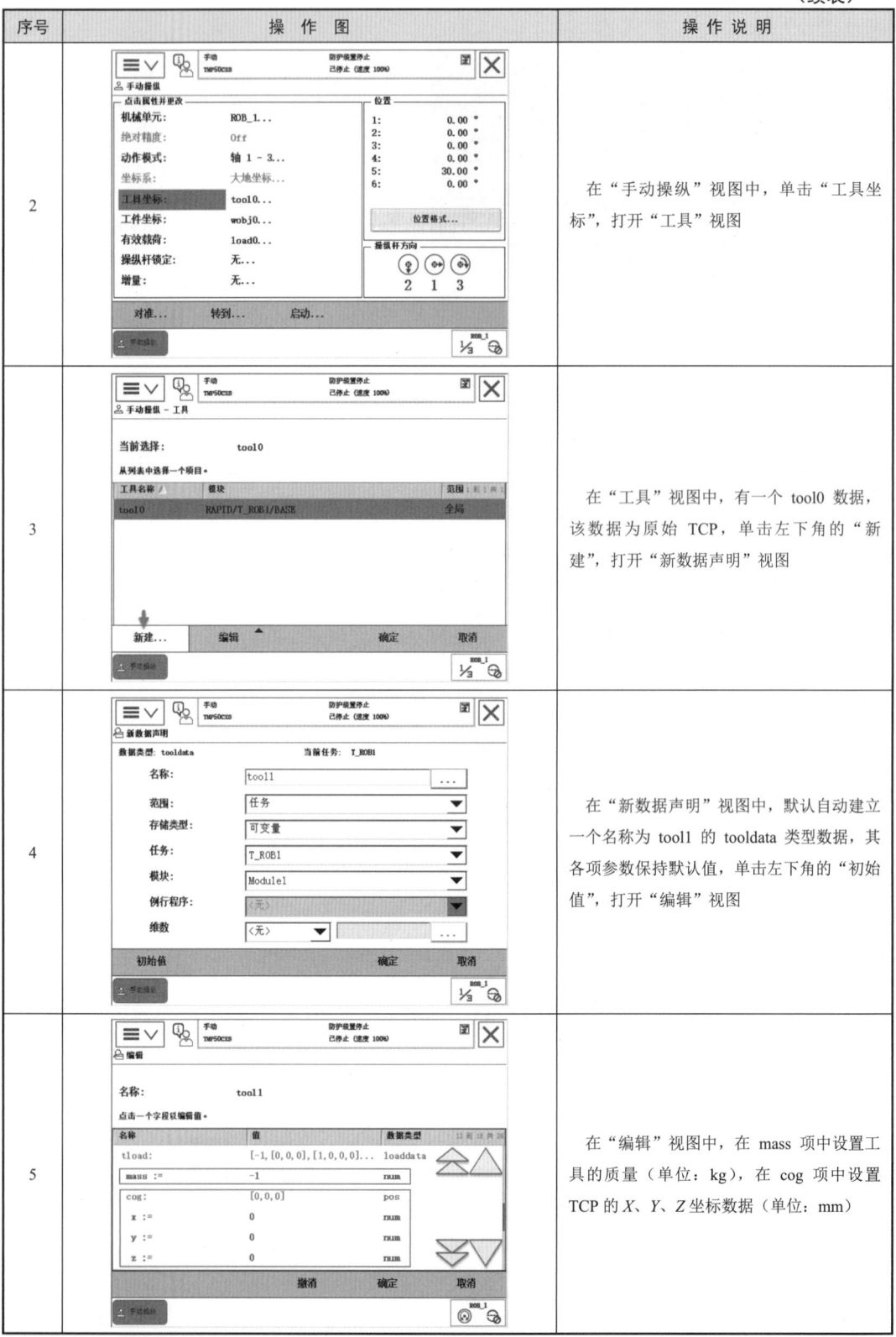

序号	操 作 图	操 作 说 明
2		在"手动操纵"视图中，单击"工具坐标"，打开"工具"视图
3		在"工具"视图中，有一个 tool0 数据，该数据为原始 TCP，单击左下角的"新建"，打开"新数据声明"视图
4		在"新数据声明"视图中，默认自动建立一个名称为 tool1 的 tooldata 类型数据，其各项参数保持默认值，单击左下角的"初始值"，打开"编辑"视图
5		在"编辑"视图中，在 mass 项中设置工具的质量（单位：kg），在 cog 项中设置 TCP 的 X、Y、Z 坐标数据（单位：mm）

(续表)

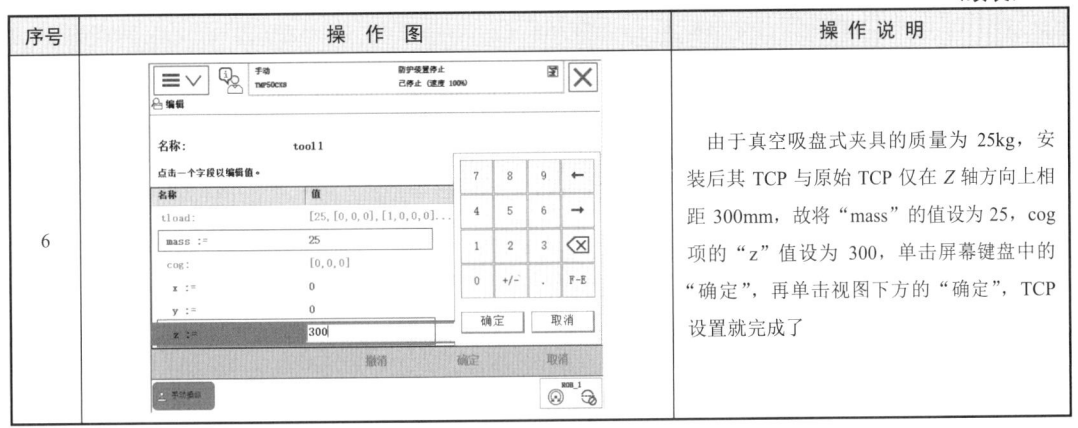

序号	操 作 图	操 作 说 明
6		由于真空吸盘式夹具的质量为 25kg，安装后其 TCP 与原始 TCP 仅在 Z 轴方向上相距 300mm，故将"mass"的值设为 25，cog 项的"z"值设为 300，单击屏幕键盘中的"确定"，再单击视图下方的"确定"，TCP 设置就完成了

4.3.2 工件坐标数据的建立

工件坐标是工件相对于大地的坐标位置。机器人可以拥有若干工件坐标系，这样既能表示不同工件，又能表示同一工件在不同位置的若干副本。对机器人进行编程就是在工件坐标系中创建工具操作的目标和移动路径。

建立工件坐标数据的优点：①当重新定位工作站中的工件时，只需更改工件坐标系的位置，工具操作的目标和移动路径就会随之更新；②允许操作相对外轴或传送导轨移动的工件，因为整个工件可连同其路径一起移动。

1. 工件坐标系的建立方法

建立工件坐标系的意义举例说明图如图 4-5 所示。如果给机器人安装一支画笔，用画笔在一张纸的指定位置上画一个五边形，那么通常首先建立一个坐标系 $X_1O_1Y_1$，纸的左下角为原点 O_1，纵向为 Y_1 轴，横向为 X_1 轴，然后编写画笔移动画五边形的程序，程序控制画笔按 $P_1 \sim P_5$ 的坐标位置移动，就能在纸上指定位置画出固定形状的五边形。如果将纸移动到另一个位置，不改变工件坐标系，那么机器人控制画笔会在纸的原来位置画出五边形，要让画笔在移动后的纸上画出五边形，可以在纸当前的位置重新建立一个坐标系 $X_2O_2Y_2$，在新的坐标系中，$P_1 \sim P_5$ 的坐标值不变，所以无须更改程序中各点的坐标值即可在移动后的纸上画出五边形。

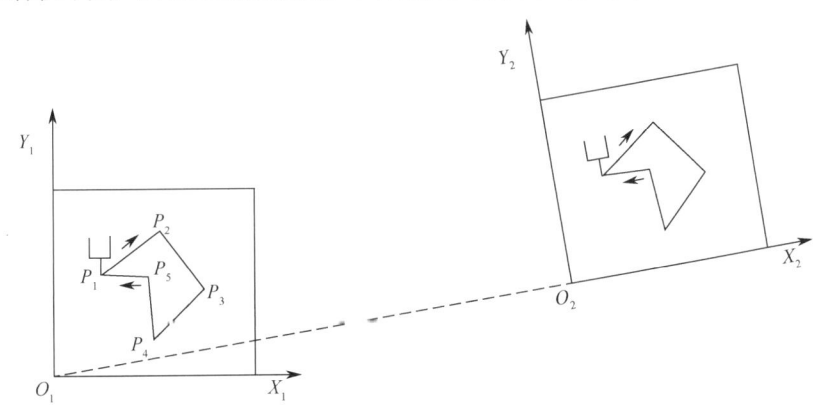

图 4-5 建立工件坐标系的意义举例说明图

机器人建立工件坐标系时一般采用三点法，在工件的工作台或工件边缘角位置上定义 X_1、X_2、Y_1 三点创建一个工件坐标系，如图 4-6（a）所示，X_1 作为原点，X_1、X_2 两点确定 X 轴方向，X_1、Y_1 两点确定 Y 轴方向，根据右手定则确定 Z 轴方向，如图 4-6（b）所示。

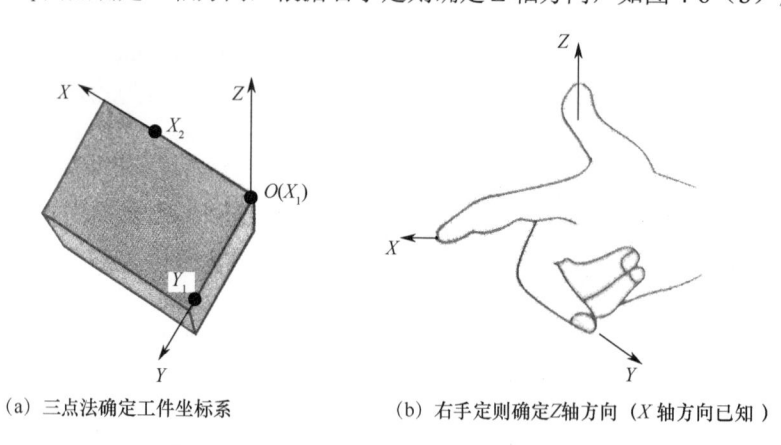

(a) 三点法确定工件坐标系　　　　(b) 右手定则确定Z轴方向（X轴方向已知）

图 4-6　工件坐标系的建立方法

2. 工件坐标数据的建立操作

工件坐标数据的建立操作见表 4-6。

表 4-6　工件坐标数据的建立操作

序号	操 作 图	操 作 说 明
1		在示教器屏幕视图的左上角单击主菜单按钮，打开主菜单视图，单击"手动操纵"，打开"手动操纵"视图
2		在"手动操纵"视图中，单击"工件坐标"，打开"工件"视图

(续表)

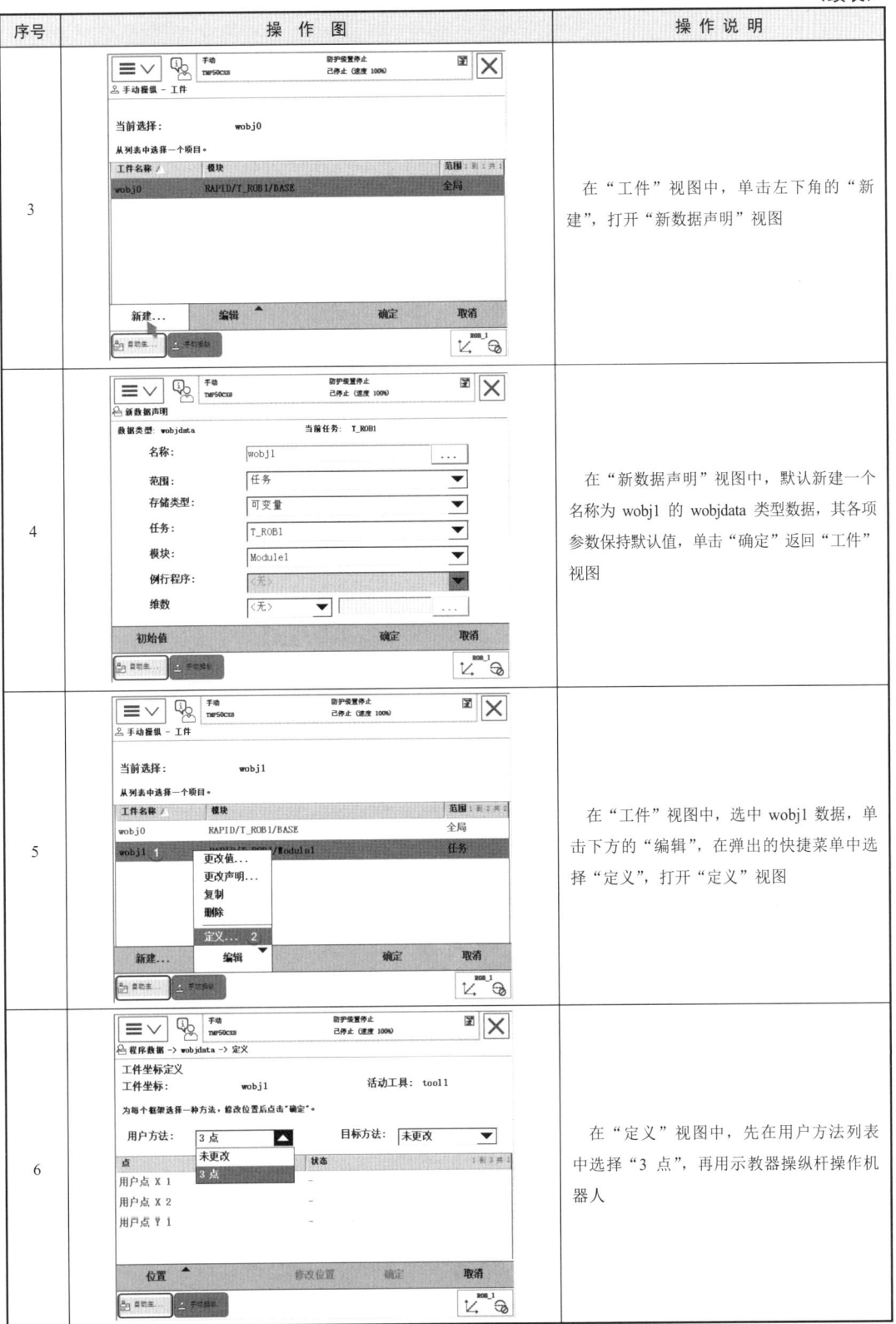

序号	操 作 图	操 作 说 明
3		在"工件"视图中,单击左下角的"新建",打开"新数据声明"视图
4		在"新数据声明"视图中,默认新建一个名称为 wobj1 的 wobjdata 类型数据,其各项参数保持默认值,单击"确定"返回"工件"视图
5		在"工件"视图中,选中 wobj1 数据,单击下方的"编辑",在弹出的快捷菜单中选择"定义",打开"定义"视图
6		在"定义"视图中,先在用户方法列表中选择"3 点",再用示教器操纵杆操作机器人

(续表)

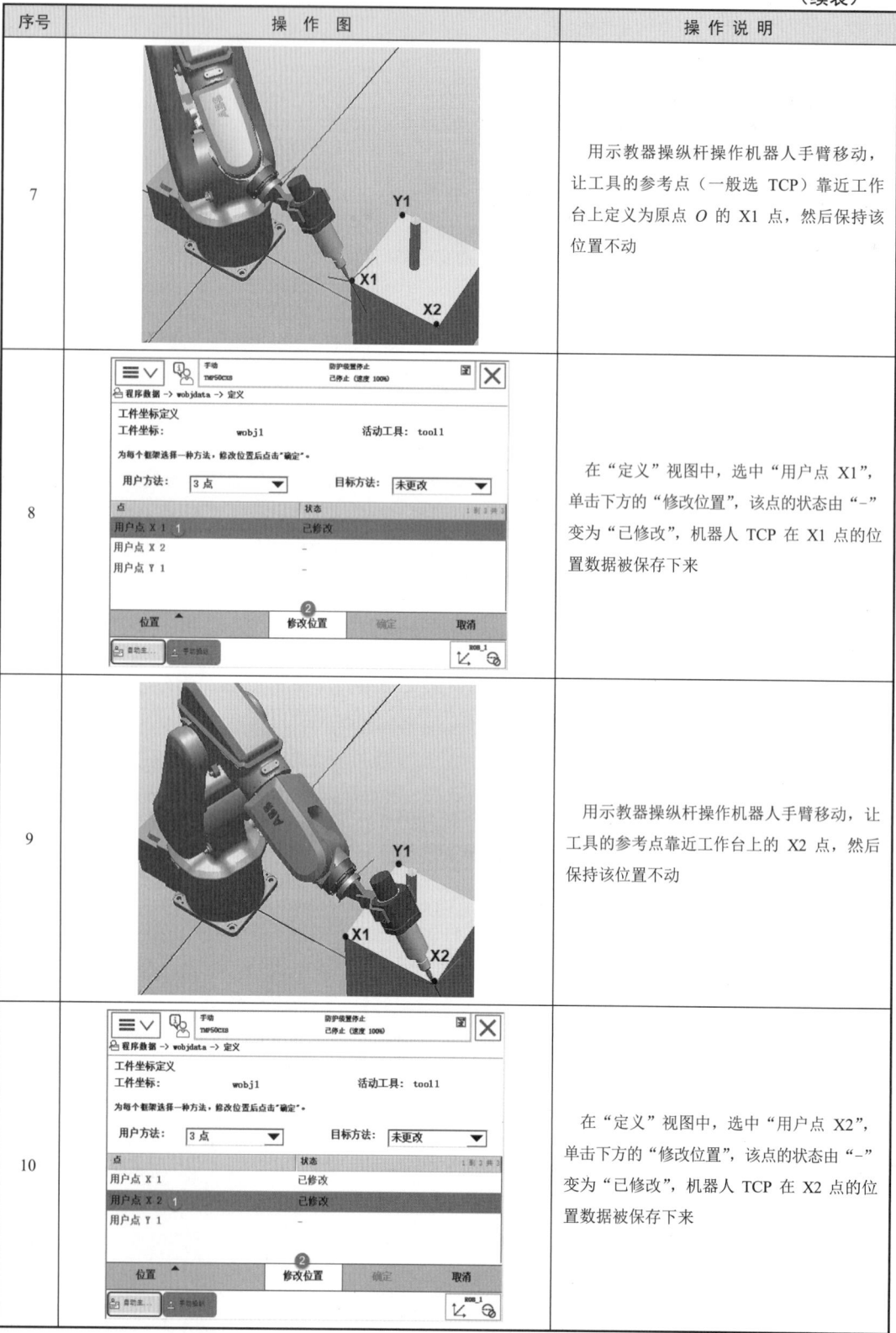

序号	操作图	操作说明
7		用示教器操纵杆操作机器人手臂移动，让工具的参考点（一般选 TCP）靠近工作台上定义为原点 O 的 X1 点，然后保持该位置不动
8		在"定义"视图中，选中"用户点 X1"，单击下方的"修改位置"，该点的状态由"-"变为"已修改"，机器人 TCP 在 X1 点的位置数据被保存下来
9		用示教器操纵杆操作机器人手臂移动，让工具的参考点靠近工作台上的 X2 点，然后保持该位置不动
10		在"定义"视图中，选中"用户点 X2"，单击下方的"修改位置"，该点的状态由"-"变为"已修改"，机器人 TCP 在 X2 点的位置数据被保存下来

(续表)

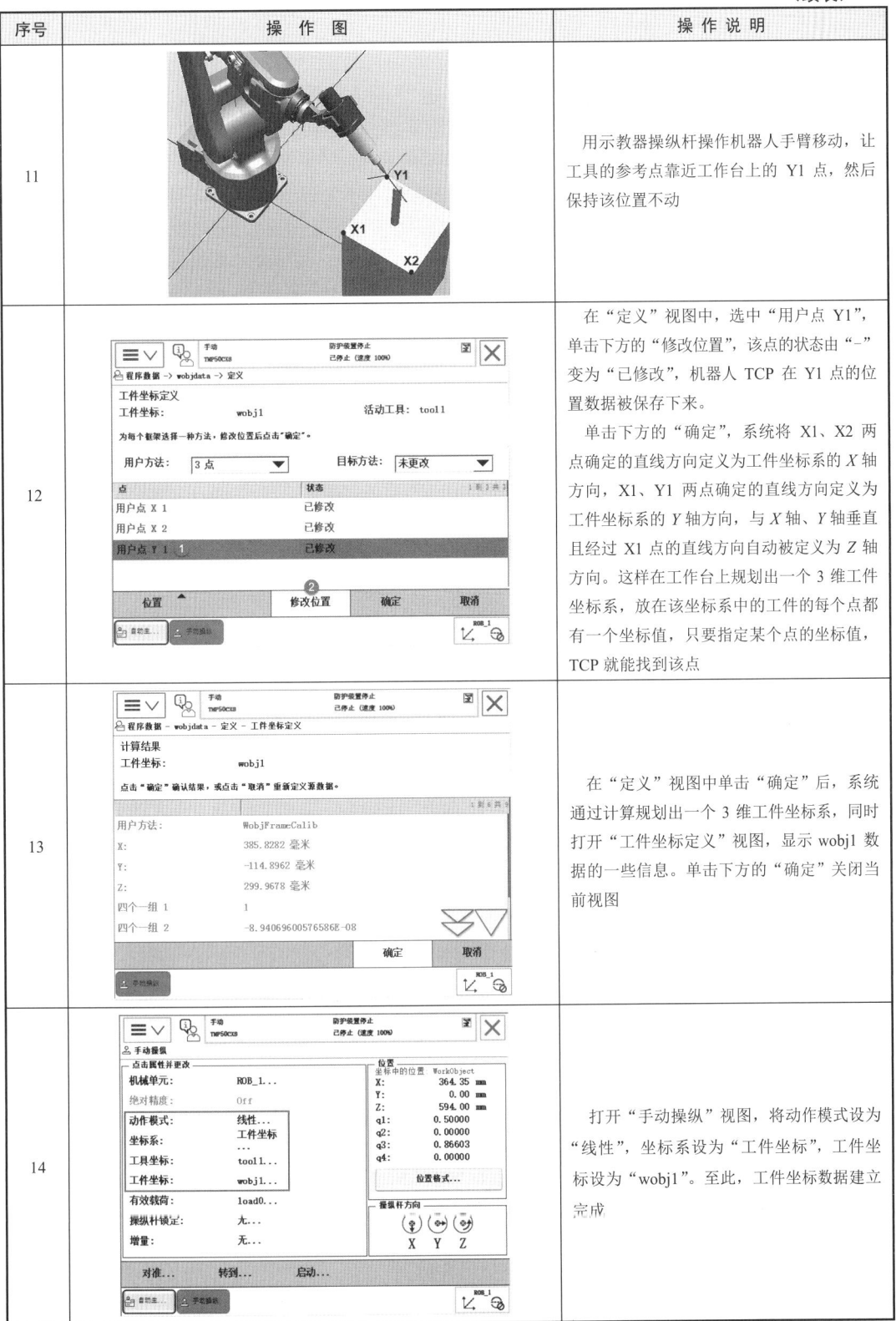

序号	操作图	操作说明
11		用示教器操纵杆操作机器人手臂移动，让工具的参考点靠近工作台上的 Y1 点，然后保持该位置不动
12		在"定义"视图中，选中"用户点 Y1"，单击下方的"修改位置"，该点的状态由"-"变为"已修改"，机器人 TCP 在 Y1 点的位置数据被保存下来。 单击下方的"确定"，系统将 X1、X2 两点确定的直线方向定义为工件坐标系的 X 轴方向，X1、Y1 两点确定的直线方向定义为工件坐标系的 Y 轴方向，与 X 轴、Y 轴垂直且经过 X1 点的直线方向自动被定义为 Z 轴方向。这样在工作台上规划出一个 3 维工件坐标系，放在该坐标系中的工件的每个点都有一个坐标值，只要指定某个点的坐标值，TCP 就能找到该点
13		在"定义"视图中单击"确定"后，系统通过计算规划出一个 3 维工件坐标系，同时打开"工件坐标定义"视图，显示 wobj1 数据的一些信息。单击下方的"确定"关闭当前视图
14		打开"手动操纵"视图，将动作模式设为"线性"，坐标系设为"工件坐标"，工件坐标设为"wobj1"。至此，工件坐标数据建立完成

97

4.3.3 有效载荷数据的建立

搬运类机器人在搬运时,除工具(夹具)有一定的质量外,搬运对象也有一定的质量,空载和带载时机器人载荷不同,因此为了让机器人可靠协调地工作,除要在工具数据中设置工具的质量和重心外,还应在有效载荷数据中设置搬运对象的质量和重心。

有效载荷数据的建立操作见表 4-7。

表 4-7 有效载荷数据的建立操作

序号	操 作 图	操作说明
1		在示教器屏幕视图的左上角单击主菜单按钮,打开主菜单视图,单击"手动操纵",打开"手动操纵"视图
2		在"手动操纵"视图中,单击"有效载荷",打开"有效载荷"视图
3		在"有效载荷"视图中,已存在一个 load0 数据,这是机器人空载时的有效载荷数据,单击左下角的"新建",打开"新数据声明"视图

(续表)

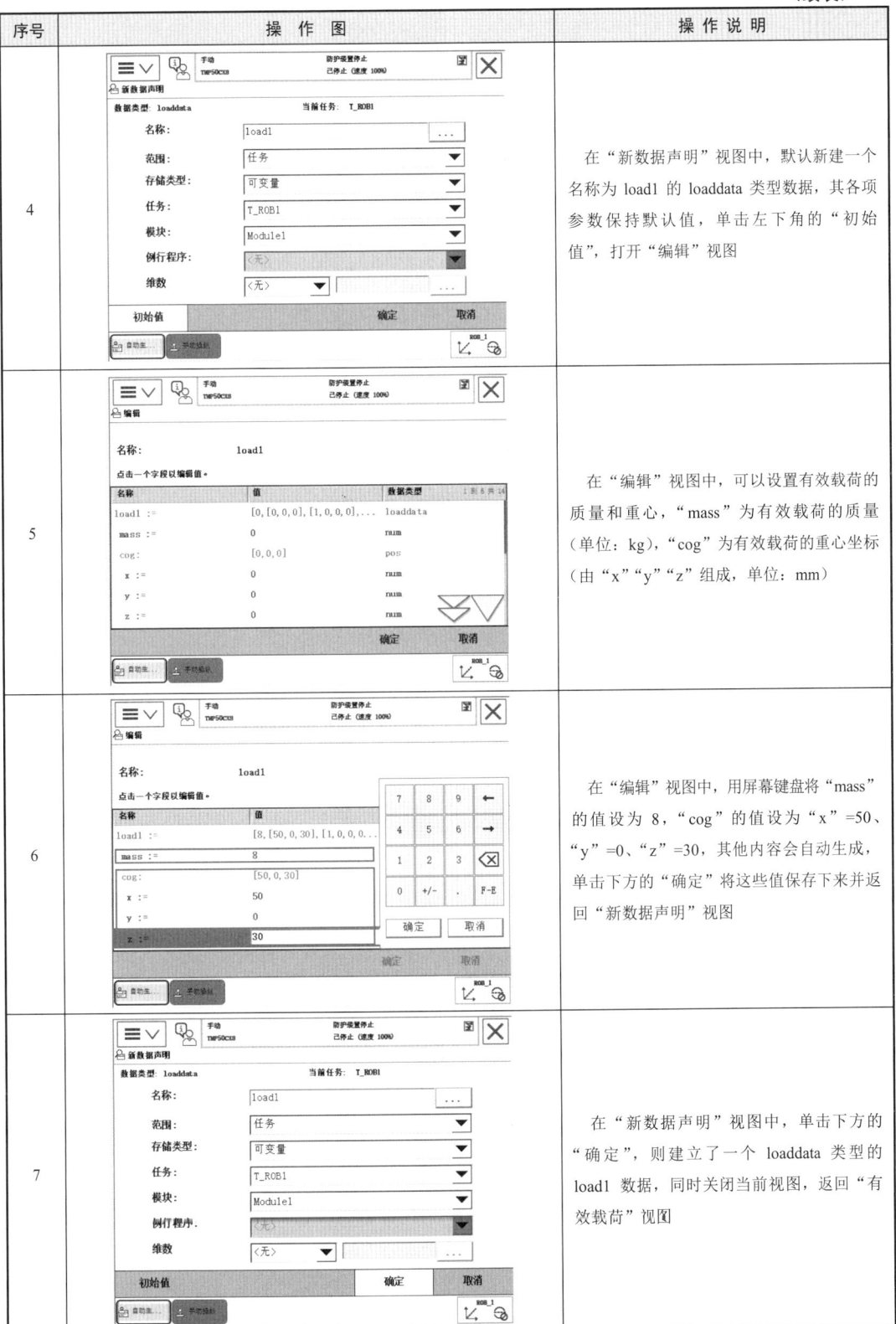

序号	操 作 图	操 作 说 明
4		在"新数据声明"视图中,默认新建一个名称为 load1 的 loaddata 类型数据,其各项参数保持默认值,单击左下角的"初始值",打开"编辑"视图
5		在"编辑"视图中,可以设置有效载荷的质量和重心,"mass"为有效载荷的质量(单位: kg),"cog"为有效载荷的重心坐标(由"x""y""z"组成,单位: mm)
6		在"编辑"视图中,用屏幕键盘将"mass"的值设为 8,"cog"的值设为"x"=50、"y"=0、"z"=30,其他内容会自动生成,单击下方的"确定"将这些值保存下来并返回"新数据声明"视图
7		在"新数据声明"视图中,单击下方的"确定",则建立了一个 loaddata 类型的 load1 数据,同时关闭当前视图,返回"有效载荷"视图

(续表)

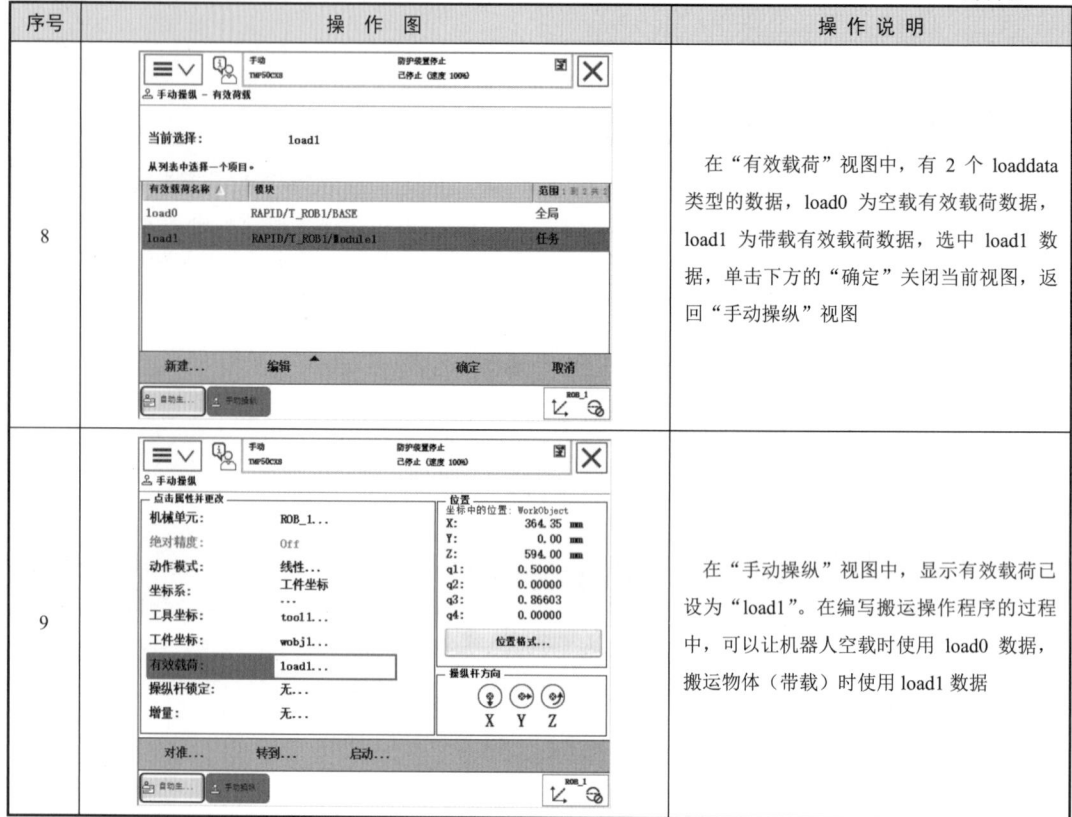

序号	操 作 图	操 作 说 明
8	(手动摇杆 - 有效载荷视图，当前选择：load1，列表中显示 load0 RAPID/T_ROB1/BASE 全局，load1 RAPID/T_ROB1/Module1 任务)	在"有效载荷"视图中，有 2 个 loaddata 类型的数据，load0 为空载有效载荷数据，load1 为带载有效载荷数据，选中 load1 数据，单击下方的"确定"关闭当前视图，返回"手动操纵"视图
9	(手动操纵视图：机械单元 ROB_1...，绝对精度 Off，动作模式 线性...，坐标系 工件坐标，工具坐标 tool1...，工件坐标 wobj1...，有效载荷 load1...，操纵杆锁定 无...，增量 无...；位置：X 364.35 mm, Y 0.00 mm, Z 594.00 mm, q1 0.50000, q2 0.00000, q3 0.86603, q4 0.00000)	在"手动操纵"视图中，显示有效载荷已设为"load1"。在编写搬运操作程序的过程中，可以让机器人空载时使用 load0 数据，搬运物体（带载）时使用 load1 数据

第 5 章

RAPID 程序与编程实例

ABB 工业机器人的编程采用 RAPID 语言，其易学易用、编程灵活，支持二次开发、错误处理和多任务处理等高级功能。RAPID 程序通过使用对 ABB 工业机器人进行控制的指令，让机器人完成各种操作。

5.1 RAPID 程序的结构与程序编辑器

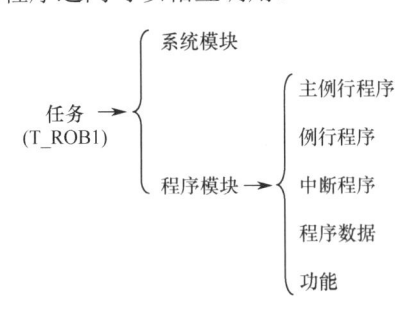

5.1.1 RAPID 程序的结构

RAPID 程序的结构如图 5-1 所示，一个 RAPID 程序称为一个任务。一个任务由一系列的模块（系统模块、程序模块）组成，系统模块多用于系统方面的控制，程序模块则用来编写程序。程序模块中的程序类型主要有主例行程序（内含 main 函数）、例行程序、中断程序、程序数据和功能。程序模块中至少要有一个主例行程序（整个程序的起点），当程序模块中有多个程序时，程序之间可以相互调用。

```
                 ┌ 系统模块
任务 ──┤           ┌ 主例行程序
(T_ROB1)           │ 例行程序
         └ 程序模块 ─┤ 中断程序
                    │ 程序数据
                    └ 功能
```

图 5-1 RAPID 程序的结构

5.1.2 程序编辑器

ABB 工业机器人编程可使用示教器中的程序编辑器，其打开及任务、模块、例行程序的切换操作见表 5-1。

表 5-1　程序编辑器的打开及任务、模块、例行程序的切换操作

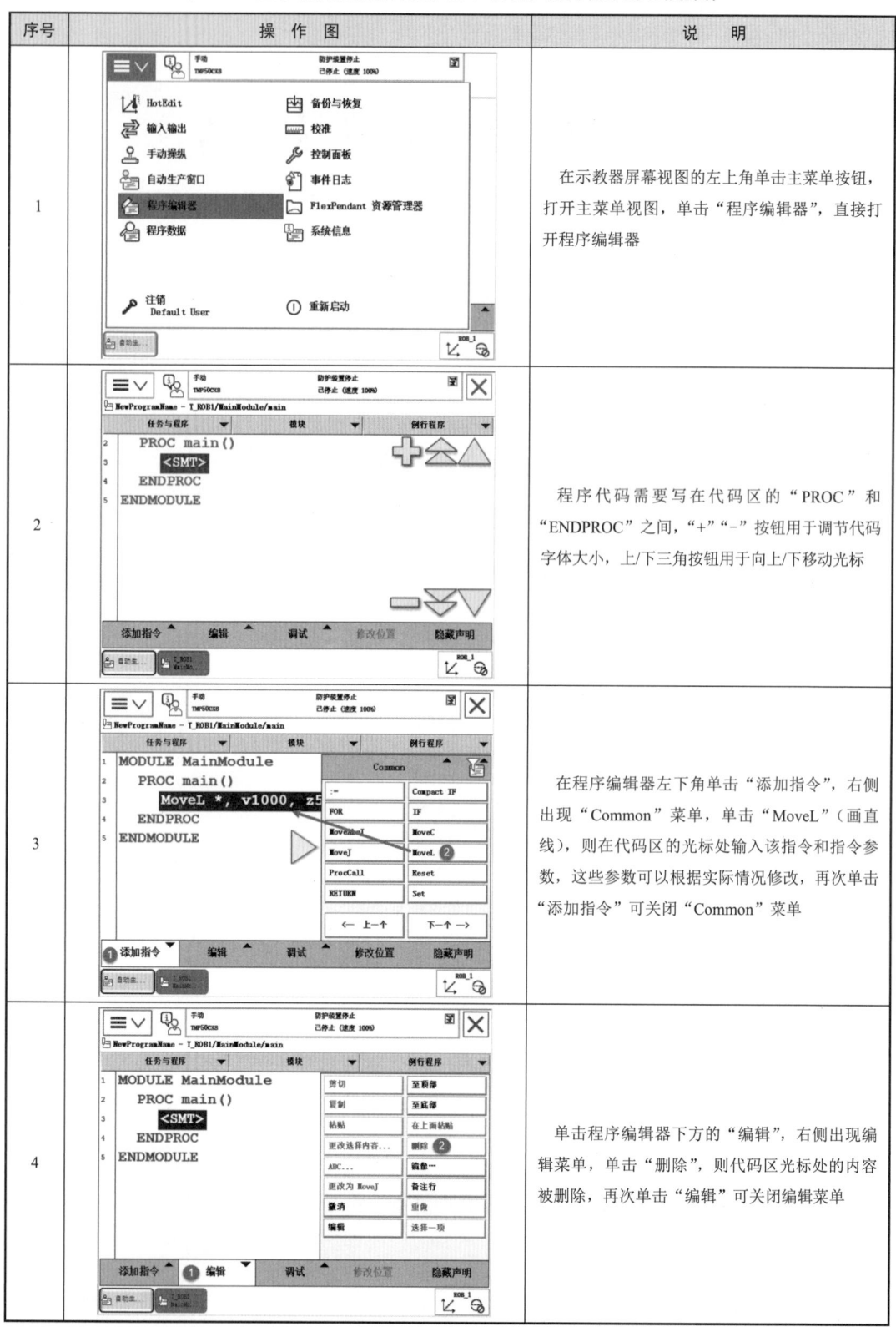

序号	操 作 图	说 明
1	（示教器主菜单界面图，显示HotEdit、输入输出、手动操纵、自动生产窗口、程序编辑器、程序数据、备份与恢复、校准、控制面板、事件日志、FlexPendant 资源管理器、系统信息、注销 Default User、重新启动等菜单项，"程序编辑器"被选中）	在示教器屏幕视图的左上角单击主菜单按钮，打开主菜单视图，单击"程序编辑器"，直接打开程序编辑器
2	（程序编辑器界面，显示 PROC main() <SMT> ENDPROC ENDMODULE，右侧有 +、-、上下三角按钮）	程序代码需要写在代码区的"PROC"和"ENDPROC"之间，"+""-"按钮用于调节代码字体大小，上/下三角按钮用于向上/下移动光标
3	（程序编辑器界面，显示添加指令后弹出的Common菜单，包含 :=、FOR、MoveJ、MoveJ、ProcCall、RETURN、Compact IF、IF、MoveC、MoveL、Reset、Set 等指令）	在程序编辑器左下角单击"添加指令"，右侧出现"Common"菜单，单击"MoveL"（画直线），则在代码区的光标处输入该指令和指令参数，这些参数可以根据实际情况修改，再次单击"添加指令"可关闭"Common"菜单
4	（程序编辑器界面，单击"编辑"后弹出的菜单，包含剪切、复制、粘贴、更改选择内容…、ABC…、更改为 MoveJ、撤消、编辑、至顶部、至底部、在上面粘贴、删除、镜像一、备注行、重做、选择一项等选项）	单击程序编辑器下方的"编辑"，右侧出现编辑菜单，单击"删除"，则代码区光标处的内容被删除，再次单击"编辑"可关闭编辑菜单

(续表)

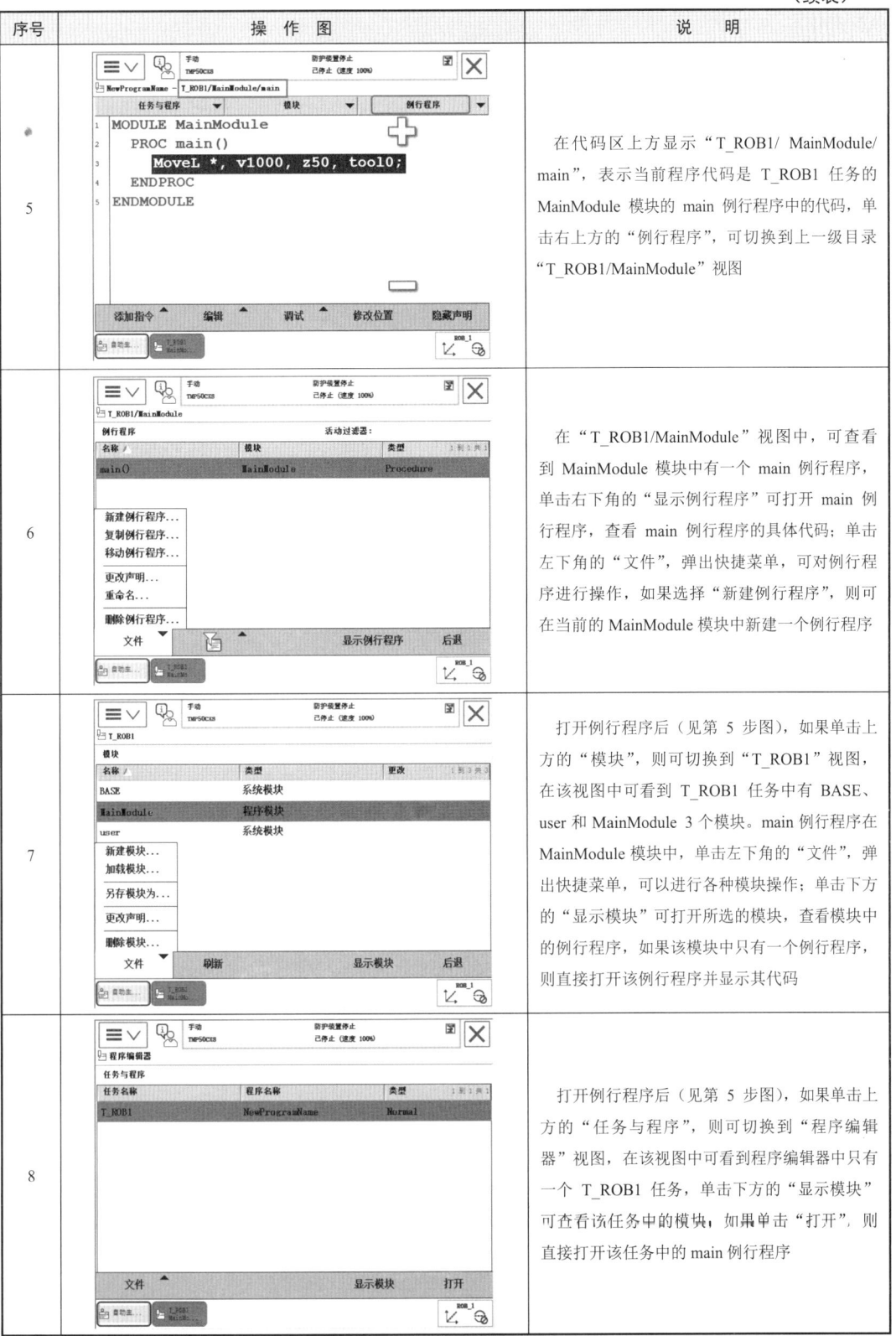

序号	操 作 图	说 明
5	(操作图：程序编辑器界面，显示 MODULE MainModule / PROC main() / MoveL *, v1000, z50, tool0; / ENDPROC / ENDMODULE)	在代码区上方显示"T_ROB1/ MainModule/main",表示当前程序代码是 T_ROB1 任务的 MainModule 模块的 main 例行程序中的代码,单击右上方的"例行程序",可切换到上一级目录"T_ROB1/MainModule"视图
6	(操作图：T_ROB1/MainModule 例行程序列表视图,显示 main() 为 MainModule Procedure,左下有"文件"菜单：新建例行程序、复制例行程序、移动例行程序、更改声明、重命名、删除例行程序)	在"T_ROB1/MainModule"视图中,可查看到 MainModule 模块中有一个 main 例行程序,单击右下角的"显示例行程序"可打开 main 例行程序,查看 main 例行程序的具体代码;单击左下角的"文件",弹出快捷菜单,可对例行程序进行操作,如果选择"新建例行程序",则可在当前的 MainModule 模块中新建一个例行程序
7	(操作图：T_ROB1 模块列表视图,显示 BASE 系统模块、MainModule 程序模块、user 系统模块,左下"文件"菜单：新建模块、加载模块、另存模块为、更改声明、删除模块)	打开例行程序后(见第 5 步图),如果单击上方的"模块",则可切换到"T_ROB1"视图,在该视图中可看到 T_ROB1 任务中有 BASE、user 和 MainModule 3 个模块。main 例行程序在 MainModule 模块中,单击左下角的"文件",弹出快捷菜单,可以进行各种模块操作;单击下方的"显示模块"可打开所选的模块,查看模块中的例行程序,如果该模块中只有一个例行程序,则直接打开该例行程序并显示其代码
8	(操作图：程序编辑器任务与程序视图,显示 T_ROB1 NewProgramName Normal)	打开例行程序后(见第 5 步图),如果单击上方的"任务与程序",则可切换到"程序编辑器"视图,在该视图中可看到程序编辑器中只有一个 T_ROB1 任务,单击下方的"显示模块"可查看该任务中的模块,如果单击"打开",则直接打开该任务中的 main 例行程序

5.2 外部信号控制机器人的 RAPID 程序编程实例

5.2.1 程序的控制要求

在编写 RAPID 程序前,一定要了解程序的控制要求,即程序需要控制机器人进行何种动作。RAPID 程序的控制要求如下。

(1) 在工作前,机器人安装的工具停在指定的位置(pHome 点)。

(2) 当 ABB 标准 I/O 板的 di1 端子输入 1 时,工具先从 pHome 点移到工件的 p10 点,再从 p10 点线性移到 p20 点,最后返回 pHome 点。

(3) 如果 ABB 标准 I/O 板的 di1 端子输入 0,则工具停在 pHome 点不动。

图 5-2 所示为编写完成的 RAPID 主例行程序。

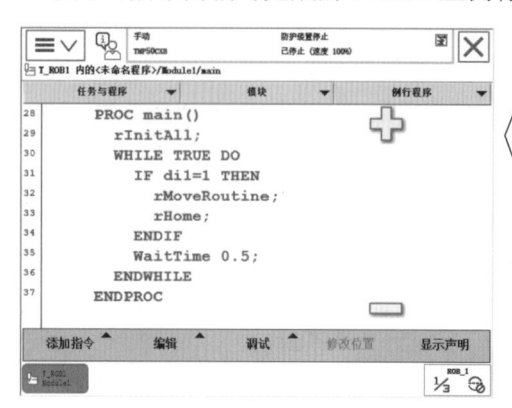

PROC、ENDPROC 为程序开始、结束标志,程序代码写在两者之间。

main 为主程序名称,()中为参数,无参数则为空。

rInitAll 为调用执行 rInitAll 例行程序指令,其内容写在 rInitAll 文件中。

WHILE 为条件循环指令,其内容写在 WHILE、ENDWHILE 之间。

IF 为条件判断指令,其内容写在 IF、ENDIF 之间。如果 di1=1,则先后调用执行 rMoveRoutine 和 rHome 例行程序,这两个例行程序的内容写在同名文件中。

WaitTime 为等待时间指令,WaitTime 0.5 表示程序在此处等待 0.5s。

图 5-2 编写完成的 RAPID 主例行程序

5.2.2 建立程序模块和例行程序

先在 T_ROB1 任务中建立一个 Module1 模块,再在该模块中建立 main、rHome、rInitAll 和 rMoveRoutine 4 个例行程序,具体操作见表 5-2。

表 5-2 建立程序模块和例行程序的操作

序号	操 作 图	操 作 说 明
1		在示教器屏幕视图的左上角单击主菜单按钮,打开主菜单视图,单击"程序编辑器",打开程序编辑器

(续表)

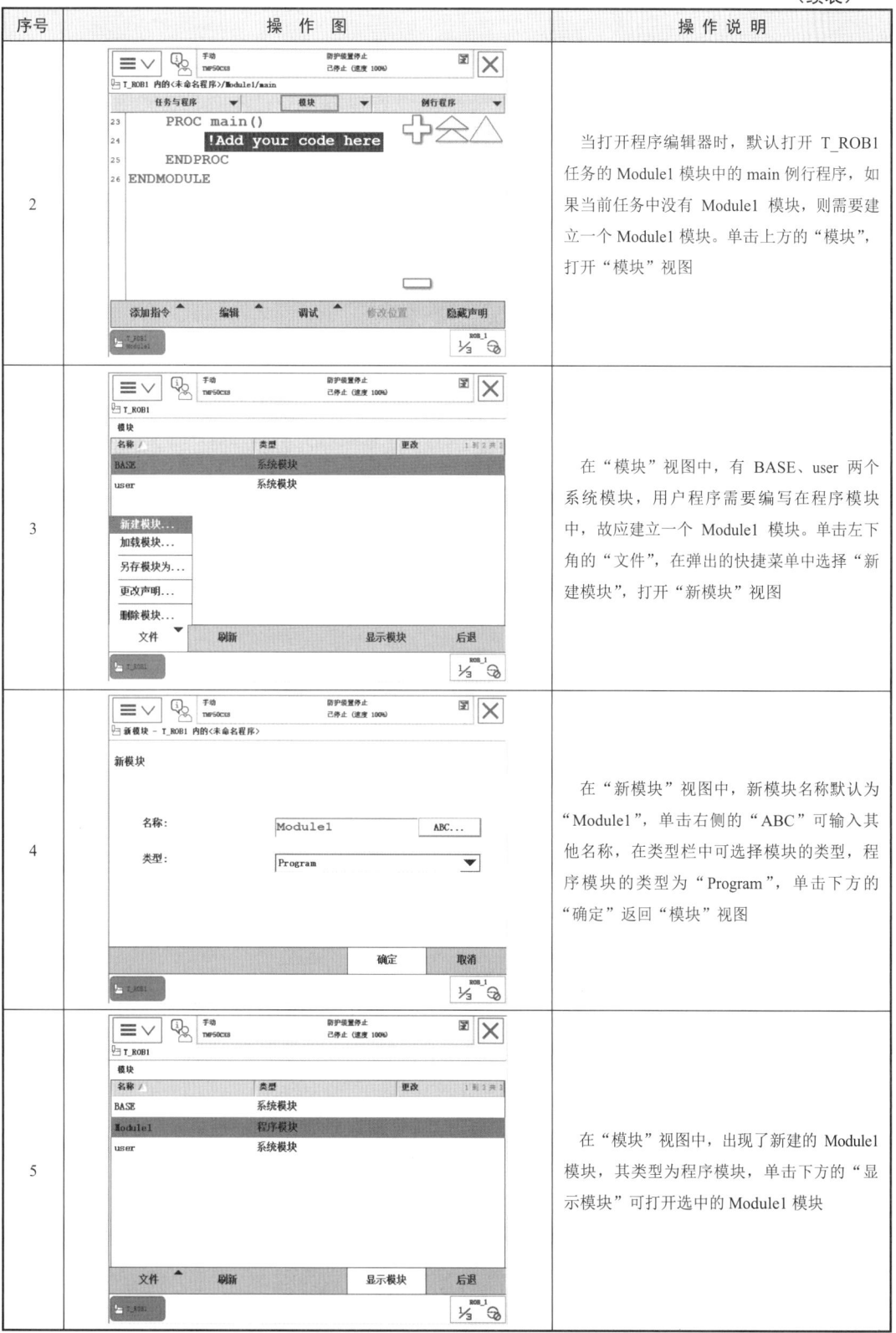

序号	操 作 图	操 作 说 明
2		当打开程序编辑器时，默认打开 T_ROB1 任务的 Module1 模块中的 main 例行程序，如果当前任务中没有 Module1 模块，则需要建立一个 Module1 模块。单击上方的"模块"，打开"模块"视图
3		在"模块"视图中，有 BASE、user 两个系统模块，用户程序需要编写在程序模块中，故应建立一个 Module1 模块。单击左下角的"文件"，在弹出的快捷菜单中选择"新建模块"，打开"新模块"视图
4		在"新模块"视图中，新模块名称默认为"Module1"，单击右侧的"ABC"可输入其他名称，在类型栏中可选择模块的类型，程序模块的类型为"Program"，单击下方的"确定"返回"模块"视图
5		在"模块"视图中，出现了新建的 Module1 模块，其类型为程序模块，单击下方的"显示模块"可打开选中的 Module1 模块

(续表)

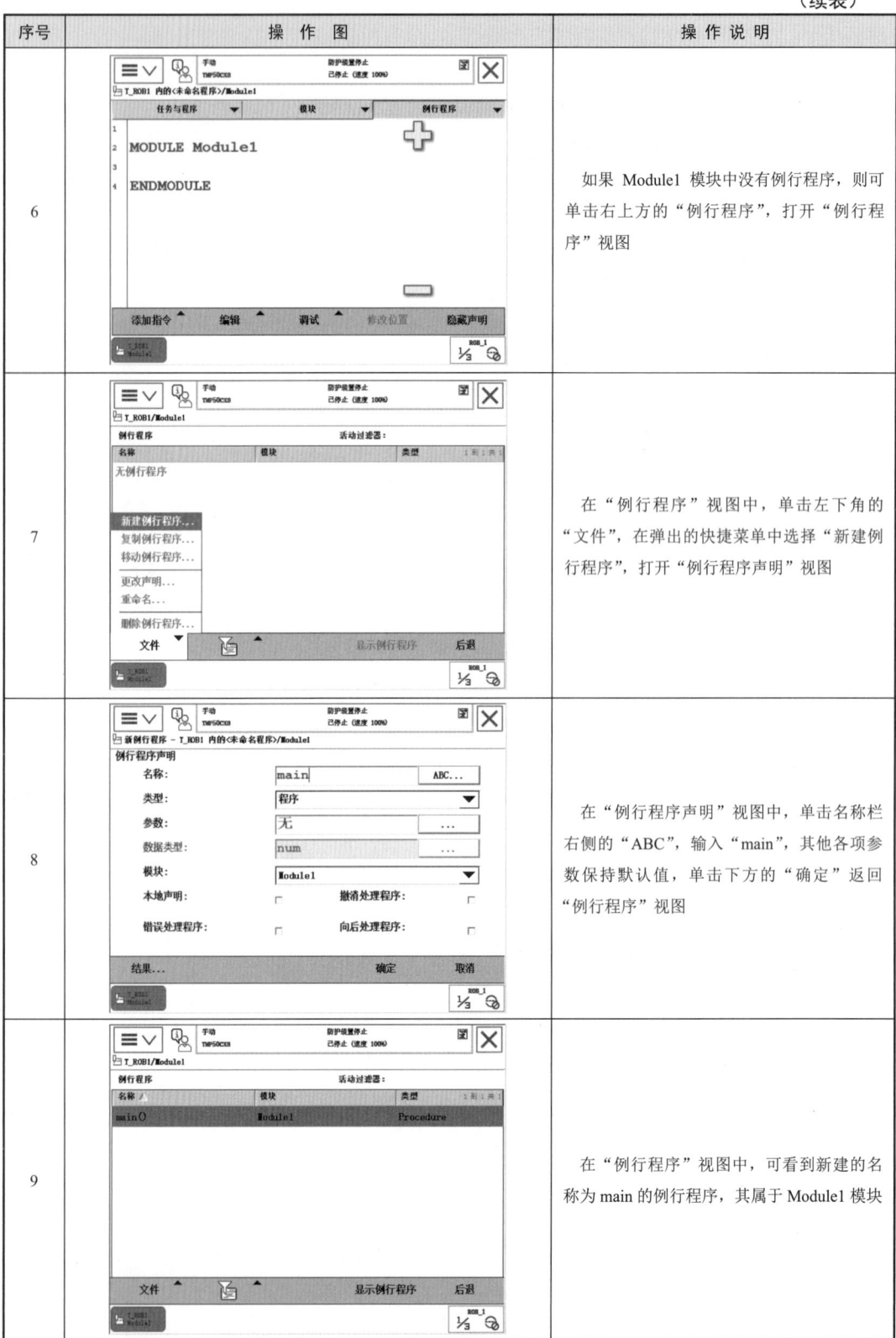

序号	操 作 图	操 作 说 明
6		如果 Module1 模块中没有例行程序，则可单击右上方的"例行程序"，打开"例行程序"视图
7		在"例行程序"视图中，单击左下角的"文件"，在弹出的快捷菜单中选择"新建例行程序"，打开"例行程序声明"视图
8		在"例行程序声明"视图中，单击名称栏右侧的"ABC"，输入"main"，其他各项参数保持默认值，单击下方的"确定"返回"例行程序"视图
9		在"例行程序"视图中，可看到新建的名称为 main 的例行程序，其属于 Module1 模块

106

(续表)

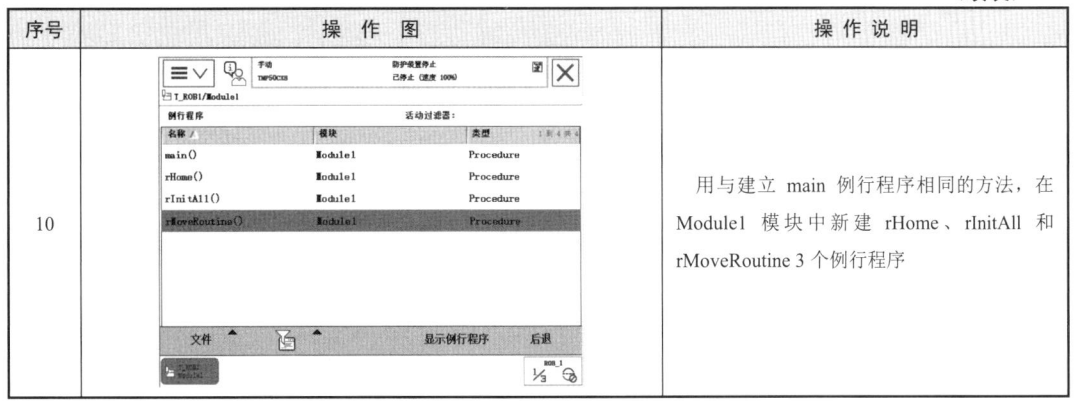

序号	操 作 图	操 作 说 明
10		用与建立 main 例行程序相同的方法，在 Module1 模块中新建 rHome、rInitAll 和 rMoveRoutine 3 个例行程序

5.2.3 编写程序

前面已建立了 main、rHome、rInitAll 和 rMoveRoutine 4 个空的例行程序，接下来需要在其中编写代码。

1. 选择工具坐标和工件坐标

程序用于控制机器人的工具在工件上操作，所以编程前需要先建立并选择工具坐标和工件坐标。工具坐标和工件坐标的建立方法在前面的章节有详细介绍，这里仅介绍选择这两个坐标的方法，具体操作如图 5-3 所示。

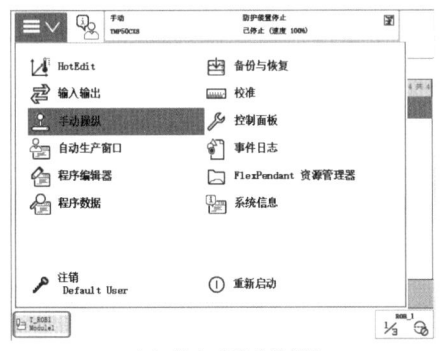

(a) 单击"手动操纵"

(b) 打开"手动操纵"视图

(c) 在"手动操纵"视图中单击"工具坐标"，打开"工具"视图并选中"tool1"，单击"确定"

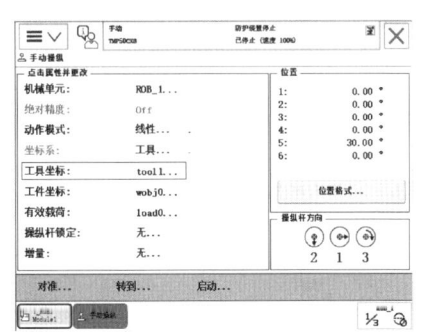

(d) 在"手动操纵"视图中显示工具坐标设为 tool1

图 5-3 选择工具坐标和工件坐标

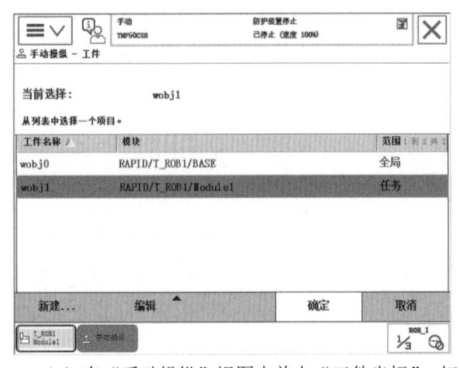

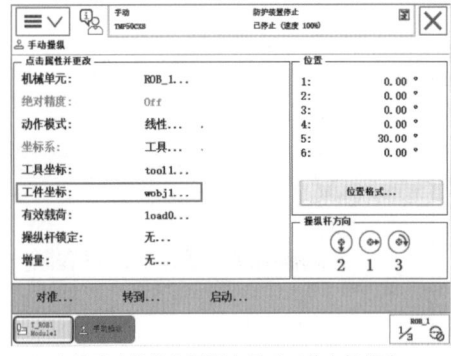

(e) 在"手动操纵"视图中单击"工件坐标",打开"工件"视图并选中"wobj1",单击"确定"

(f) 在"手动操纵"视图中显示工件坐标设为wobj1

图 5-3　选择工具坐标和工件坐标（续）

2．编写 rHome 例行程序

rHome 例行程序的功能是将机器人的 TCP 移到指定的位置（pHome 点）。rHome 例行程序的编写过程见表 5-3。

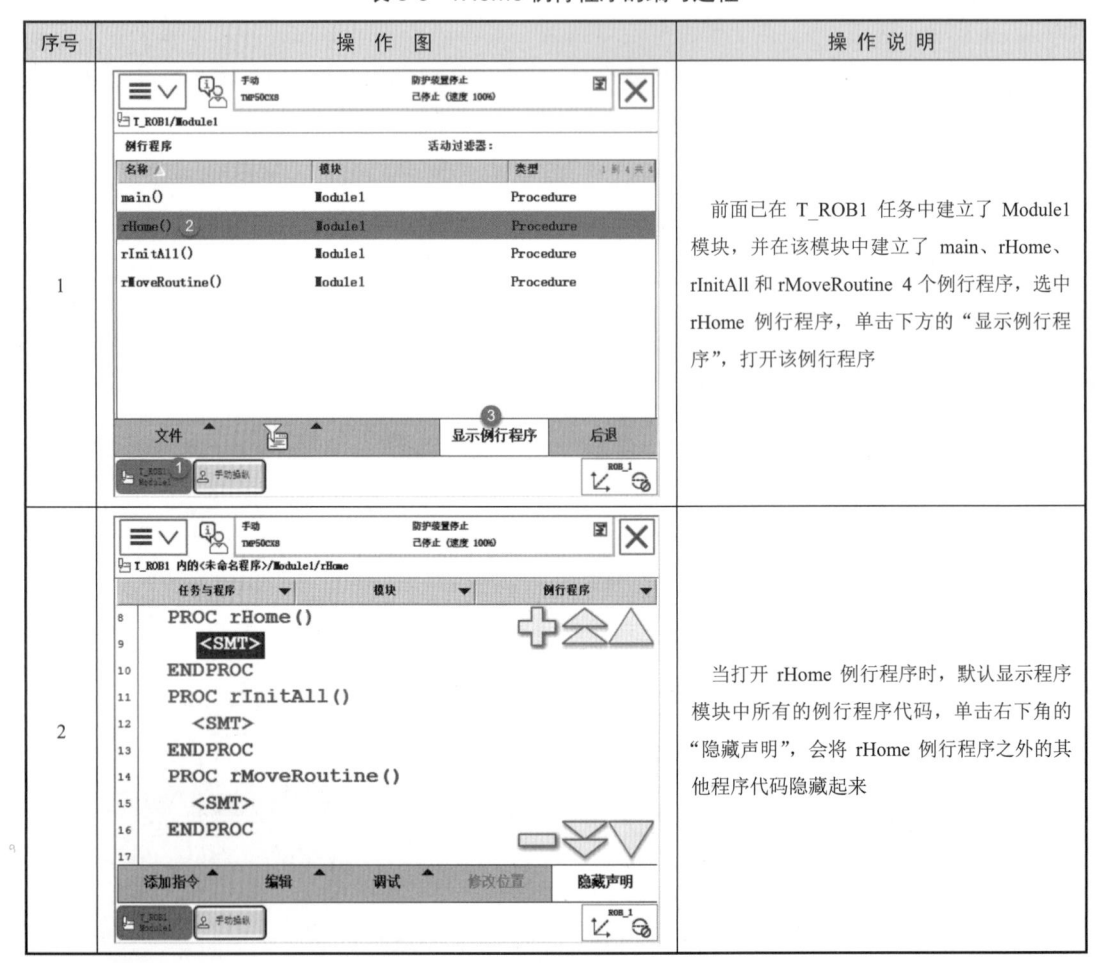

表 5-3　rHome 例行程序的编写过程

序号	操 作 图	操 作 说 明
1		前面已在 T_ROB1 任务中建立了 Module1 模块，并在该模块中建立了 main、rHome、rInitAll 和 rMoveRoutine 4 个例行程序，选中 rHome 例行程序，单击下方的"显示例行程序"，打开该例行程序
2		当打开 rHome 例行程序时，默认显示程序模块中所有的例行程序代码，单击右下角的"隐藏声明"，会将 rHome 例行程序之外的其他程序代码隐藏起来

(续表)

序号	操 作 图	操 作 说 明
3		选中 rHome 例行程序代码中的"<SMT>"，单击左下角的"添加指令"，右侧出现"Common"菜单，单击其中的"MoveJ"，在"<SMT>"位置插入该指令
4		MoveJ 为关节运动指令，*为指定的运动目标点，v1000 指定运动速度为 1000mm/s，z50 指定转角半径为 50mm，tool1 为指定的工具，WObj:=wobj1 指定工件坐标为 wobj1
5		在 MoveJ 指令的*处双击，打开"更改选择"视图，单击"新建"打开"新数据声明"视图
6		在"新数据声明"视图中，可以对数据的名称等各项参数进行设置，单击名称栏右侧的"..."打开"输入面板"视图

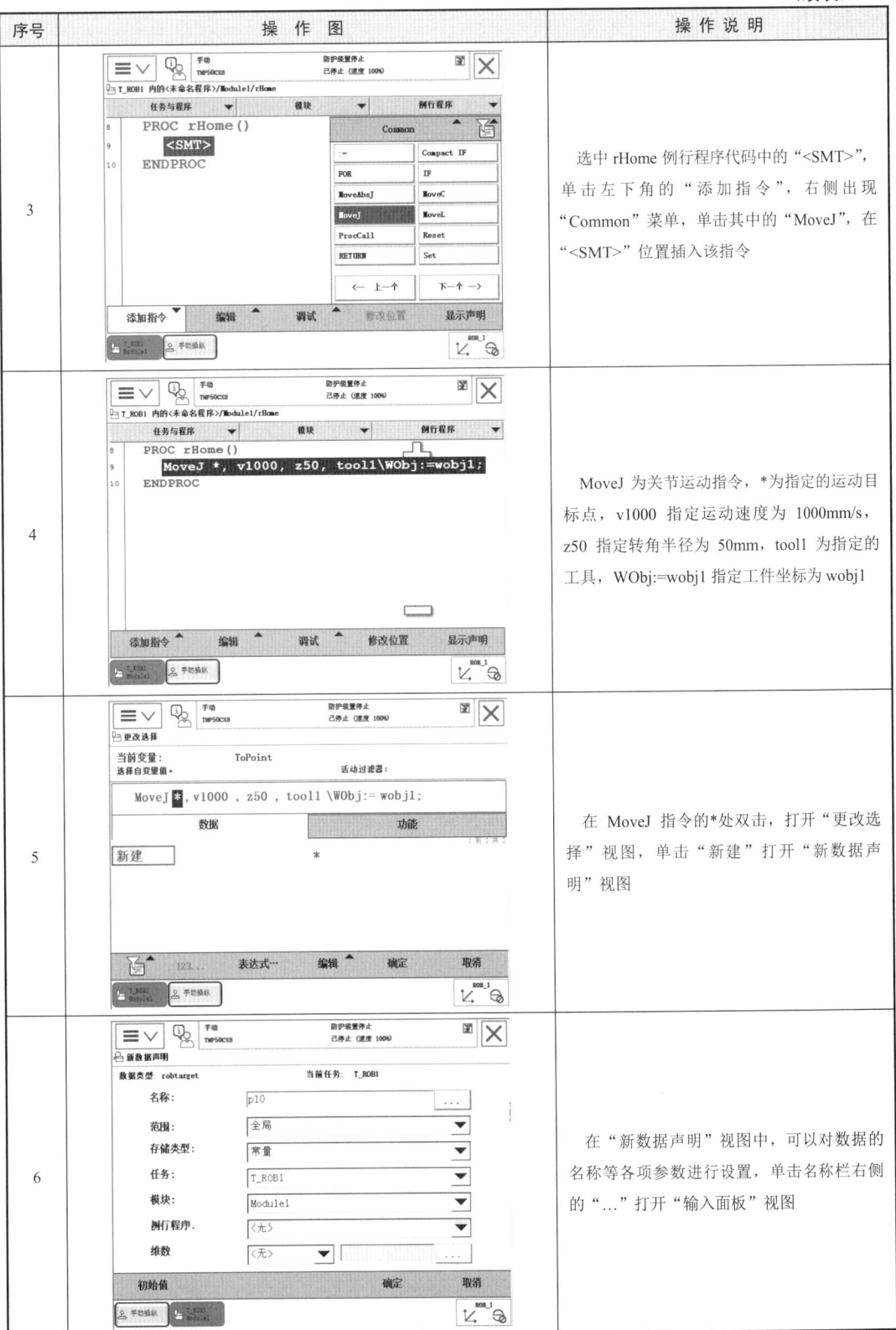

(续表)

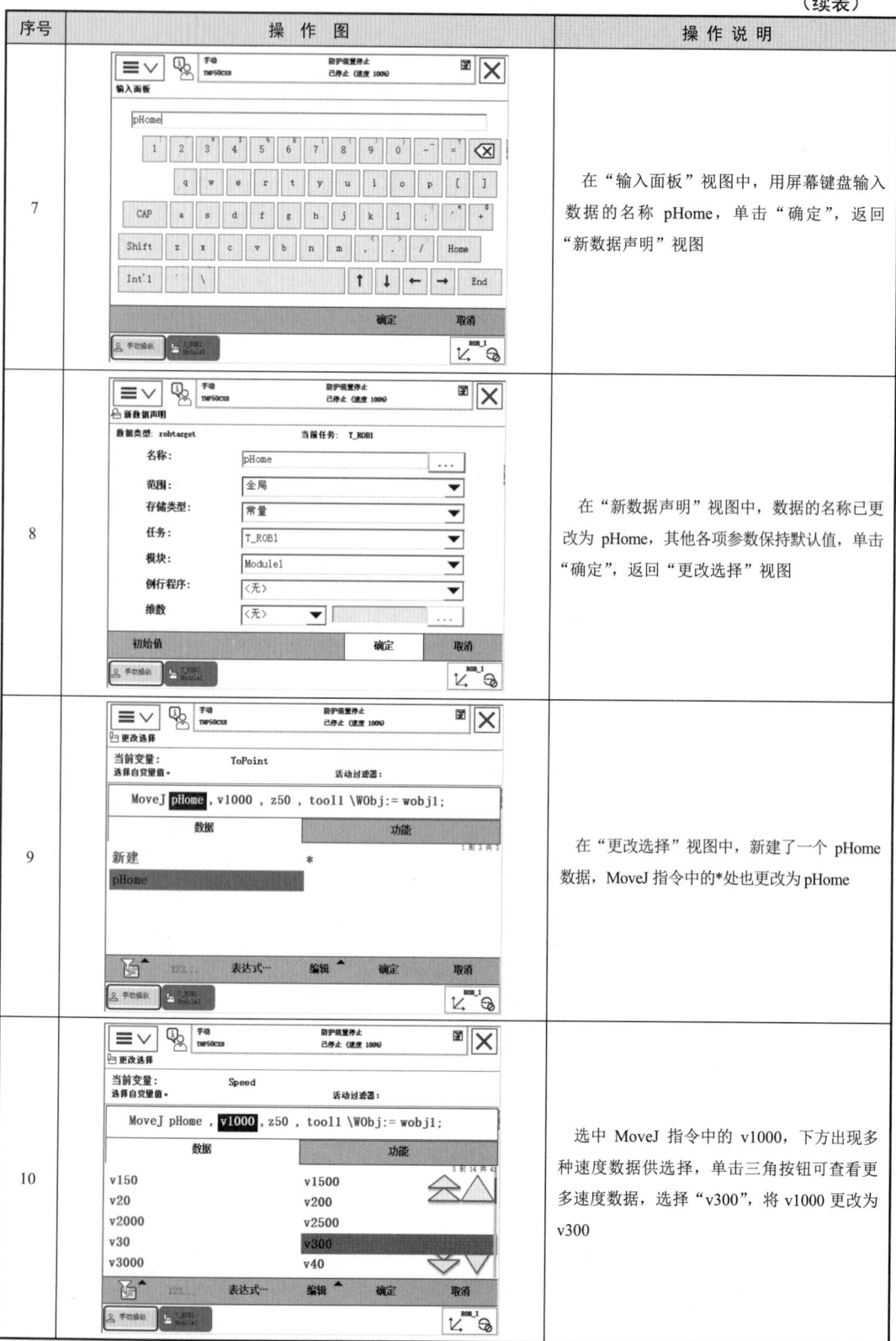

序号	操 作 图	操 作 说 明
7		在"输入面板"视图中,用屏幕键盘输入数据的名称 pHome,单击"确定",返回"新数据声明"视图
8		在"新数据声明"视图中,数据的名称已更改为 pHome,其他各项参数保持默认值,单击"确定",返回"更改选择"视图
9		在"更改选择"视图中,新建了一个 pHome 数据,MoveJ 指令中的*处也更改为 pHome
10		选中 MoveJ 指令中的 v1000,下方出现多种速度数据供选择,单击三角按钮可查看更多速度数据,选择"v300",将 v1000 更改为 v300

(续表)

序号	操 作 图	操 作 说 明
11	MoveJ pHome, v300, z50, tool1 \WObj:= wobj1; 新建　fine z0　z1 z10　z100 z15　z150 z20　z200	选中 MoveJ 指令中的 z50，下方出现多种转角半径数据供选择，选择"fine"，将 z50 更改为 fine，fine 表示 TCP 到达目标点时速度降为 0，单击下方的"确定"关闭当前视图并返回 rHome 例行程序代码视图
12	pHome 点	在示教器中选择手动模式，用操纵杆将机器人的 TCP 移到某个位置后固定不动，该位置将作为机器人空闲等待点（pHome 点）
13	9　PROC rHome() 10　　MoveJ pHome, v300, fine, tool1\WObj:=wobj1; 11　ENDPROC	在 rHome 例行程序代码视图中，选中 MoveJ 指令中的 pHome，单击下方的"修改位置"，这样就将机器人 TCP 当前的位置坐标数据赋给了 pHome。 rHome 例行程序只有一条 MoveJ 指令，其功能是将机器人的 tool1 工具的 TCP 以 300mm/s 的速度移到 pHome 点，工件坐标使用 wobj1

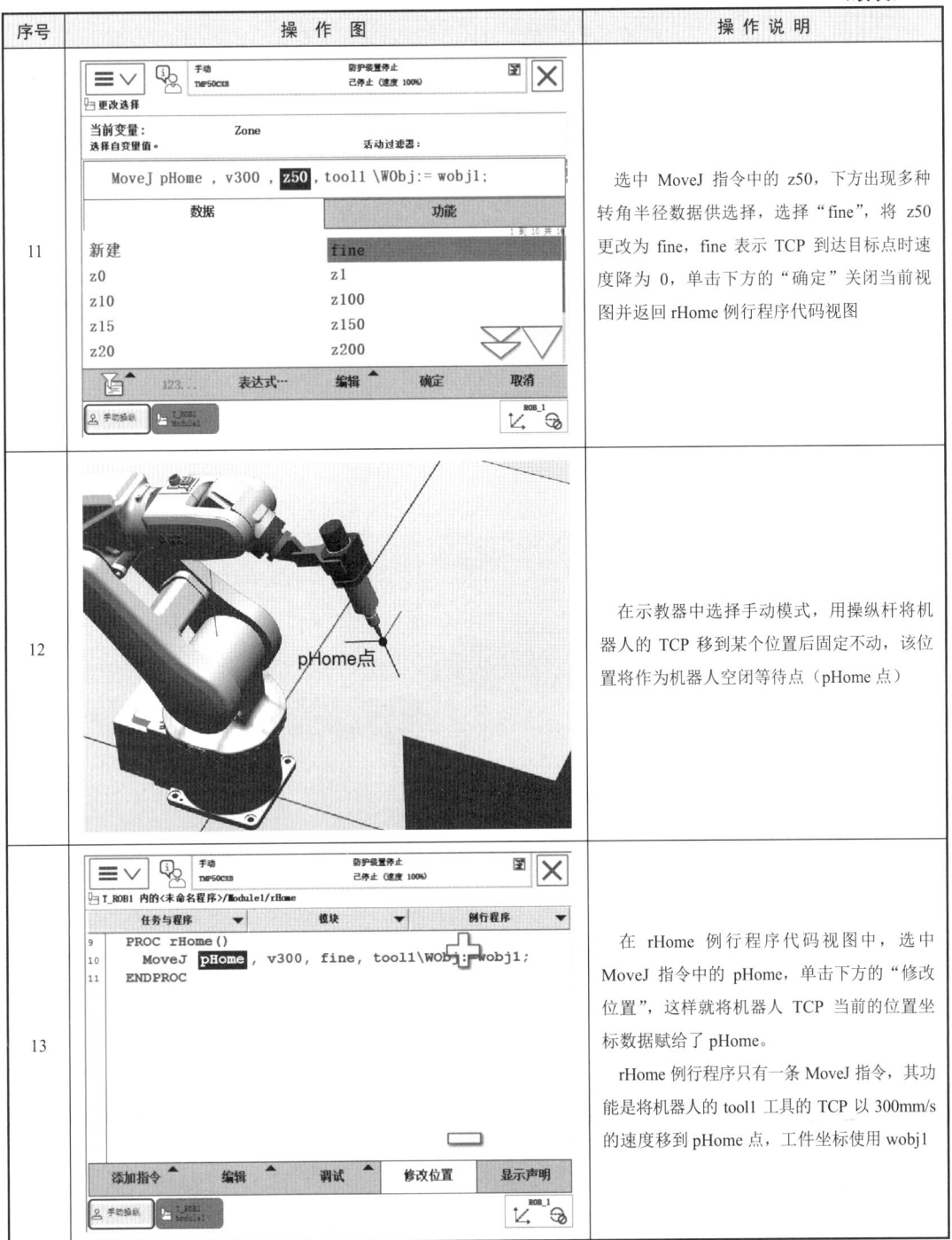

3. 编写 rInitAll 例行程序

rInitAll 例行程序的功能是先设置机器人加速度和速度的有关参数，然后调用执行 rHome 例行程序，用设定的加速度和速度将机器人 TCP 移到指定位置（rHome 点）。rInitAll 例行程序的编写过程见表 5-4。

表 5-4　rInitAll 例行程序的编写过程

序号	操 作 图	操 作 说 明
1		在 Module1 模块中选中 rInitAll 例行程序，单击下方的"显示例行程序"，打开该例行程序
2		当打开 rInitAll 例行程序时，自动选中"<SMT>"，此处为编写程序代码的位置，单击左下角的"添加指令"，打开"Common"菜单
3		单击"Common"菜单上方的"Common"，下方显示所有的指令类，单击"Settings"，打开"Settings"菜单
4		在"Settings"菜单中单击"AccSet"，在"<SMT>"处插入 AccSet 指令。 "AccSet Acc，Ramp"为加速度设定指令，Acc 为机器人加速度倍率（20%~100%，该值越小，加速度越小），Ramp 为加速度变化率（也称坡度，10%~100%，该值越小，加速度变化越慢）。加速度是指速度的变化量 Δv 与发生这一变化所用时间 Δt 的比值，加速度越大，速度变化越快

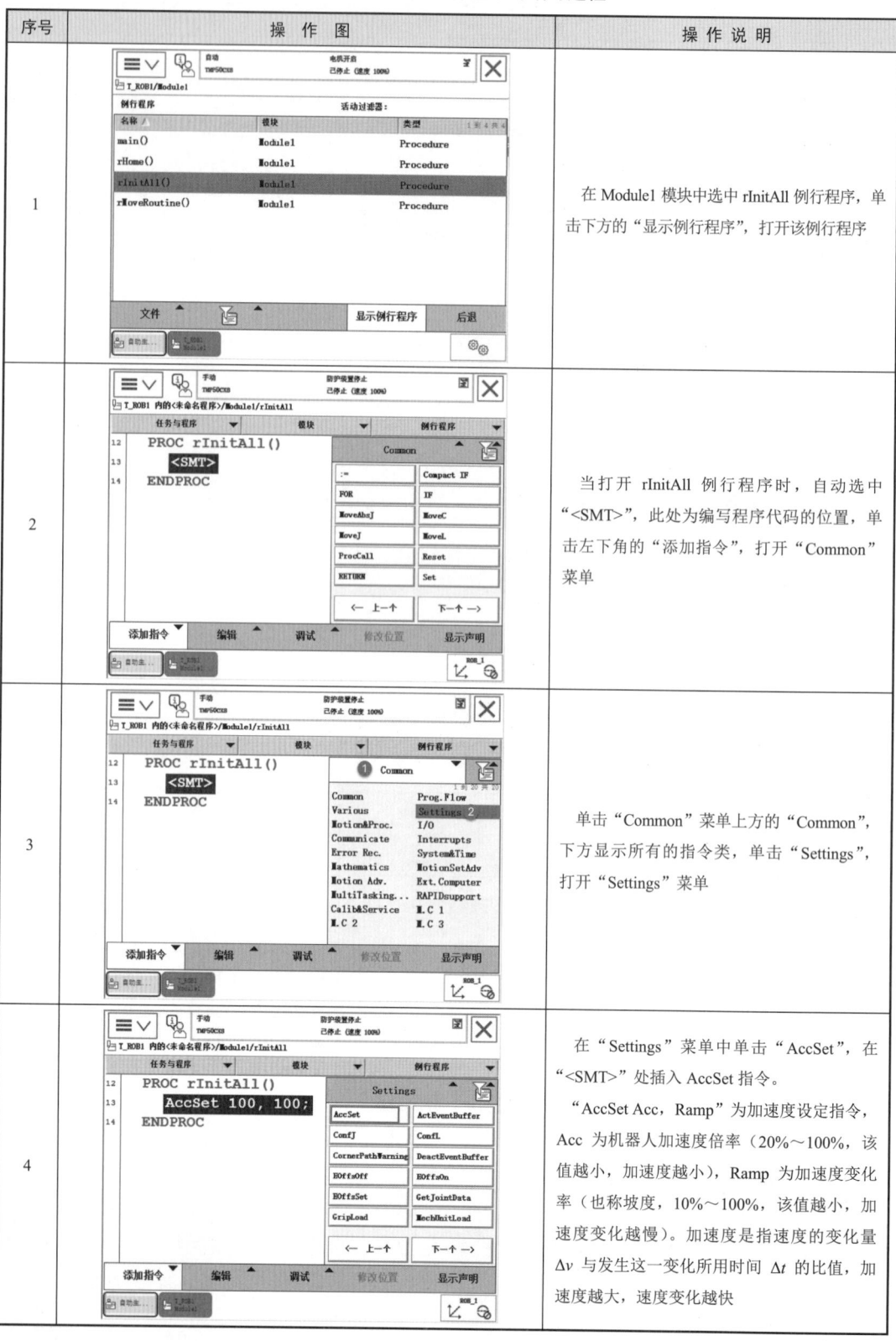

(续表)

序号	操 作 图	操 作 说 明
5		在"Settings"菜单中单击"下一个",找到并单击"VelSet",在 AccSet 指令之后插入 VelSet 指令。"VelSet Override,Max"为速度控制指令,Override 为机器人速度倍率(%),Max 为最大允许速度(mm/s)。每个机器人运动指令都有一个运行速度,在执行 VelSet 指令后,机器人的实际运行速度为运动指令规定运行速度乘以 VelSet 指令中的速度倍率,并且不超过 VelSet 指令中的最大允许速度
6		单击"Settings"菜单上方的"Settings",在下方出现的指令类中单击"Common",切换到"Common"菜单
7		在"Common"菜单中找到并单击"Proc-Call",打开"子程序调用"视图
8		在"子程序调用"视图中,选中 rHome 例行程序,单击下方的"确定"

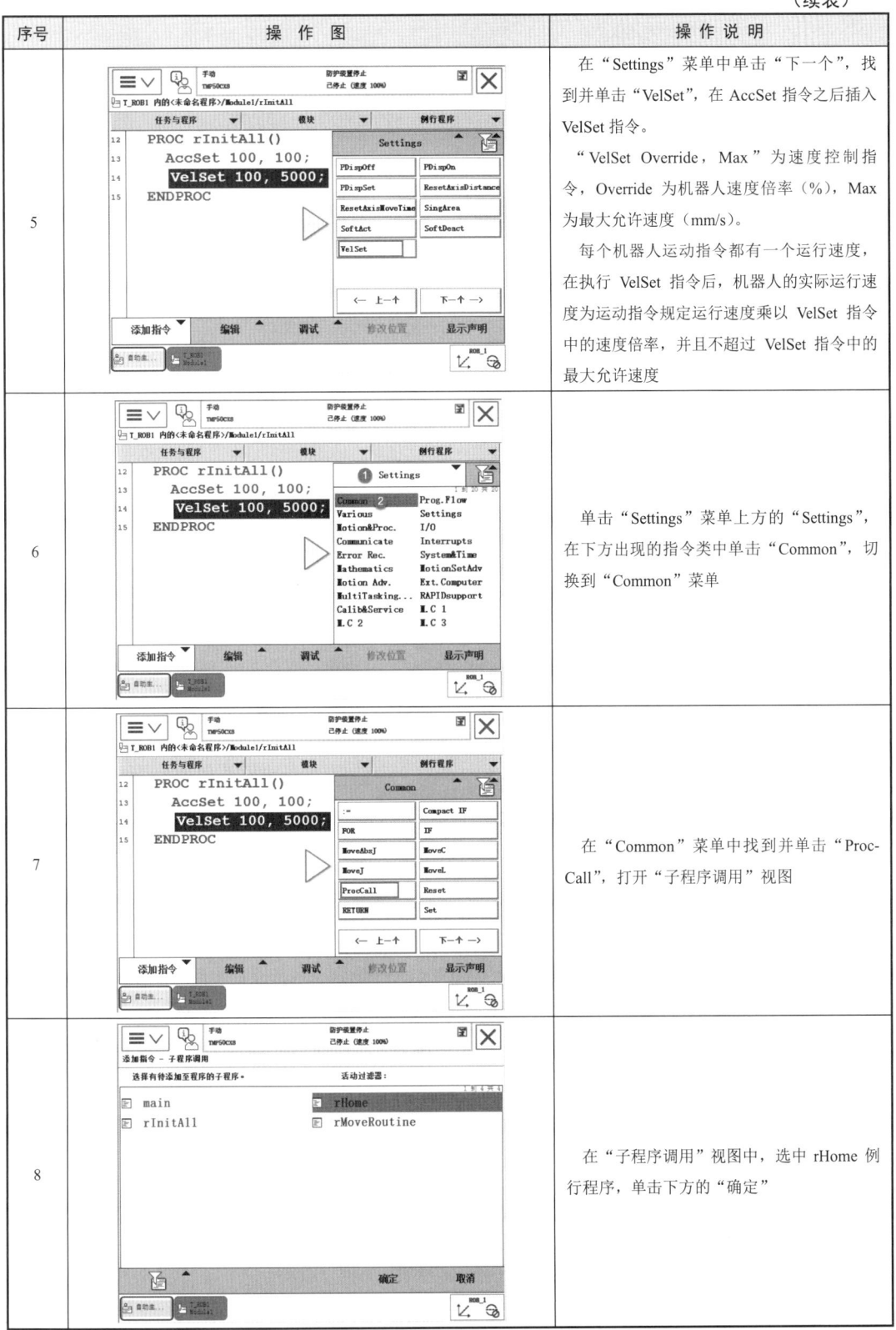

113

（续表）

序号	操 作 图	操 作 说 明
9	PROC rInitAll() AccSet 100, 100; VelSet 100, 5000; rHome; ENDPROC	这样就在 VelSet 指令之后添加了 rHome 例行程序。 rInitAll 例行程序运行时，先执行 AccSet 指令，将加速度倍率和坡度均设为 100%，再执行 VelSet 指令，将速度倍率设为 100%，最大允许速度设为 5000mm/s，接着执行 rHome 例行程序（只有一条 MoveJ 指令），将机器人 TCP 移到 pHome 点，机器人 TCP 移动的加速度由 AccSet 指令设定，速度为 MoveJ 指令指定速度 300mm/s 与 VelSet 指令指定速度倍率 100%的乘积

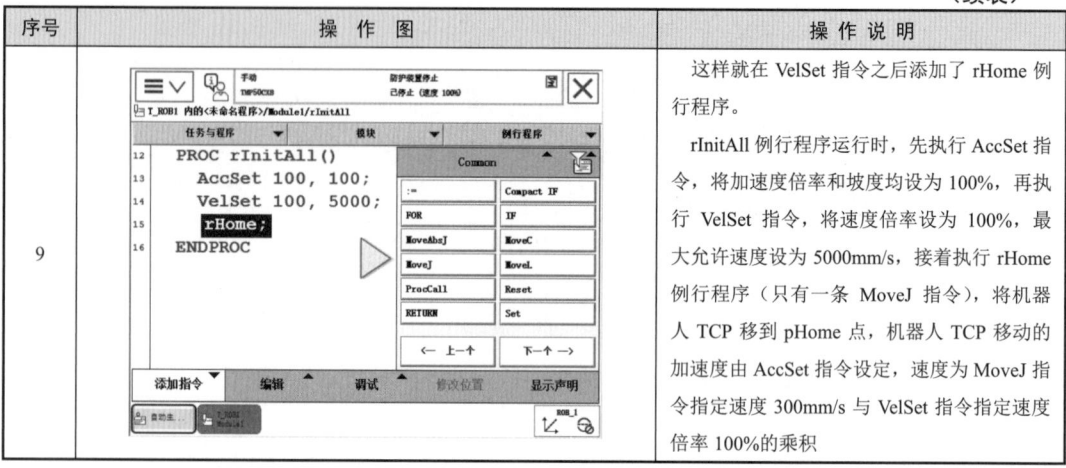

4．编写 rMoveRoutine 例行程序

rMoveRoutine 例行程序的功能是将机器人的 TCP 先移到 p10 点，再从 p10 点移到 p20 点。rMoveRoutine 例行程序的编写过程见表 5-5。

表 5-5　rMoveRoutine 例行程序的编写过程

序号	操 作 图	操 作 说 明
1	main() Module1 Procedure rHome() Module1 Procedure rInitAll() Module1 Procedure rMoveRoutine() Module1 Procedure	在 Module1 模块中选中 rMoveRoutine 例行程序，单击下方的"显示例行程序"，打开该例行程序
2	PROC rMoveRoutine() <SMT> ENDPROC	选中 rMoveRoutine 例行程序代码中的"<SMT>"，单击左下角的"添加指令"，右侧出现"Common"菜单

114

(续表)

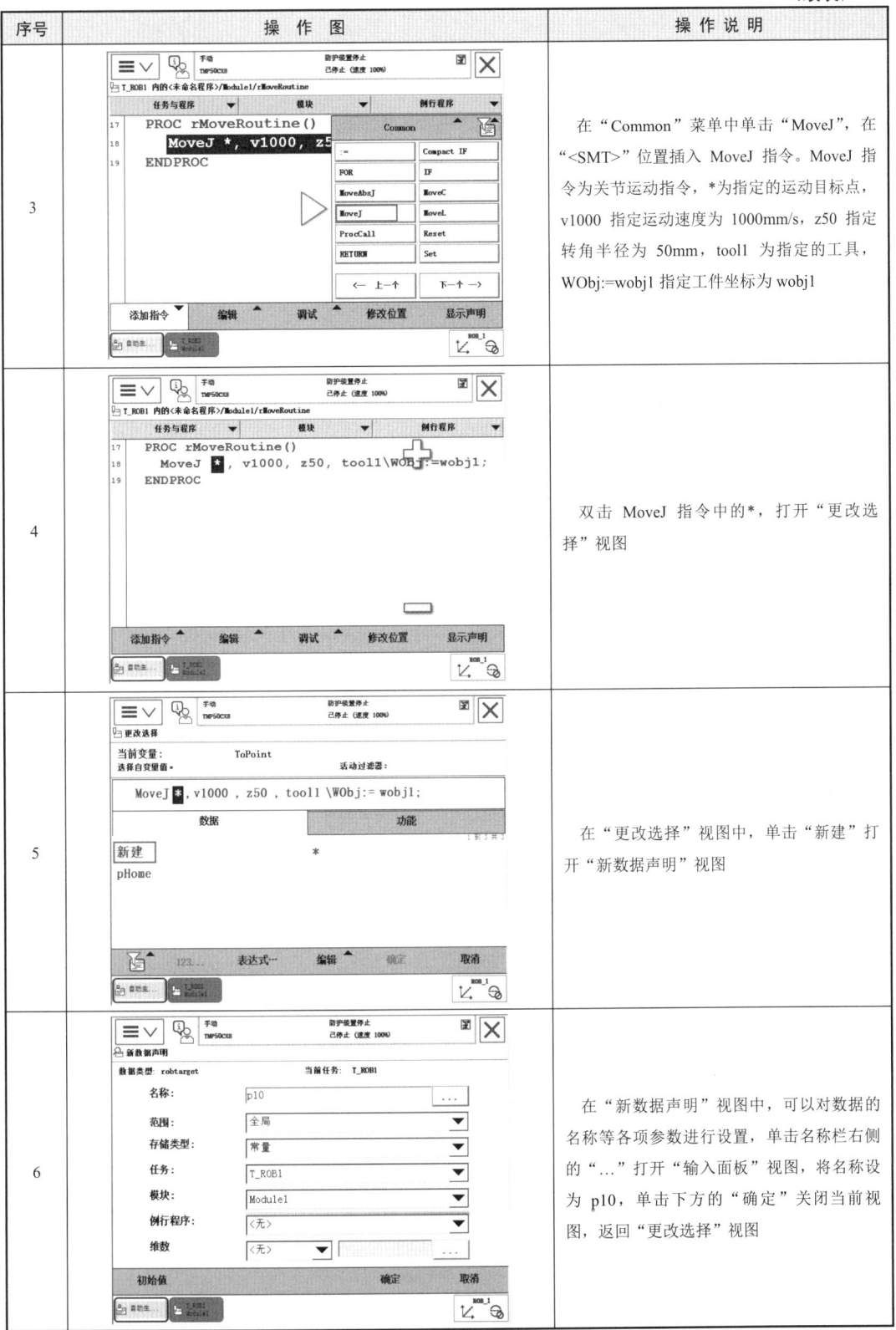

序号	操 作 图	操 作 说 明
3		在"Common"菜单中单击"MoveJ",在"<SMT>"位置插入 MoveJ 指令。MoveJ 指令为关节运动指令,*为指定的运动目标点,v1000 指定运动速度为 1000mm/s,z50 指定转角半径为 50mm,tool1 为指定的工具,WObj:=wobj1 指定工件坐标为 wobj1
4		双击 MoveJ 指令中的*,打开"更改选择"视图
5		在"更改选择"视图中,单击"新建"打开"新数据声明"视图
6		在"新数据声明"视图中,可以对数据的名称等各项参数进行设置,单击名称栏右侧的"..."打开"输入面板"视图,将名称设为 p10,单击下方的"确定"关闭当前视图,返回"更改选择"视图

(续表)

序号	操 作 图	操 作 说 明
7		在"更改选择"视图中,可以看到*已变为p10,单击"确定"关闭当前视图,返回rMoveRoutine例行程序代码视图
8		在示教器中选择手动模式,用操纵杆将机器人的TCP移到工件的p10点不动
9		在rMoveRoutine例行程序代码视图中,选中MoveJ指令中的p10,单击下方的"修改位置",这样机器人TCP当前位置的坐标数据就被保存到p10参数中了
10		将MoveJ指令中的v1000改成v300(速度改为300mm/s),将z50改成fine,fine表示机器人TCP到达目标点时速度降为0

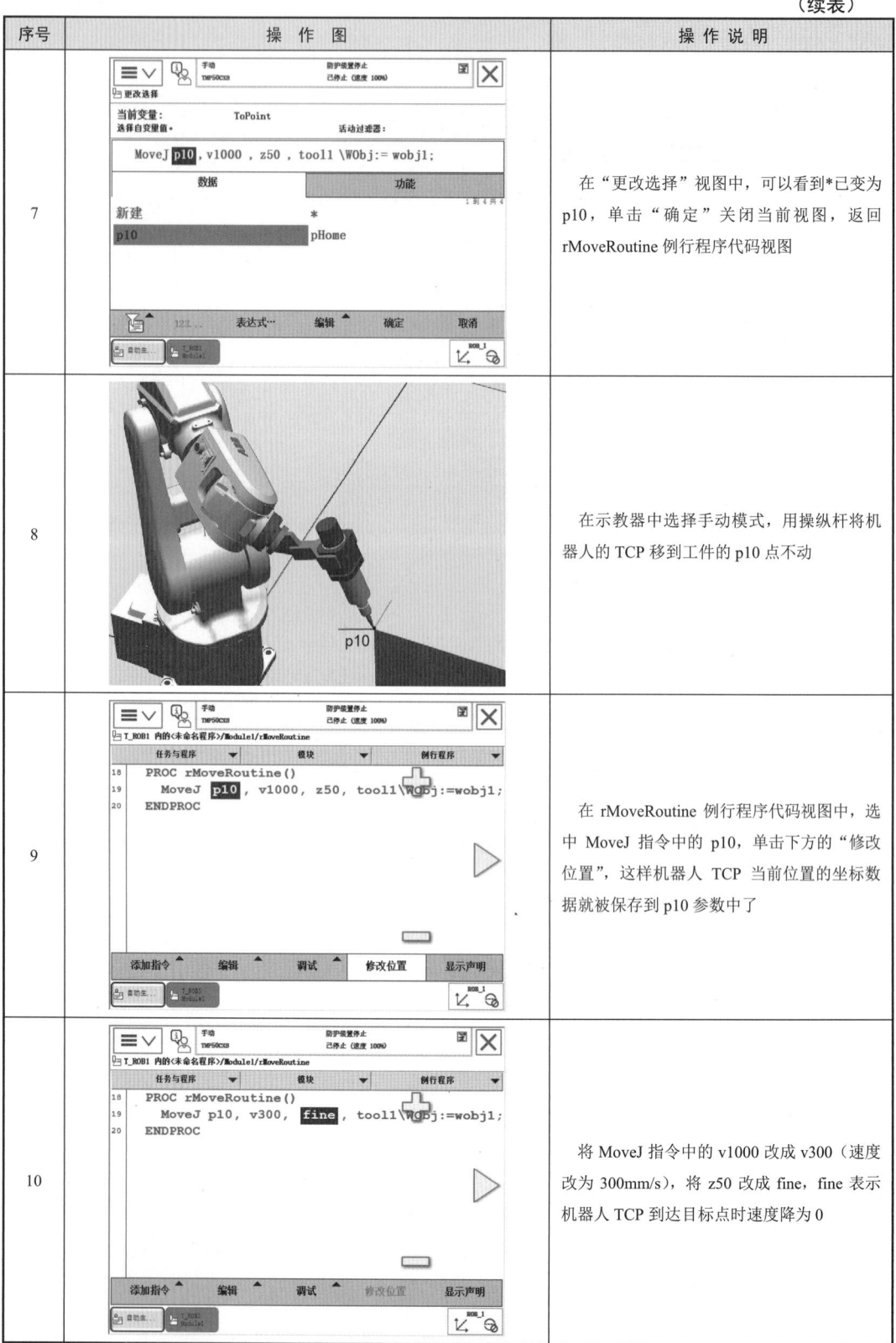

(续表)

序号	操 作 图	操 作 说 明
11		单击"Common"菜单中的"MoveL",在 MoveJ 指令之后插入 MoveL 指令,除第一个参数不同外,MoveL 指令的其他参数默认与 MoveJ 指令均相同,将 MoveL 指令的第一个参数设为 p20。 MoveL 指令为线性运动指令,其功能是让机器人 TCP 以直线方式运动到指定的目标点
12		单击左下角的"添加指令",将"Common"菜单隐藏起来,可以看到指令的全部参数,单击"+""-"按钮可以增大、缩小程序代码的字体大小
13		在示教器中选择手动模式,用操纵杆将机器人的 TCP 移到工件的 p20 点不动
14		在 rMoveRoutine 例行程序代码视图中,选中 MoveL 指令中的 p20,单击下方的"修改位置",这样机器人 TCP 当前位置的坐标数据就被保存到 p20 参数中了

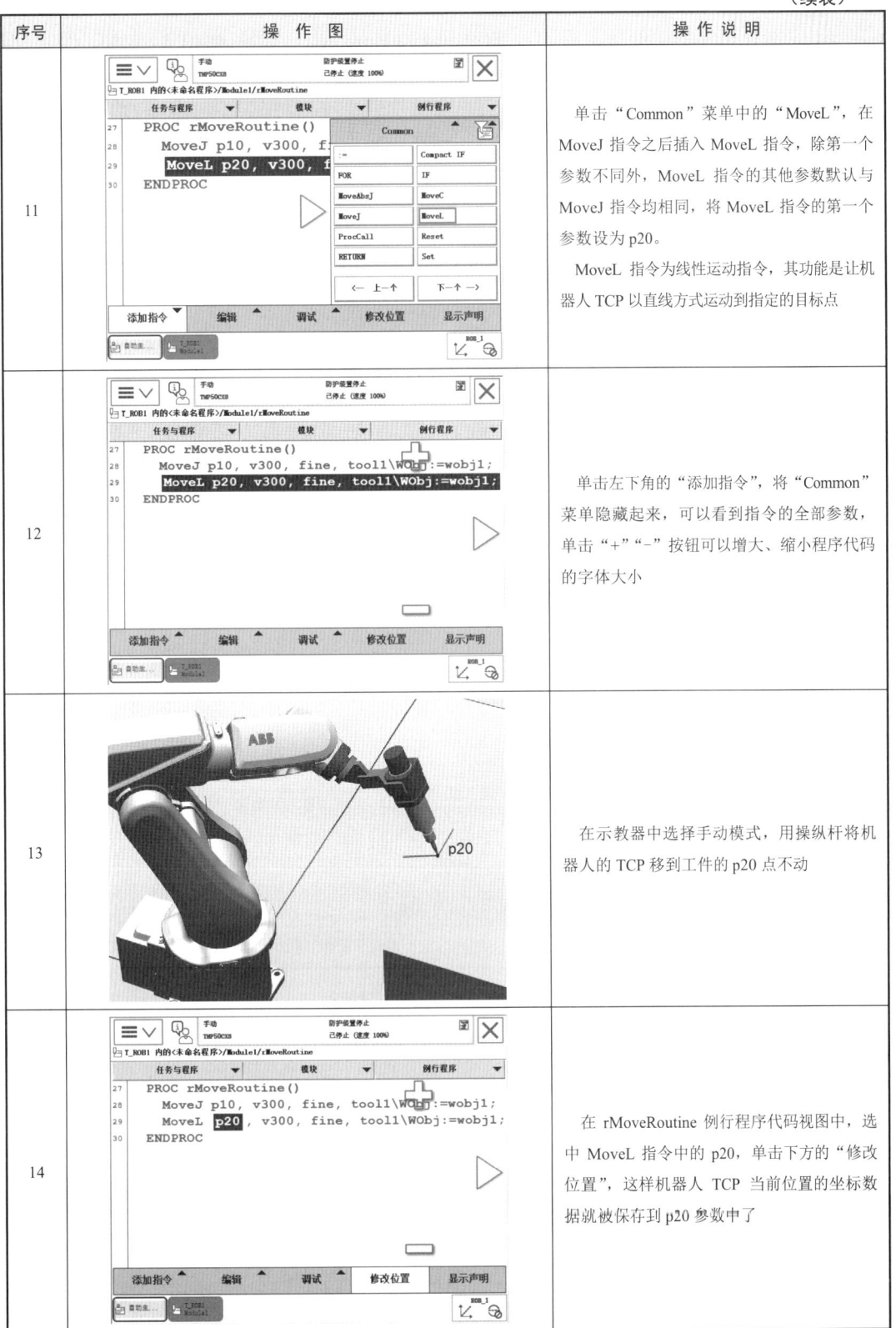

5. 编写 main 例行程序

main 例行程序的功能是将机器人 TCP 移到 pHome 点。如果 ABB 标准 I/O 板的 di1 端子的输入为 1，则让机器人 TCP 先移到 p10 点，再从 p10 点移到 p20 点，接着移到 pHome 点，在 di1 端子的输入为 1 期间，会反复进行这些动作；当 di1 端子的输入为 0 时，机器人 TCP 停在 pHome 点。main 例行程序的编写过程见表 5-6。

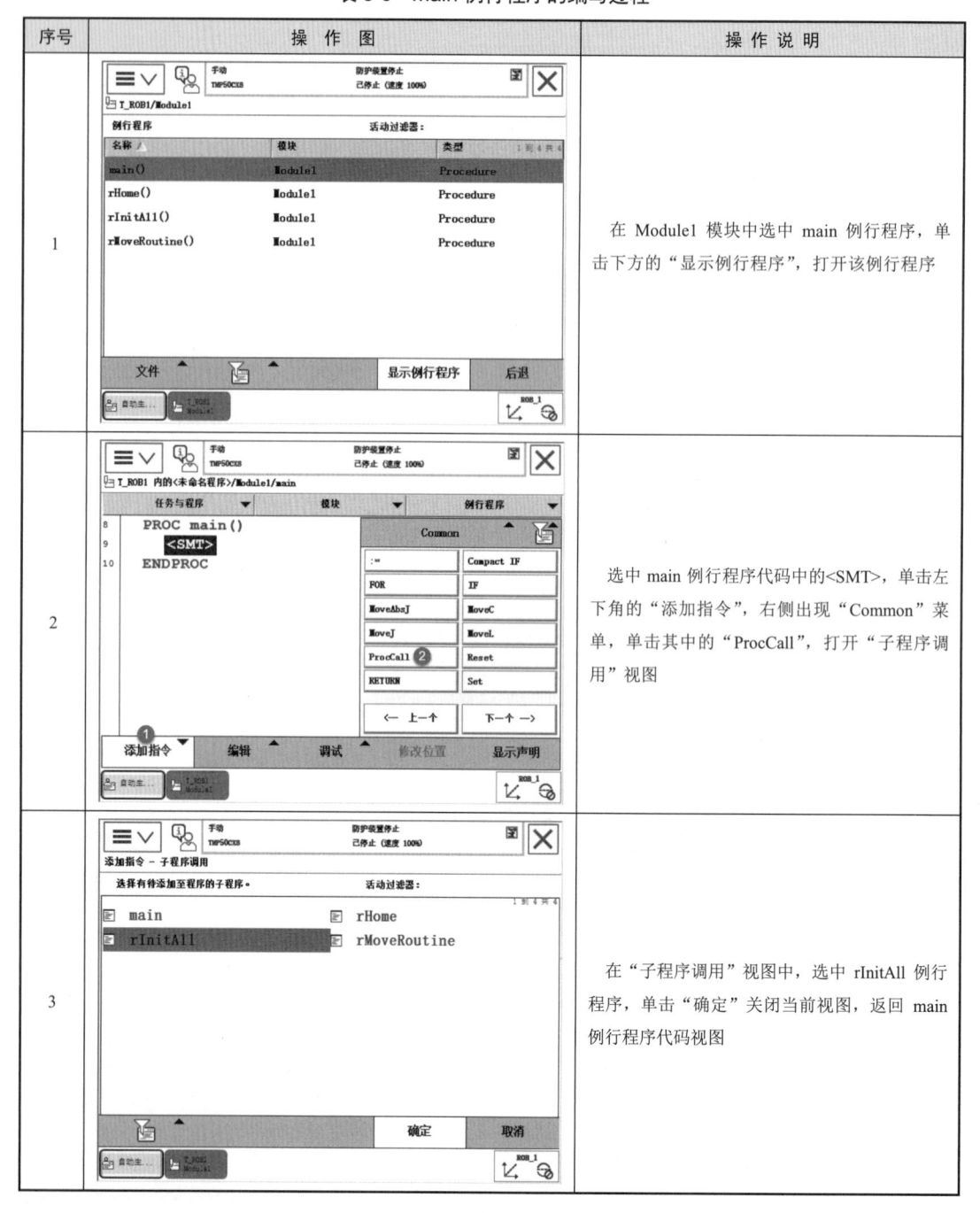

表 5-6　main 例行程序的编写过程

序号	操 作 图	操 作 说 明
1		在 Module1 模块中选中 main 例行程序，单击下方的"显示例行程序"，打开该例行程序
2		选中 main 例行程序代码中的<SMT>，单击左下角的"添加指令"，右侧出现"Common"菜单，单击其中的"ProcCall"，打开"子程序调用"视图
3		在"子程序调用"视图中，选中 rInitAll 例行程序，单击"确定"关闭当前视图，返回 main 例行程序代码视图

(续表)

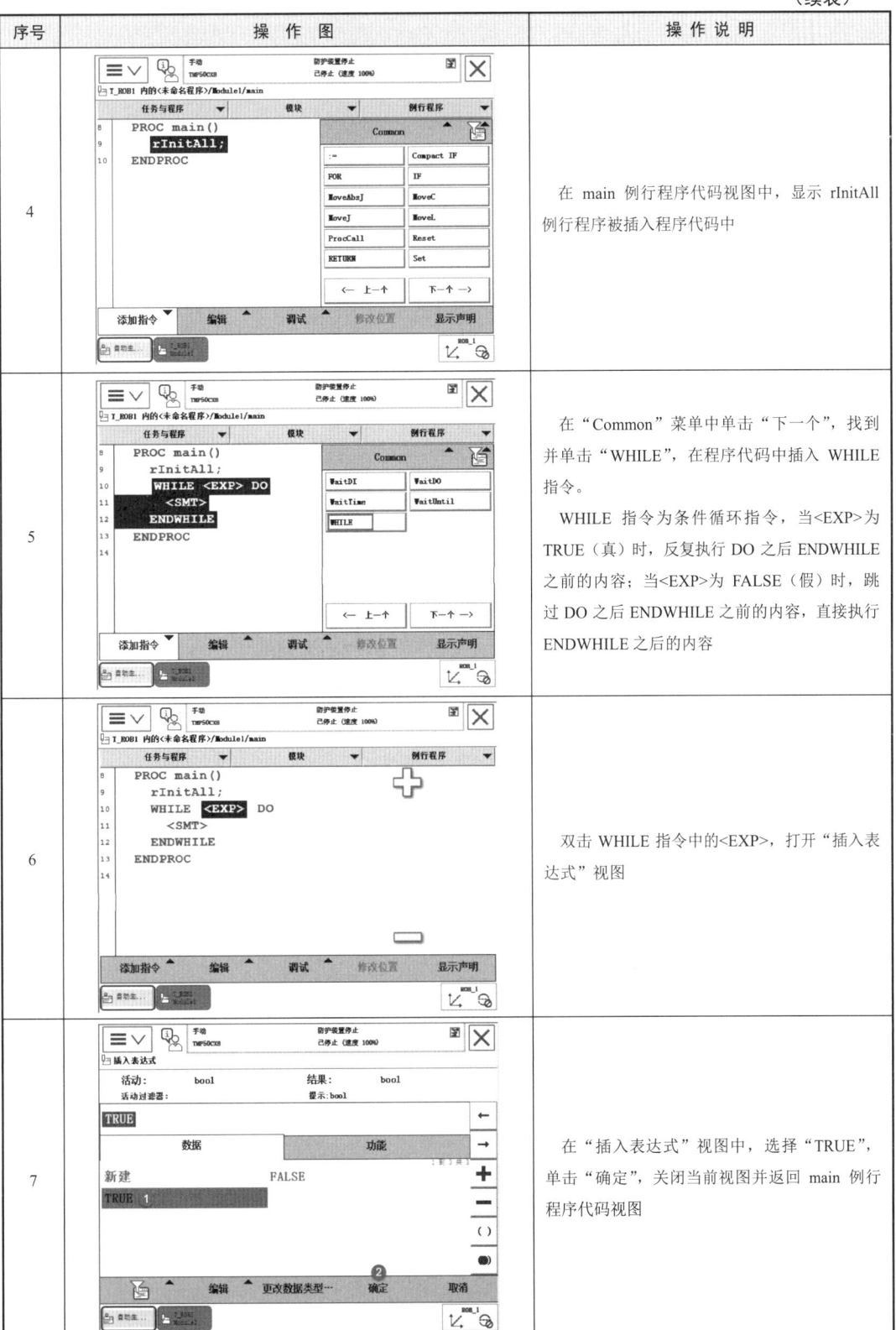

序号	操作图	操作说明
4		在 main 例行程序代码视图中，显示 rInitAll 例行程序被插入程序代码中
5		在"Common"菜单中单击"下一个"，找到并单击"WHILE"，在程序代码中插入 WHILE 指令。 WHILE 指令为条件循环指令，当<EXP>为 TRUE（真）时，反复执行 DO 之后 ENDWHILE 之前的内容；当<EXP>为 FALSE（假）时，跳过 DO 之后 ENDWHILE 之前的内容，直接执行 ENDWHILE 之后的内容
6		双击 WHILE 指令中的<EXP>，打开"插入表达式"视图
7		在"插入表达式"视图中，选择"TRUE"，单击"确定"，关闭当前视图并返回 main 例行程序代码视图

(续表)

序号	操 作 图	操 作 说 明
| 8 | ```
8  PROC main()
9    rInitAll;
10   WHILE TRUE DO
11     <SMT>
12   ENDWHILE
13 ENDPROC
14
``` | 在 main 例行程序代码视图中,可以看到 WHILE 之后插入一个 TRUE |
| 9 | ```
8  PROC main()
9    rInitAll;
10   WHILE TRUE DO
11   ❶<SMT>
12   ENDWHILE
13 ENDPROC
14
``` Common 菜单:<br>:= / Compact IF<br>FOR / IF ❸<br>MoveAbsJ / MoveC<br>MoveJ / MoveL<br>ProcCall / Reset<br>RETURN / Set<br>❷添加指令 | 选中 DO 之后的<SMT>,单击左下角的"添加指令",打开"Common"菜单,单击其中的"IF",在<SMT>处插入 IF 指令 |
| 10 | ```
8  PROC main()
9    rInitAll;
10   WHILE TRUE DO
11     IF <EXP> THEN
12       <SMT>
13     ENDIF
14   ENDWHILE
15 ENDPROC
16
``` | DO 之后的<SMT>被 IF 指令取代。<br>IF 指令为条件判断指令,如果<EXP>处的表达式成立,则执行 THEN 之后 ENDIF 之前的内容,表达式不成立则执行 ENDIF 之后的内容 |
| 11 | ```
8  PROC main()
9    rInitAll;
10   WHILE TRUE DO
11     IF <EXP>❶THEN
12       <SMT>
13     ENDIF
14   ENDWHILE
15 ENDPROC
16
``` 编辑菜单:剪切/复制/粘贴/更改选择内容.../ABC...❸/更改为.../撤消/编辑 ❷编辑 | 选中 IF 之后的<EXP>,单击下方的"编辑",右侧出现编辑菜单,单击"ABC",会打开"输入面板"视图 |

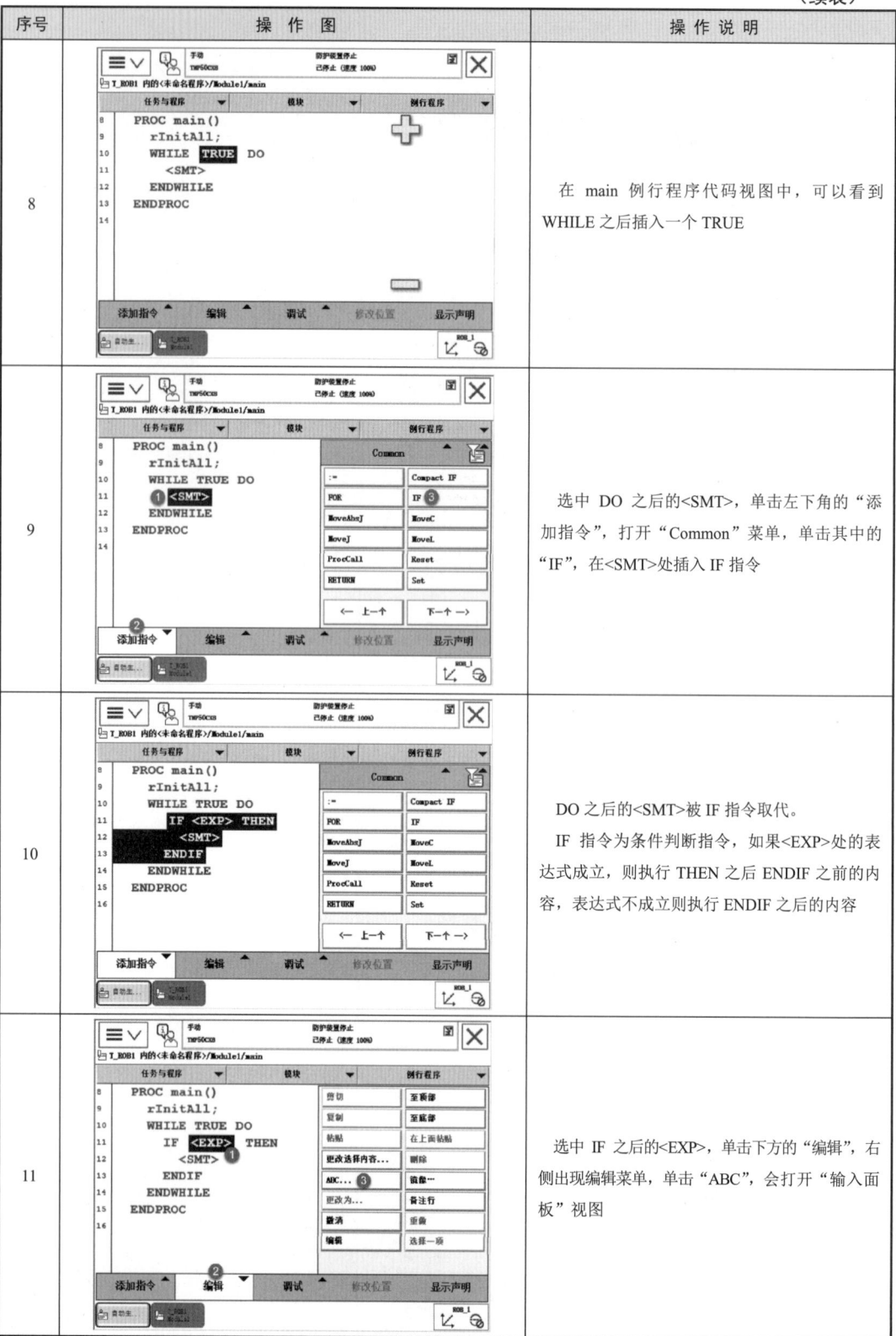

(续表)

序号	操 作 图	操 作 说 明
12		在"输入面板"视图中,用屏幕键盘输入 di1=1,单击"确定"关闭"输入面板"视图
13		IF 之后的<EXP>更改为 di1=1,选中 THEN 之后的<SMT>,单击左下角的"添加指令"打开"Common"菜单,单击其中的"ProcCall",打开"子程序调用"视图。 di1=1 表示机器人控制器安装的 I/O 板的 di1 端子输入 1,当用 di1=1 作为条件时,必须保证机器人控制器已安装了 I/O 板,且已对其 di1 端子进行了配置(前面章节有专门的介绍)
14		在"子程序调用"视图中,选中 rMoveRoutine 例行程序,单击"确定",关闭当前视图并返回 main 例行程序代码视图
15		在 main 例行程序代码视图中,可以看到 THEN 之后插入了 rMoveRoutine 例行程序

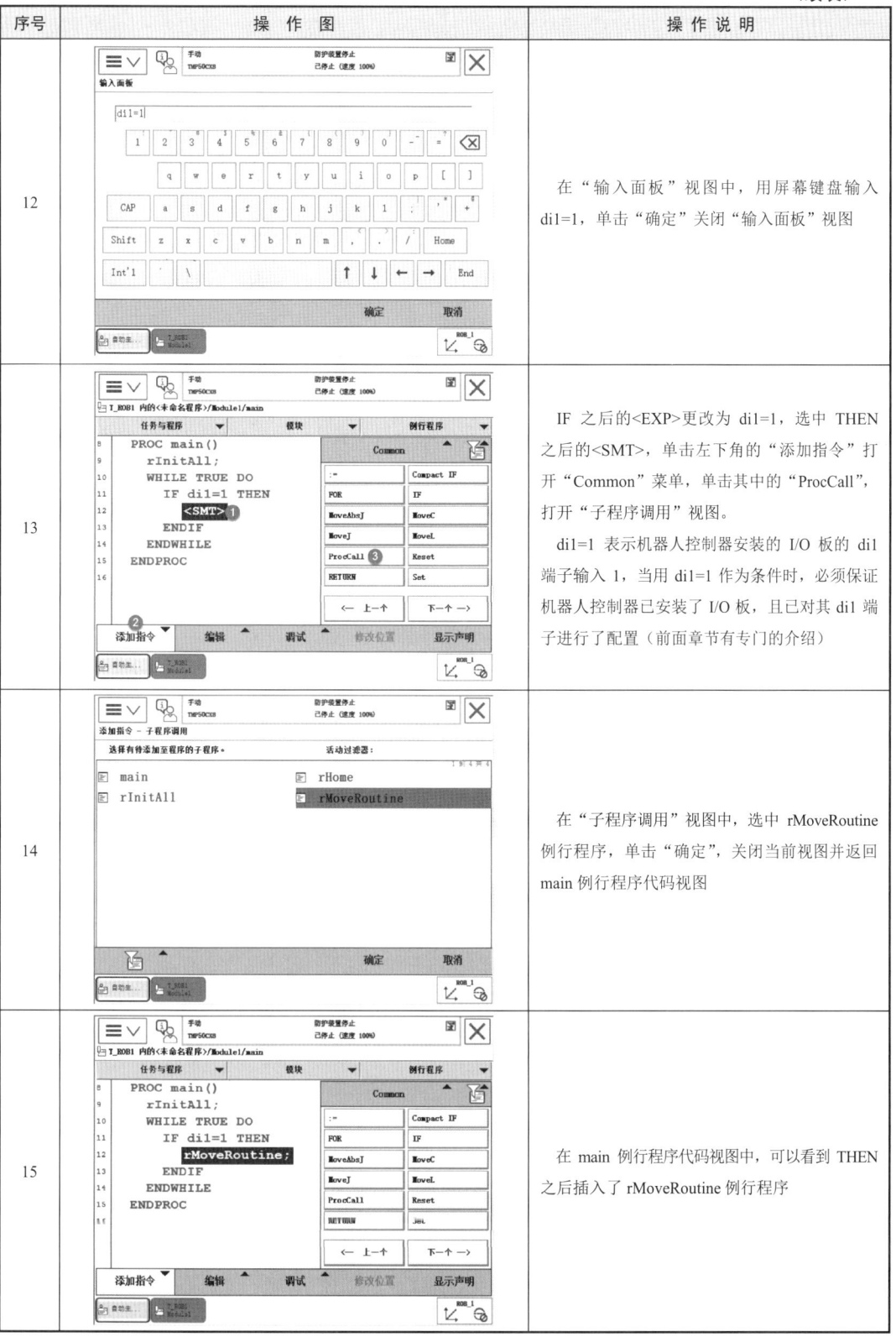

121

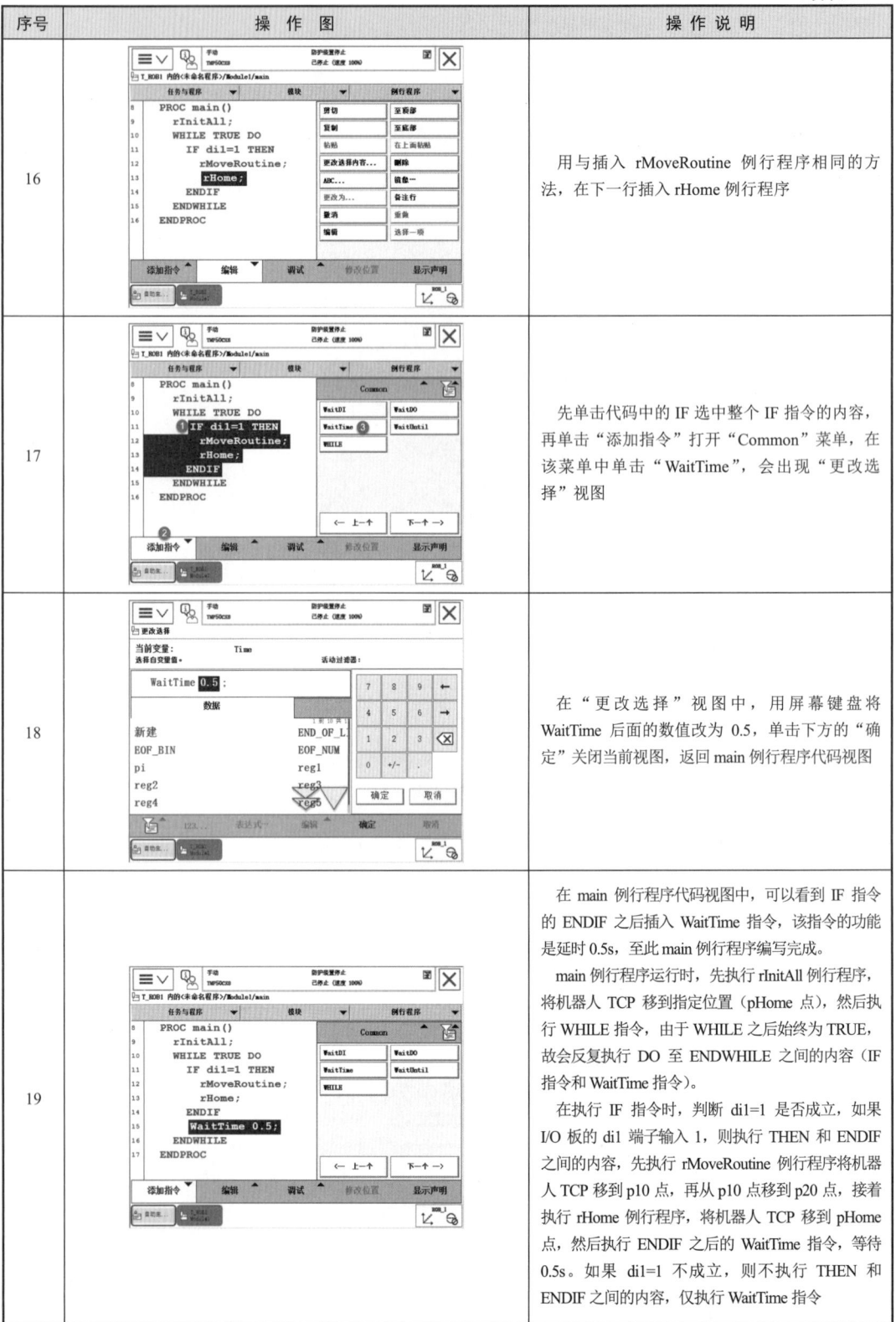

序号	操 作 图	操 作 说 明
16		用与插入 rMoveRoutine 例行程序相同的方法，在下一行插入 rHome 例行程序
17		先单击代码中的 IF 选中整个 IF 指令的内容，再单击"添加指令"打开"Common"菜单，在该菜单中单击"WaitTime"，会出现"更改选择"视图
18		在"更改选择"视图中，用屏幕键盘将 WaitTime 后面的数值改为 0.5，单击下方的"确定"关闭当前视图，返回 main 例行程序代码视图
19		在 main 例行程序代码视图中，可以看到 IF 指令的 ENDIF 之后插入 WaitTime 指令，该指令的功能是延时 0.5s，至此 main 例行程序编写完成。 main 例行程序运行时，先执行 rInitAll 例行程序，将机器人 TCP 移到指定位置（pHome 点），然后执行 WHILE 指令，由于 WHILE 之后始终为 TRUE，故会反复执行 DO 至 ENDWHILE 之间的内容（IF 指令和 WaitTime 指令）。 在执行 IF 指令时，判断 di1=1 是否成立，如果 I/O 板的 di1 端子输入 1，则执行 THEN 和 ENDIF 之间的内容，先执行 rMoveRoutine 例行程序将机器人 TCP 移到 p10 点，再从 p10 点移到 p20 点，接着执行 rHome 例行程序，将机器人 TCP 移到 pHome 点，然后执行 ENDIF 之后的 WaitTime 指令，等待 0.5s。如果 di1=1 不成立，则不执行 THEN 和 ENDIF 之间的内容，仅执行 WaitTime 指令

(续表)

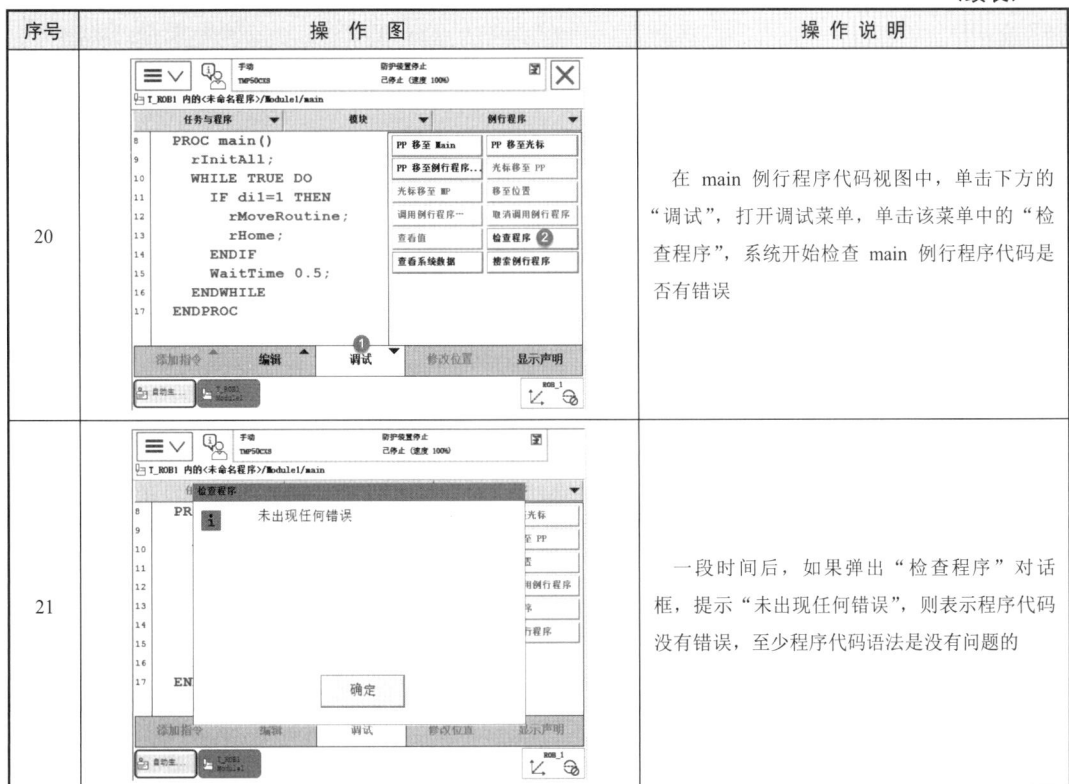

序号	操 作 图	操 作 说 明
20		在 main 例行程序代码视图中，单击下方的"调试"，打开调试菜单，单击该菜单中的"检查程序"，系统开始检查 main 例行程序代码是否有错误
21		一段时间后，如果弹出"检查程序"对话框，提示"未出现任何错误"，则表示程序代码没有错误，至少程序代码语法是没有问题的

5.2.4 调试程序

程序编写完成后，如果检查程序代码没有错误，那么还应对程序进行调试，查看程序运行时机器人的动作是否达到控制要求。

1．rHome 例行程序的调试

rHome 例行程序的调试操作见表 5-7。

表 5-7　rHome 例行程序的调试操作

序号	操 作 图	操 作 说 明
1		打开 Module1 模块中任意一个例行程序，这里打开 main 例行程序，单击下方的"调试"出现调试菜单，单击"PP（程序指针）移至例行程序"，打开"PP 移至例行程序"视图

123

(续表)

序号	操 作 图	操 作 说 明
2		在"PP 移至例行程序"视图中，选中 rHome 例行程序，单击"确定"，关闭当前视图，同时打开 rHome 例行程序
3		在 rHome 例行程序代码中，发现 MoveJ 指令左侧有一个小箭头，这个为 PP，PP 永远指向将要执行的指令
4		首先将示教器的使能按钮按至中挡（半按），让电机进入开启状态，然后按下示教器的执行程序按钮，程序开始从 PP 处运行，同时机器人手臂开始动作，如果观察到机器人 TCP 移到 pHome 点停止，则说明程序运行符合控制要求，否则要检查程序代码。如果程序代码很多，则可按下步进或步退执行程序按钮，让程序代码逐步运行，同时观察机器人的动作，这样很容易找到有问题的程序代码
5		当程序代码左侧出现一个小机器人图标时，说明机器人 TCP 已到达 pHome 点，先按下示教器上的停止执行程序按钮，再松开使能按钮，电机进入停止状态，rHome 例行程序调试结束

2. rMoveRoutine 例行程序的调试

rMoveRoutine 例行程序的调试操作见表 5-8。

表 5-8 rMoveRoutine 例行程序的调试操作

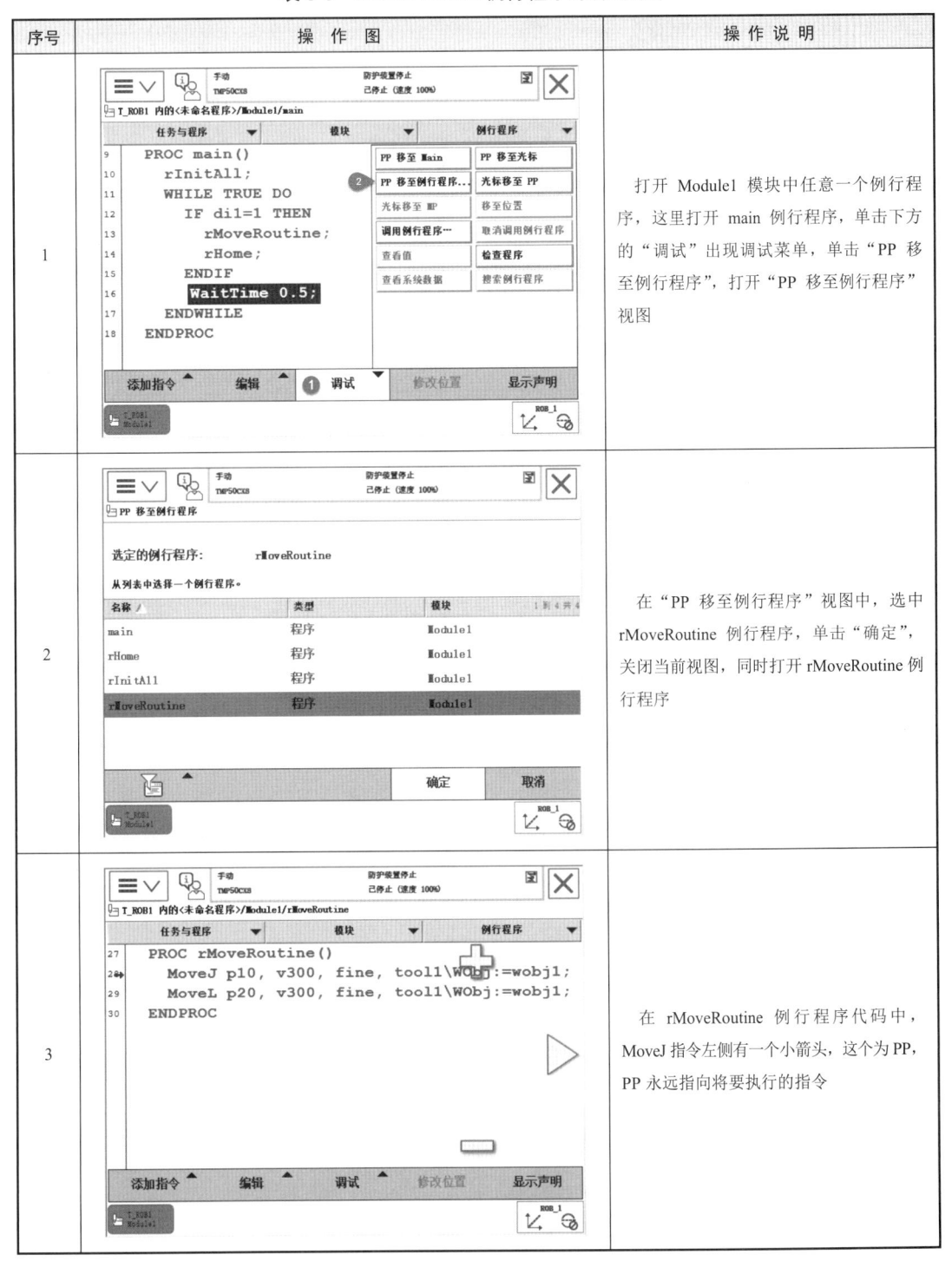

序号	操 作 图	操 作 说 明
1		打开 Module1 模块中任意一个例行程序，这里打开 main 例行程序，单击下方的"调试"出现调试菜单，单击"PP 移至例行程序"，打开"PP 移至例行程序"视图
2		在"PP 移至例行程序"视图中，选中 rMoveRoutine 例行程序，单击"确定"，关闭当前视图，同时打开 rMoveRoutine 例行程序
3		在 rMoveRoutine 例行程序代码中，MoveJ 指令左侧有一个小箭头，这个为 PP，PP 永远指向将要执行的指令

(续表)

序号	操 作 图	操 作 说 明
4	将使能按钮按至中挡(半按),让电机进入开启状态 步退执行程序按钮 ← 停止执行程序按钮 ← → 执行程序按钮 → 步进执行程序按钮	首先半按示教器的使能按钮,让机器人电机进入开启状态,然后按下示教器的执行程序按钮,程序开始从 PP 处运行,同时机器人手臂开始动作,如果观察到机器人 TCP 先移到 p10 点,再从 p10 点移到 p20 点,则说明程序运行符合控制要求,否则要检查程序代码
5	``` 27 PROC rMoveRoutine() 28 MoveJ p10, v300, fine, tool1\WObj:=wobj1; 29 MoveL p20, v300, fine, tool1\WObj:=wobj1; 30 ENDPROC ```	程序执行完 MoveL 指令后,机器人 TCP 会移到 p20 点停止,先按下示教器上的停止执行程序按钮,再松开使能按钮,电机进入停止状态,rMoveRoutine 例行程序调试结束

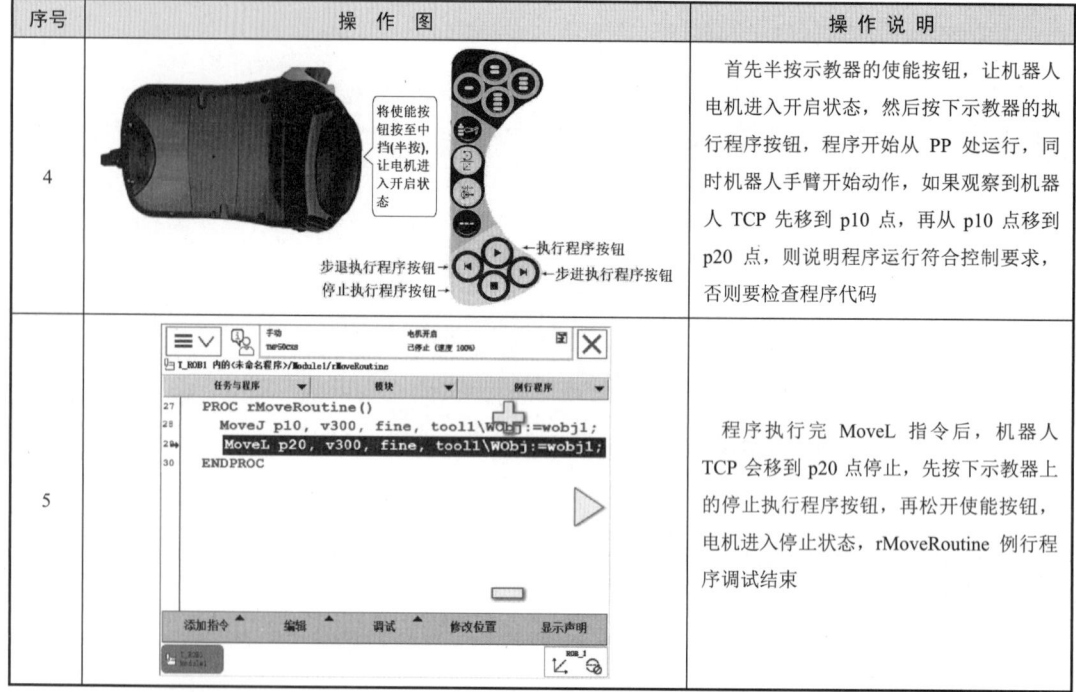

3. main 例行程序的调试

main 例行程序的调试操作见表 5-9。

表 5-9　main 例行程序的调试操作

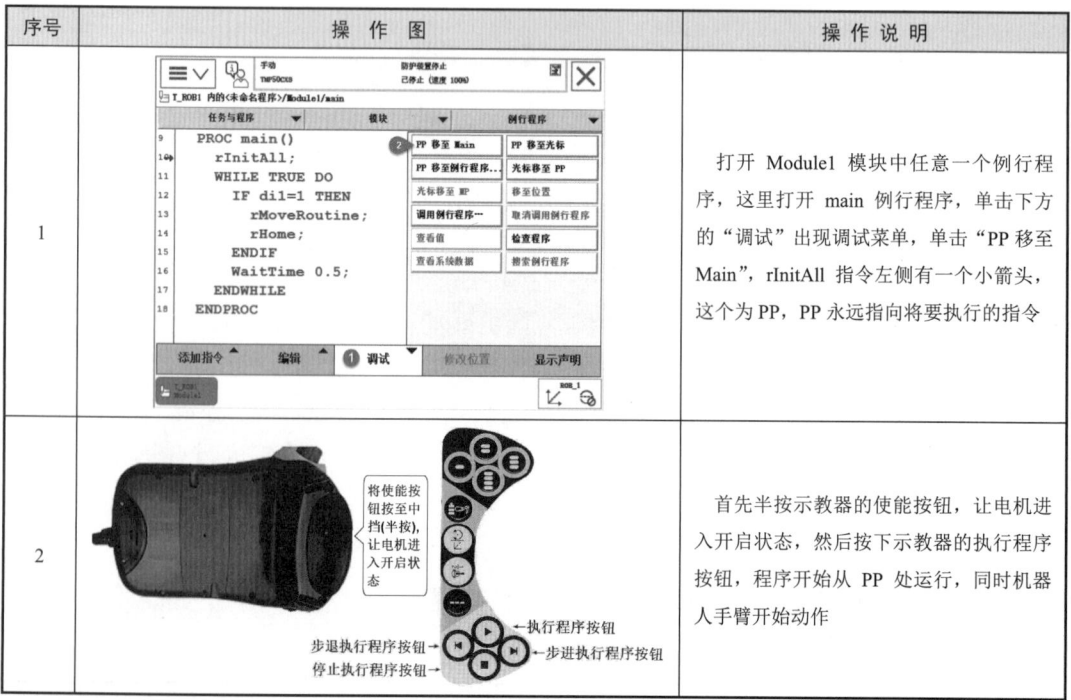

序号	操 作 图	操 作 说 明
1	``` 9 PROC main() 10 rInitAll; 11 WHILE TRUE DO 12 IF di1=1 THEN 13 rMoveRoutine; 14 rHome; 15 ENDIF 16 WaitTime 0.5; 17 ENDWHILE 18 ENDPROC ``` PP 移至 Main / PP 移至光标 / PP 移至例行程序… / 光标移至 PP / 光标移至 MP / 移至位置 / 调用例行程序… / 取消调用例行程序 / 查看值 / 检查程序 / 查看系统数据 / 搜索例行程序	打开 Module1 模块中任意一个例行程序,这里打开 main 例行程序,单击下方的"调试"出现调试菜单,单击"PP 移至 Main",rInitAll 指令左侧有一个小箭头,这个为 PP,PP 永远指向将要执行的指令
2	将使能按钮按至中挡(半按),让电机进入开启状态 步退执行程序按钮 ← 停止执行程序按钮 ← → 执行程序按钮 → 步进执行程序按钮	首先半按示教器的使能按钮,让电机进入开启状态,然后按下示教器的执行程序按钮,程序开始从 PP 处运行,同时机器人手臂开始动作

(续表)

序号	操 作 图	操 作 说 明
3		先执行 rInitAll 例行程序，将机器人 TCP 移到 pHome 点，然后反复执行 WHILE 至 ENDWHILE 之间的代码。让机器人控制器连接的 I/O 板的 di1 端子输入为 1，则 IF 至 ENDIF 之间的 rMoveRoutine 和 rHome 例行程序会被执行，机器人 TCP 先从 pHome 点移到 p10 点，再从 p10 点移到 p20 点，然后又返回 pHome 点，在 di1=1 时这个过程会不断重复；如果 di1=0，则不会执行 rMoveRoutine 和 rHome 例行程序，仅执行 WaitTime 指令，机器人 TCP 始终停在 pHome 点不动。如果程序运行时机器人的动作与上述一致，则说明程序运行符合控制要求，否则要检查程序代码和 I/O 板线路。先按下示教器上的停止执行程序按钮，再松开使能按钮，电机进入停止状态，main 例行程序调试结束

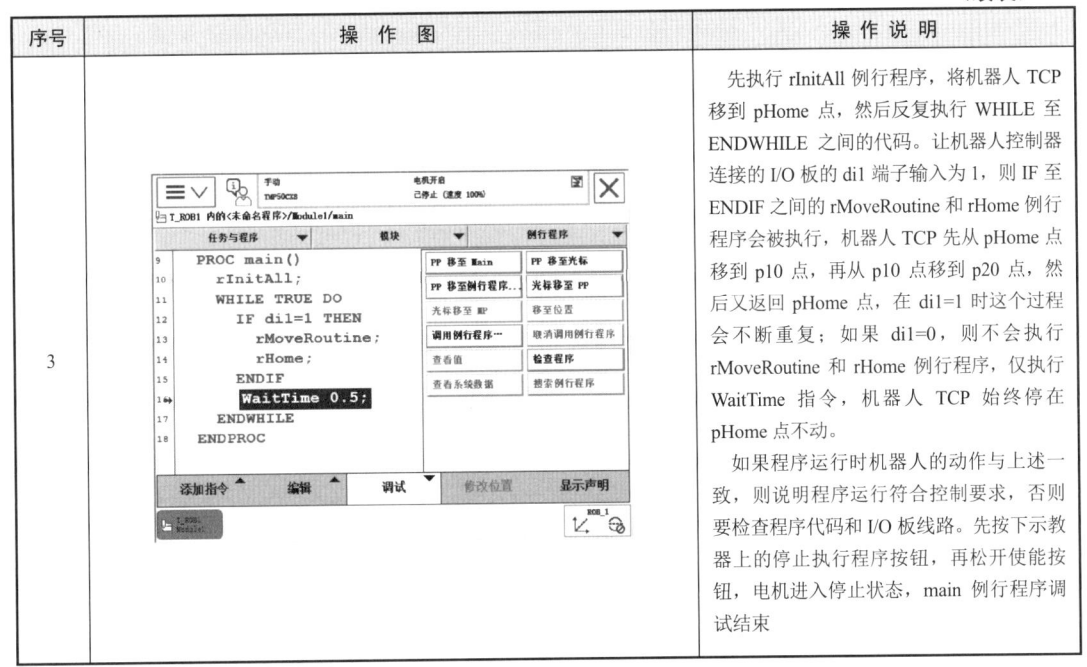

5.2.5 设置程序自动运行

在手动模式下对程序进行调试，如果程序对机器人的控制达到要求，就可以将机器人系统设置为自动模式，让机器人在程序的控制下自动工作。设置机器人及程序自动运行的操作见表 5-10。

表 5-10 设置机器人及程序自动运行的操作

序号	操 作 图	操 作 说 明
1		用钥匙将机器人控制器上的工作模式开关旋至左侧的自动模式位置
2		示教器屏幕视图上弹出"警告"对话框，单击"确定"

(续表)

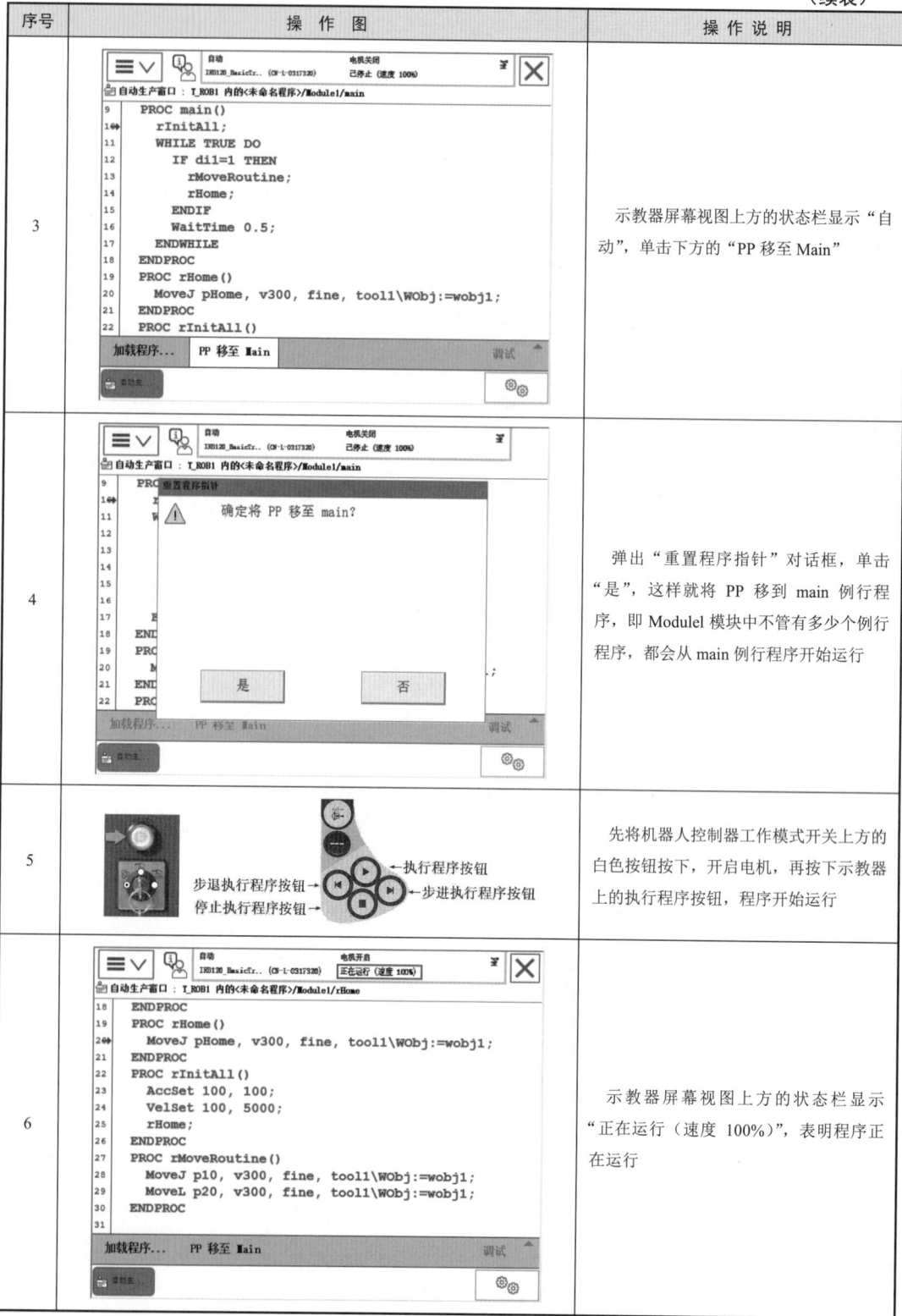

序号	操 作 图	操 作 说 明
| 3 | ```
9  PROC main()
10    rInitAll;
11    WHILE TRUE DO
12      IF di1=1 THEN
13        rMoveRoutine;
14        rHome;
15      ENDIF
16      WaitTime 0.5;
17    ENDWHILE
18  ENDPROC
19  PROC rHome()
20    MoveJ pHome, v300, fine, tool1\WObj:=wobj1;
21  ENDPROC
22  PROC rInitAll()
``` | 示教器屏幕视图上方的状态栏显示"自动",单击下方的"PP 移至 Main" |
| 4 | 确定将 PP 移至 main? 是 否 | 弹出"重置程序指针"对话框,单击"是",这样就将 PP 移到 main 例行程序,即 Module1 模块中不管有多少个例行程序,都会从 main 例行程序开始运行 |
| 5 | 步退执行程序按钮← →执行程序按钮
停止执行程序按钮→ →步进执行程序按钮 | 先将机器人控制器工作模式开关上方的白色按钮按下,开启电机,再按下示教器上的执行程序按钮,程序开始运行 |
| 6 | ```
18  ENDPROC
19  PROC rHome()
20    MoveJ pHome, v300, fine, tool1\WObj:=wobj1;
21  ENDPROC
22  PROC rInitAll()
23    AccSet 100, 100;
24    VelSet 100, 5000;
25    rHome;
26  ENDPROC
27  PROC rMoveRoutine()
28    MoveJ p10, v300, fine, tool1\WObj:=wobj1;
29    MoveL p20, v300, fine, tool1\WObj:=wobj1;
30  ENDPROC
31
``` | 示教器屏幕视图上方的状态栏显示"正在运行(速度 100%)",表明程序正在运行 |

(续表)

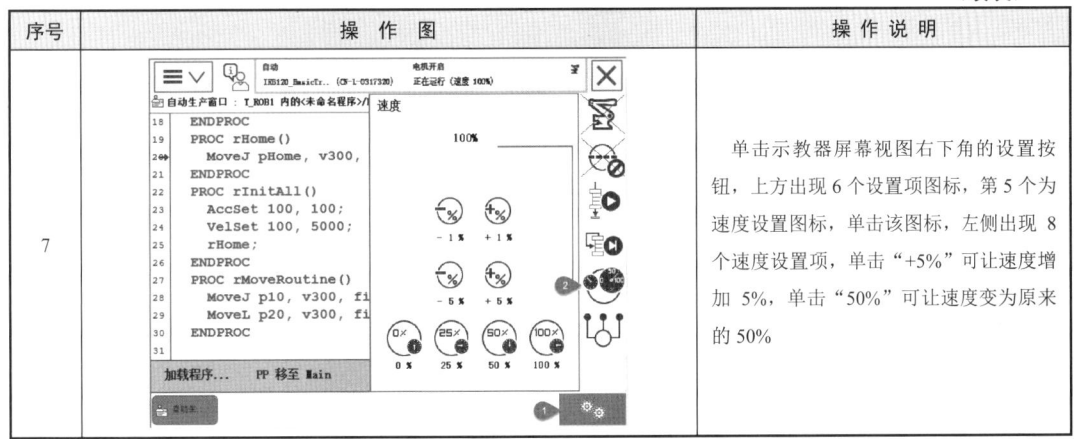

序号	操 作 图	操 作 说 明
7		单击示教器屏幕视图右下角的设置按钮，上方出现 6 个设置项图标，第 5 个为速度设置图标，单击该图标，左侧出现 8 个速度设置项，单击"+5%"可让速度增加 5%，单击"50%"可让速度变为原来的 50%

5.2.6 程序的保存

程序的保存操作见表 5-11。

表 5-11 程序的保存操作

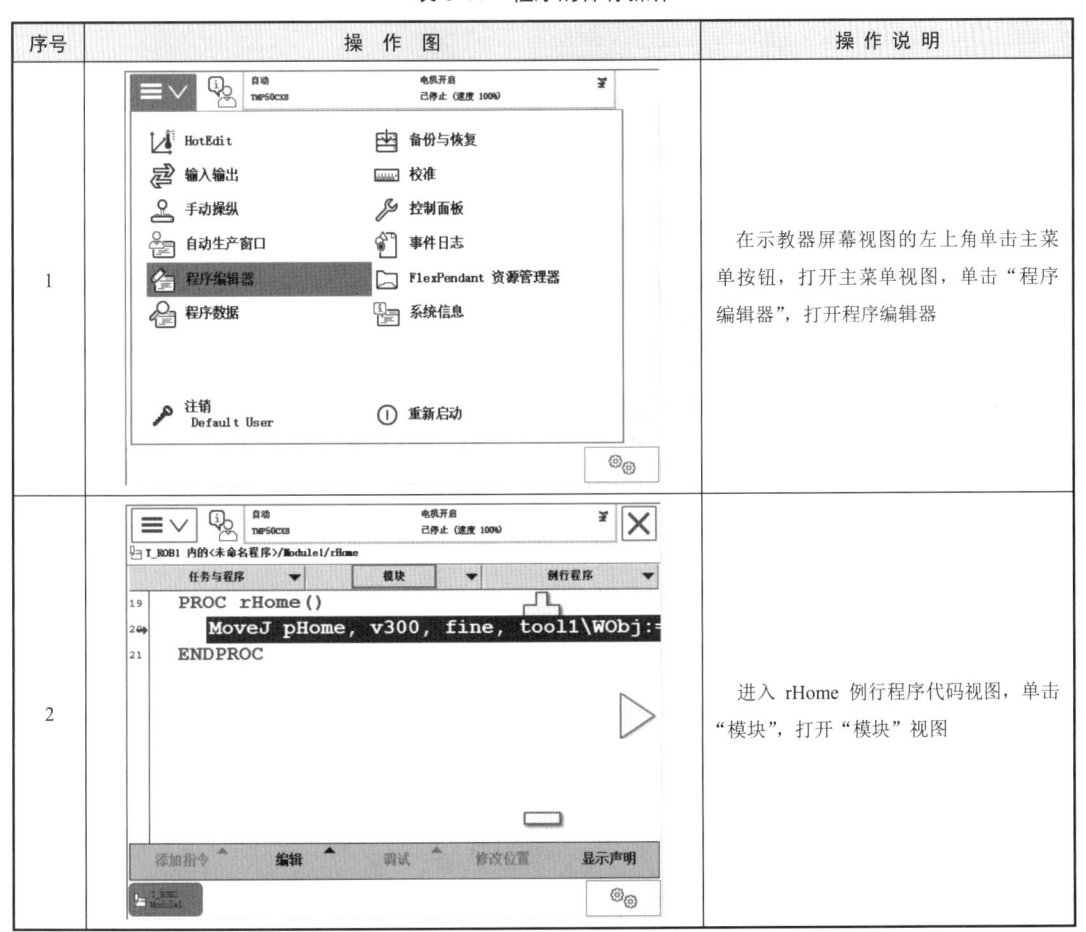

序号	操 作 图	操 作 说 明
1		在示教器屏幕视图的左上角单击主菜单按钮，打开主菜单视图，单击"程序编辑器"，打开程序编辑器
2		进入 rHome 例行程序代码视图，单击"模块"，打开"模块"视图

（续表）

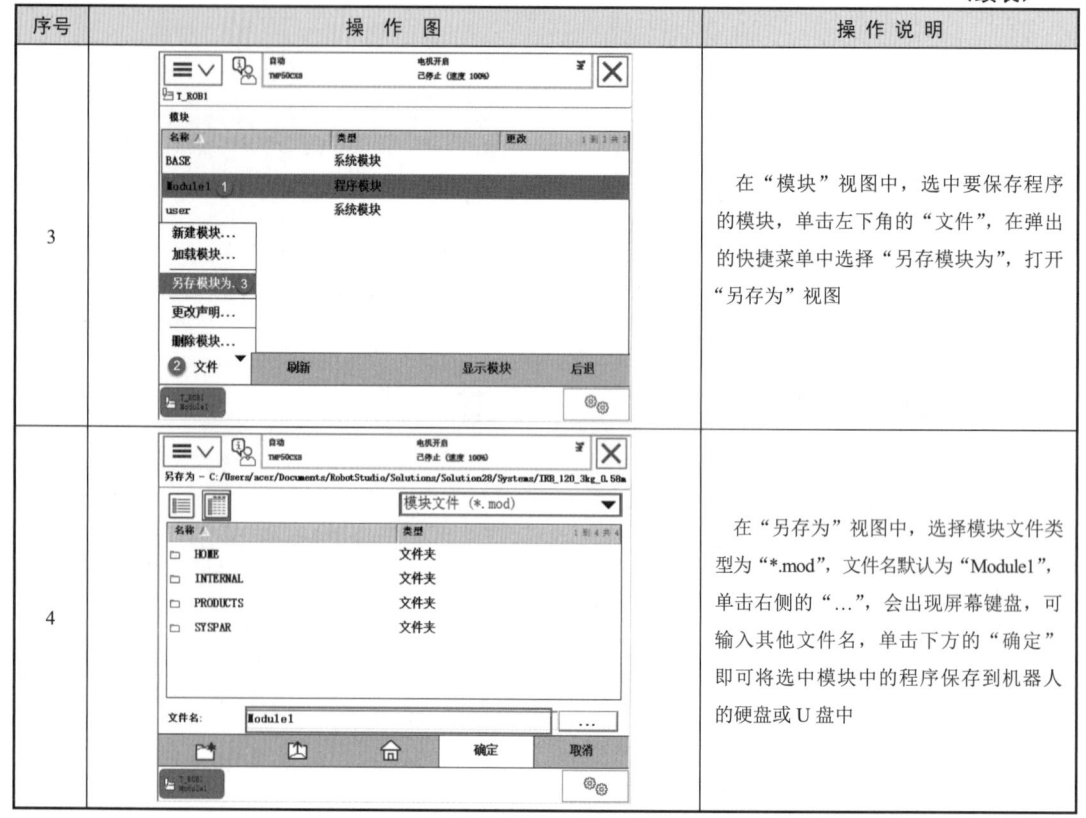

序号	操作图	操作说明
3		在"模块"视图中，选中要保存程序的模块，单击左下角的"文件"，在弹出的快捷菜单中选择"另存模块为"，打开"另存为"视图
4		在"另存为"视图中，选择模块文件类型为"*.mod"，文件名默认为"Module1"，单击右侧的"..."，会出现屏幕键盘，可输入其他文件名，单击下方的"确定"即可将选中模块中的程序保存到机器人的硬盘或U盘中

5.3 中断与中断程序编程举例

5.3.1 中断与中断程序

在生活中经常会遇到这样的情况：正在书房看书时，客厅的电话突然响了，这时会停止看书，转而去接电话，接完电话后又回书房接着看书。这种停止当前工作，转而去做其他工作，做完后又返回来做先前工作的现象称为中断。

机器人在执行 RAPID 程序的过程中，如果突然发生紧急情况，则需要中断执行当前的程序，转而去执行专门处理该紧急情况的程序，该程序称为中断程序，执行完中断程序后又返回先前程序的中断位置，执行后续内容。中断程序通常用于外部信号响应、出错处理等实时响应要求高的场合。

5.3.2 中断程序编程举例

中断程序在正常情况下是不执行的，一旦出现触发中断的条件，就会马上执行中断程序。下面编写一个 di1 信号出现高电平触发中断的程序，执行中断程序时将 reg1 的值加 3，编程过程见表 5-12。

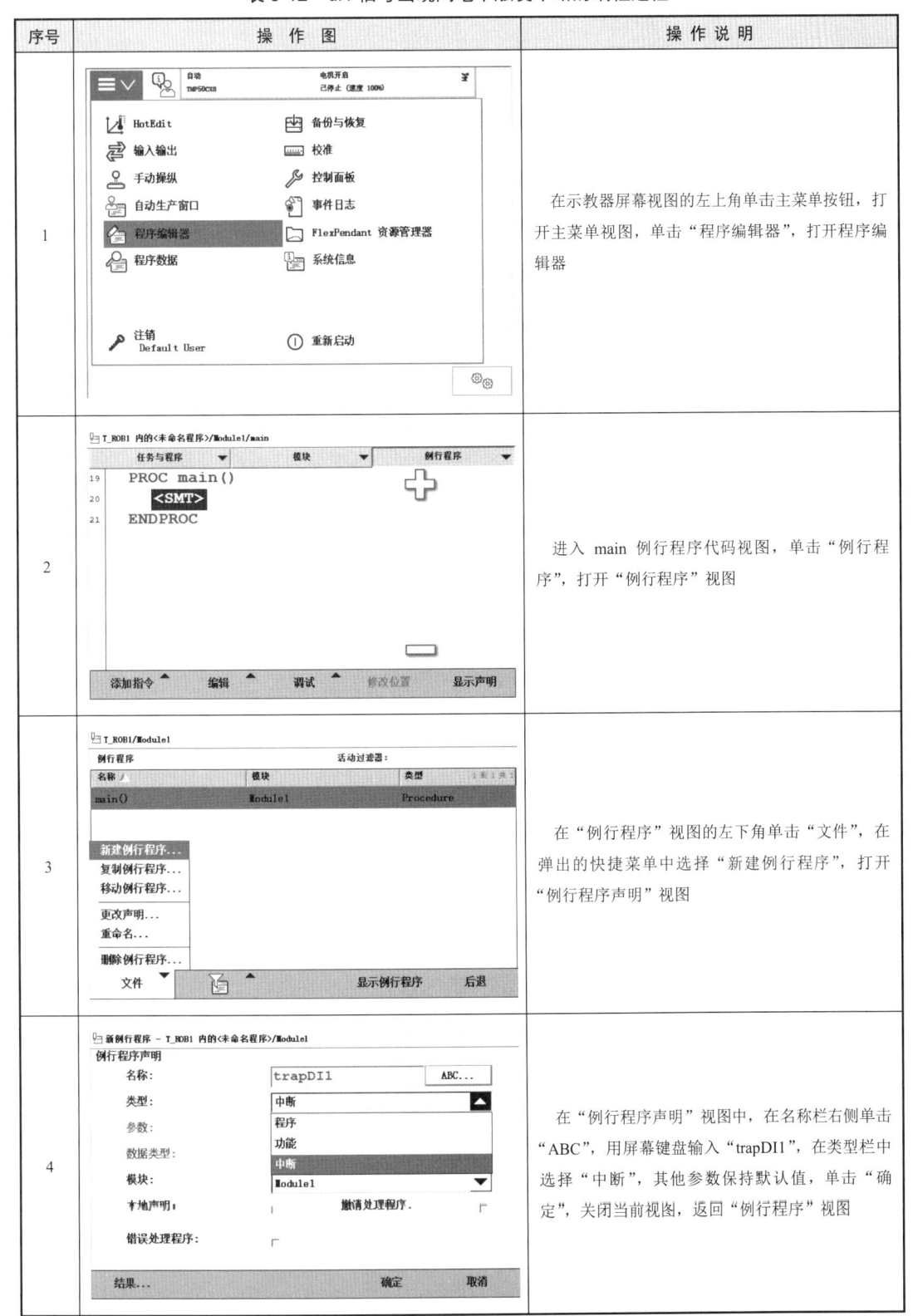

表 5-12　di1 信号出现高电平触发中断的编程过程

序号	操 作 图	操 作 说 明
1		在示教器屏幕视图的左上角单击主菜单按钮，打开主菜单视图，单击"程序编辑器"，打开程序编辑器
2		进入 main 例行程序代码视图，单击"例行程序"，打开"例行程序"视图
3		在"例行程序"视图的左下角单击"文件"，在弹出的快捷菜单中选择"新建例行程序"，打开"例行程序声明"视图
4		在"例行程序声明"视图中，在名称栏右侧单击"ABC"，用屏幕键盘输入"trapDI1"，在类型栏中选择"中断"，其他参数保持默认值，单击"确定"，关闭当前视图，返回"例行程序"视图

（续表）

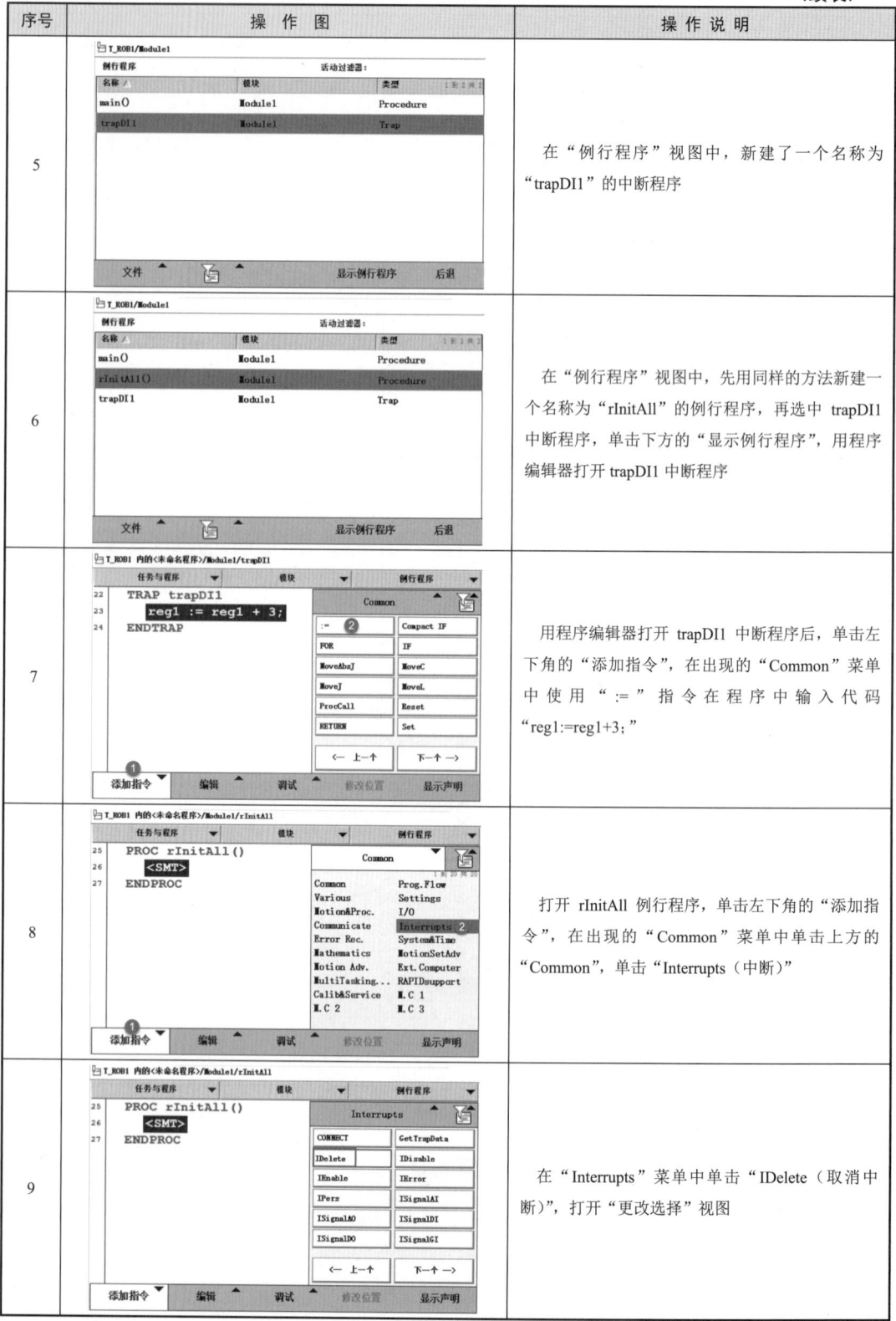

序号	操 作 图	操 作 说 明
5		在"例行程序"视图中，新建了一个名称为"trapDI1"的中断程序
6		在"例行程序"视图中，先用同样的方法新建一个名称为"rInitAll"的例行程序，再选中 trapDI1 中断程序，单击下方的"显示例行程序"，用程序编辑器打开 trapDI1 中断程序
7		用程序编辑器打开 trapDI1 中断程序后，单击左下角的"添加指令"，在出现的"Common"菜单中使用":="指令在程序中输入代码"reg1:=reg1+3;"
8		打开 rInitAll 例行程序，单击左下角的"添加指令"，在出现的"Common"菜单中单击上方的"Common"，单击"Interrupts（中断）"
9		在"Interrupts"菜单中单击"IDelete（取消中断）"，打开"更改选择"视图

(续表)

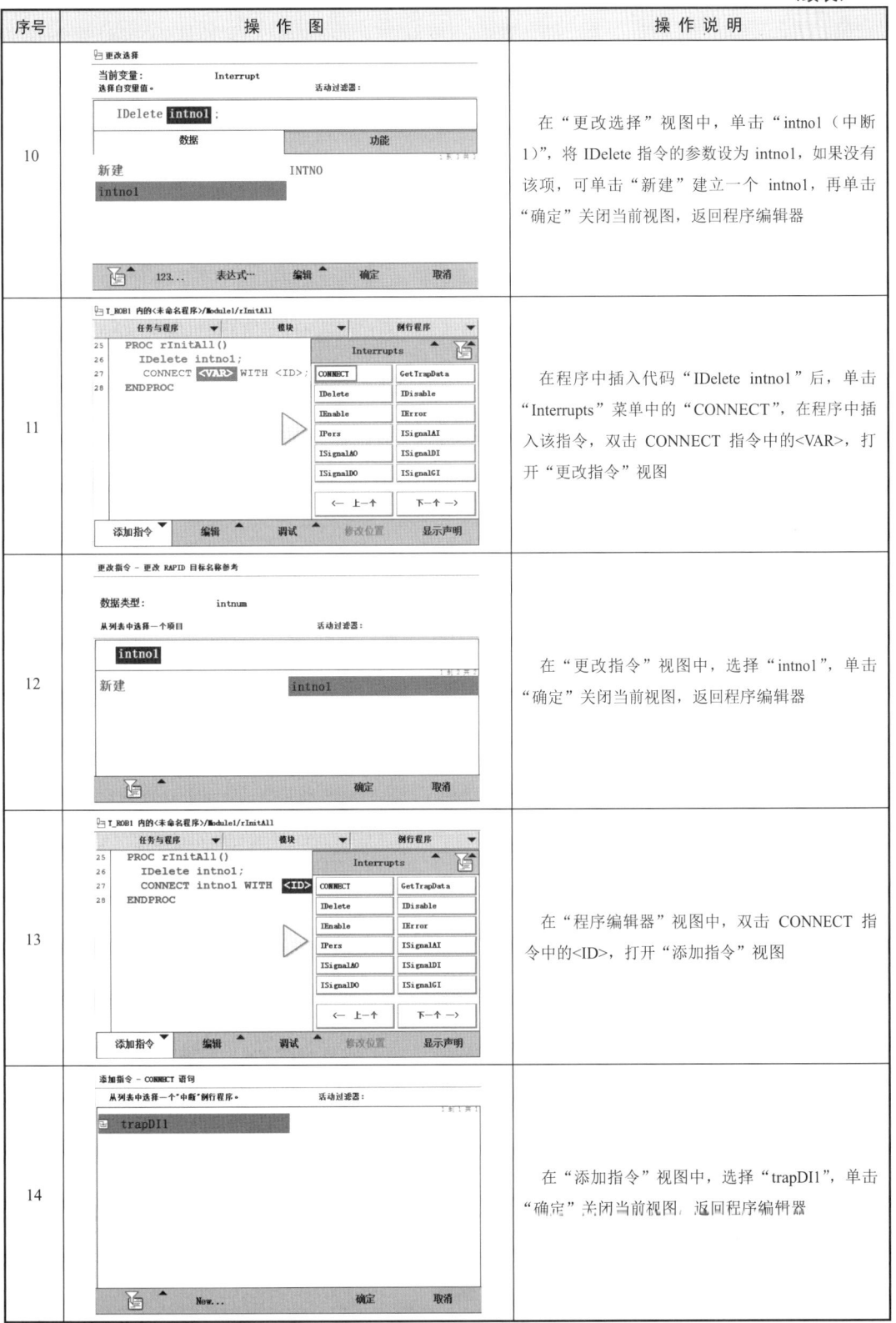

序号	操 作 图	操 作 说 明
10		在"更改选择"视图中,单击"intno1(中断1)",将 IDelete 指令的参数设为 intno1,如果没有该项,可单击"新建"建立一个 intno1,再单击"确定"关闭当前视图,返回程序编辑器
11		在程序中插入代码"IDelete intno1"后,单击"Interrupts"菜单中的"CONNECT",在程序中插入该指令,双击 CONNECT 指令中的<VAR>,打开"更改指令"视图
12		在"更改指令"视图中,选择"intno1",单击"确定"关闭当前视图,返回程序编辑器
13		在"程序编辑器"视图中,双击 CONNECT 指令中的<ID>,打开"添加指令"视图
14		在"添加指令"视图中,选择"trapDI1",单击"确定"关闭当前视图,返回程序编辑器

(续表)

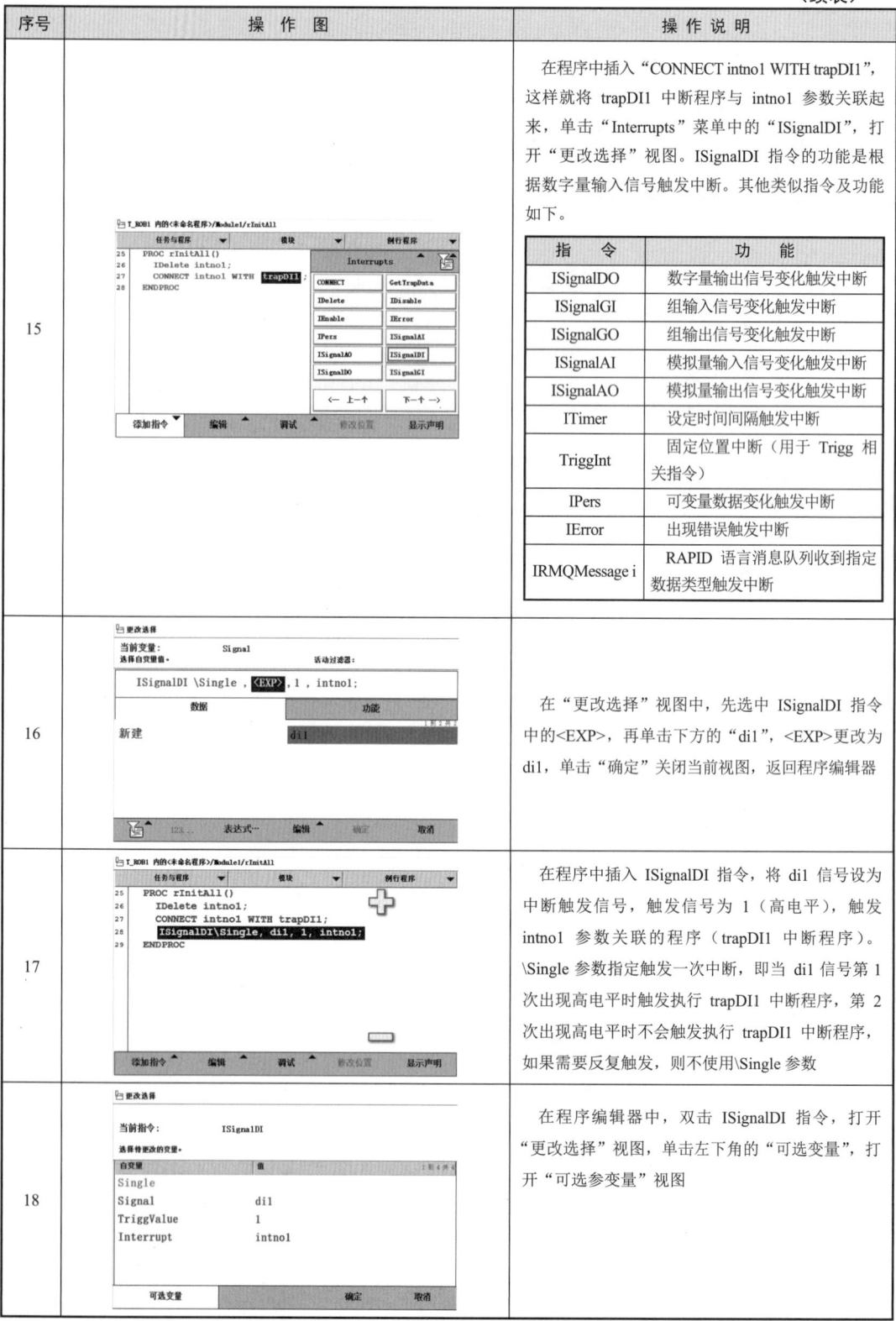

序号	操 作 图	操 作 说 明
15		在程序中插入"CONNECT intno1 WITH trapDI1",这样就将 trapDI1 中断程序与 intno1 参数关联起来,单击"Interrupts"菜单中的"ISignalDI",打开"更改选择"视图。ISignalDI 指令的功能是根据数字量输入信号触发中断。其他类似指令及功能如下。 | 指 令	功 能
---	---
ISignalDO	数字量输出信号变化触发中断
ISignalGI	组输入信号变化触发中断
ISignalGO	组输出信号变化触发中断
ISignalAI	模拟量输入信号变化触发中断
ISignalAO	模拟量输出信号变化触发中断
ITimer	设定时间间隔触发中断
TriggInt	固定位置中断（用于 Trigg 相关指令）
IPers	可变量数据变化触发中断
IError	出现错误触发中断
IRMQMessage i	RAPID 语言消息队列收到指定数据类型触发中断	
16		在"更改选择"视图中,先选中 ISignalDI 指令中的<EXP>,再单击下方的"di1",<EXP>更改为 di1,单击"确定"关闭当前视图,返回程序编辑器
17		在程序中插入 ISignalDI 指令,将 di1 信号设为中断触发信号,触发信号为 1（高电平）,触发 intno1 参数关联的程序（trapDI1 中断程序）。\Single 参数指定触发一次中断,即当 di1 信号第 1 次出现高电平时触发执行 trapDI1 中断程序,第 2 次出现高电平时不会触发执行 trapDI1 中断程序,如果需要反复触发,则不使用\Single 参数
18		在程序编辑器中,双击 ISignalDI 指令,打开"更改选择"视图,单击左下角的"可选变量",打开"可选参变量"视图

(续表)

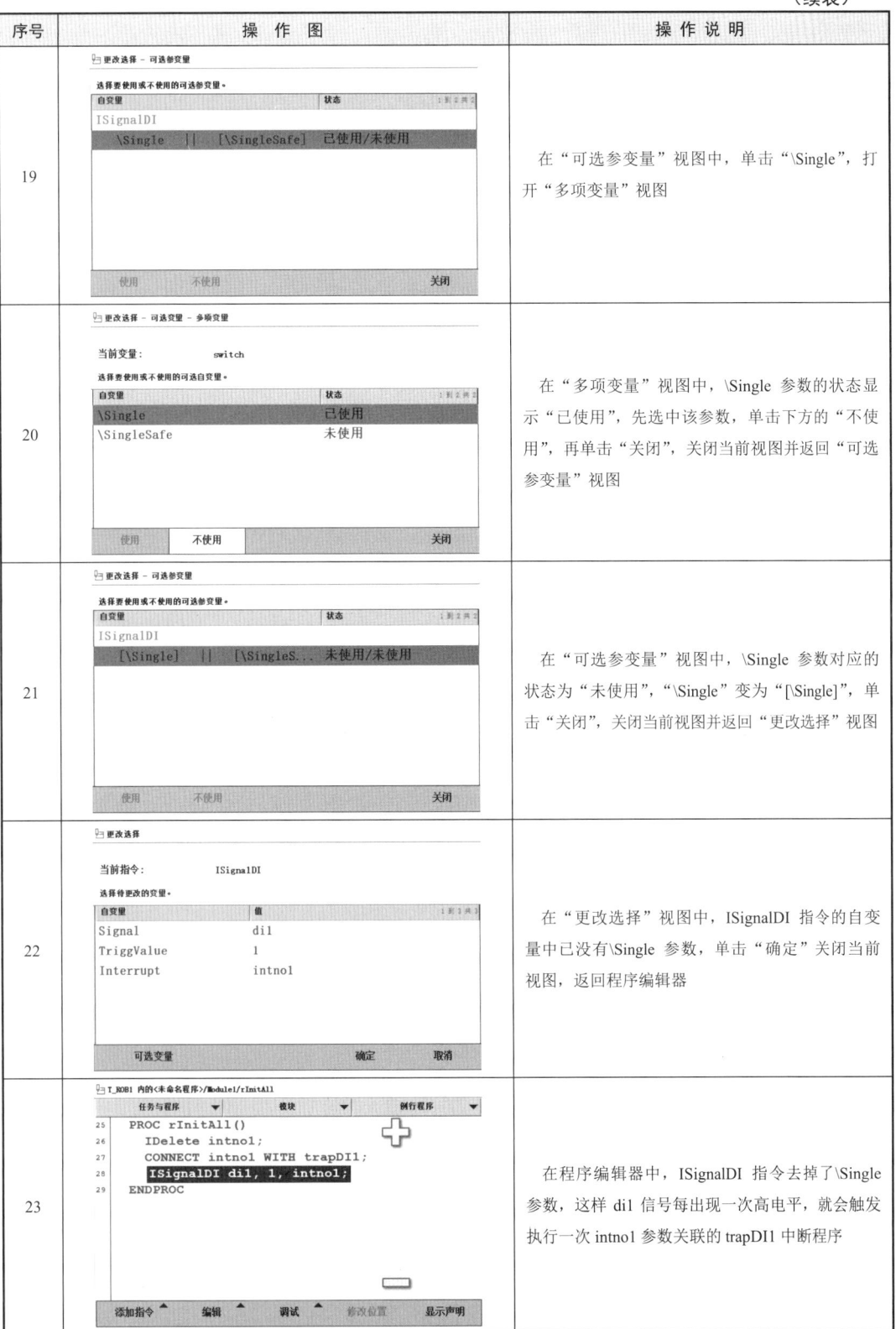

序号	操作图	操作说明
19		在"可选参变量"视图中,单击"\Single",打开"多项变量"视图
20		在"多项变量"视图中,\Single 参数的状态显示"已使用",先选中该参数,单击下方的"不使用",再单击"关闭",关闭当前视图并返回"可选参变量"视图
21		在"可选参变量"视图中,\Single 参数对应的状态为"未使用","\Single"变为"[\Single]",单击"关闭",关闭当前视图并返回"更改选择"视图
22		在"更改选择"视图中,ISignalDI 指令的自变量中已没有\Single 参数,单击"确定"关闭当前视图,返回程序编辑器
23		在程序编辑器中,ISignalDI 指令去掉了\Single 参数,这样 di1 信号每出现一次高电平,就会触发执行一次 intno1 参数关联的 trapDI1 中断程序

（续表）

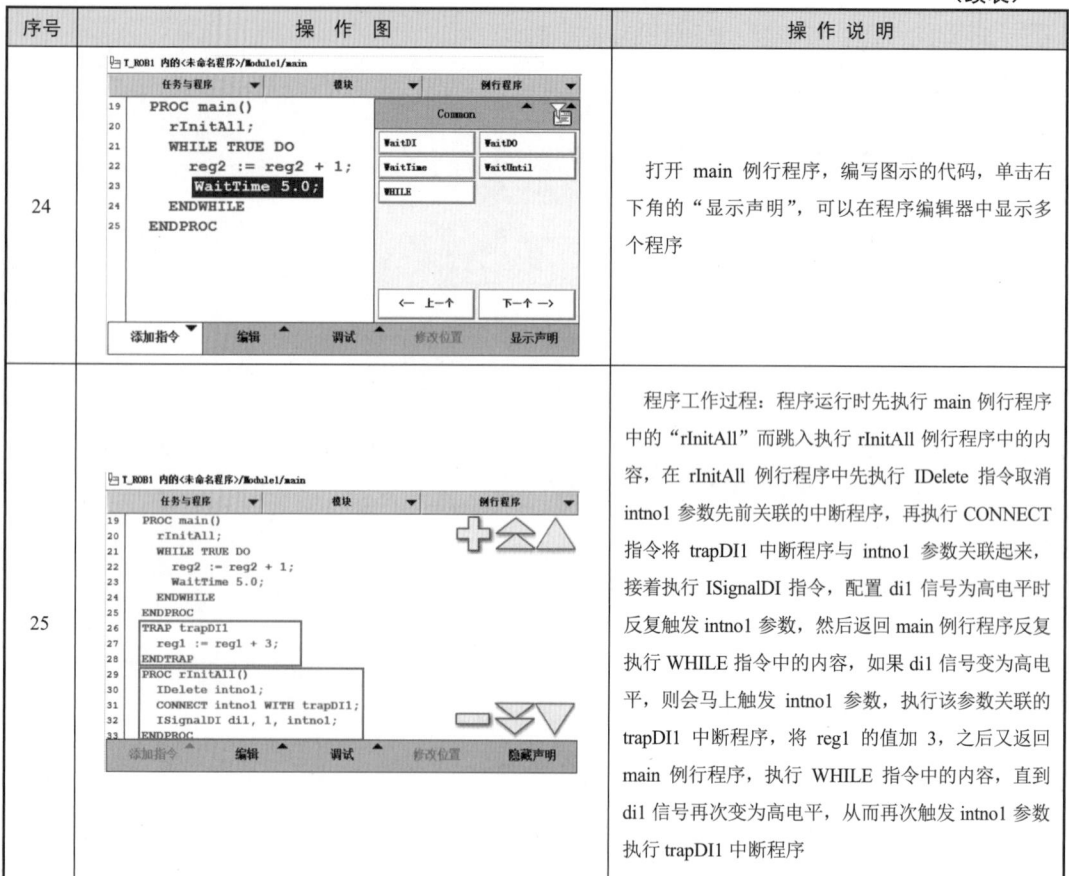

序号	操 作 图	操 作 说 明
| 24 | ```
19  PROC main()
20    rInitAll;
21    WHILE TRUE DO
22      reg2 := reg2 + 1;
23      WaitTime 5.0;
24    ENDWHILE
25  ENDPROC
``` | 打开 main 例行程序，编写图示的代码，单击右下角的"显示声明"，可以在程序编辑器中显示多个程序 |
| 25 | ```
19  PROC main()
20    rInitAll;
21    WHILE TRUE DO
22      reg2 := reg2 + 1;
23      WaitTime 5.0;
24    ENDWHILE
25  ENDPROC
26  TRAP trapDI1
27    reg1 := reg1 + 3;
28  ENDTRAP
29  PROC rInitAll()
30    IDelete intno1;
31    CONNECT intno1 WITH trapDI1;
32    ISignalDI di1, 1, intno1;
33  ENDPROC
``` | 程序工作过程：程序运行时先执行 main 例行程序中的"rInitAll"而跳入执行 rInitAll 例行程序中的内容，在 rInitAll 例行程序中先执行 IDelete 指令取消 intno1 参数先前关联的中断程序，再执行 CONNECT 指令将 trapDI1 中断程序与 intno1 参数关联起来，接着执行 ISignalDI 指令，配置 di1 信号为高电平时反复触发 intno1 参数，然后返回 main 例行程序反复执行 WHILE 指令中的内容，如果 di1 信号变为高电平，则会马上触发 intno1 参数，执行该参数关联的 trapDI1 中断程序，将 reg1 的值加 3，之后又返回 main 例行程序，执行 WHILE 指令中的内容，直到 di1 信号再次变为高电平，从而再次触发 intno1 参数执行 trapDI1 中断程序 |

第 6 章 常用指令与函数

6.1 赋值指令

赋值指令的符号为":=",其功能是对程序数据进行赋值。赋值包括常量赋值和表达式赋值。

6.1.1 常量赋值操作

"reg1:=3"是常量赋值代码,在程序编辑器中输入该代码的操作过程见表 6-1。

表 6-1 在程序编辑器中输入 "reg1:=3" 的操作过程

序号	操 作 图	说 明
1		先在示教器屏幕视图的左上角单击主菜单按钮,打开主菜单视图,再单击"程序编辑器",会启动程序编辑器并打开 main 例行程序,单击左下角的"添加指令",在右侧出现"Common"菜单,单击":=",打开"插入表达式"视图
2		在"插入表达式"视图中,先选中":="左侧的"<VAR>",再单击下方的"更改数据类型",打开"更改数据类型"视图

(续表)

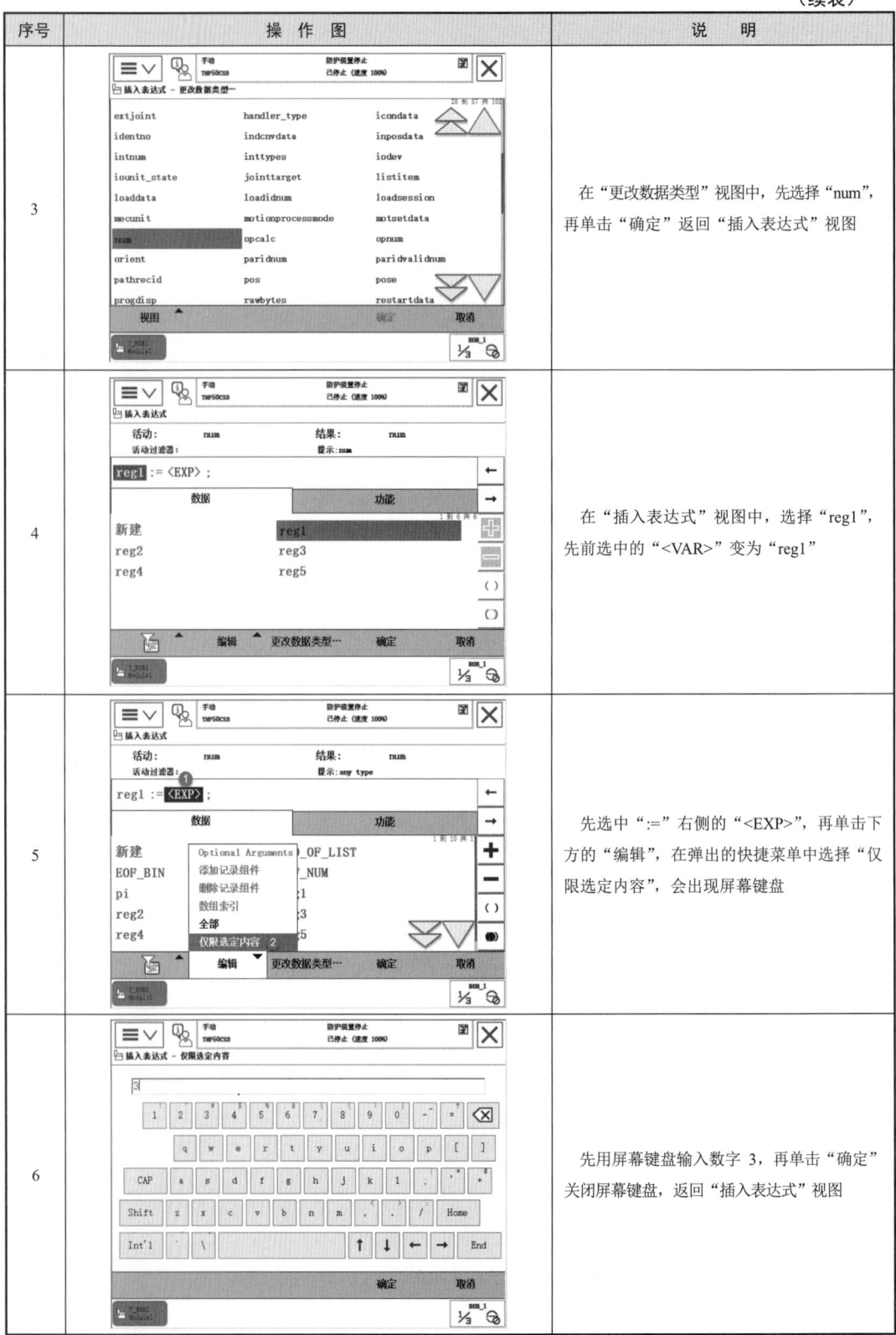

序号	操作图	说明
3		在"更改数据类型"视图中,先选择"num",再单击"确定"返回"插入表达式"视图
4		在"插入表达式"视图中,选择"reg1",先前选中的"<VAR>"变为"reg1"
5		先选中":="右侧的"<EXP>",再单击下方的"编辑",在弹出的快捷菜单中选择"仅限选定内容",会出现屏幕键盘
6		先用屏幕键盘输入数字 3,再单击"确定"关闭屏幕键盘,返回"插入表达式"视图

(续表)

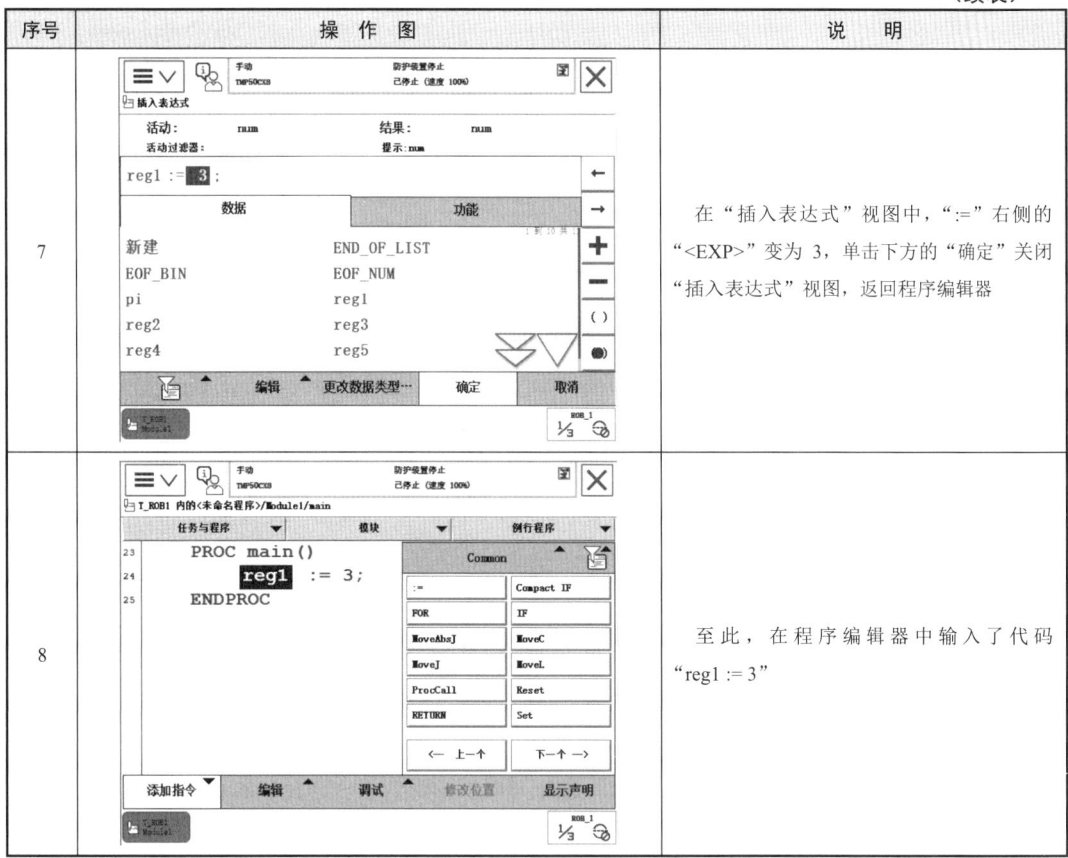

序号	操 作 图	说 明
7		在"插入表达式"视图中,":="右侧的"<EXP>"变为 3,单击下方的"确定"关闭"插入表达式"视图,返回程序编辑器
8		至此,在程序编辑器中输入了代码"reg1 := 3"

6.1.2 表达式赋值操作

"reg2:=reg1+8"是表达式赋值代码,在程序编辑器中输入该代码的操作过程见表 6-2。

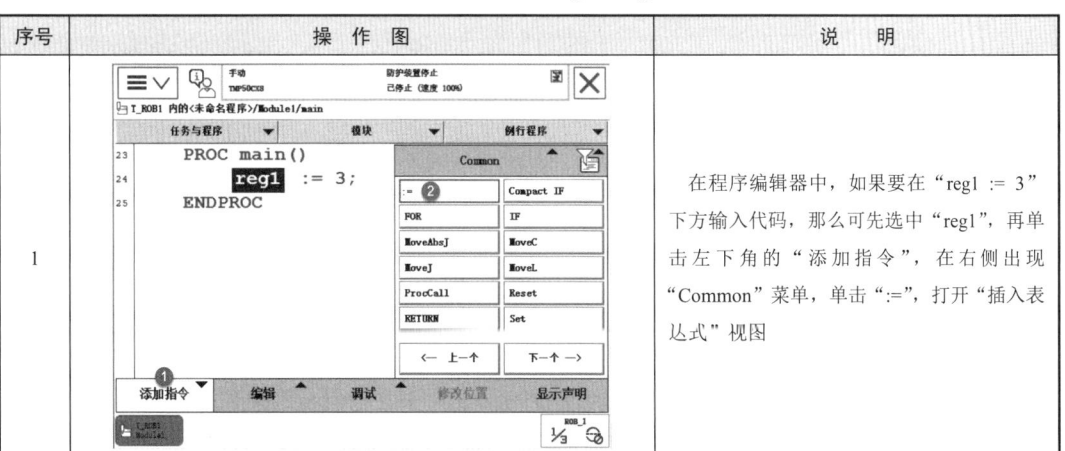

表 6-2 在程序编辑器中输入"reg2:=reg1+8"的操作过程

序号	操 作 图	说 明
1		在程序编辑器中,如果要在"reg1 := 3"下方输入代码,那么可先选中"reg1",再单击左下角的"添加指令",在右侧出现"Common"菜单,单击":=",打开"插入表达式"视图

139

(续表)

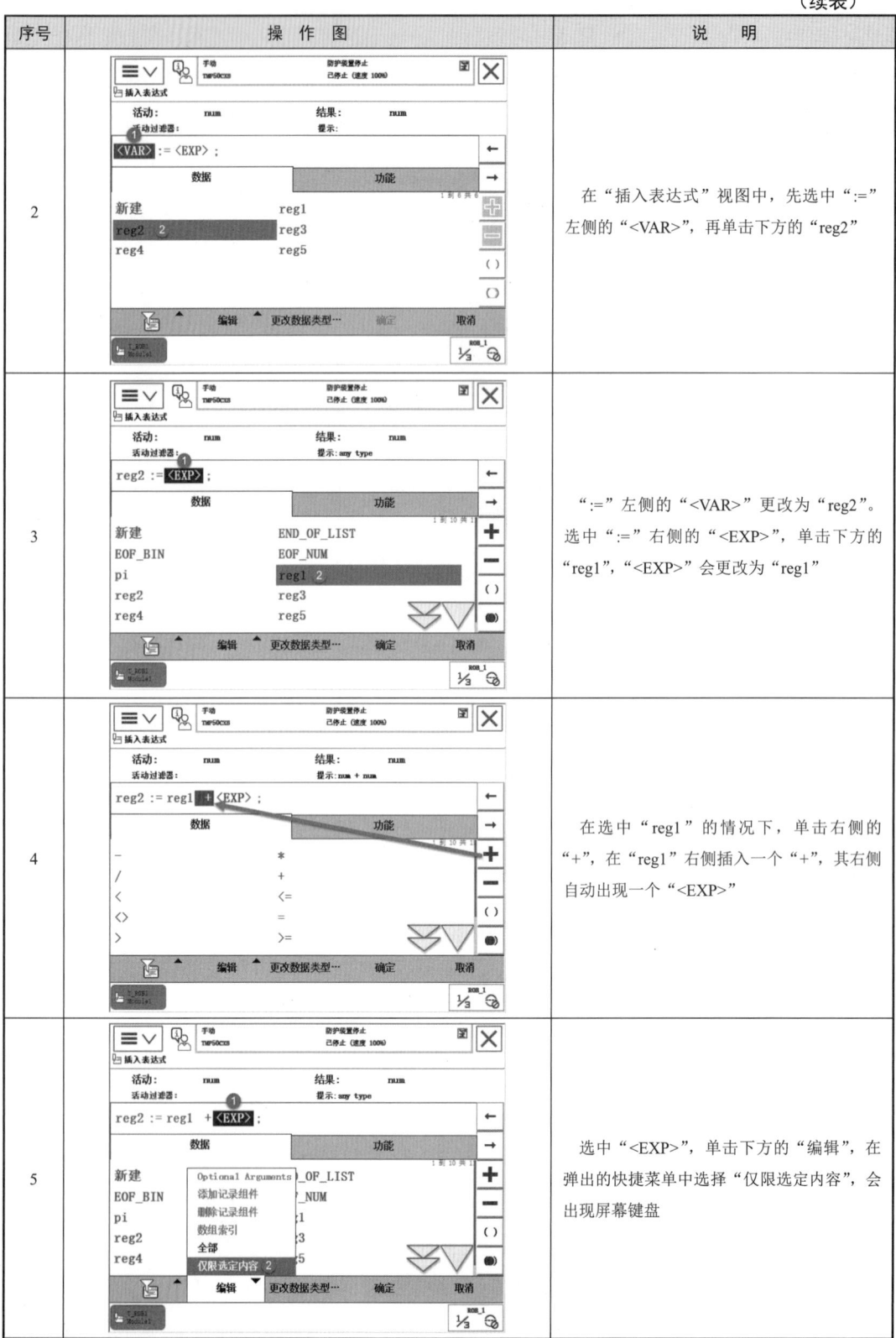

序号	操 作 图	说 明
2		在"插入表达式"视图中,先选中":="左侧的"<VAR>",再单击下方的"reg2"
3		":="左侧的"<VAR>"更改为"reg2"。选中":="右侧的"<EXP>",单击下方的"reg1","<EXP>"会更改为"reg1"
4		在选中"reg1"的情况下,单击右侧的"+",在"reg1"右侧插入一个"+",其右侧自动出现一个"<EXP>"
5		选中"<EXP>",单击下方的"编辑",在弹出的快捷菜单中选择"仅限选定内容",会出现屏幕键盘

(续表)

序号	操 作 图	说 明
6		用屏幕键盘输入数字 8，单击"确定"关闭屏幕键盘，返回"插入表达式"视图
7		在"插入表达式"视图中，"<EXP>"变成了"8"，单击下方的"确定"，弹出"添加指令"对话框
8		在"添加指令"对话框中，单击"下方"，则可以在选中的代码下方添加新的代码
9		至此，程序编辑器的"reg1 := 3"代码下方添加了"reg2 :=reg1+8"代码

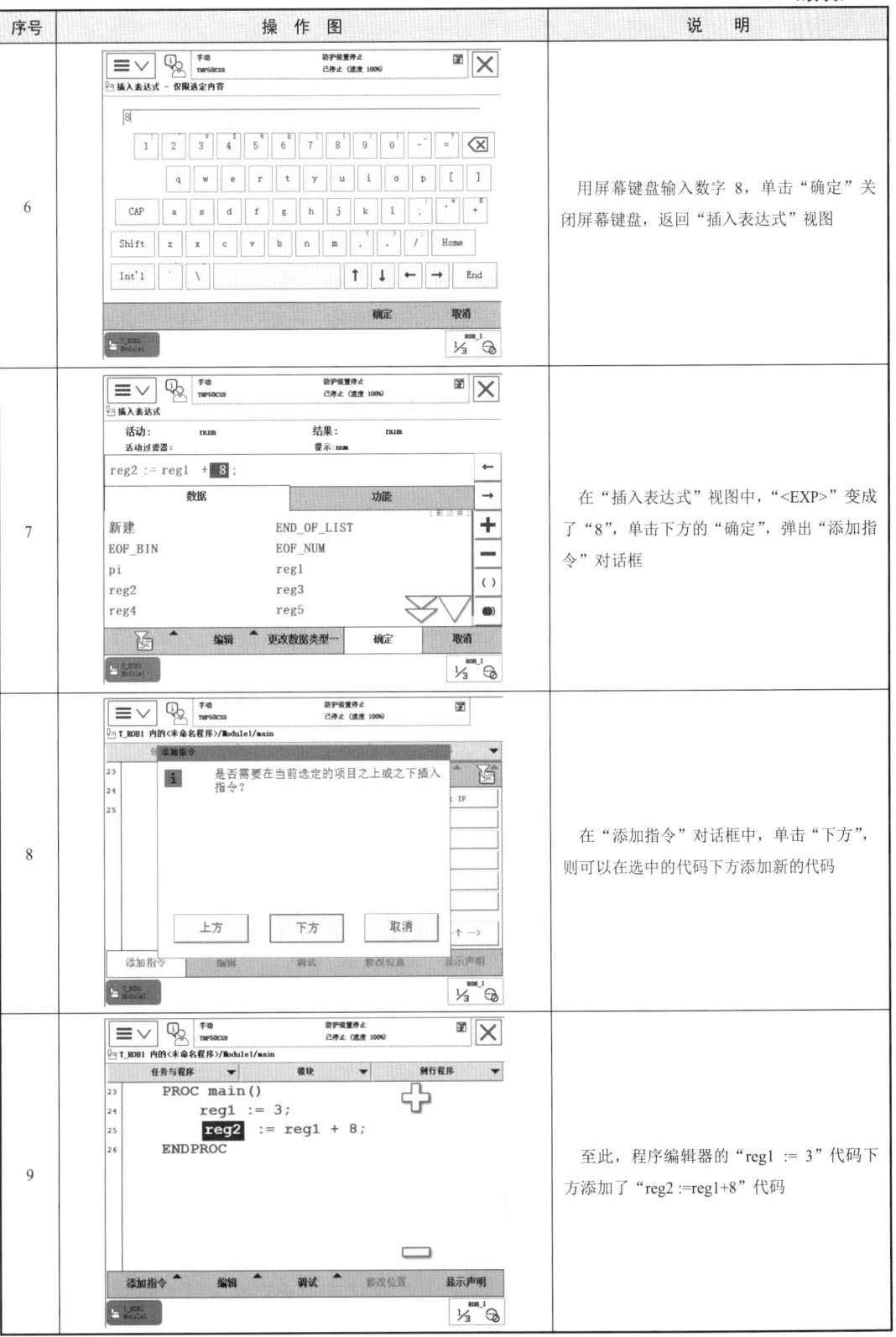

6.2 运算符与运算指令

6.2.1 基本运算符

1. 算术运算符

算术运算符见表 6-3。

表 6-3 算术运算符

运算符号	名 称	运算数据类型	举 例
+	加	num、dnum、pos、string	c:=a+b
-	减	num、dnum、pos	c:=a-b
*	乘	num、dnum、pos、orient	c:=a*b
/	除	num、dnum	c:=a/b

2. 比较运算符

比较运算符见表 6-4。

表 6-4 比较运算符

运算符号	名 称	运算数据类型	举 例
<	小于	num、dnum	(1<3)=TRUE，(5<3)=FALSE
=	等于	任意同类数据	(3=3)=TRUE，(1=3)=FALSE
<=	小于或等于	num、dnum	(3<=3)=TRUE，(5<=3)=FALSE
>	大于	num、dnum	(3>1)=TRUE，(1>3)=FALSE
>=	大于或等于	num、dnum	(3>=3)=TRUE，(1>=3)=FALSE
<>	不等于	任意同类数据	(1<>3)=TRUE，(3<>3)=FALSE

6.2.2 数学运算指令

常用的数学运算指令见表 6-5。在示教器的程序编辑器中输入数学运算指令的操作如图 6-1 所示。

表 6-5 常用的数学运算指令

指令符号及格式	功 能	支持的数据类型	举 例	
Add Add Name, AddValue	增加数值	num、dnum、数值常数（仅AddValue）	Add reg1, -6 Add reg2, reg1	//将变量 reg1 的值加-6 //将 reg2 的值加 reg1 的值，结果保存到 reg2 中
Incr Incr Name	自加 1	num、dnum	Incr reg1	//将 reg1 的值加 1，相当于 reg1:=reg1+1
Decr Decr Name	自减 1	num、dnum	Decr reg1	//将 reg1 的值减 1，相当于 reg1:=reg1-1

(续表)

指令符号及格式	功　能	支持的数据类型	举　例	
Clear Clear Name	清除	num、dnum	Clear reg1	//将 reg1 的值清除为 0，相当于 reg1:=0
Tryint Tryint Name	有效整数测试	num、dnum	Tryint reg1	//检查 reg1 的值是否为有效整数，是则往下执行，不是则引发执行错误
BitSet BitSet BitData, BitPos	将 BitData 的第 BitPos 位置 1	byte、dnum	BitSet Data1,8	//将 Data1 的值（如 00001000）的第 8 位置 1，执行后 Data1 的值为 10001000
BitClear BitClear BitData, BitPos	将 BitData 的第 BitPos 位置 0	byte、dnum	BitClear Data1,8	//将 Data1 的值（如 11001000）的第 8 位置 0，执行后 Data1 的值为 01001000

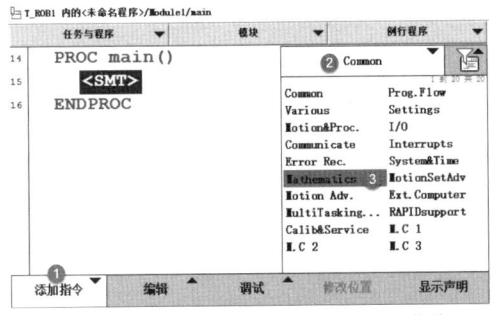

（a）单击"添加指令"，打开"Common"菜单，单击"Mathematics"

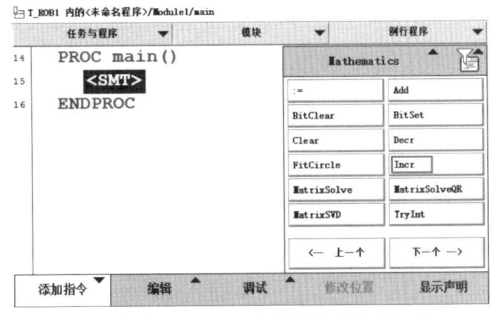

（b）在"Mathematics"菜单中单击"Incr"，打开"更改选择"视图

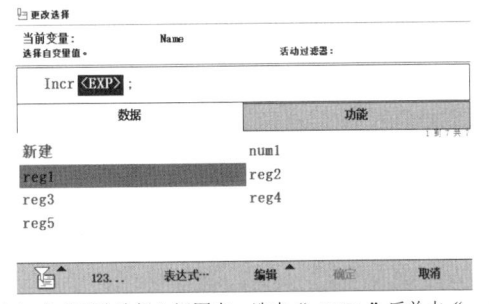

（c）在"更改选择"视图中，选中"<EXP>"后单击"reg1"

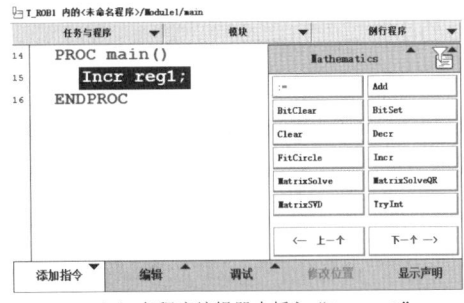

（d）在程序编辑器中插入"Incr reg1"

图 6-1　在示教器的程序编辑器中输入数学运算指令的操作

6.3　运动指令

机器人在空间运动主要有 4 种方式，分别是关节运动、线性运动、圆弧运动和绝对位置运动。

6.3.1　关节运动指令

关节运动指令（MoveJ 指令）的功能是在对路径精度要求不高时快速将机器人 TCP

移到给定目标点。MoveJ 指令适合机器人大范围运动的场合，运动时关节轴不易进入机械死点，虽然运动时状态不完全可控，但运动路径保持唯一。

1．指令使用举例

MoveJ 指令的使用举例如图 6-2 所示，指令中的 p20 为运动的目标点，v1000 指定运动速度为 1000mm/s，z50 表示转角数据（转角半径）为 50mm，tool1 为机器人工具坐标，WObj:=wobj1 指定 wobj1 为工件坐标。

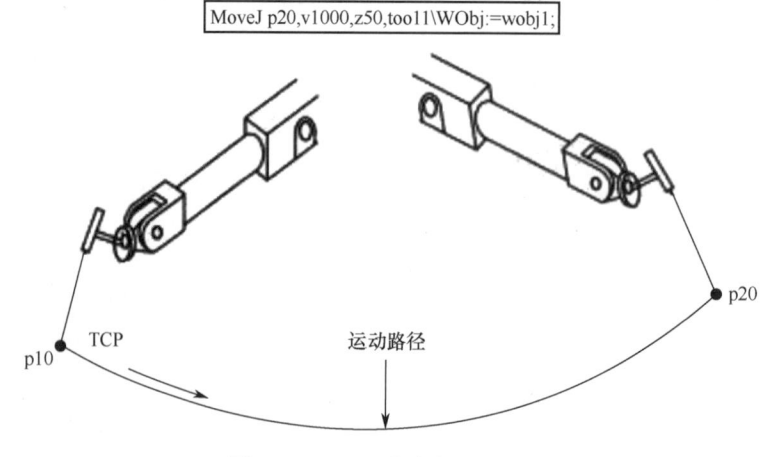

图 6-2　MoveJ 指令的使用举例

2．指令基本格式

MoveJ 指令的基本格式如下。

MoveJ [\Conc]ToPoint[\ID] Speed[\V]|[\T] Zone[\Z][\Inpos] Tool[\Wobj]

MoveJ 指令中的各个参数功能说明见表 6-6。

表 6-6　MoveJ 指令中的各个参数功能说明

参　　数	名　　称	数据类型	说　　明
[\Conc]	并发事件	switch	在机器人运动的同时，后续指令开始执行，该参数通常不使用
ToPoint	目标点	robtarget	定义一个已命名的位置，或者直接存储在指令中（用*标记）
[\ID]	同步 ID	identno	该参数必须使用在多运动系统中，如果已使用了"并列同步运动"功能，则不允许在其他任何情况下使用
Speed	速度数据	speeddata	对 TCP 或工具重新定向，或者定义外部轴的速度
[\V]	速度	num	在指令中直接指定 TCP 的运动速度，单位为 mm/s
[\T]	时间	num	用来指定外部轴运动的总时间，单位为 s
Zone	转角数据	zonedata	描述产生转角半径的大小
[\Z]	转角半径	num	在指令中直接指定机器人 TCP 的转角半径，单位为 mm
[\Inpos]	到位	stoppointdata	指定机器人 TCP 在停止点位置的收敛性判别标准，fine 表示机器人 TCP 到达目标点时速度降为 0
Tool	工具	tooldata	机器人运动时使用的工具（坐标）
[\Wobj]	工作对象	wobjdata	机器人位置所关联的工作对象（坐标）

3. MoveJ 指令及参数的编写

在程序编辑器中编写 MoveJ 指令及参数的过程见表 6-7。

表 6-7 MoveJ 指令及参数的编写过程

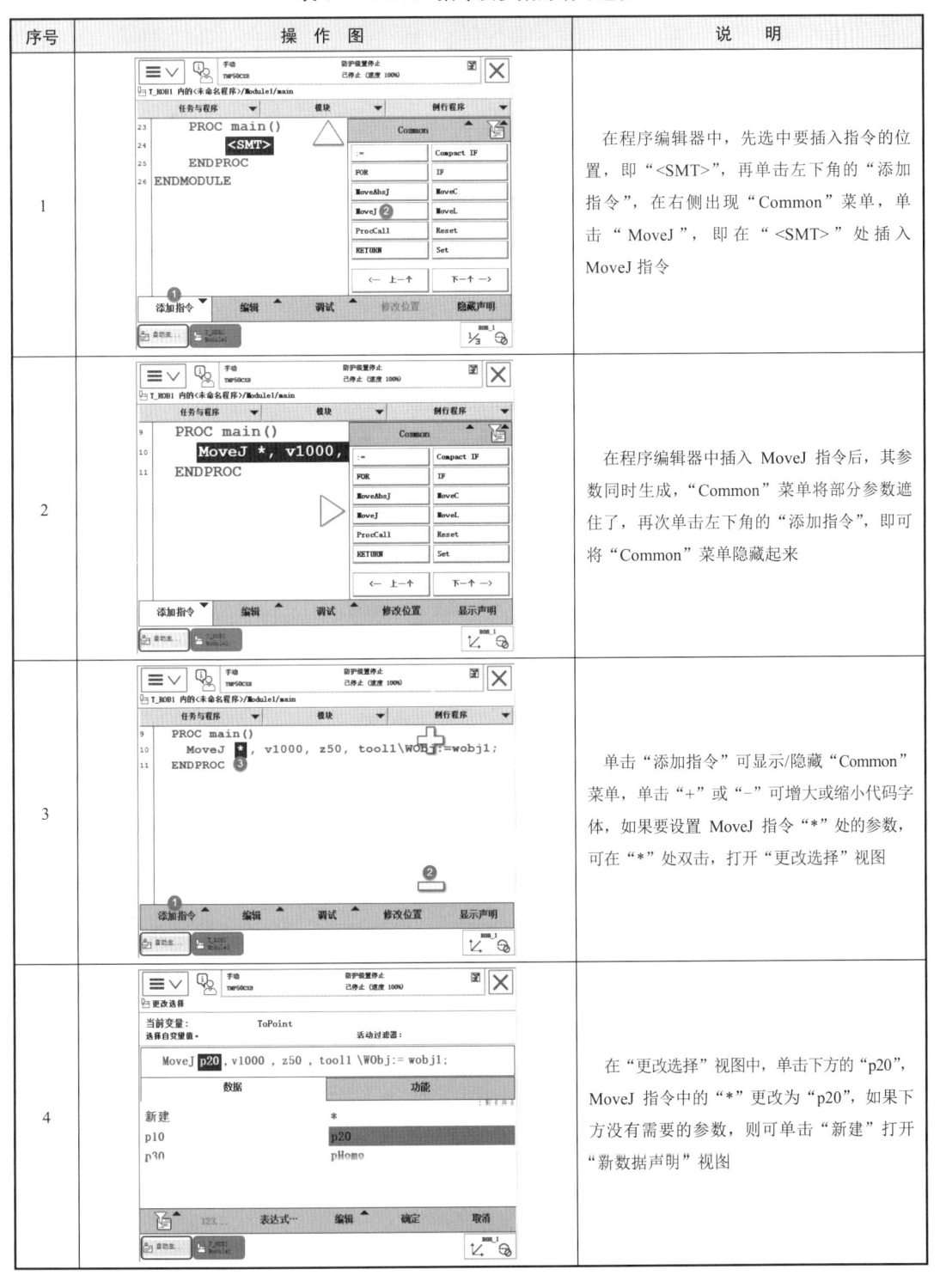

序号	操作图	说明
1		在程序编辑器中，先选中要插入指令的位置，即"<SMT>"，再单击左下角的"添加指令"，在右侧出现"Common"菜单，单击"MoveJ"，即在"<SMT>"处插入 MoveJ 指令
2		在程序编辑器中插入 MoveJ 指令后，其参数同时生成，"Common"菜单将部分参数遮住了，再次单击左下角的"添加指令"，即可将"Common"菜单隐藏起来
3		单击"添加指令"可显示/隐藏"Common"菜单，单击"+"或"-"可增大或缩小代码字体，如果要设置 MoveJ 指令"*"处的参数，可在"*"处双击，打开"更改选择"视图
4		在"更改选择"视图中，单击下方的"p20"，MoveJ 指令中的"*"更改为"p20"，如果下方没有需要的参数，则可单击"新建"打开"新数据声明"视图

(续表)

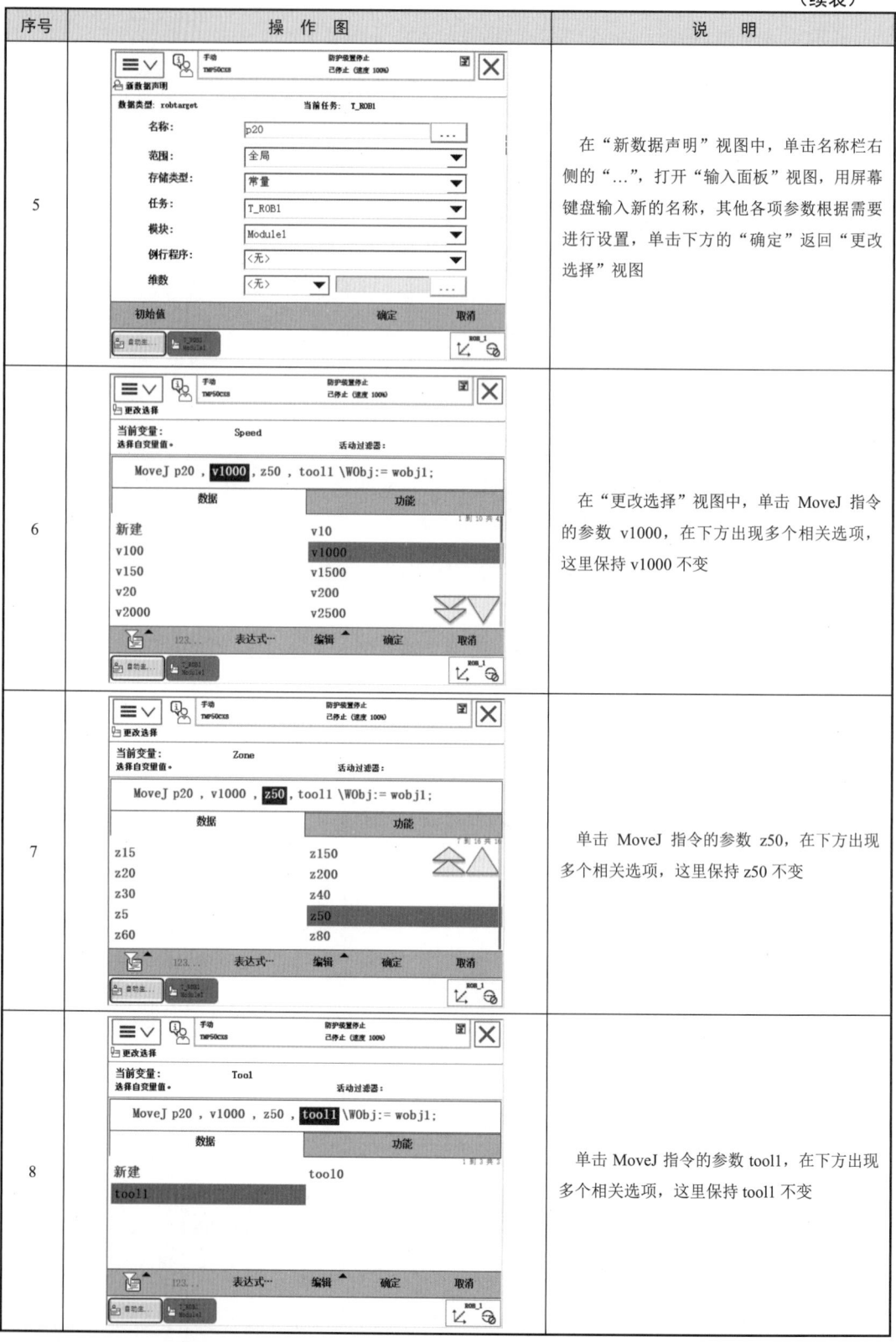

序号	操 作 图	说 明
5		在"新数据声明"视图中,单击名称栏右侧的"…",打开"输入面板"视图,用屏幕键盘输入新的名称,其他各项参数根据需要进行设置,单击下方的"确定"返回"更改选择"视图
6		在"更改选择"视图中,单击 MoveJ 指令的参数 v1000,在下方出现多个相关选项,这里保持 v1000 不变
7		单击 MoveJ 指令的参数 z50,在下方出现多个相关选项,这里保持 z50 不变
8		单击 MoveJ 指令的参数 tool1,在下方出现多个相关选项,这里保持 tool1 不变

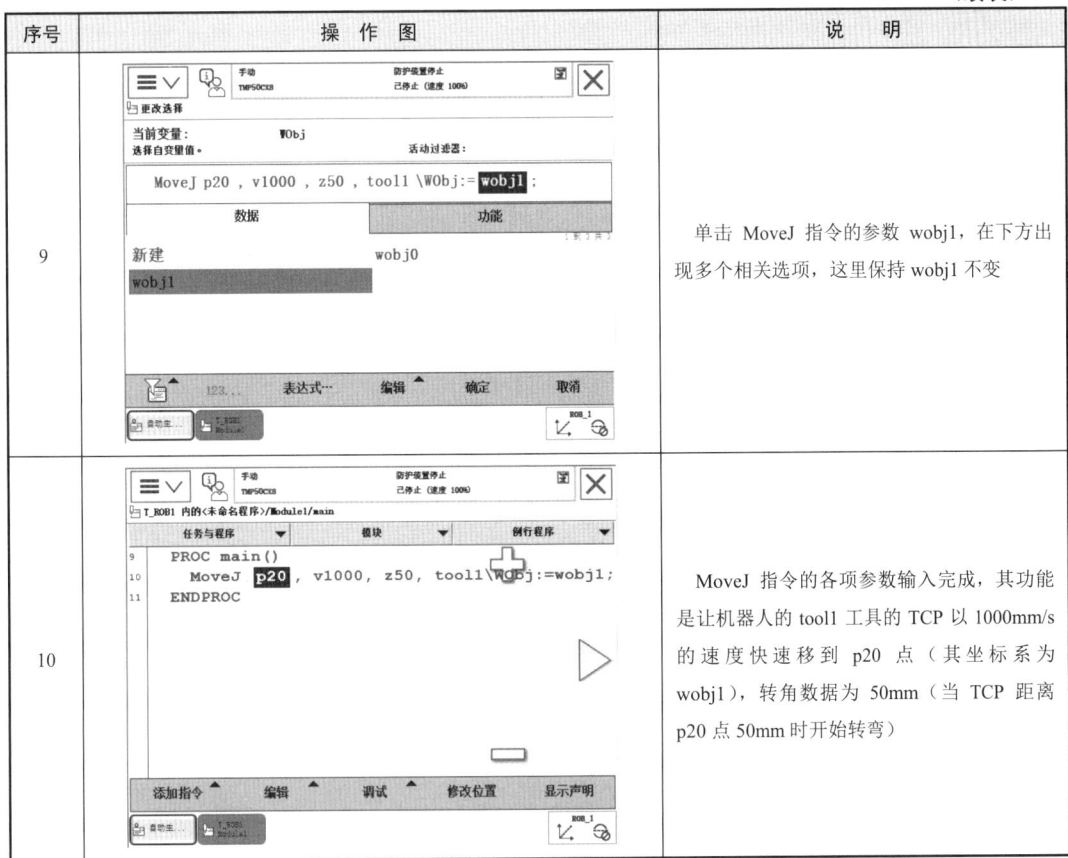

序号	操 作 图	说 明
9	MoveJ p20, v1000, z50, tool1 \WObj:=wobj1;	单击 MoveJ 指令的参数 wobj1，在下方出现多个相关选项，这里保持 wobj1 不变
10	PROC main() MoveJ p20, v1000, z50, tool1\WObj:=wobj1; ENDPROC	MoveJ 指令的各项参数输入完成，其功能是让机器人的 tool1 工具的 TCP 以 1000mm/s 的速度快速移到 p20 点（其坐标系为 wobj1），转角数据为 50mm（当 TCP 距离 p20 点 50mm 时开始转弯）

6.3.2 线性运动指令

线性运动指令（MoveL 指令）的功能是让机器人 TCP 沿直线运动到目标点。MoveL 指令主要用在弧焊、涂胶和激光切割等对路径精度要求高的场合。

MoveL 指令的使用举例如图 6-3（a）所示，其对应的机器人 TCP 运动路径如图 6-3（b）所示。程序中有两条连续的 MoveL 指令。第一条 MoveL 指令的功能是让机器人的 tool1 工具的 TCP 从当前位置（该位置不用指令指定）开始，以 1000mm/s 的速度线性移到 p20 点（其坐标系为 wobj1），转角数据为 30mm；第二条 MoveL 指令的功能是让机器人的 tool1 工具的 TCP 从当前位置（上一条指令的目标点 p20）开始，以 1500mm/s 的速度线性移到 p30 点（其坐标系为 wobj1），转角数据为 fine 是指 TCP 到达目标点后速度降为 0，如果移到结束点，则转角数据必须为 fine。

MoveL、MoveJ 指令的综合使用举例如图 6-4 所示。程序中有连续的两条 MoveL 指令，第一条 MoveL 指令的转角数据为 10mm，指令执行时机器人 TCP 沿直线运动，在距离本指令目标点 p1 还有 10mm 时开始转角，接着执行第二条 MoveL 指令，机器人 TCP 以直线方式运动到 p2 点，因为第二条 MoveL 指令的转角数据为 fine，故会直接移到 p2 点且停顿一下，最后执行 MoveJ 指令，机器人 TCP 以关节运动方式运动到 p3 点，MoveJ 指令的转角数据为 fine，因此机器人 TCP 停在 p3 点。

(a) MoveL 指令的使用举例

(b) 机器人 TCP 运动路径

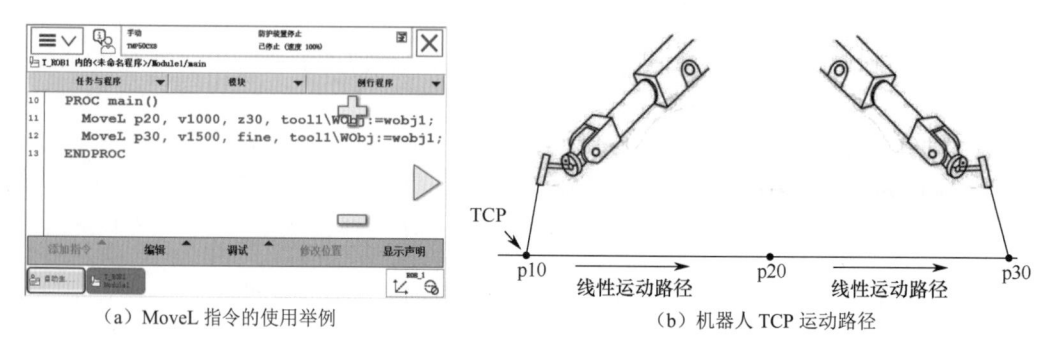

图 6-3 MoveL 指令的使用举例及对应的机器人 TCP 运动路径

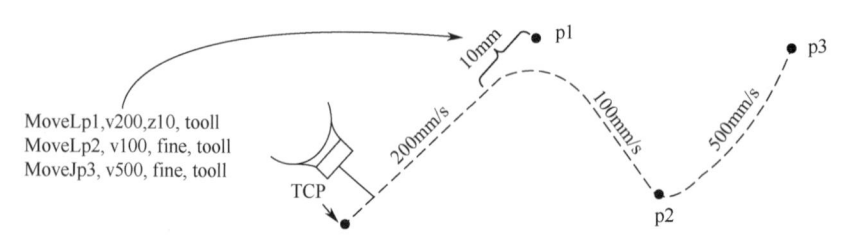

MoveLp1,v200,z10, tool1
MoveLp2, v100, fine, tool1
MoveJp3, v500, fine, tool1

图 6-4 MoveL、MoveJ 指令的综合使用举例

6.3.3 圆弧运动指令

圆弧运动指令（MoveC 指令）的功能是让机器人 TCP 沿圆弧形式运动到给定目标点，圆弧由起点、中间点和终点确定。

MoveC 指令的使用举例如图 6-5（a）所示，其对应的机器人 TCP 运动路径如图 6-5（b）所示。程序先执行 MoveL 指令，让机器人的 tool1 工具的 TCP 从当前位置（该位置不用指令指定）开始，以 1000mm/s 的速度线性运动到 p10 点（其坐标系为 wobj1），转角数据为 fine（在 p10 点停顿一下）；然后执行 MoveC 指令，让机器人的 tool1 工具的 TCP 从 p10 点开始，以 1000mm/s 的速度按圆弧形式先运动到 p20 点，再运动到 p30 点。

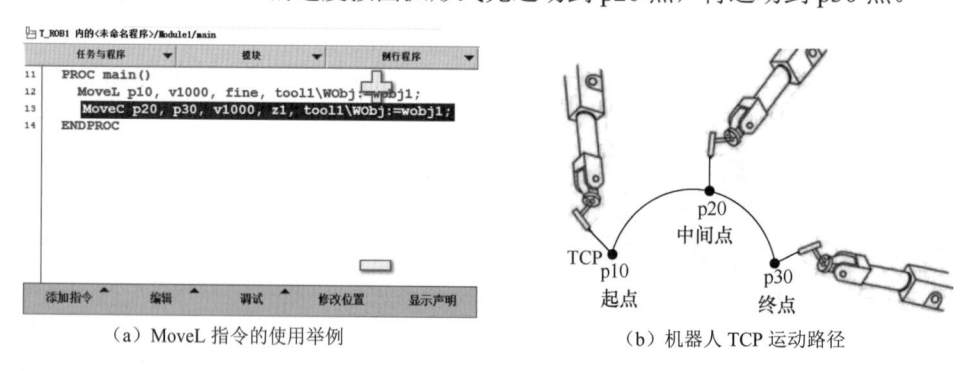

(a) MoveL 指令的使用举例

(b) 机器人 TCP 运动路径

图 6-5 MoveC 指令的使用举例及对应的机器人 TCP 运动路径

6.3.4 绝对位置运动指令

绝对位置运动指令（MoveAbsJ 指令）的功能是将机器人或外部轴移到一个绝对位

置，常用于将机器人的 6 个关节轴回调到机械原点。该指令让机器人以单轴运动方式移到目标点，绝对不存在机械死点，但运动状态完全不可控，在实际生产中应尽量少用该指令。

MoveAbsJ 指令的使用举例如下。

> MoveAbsJ p50, v1000, z50, tool1\Wobj:=wobj1;

机器人的 tool1 工具的 TCP 从当前位置开始，以 1000mm/s 的速度按非线性方式运动到绝对位置 p50 点（其坐标系为 wobj1），转角数据为 50mm。

6.4 I/O 控制指令

I/O 控制指令用于控制 I/O 信号，当机器人控制器外接 I/O 板时，使用 I/O 控制指令可以对输出信号进行置位（置 1）、复位（置 0），以及对输入信号进行判断。

6.4.1 数字信号置位指令

数字信号置位指令（Set 指令）的功能是将数字输出信号置 1。Set 指令及参数的编写过程如图 6-6 所示，在程序编辑器的左下角单击"添加指令"，出现"Common"菜单，单击其中的"Set"，如图 6-6（a）所示，打开图 6-6（b）所示的"更改选择"视图，选择"do1"，如图 6-6（c）所示，单击下方的"确定"，即在程序编辑器中插入 Set 指令及参数，如图 6-6（d）所示。执行"Set do1"后可以将 do1 信号置 1，即让 I/O 板的 do1 端子输出高电平信号。

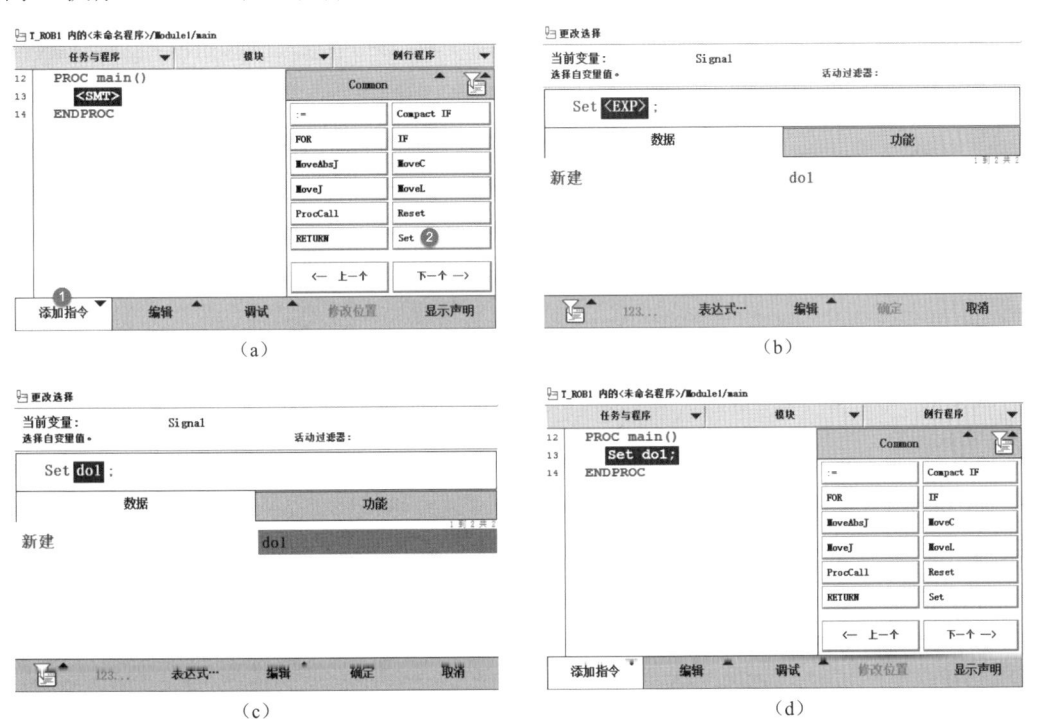

图 6-6 Set 指令及参数的编写过程

6.4.2 数字信号复位指令

数字信号复位指令（Reset 指令）的功能是将数字输出信号置 0。Reset 指令的使用举例如图 6-7 所示，执行"Reset do1"后可以将 do1 信号复位为 0，即让 I/O 板的 do1 端子输出低电平信号。

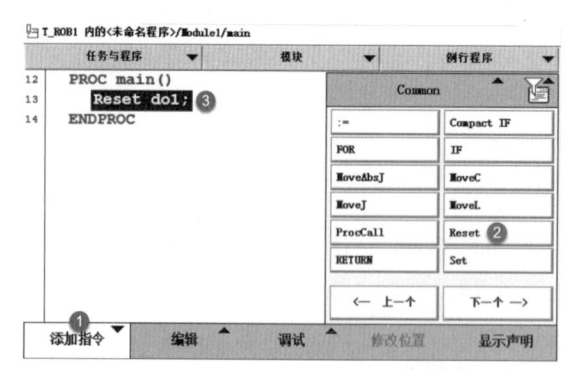

图 6-7　Reset 指令的使用举例

6.4.3 数字输入信号等待指令

数字输入信号等待指令（WaitDI 指令）用于判断数字输入信号的值与指定值是否相同，相同则往下执行，不同则等待。如果等待时间超过 300s（也可根据实际情况设定），那么机器人会报警或执行出错处理程序。

WaitDI 指令的使用举例如图 6-8 所示，执行"WaitDI di1,1"时，系统判断 di1 信号的值与指定值"1"是否相同，相同则执行后续的 MoveL 指令，不同则停在本条指令等待，直到出现 di1=1 才往下执行。如果等待时间超过 300s，那么机器人会报警或执行出错处理程序。

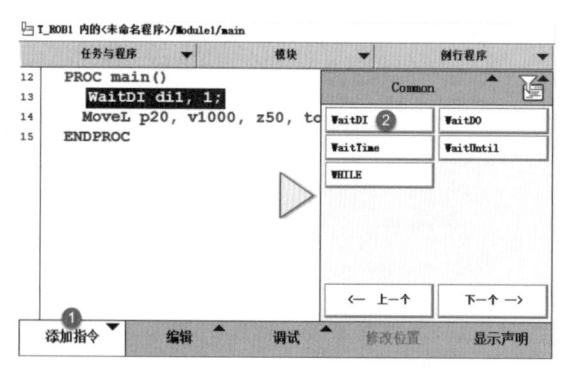

图 6-8　WaitDI 指令的使用举例

6.4.4 数字输出信号等待指令

数字输出信号等待指令（WaitDO 指令）用于判断数字输出信号的值与指定值是否相同，相同则往下执行，不同则等待。如果等待时间超过 300s（也可根据实际情况设定），那么机器人会报警或执行出错处理程序。

WaitDO 指令的使用举例如图 6-9 所示，执行"WaitDO do1,1"时，系统判断 do1 信号的值与指定值"1"是否相同，相同则执行后续的 MoveL 指令，不同则停在本条指令等待，直到出现 do1=1 才往下执行。如果等待时间超过 300s，那么机器人会报警或执行出错处理程序。

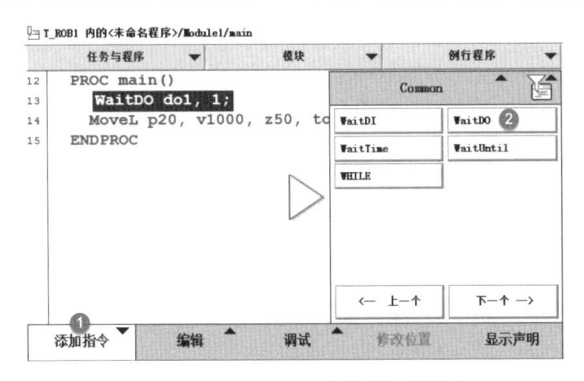

图 6-9　WaitDO 指令的使用举例

6.4.5　条件等待指令

条件等待指令（WaitUntil 指令）用于判断 I/O 信号、数字量和布尔量的值与指定值是否相同，相同则往下执行，不同则等待。

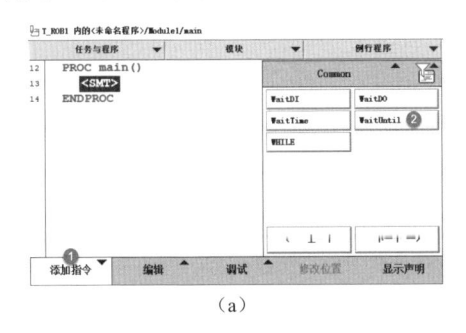

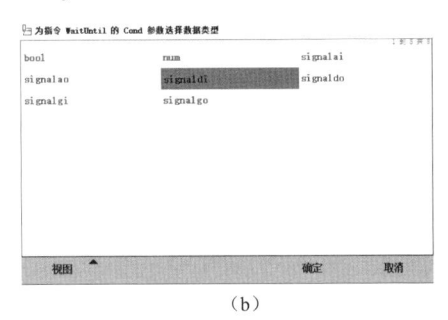

WaitUntil 指令及参数的编写过程如图 6-10 所示。单击程序编辑器左下角的"添加指令"，出现"Common"菜单，单击其中的"WaitUntil"，如图 6-10（a）所示，出现"参数选择数据类型"视图，如图 6-10（b）所示，选择"signaldi"，单击"确定"后打开"更改选择"视图，如图 6-10（c）所示，单击下方的"表达式"打开"插入表达式"视图，如图 6-10（d）所示，单击下方的"编辑"，在弹出的快捷菜单中选择"仅限选定内容"，打开输入面板，如图 6-10（e）所示，用屏幕键盘输入"di1=1"，单击"确定"即在程序编辑器中插入"WaitUntil di1=1"，如图 6-10（f）所示，用同样的方法插入 3 条 WaitUntil 指令，如图 6-10（g）所示，指令中 do1 的数据类型选择"signaldo"，flag1 的数据类型选择"bool"，num1 的数据类型选择"num"。如果需要在 WaitUntil 指令的 num1=8 之后插入最大等待时间参数（90s），则可选中"num1=8"，单击下方的"编辑"，在出现的编辑菜单中选择"ABC"，如图 6-10（h）所示，打开输入面板，用屏幕键盘在"num1=8"之后输入"\MaxTime:=90"，如图 6-10（i）所示，单击"确定"，即添加了最大等待时间参数，如图 6-10（j）所示。

（a）　　　　　　　　　　　　　　　　（b）

图 6-10　WaitUntil 指令及参数的编写过程

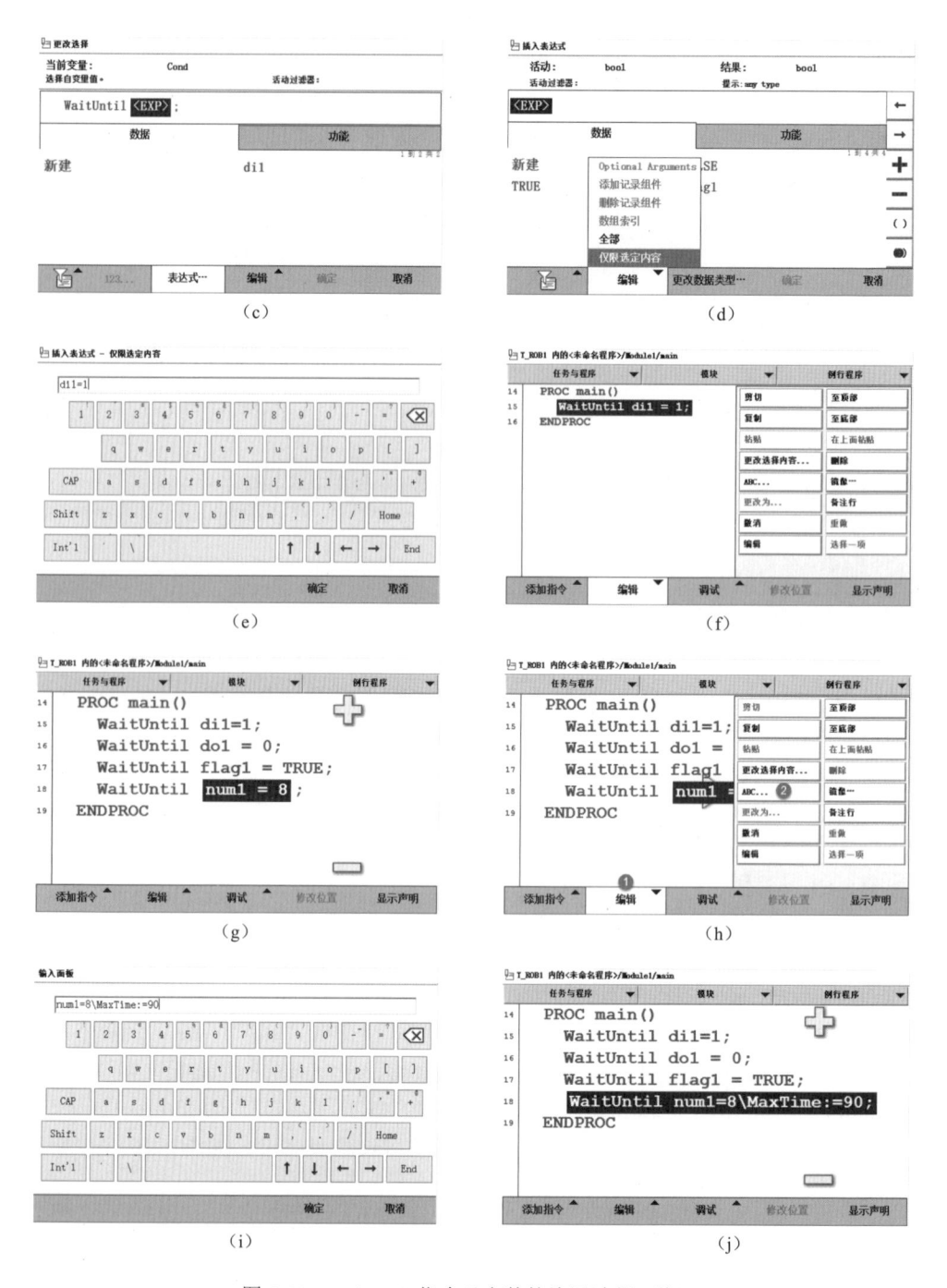

图 6-10　WaitUntil 指令及参数的编写过程（续）

6.4.6　等待时间指令

等待时间指令（WaitTime 指令）用于等待给定时间，到达给定时间后才往下执行。WaitTime 指令及参数的编写过程如图 6-11 所示。在 MoveL 指令之前插入"WaitTime 2.5"指令后，程序运行后会等待 2.5s 才执行 MoveL 指令。

(a) 准备在 MoveL 指令之前插入 WaitTime 指令　　　(b) 单击"添加指令",出现"Common"菜单后单击"WaitTime"

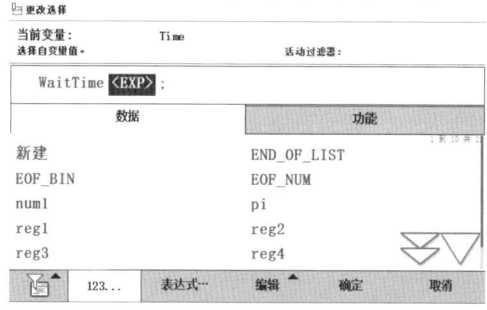

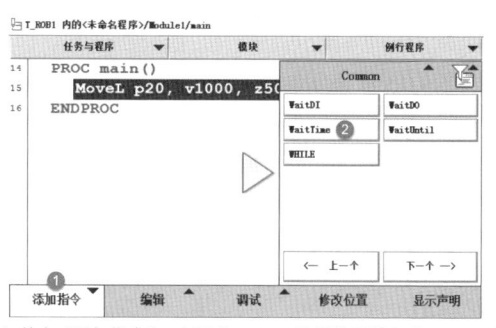

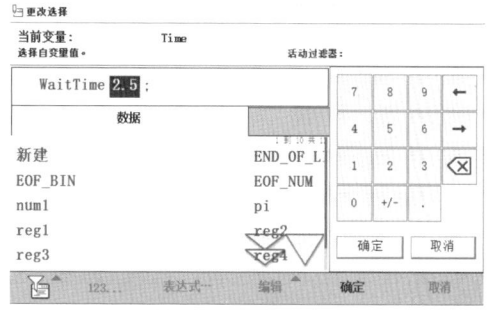

(c) 选中"<EXP>"后单击下方的"123"　　　(d) 使用数字键盘输入"2.5"

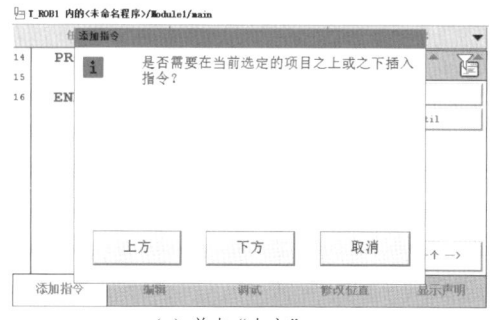

(e) 单击"上方"　　　(f) 成功在 MoveL 指令之前插入 WaitTime 指令

图 6-11　WaitTime 指令及参数的编写过程

6.5　流程控制类指令

6.5.1　Compact IF 与 IF 指令

1. Compact IF 指令

Compact IF 指令又称紧凑型条件判断指令,只能根据判断执行一条指令。

指令格式:IF <条件表达式> <指令>。

指令说明:如果条件表达式成立,则执行右侧的指令。

使用举例:IF count>9 Set do1;　//如果 count 的值大于 9,则将 do1 信号置 1。

2. IF 指令

IF 指令可根据不同的条件去执行不同的代码,判断的条件数量可以根据实际情况增

153

加或减少。

（1）指令格式。

IF 指令格式如下。

```
IF <条件表达式一> THEN
    <代码一>;
ELSEIF <条件表达式二> THEN
    <代码二>;
ELSE
    <代码三>;
ENDIF
```

（2）使用举例。

IF 指令的输入及使用举例见表 6-8。

表 6-8　IF 指令的输入及使用举例

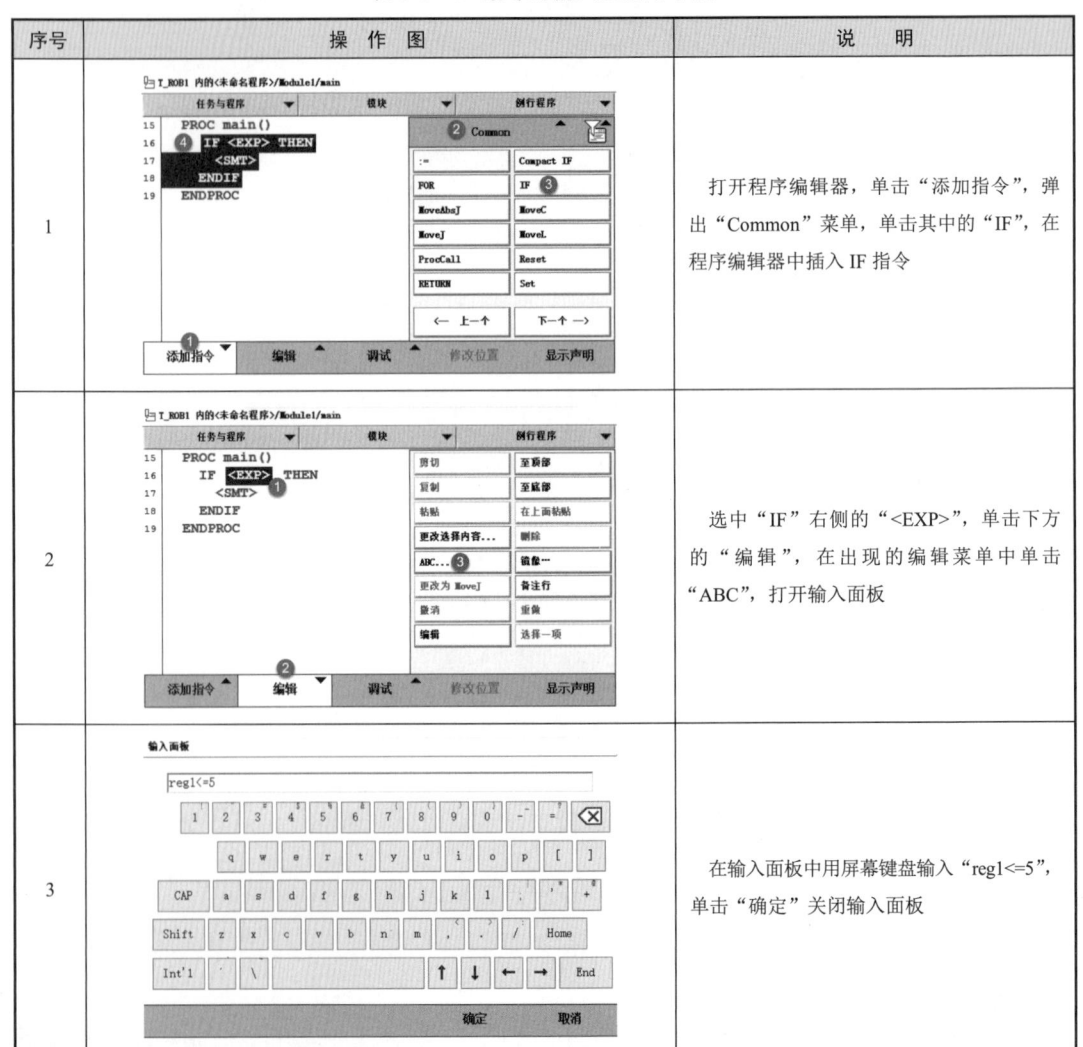

序号	操 作 图	说　　明
1		打开程序编辑器，单击"添加指令"，弹出"Common"菜单，单击其中的"IF"，在程序编辑器中插入 IF 指令
2		选中"IF"右侧的"<EXP>"，单击下方的"编辑"，在出现的编辑菜单中单击"ABC"，打开输入面板
3		在输入面板中用屏幕键盘输入"reg1<=5"，单击"确定"关闭输入面板

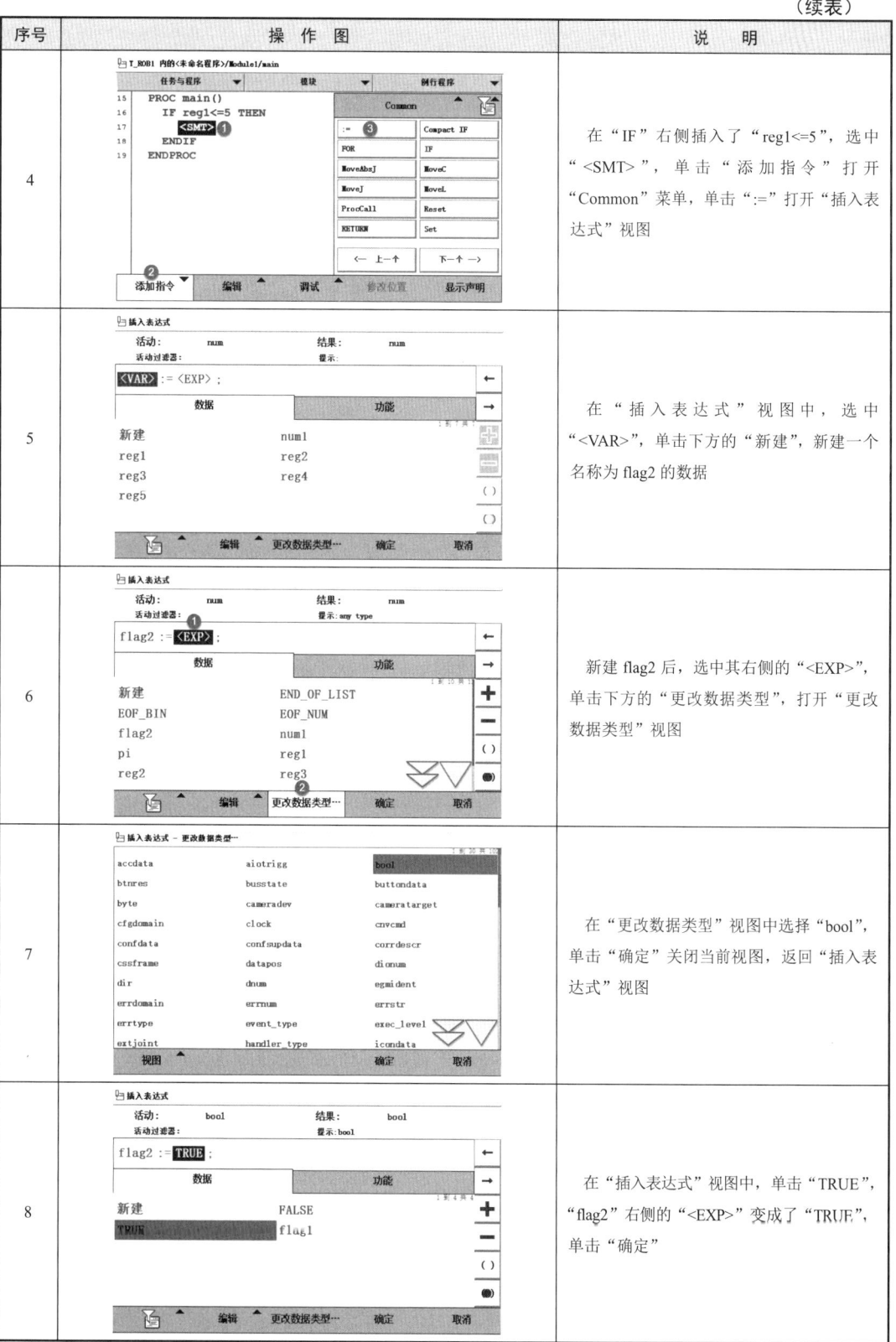

序号	操作图	说明
4		在"IF"右侧插入了"reg1<=5",选中"<SMT>",单击"添加指令"打开"Common"菜单,单击":="打开"插入表达式"视图
5		在"插入表达式"视图中,选中"<VAR>",单击下方的"新建",新建一个名称为flag2的数据
6		新建flag2后,选中其右侧的"<EXP>",单击下方的"更改数据类型",打开"更改数据类型"视图
7		在"更改数据类型"视图中选择"bool",单击"确定"关闭当前视图,返回"插入表达式"视图
8		在"插入表达式"视图中,单击"TRUE","flag2"右侧的"<EXP>"变成了"TRUE",单击"确定"

(续表)

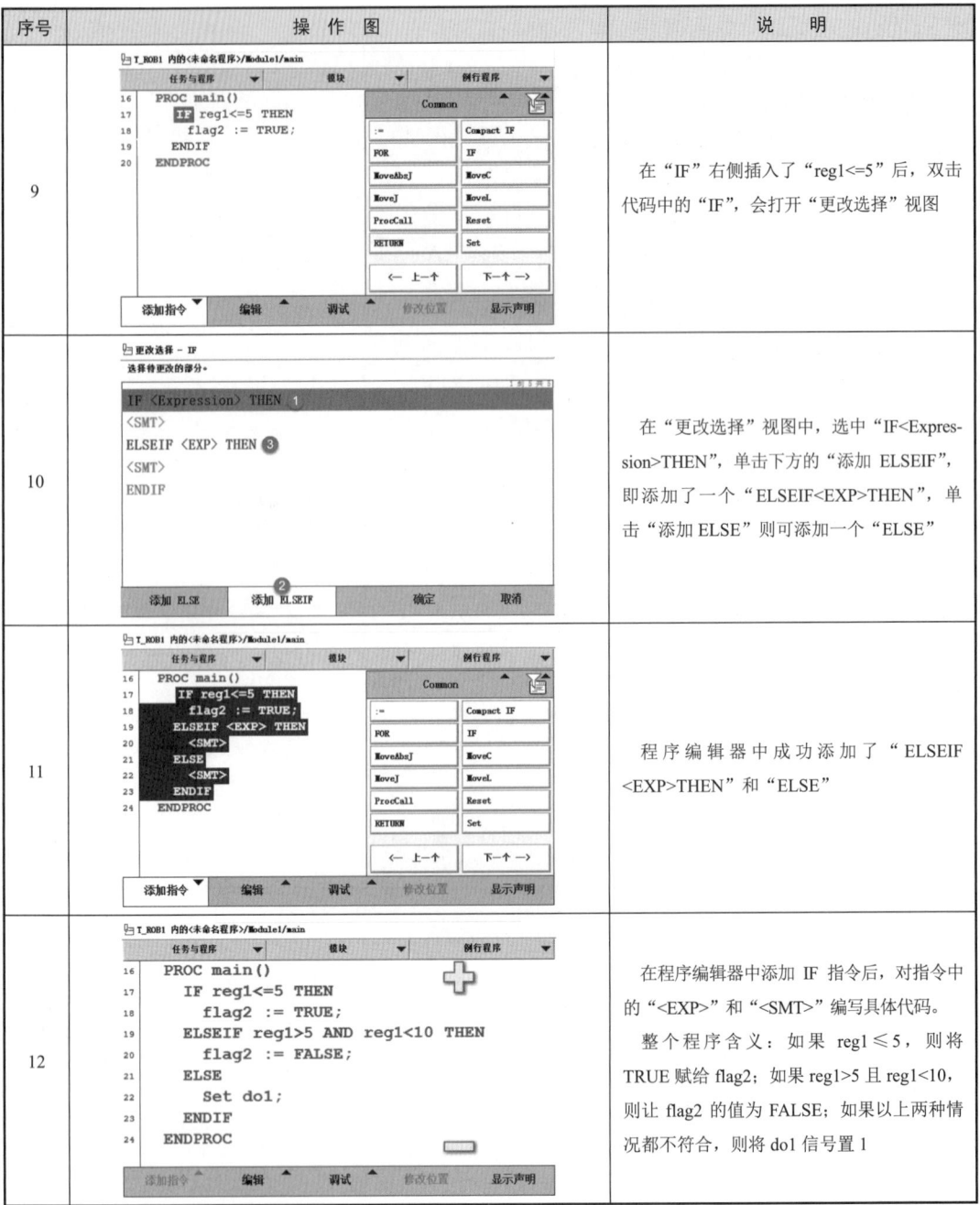

序号	操 作 图	说 明
9		在"IF"右侧插入了"reg1<=5"后,双击代码中的"IF",会打开"更改选择"视图
10		在"更改选择"视图中,选中"IF<Expression>THEN",单击下方的"添加 ELSEIF",即添加了一个"ELSEIF<EXP>THEN",单击"添加 ELSE"则可添加一个"ELSE"
11		程序编辑器中成功添加了"ELSEIF<EXP>THEN"和"ELSE"
12		在程序编辑器中添加 IF 指令后,对指令中的"<EXP>"和"<SMT>"编写具体代码。 整个程序含义:如果 reg1≤5,则将 TRUE 赋给 flag2;如果 reg1>5 且 reg1<10,则让 flag2 的值为 FALSE;如果以上两种情况都不符合,则将 do1 信号置 1

6.5.2 FOR 指令

当一些指令需要循环执行多次时,可使用 FOR 指令。

1. 指令格式

FOR 指令格式如下。

FOR <循环次数值> FROM <起始值> TO <结束值> [STEP <步长>] DO
　　<循环体>;
ENDFOR

2．使用举例

FOR 指令的输入及使用举例见表 6-9。

表 6-9　FOR 指令的输入及使用举例

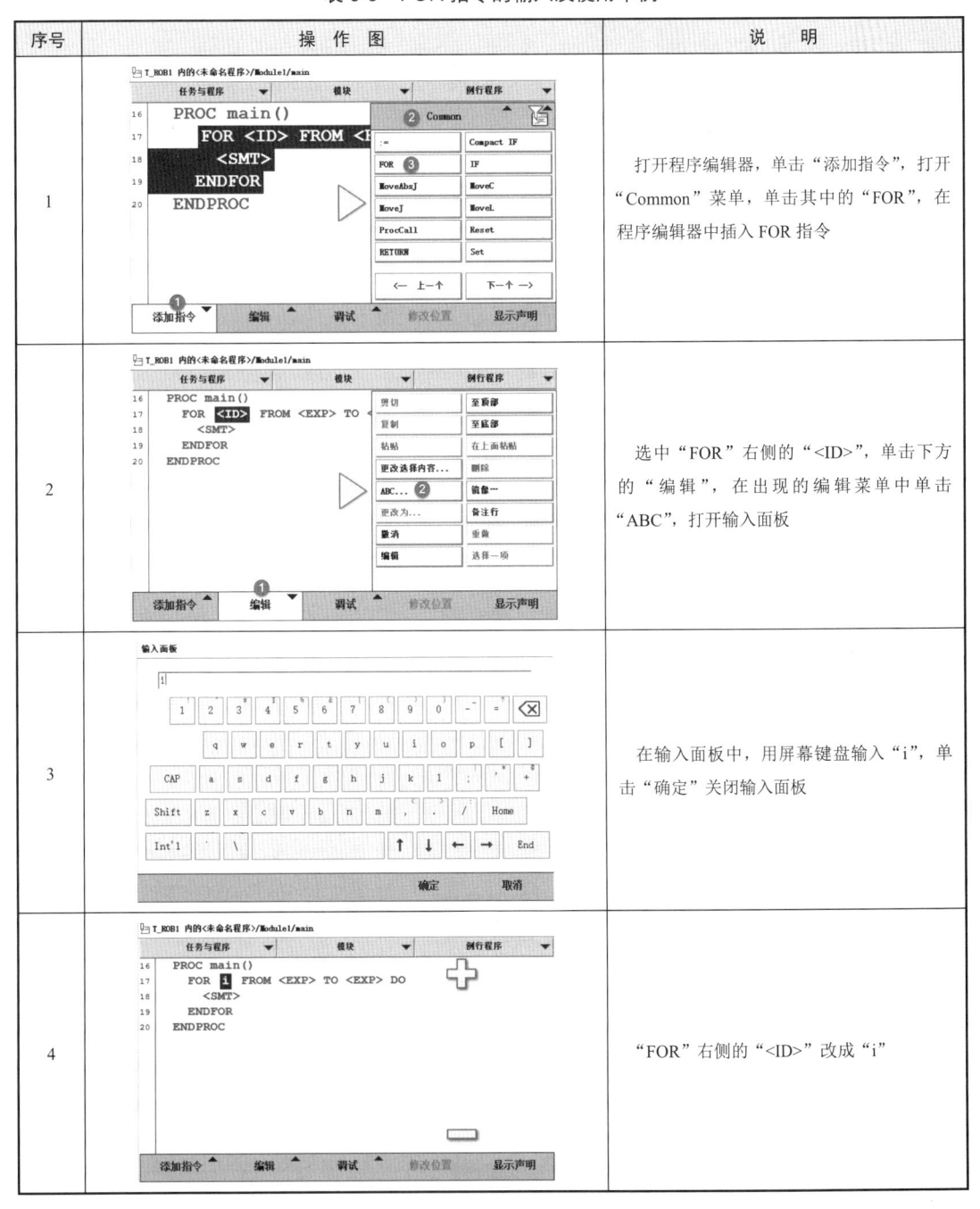

序号	操作图	说　　明
1		打开程序编辑器，单击"添加指令"，打开"Common"菜单，单击其中的"FOR"，在程序编辑器中插入 FOR 指令
2		选中"FOR"右侧的"<ID>"，单击下方的"编辑"，在出现的编辑菜单中单击"ABC"，打开输入面板
3		在输入面板中，用屏幕键盘输入"i"，单击"确定"关闭输入面板
4		"FOR"右侧的"<ID>"改成"i"

(续表)

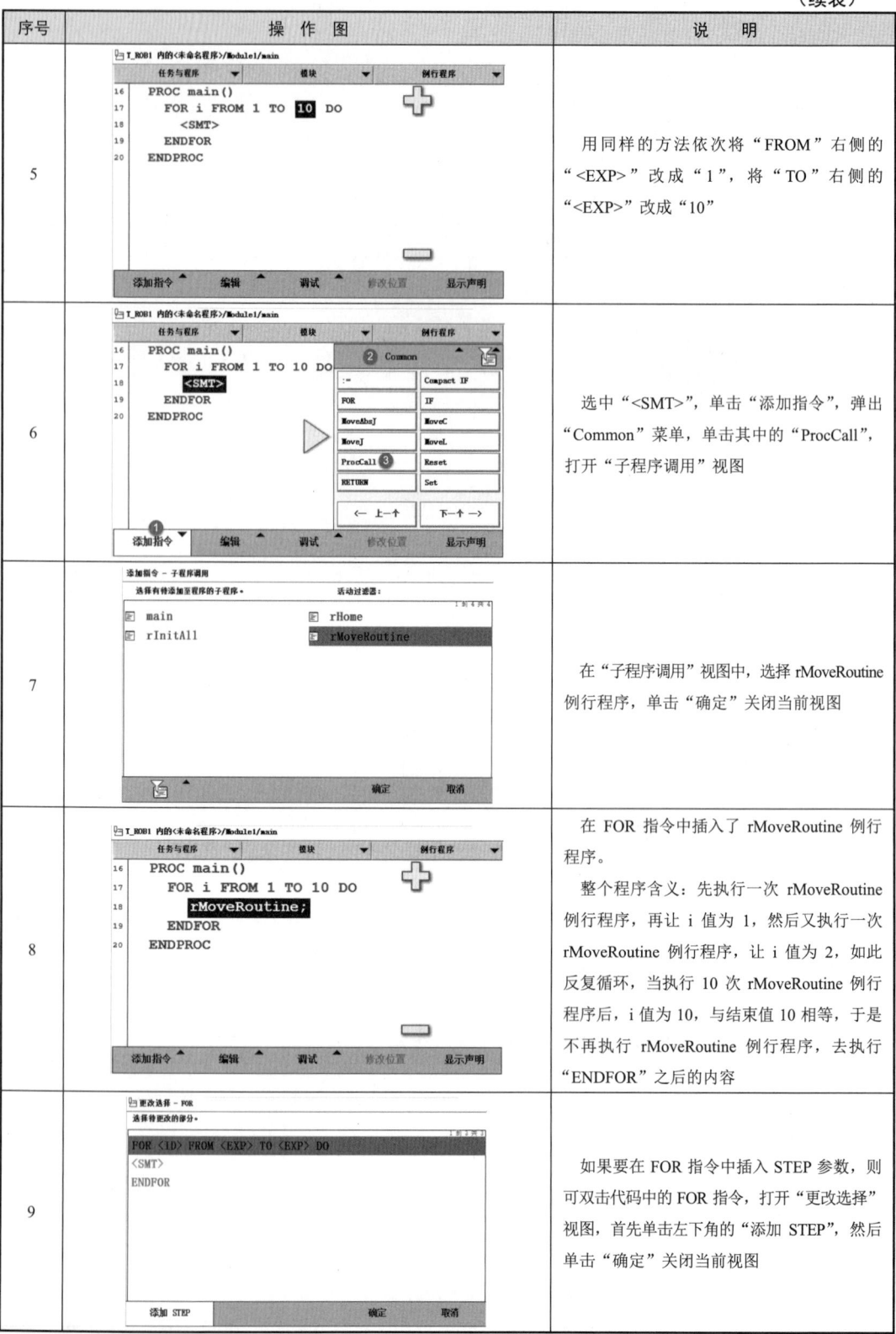

序号	操作图	说明
5		用同样的方法依次将"FROM"右侧的"<EXP>"改成"1",将"TO"右侧的"<EXP>"改成"10"
6		选中"<SMT>",单击"添加指令",弹出"Common"菜单,单击其中的"ProcCall",打开"子程序调用"视图
7		在"子程序调用"视图中,选择 rMoveRoutine 例行程序,单击"确定"关闭当前视图
8		在 FOR 指令中插入了 rMoveRoutine 例行程序。 整个程序含义:先执行一次 rMoveRoutine 例行程序,再让 i 值为 1,然后又执行一次 rMoveRoutine 例行程序,让 i 值为 2,如此反复循环,当执行 10 次 rMoveRoutine 例行程序后,i 值为 10,与结束值 10 相等,于是不再执行 rMoveRoutine 例行程序,去执行"ENDFOR"之后的内容
9		如果要在 FOR 指令中插入 STEP 参数,则可双击代码中的 FOR 指令,打开"更改选择"视图,首先单击左下角的"添加 STEP",然后单击"确定"关闭当前视图

(续表)

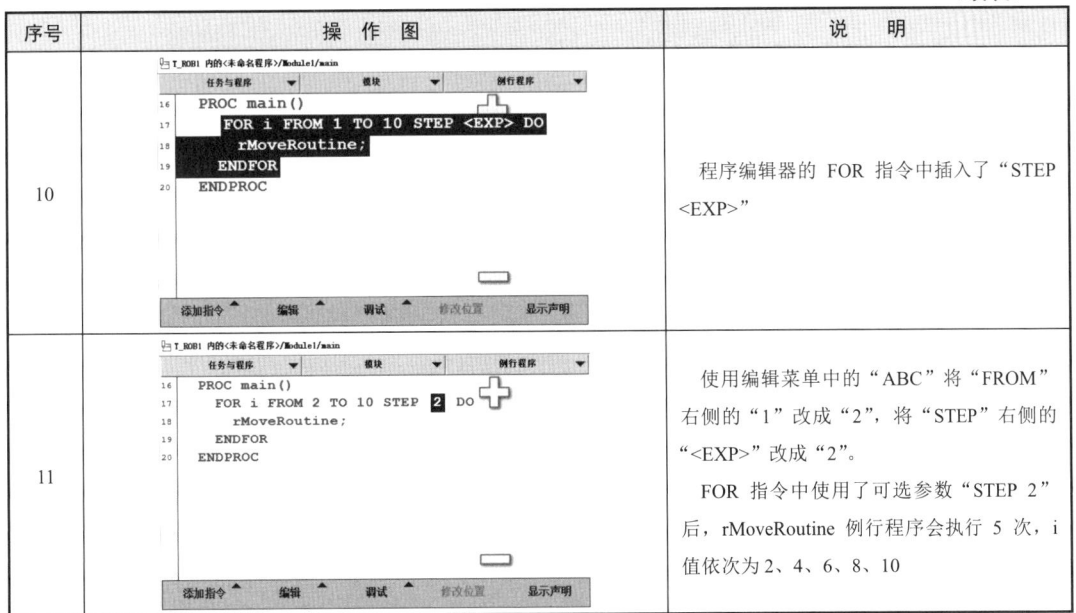

序号	操 作 图	说 明
10		程序编辑器的 FOR 指令中插入了"STEP <EXP>"
11		使用编辑菜单中的"ABC"将"FROM"右侧的"1"改成"2",将"STEP"右侧的"<EXP>"改成"2"。 FOR 指令中使用了可选参数"STEP 2"后,rMoveRoutine 例行程序会执行 5 次,i 值依次为 2、4、6、8、10

6.5.3 WHILE 指令

当给定的条件表达式成立或条件为 TRUE（非 0 即为 TRUE）时,如果一直循环执行指定内容,则可使用 WHILE 指令。

1. 指令格式

WHILE 指令格式如下。

```
WHILE <条件表达式> DO
    <循环体>;
ENDWHILE
```

2. 使用举例

WHILE 指令使用举例见表 6-10。

表 6-10 WHILE 指令使用举例

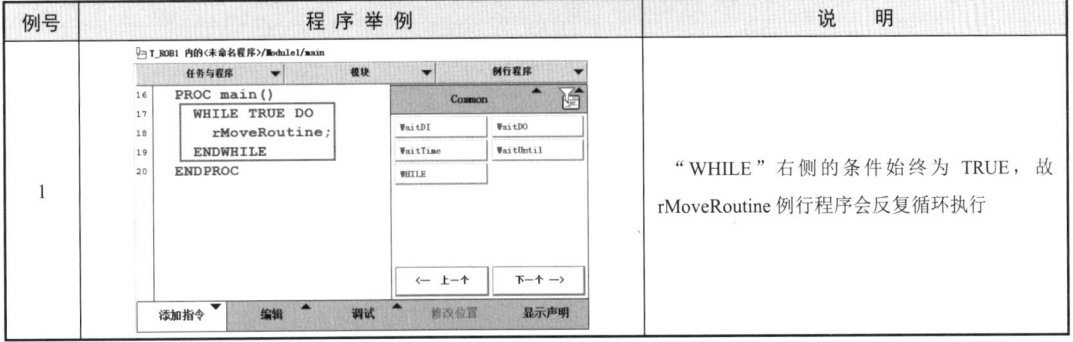

例号	程 序 举 例	说 明
1		"WHILE"右侧的条件始终为 TRUE,故 rMoveRoutine 例行程序会反复循环执行

159

(续表)

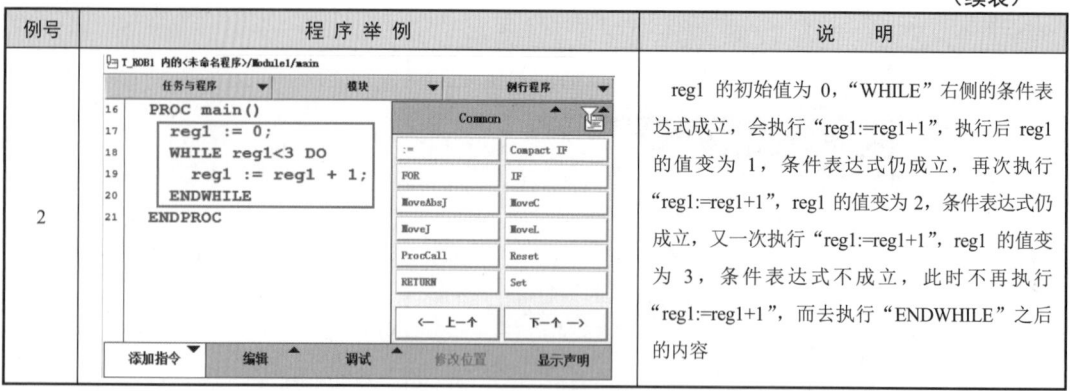

例号	程序举例	说 明

2	PROC main()
	　reg1 := 0;
	　WHILE reg1<3 DO
	　　reg1 := reg1 + 1;
	　ENDWHILE
	ENDPROC
		reg1 的初始值为 0,"WHILE"右侧的条件表达式成立,会执行"reg1:=reg1+1",执行后 reg1 的值变为 1,条件表达式仍成立,再次执行"reg1:=reg1+1",reg1 的值变为 2,条件表达式仍成立,又一次执行"reg1:=reg1+1",reg1 的值变为 3,条件表达式不成立,此时不再执行"reg1:=reg1+1",而去执行"ENDWHILE"之后的内容

6.5.4 TEST 指令

如果需要根据不同的值(2 种或 2 种以上)去执行不同的内容,则可使用 TEST 指令。

1. 指令格式

TEST 指令格式如下。

```
TEST <表达式或数值>
  CASE<值一>:
    <代码 1>;
  CASE<值二>:
    <代码 2>;
  ...
  DEFAULT:
    <代码 N>
ENDTEST
```

2. 使用举例

TEST 指令的输入及使用举例见表 6-11。

表 6-11 TEST 指令的输入及使用举例

序号	操 作 图	说 明
1	PROC main() 　TEST <EXP> 　CASE <EXP>: 　　<SMT> 　ENDTEST ENDPROC	打开程序编辑器,单击"添加指令",弹出"Common"菜单,单击其中的"Prog.Flow",切换到"Prog.Flow"菜单并单击其中的"TEST",在程序编辑器中插入 TEST 指令

(续表)

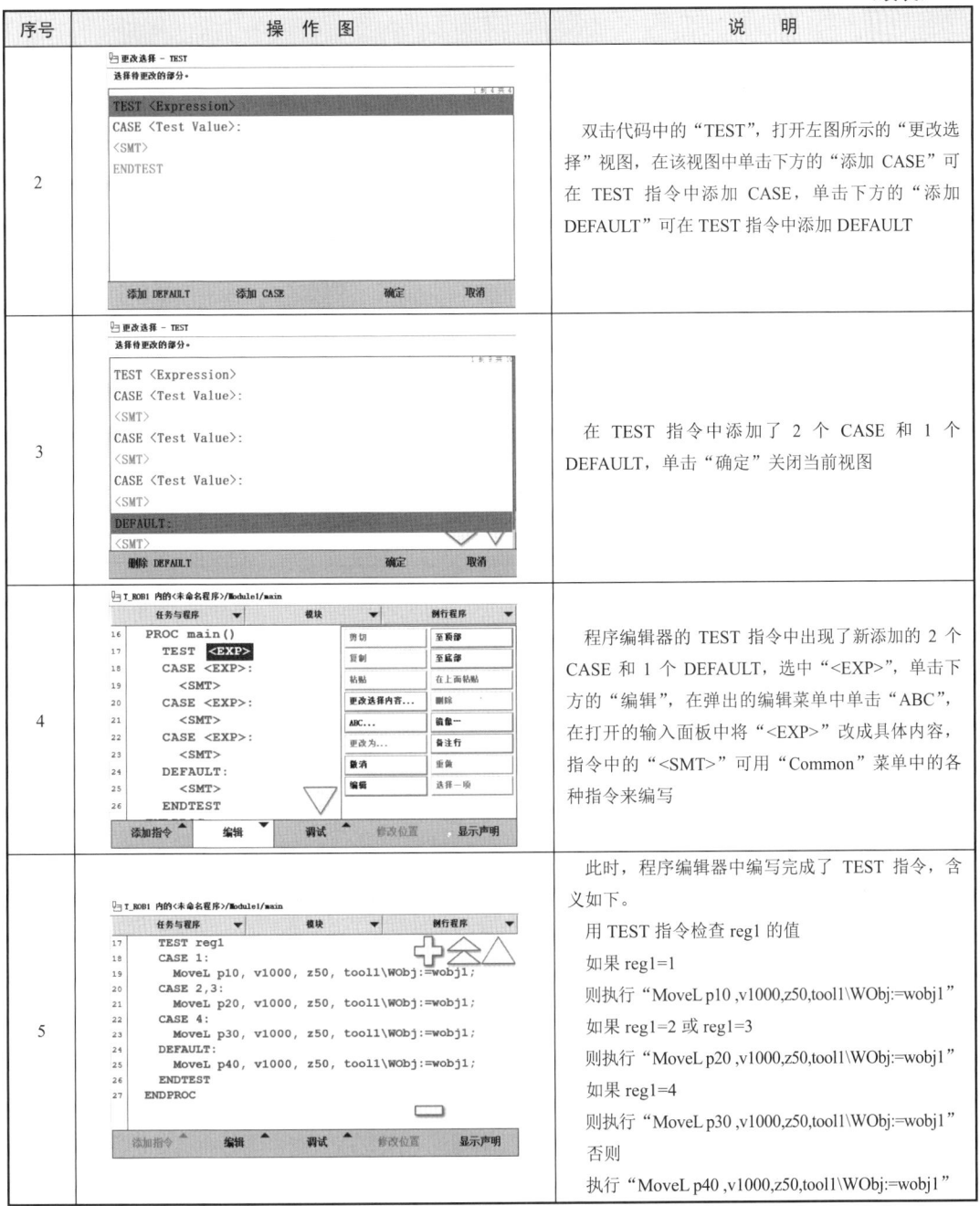

序号	操 作 图	说 明
2		双击代码中的"TEST",打开左图所示的"更改选择"视图,在该视图中单击下方的"添加 CASE"可在 TEST 指令中添加 CASE,单击下方的"添加 DEFAULT"可在 TEST 指令中添加 DEFAULT
3		在 TEST 指令中添加了 2 个 CASE 和 1 个 DEFAULT,单击"确定"关闭当前视图
4		程序编辑器的 TEST 指令中出现了新添加的 2 个 CASE 和 1 个 DEFAULT,选中"<EXP>",单击下方的"编辑",在弹出的编辑菜单中单击"ABC",在打开的输入面板中将"<EXP>"改成具体内容,指令中的"<SMT>"可用"Common"菜单中的各种指令来编写
5		此时,程序编辑器中编写完成了 TEST 指令,含义如下。 用 TEST 指令检查 reg1 的值 如果 reg1=1 则执行"MoveL p10,v1000,z50,tool1\WObj:=wobj1" 如果 reg1=2 或 reg1=3 则执行"MoveL p20,v1000,z50,tool1\WObj:=wobj1" 如果 reg1=4 则执行"MoveL p30,v1000,z50,tool1\WObj:=wobj1" 否则 执行"MoveL p40,v1000,z50,tool1\WObj:=wobj1"

6.5.5 GOTO、LABEL 指令

当程序执行到某处时,如果需要跳到别的位置执行,则可使用 GOTO、LABEL 指令。

1. 指令格式

GOTO、LABEL 指令格式如下。

```
GOTO <LABEL>
  ...
LABEL:
  <代码>
```

2. 使用举例

GOTO、LABEL 指令的输入及使用举例见表 6-12。

表 6-12 GOTO、LABEL 指令的输入及使用举例

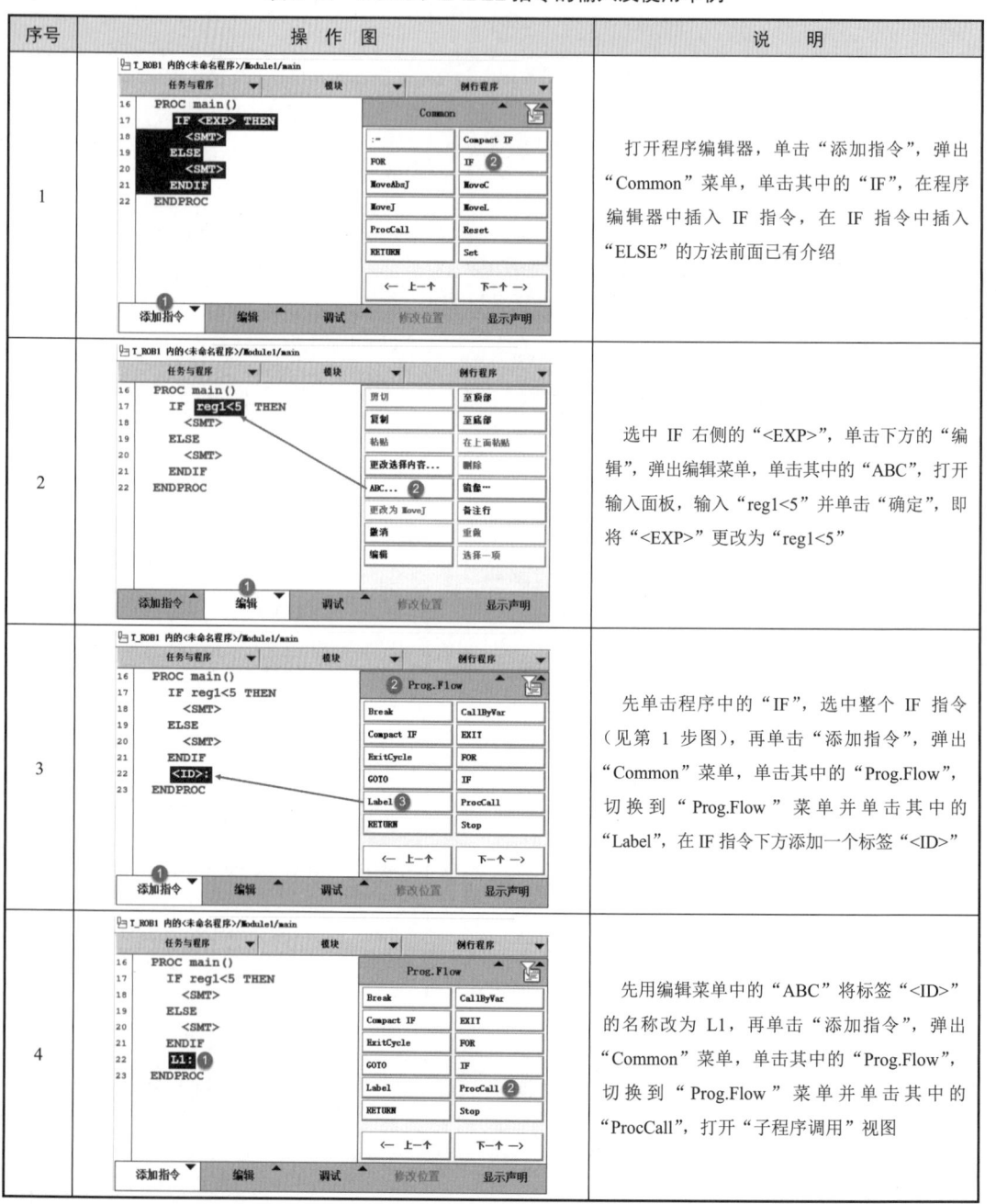

序号	操 作 图	说 明
1		打开程序编辑器，单击"添加指令"，弹出"Common"菜单，单击其中的"IF"，在程序编辑器中插入 IF 指令，在 IF 指令中插入"ELSE"的方法前面已有介绍
2		选中 IF 右侧的"<EXP>"，单击下方的"编辑"，弹出编辑菜单，单击其中的"ABC"，打开输入面板，输入"reg1<5"并单击"确定"，即将"<EXP>"更改为"reg1<5"
3		先单击程序中的"IF"，选中整个 IF 指令（见第 1 步图），再单击"添加指令"，弹出"Common"菜单，单击其中的"Prog.Flow"，切换到"Prog.Flow"菜单并单击其中的"Label"，在 IF 指令下方添加一个标签"<ID>"
4		先用编辑菜单中的"ABC"将标签"<ID>"的名称改为 L1，再单击"添加指令"，弹出"Common"菜单，单击其中的"Prog.Flow"，切换到"Prog.Flow"菜单并单击其中的"ProcCall"，打开"子程序调用"视图

（续表）

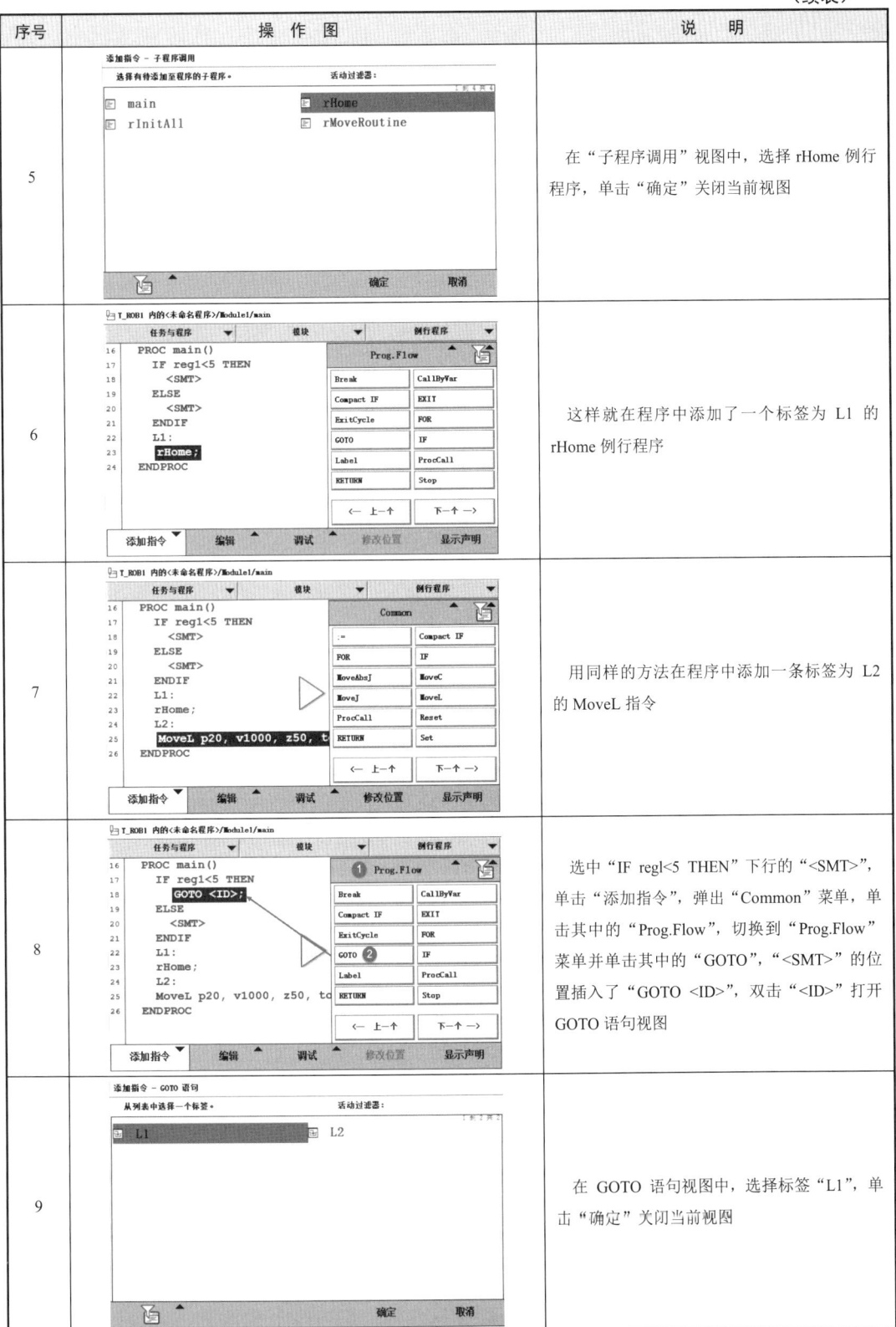

序号	操 作 图	说 明
5		在"子程序调用"视图中，选择 rHome 例行程序，单击"确定"关闭当前视图
6		这样就在程序中添加了一个标签为 L1 的 rHome 例行程序
7		用同样的方法在程序中添加一条标签为 L2 的 MoveL 指令
8		选中"IF reg1<5 THEN"下行的"<SMT>"，单击"添加指令"，弹出"Common"菜单，单击其中的"Prog.Flow"，切换到"Prog.Flow"菜单并单击其中的"GOTO"，"<SMT>"的位置插入了"GOTO <ID>"，双击"<ID>"打开 GOTO 语句视图
9		在 GOTO 语句视图中，选择标签"L1"，单击"确定"关闭当前视图

(续表)

序号	操 作 图	说 明
10		程序中"GOTO"右侧的"<ID>"被更改为"L1"
11		用同样的方法在"ELSE"下行添加"GOTO L2"指令
12		含 2 条 GOTO、LABEL 指令的程序编写完成。 整个程序含义：如果 reg1<5，则执行"GOTO L1"而跳转执行标签为 L1 的程序，即执行 rHome 例行程序，否则执行"GOTO L2"而跳转执行标签为 L2 的程序，即执行 MoveL 指令

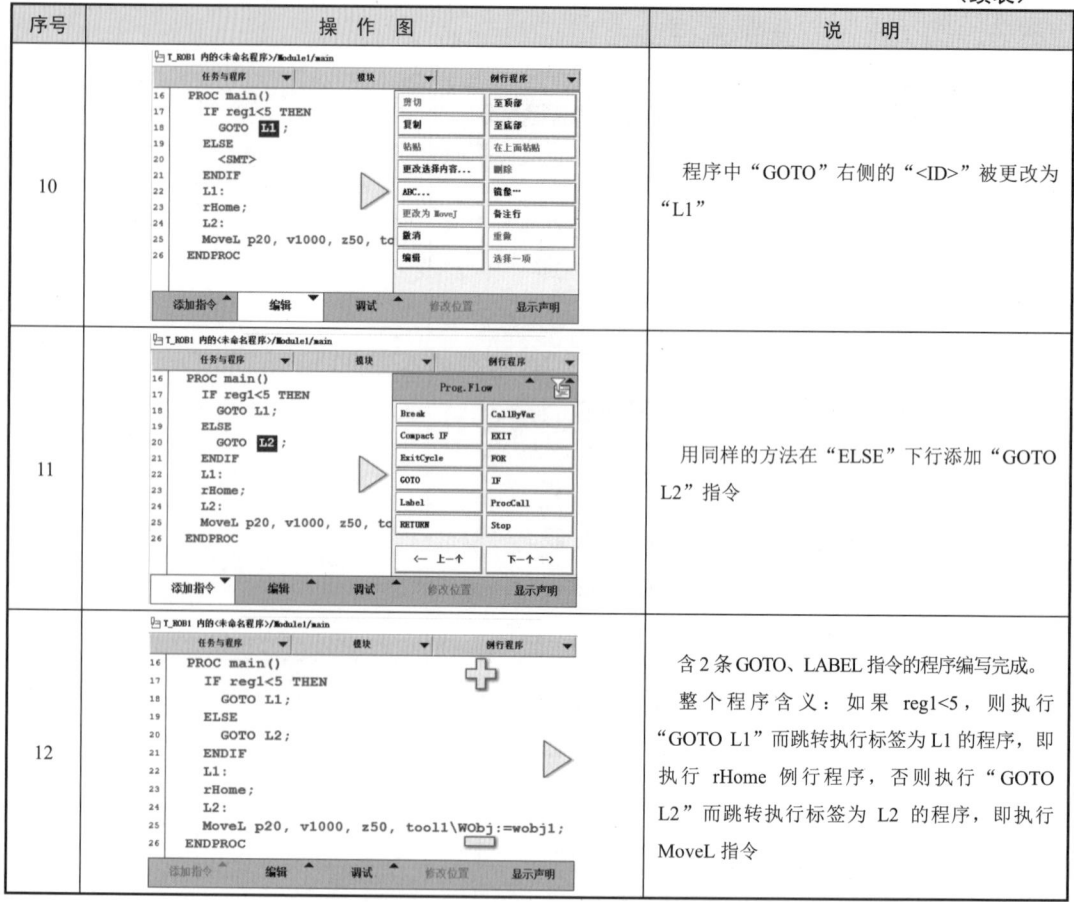

6.5.6 ProcCall 和 RETURN 指令

ProcCall 指令为调用例行程序指令，用于在指定位置调用例行程序。当使用 ProcCall 指令时，程序代码中不会出现该指令，只会出现该指令调用的例行程序名称。

RETURN 指令为返回例行程序指令，当执行到 RETURN 指令时，程序立即停止执行该指令之后的内容，返回去执行调用程序中的调用指令的下一条指令。

ProcCall 和 RETURN 指令的输入及使用举例见表 6-13。

表 6-13 ProcCall 和 RETURN 指令的输入及使用举例

序号	操 作 图	说 明
1		单击程序编辑器右上方的"例行程序"，打开"例行程序"视图，单击左下角的"文件"，在弹出的快捷菜单中选择"新建例行程序"，新建一个名称为 Routine1 的例行程序

164

(续表)

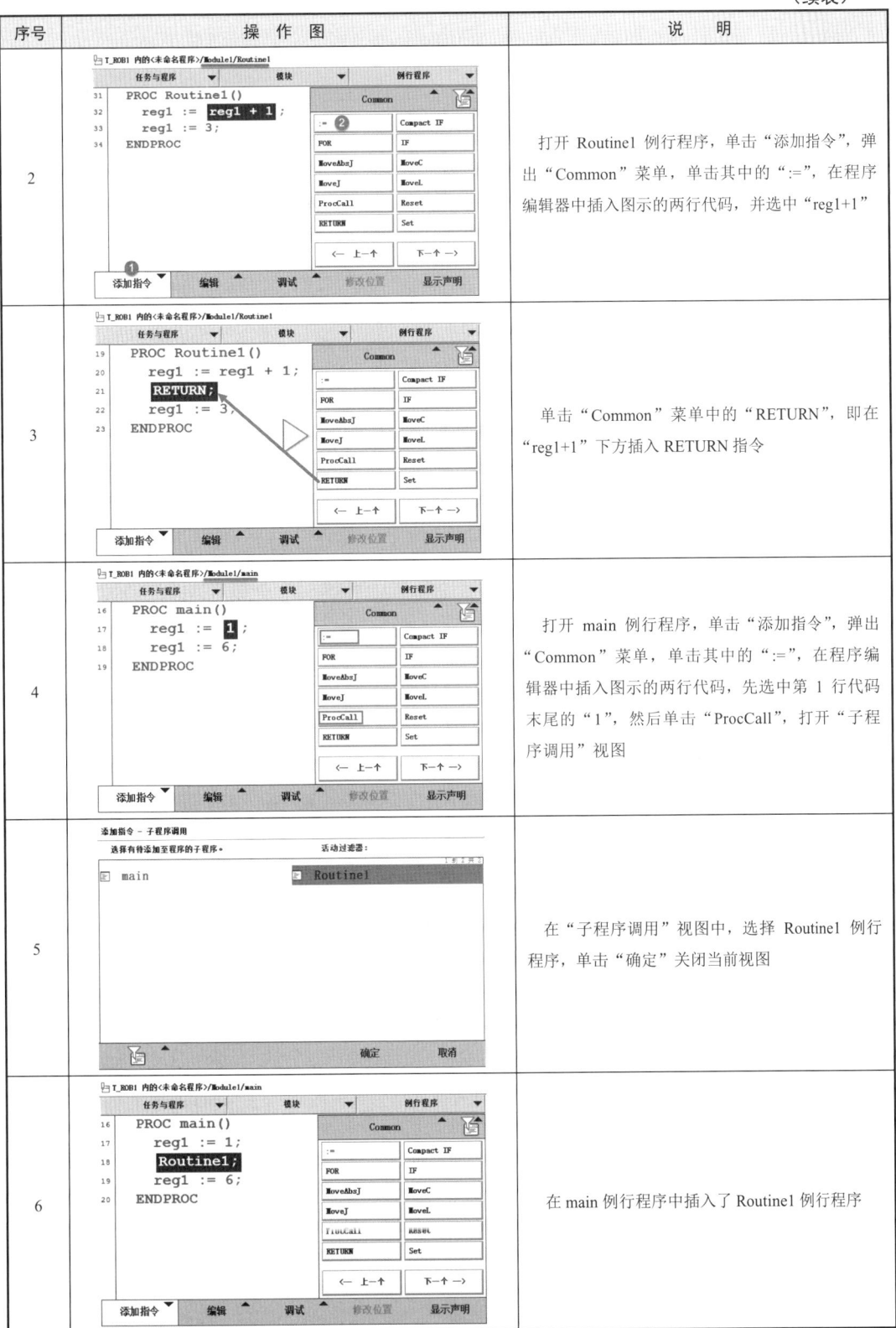

序号	操 作 图	说 明
2		打开 Routine1 例行程序，单击"添加指令"，弹出"Common"菜单，单击其中的":="，在程序编辑器中插入图示的两行代码，并选中"reg1+1"
3		单击"Common"菜单中的"RETURN"，即在"reg1+1"下方插入 RETURN 指令
4		打开 main 例行程序，单击"添加指令"，弹出"Common"菜单，单击其中的":="，在程序编辑器中插入图示的两行代码，先选中第 1 行代码末尾的"1"，然后单击"ProcCall"，打开"子程序调用"视图
5		在"子程序调用"视图中，选择 Routine1 例行程序，单击"确定"关闭当前视图
6		在 main 例行程序中插入了 Routine1 例行程序

(续表)

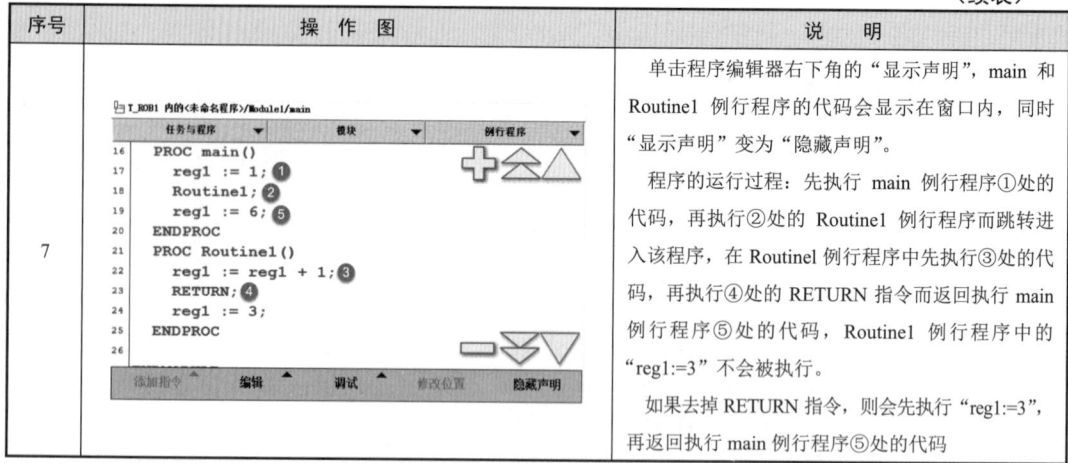

序号	操作图	说明
7	T_ROB1 内的<未命名程序>/Module1/main 16 PROC main() 17 reg1 := 1; ① 18 Routine1; ② 19 reg1 := 6; ⑤ 20 ENDPROC 21 PROC Routine1() 22 reg1 := reg1 + 1; ③ 23 RETURN; ④ 24 reg1 := 3; 25 ENDPROC 26	单击程序编辑器右下角的"显示声明",main 和 Routine1 例行程序的代码会显示在窗口内,同时"显示声明"变为"隐藏声明"。 程序的运行过程:先执行 main 例行程序①处的代码,再执行②处的 Routine1 例行程序而跳转进入该程序,在 Routine1 例行程序中先执行③处的代码,再执行④处的 RETURN 指令而返回执行 main 例行程序⑤处的代码,Routine1 例行程序中的"reg1:=3"不会被执行。 如果去掉 RETURN 指令,则会先执行"reg1:=3",再返回执行 main 例行程序⑤处的代码

6.5.7 查找指令

ABB 工业机器人编程支持大量的指令,这些指令根据功能不同分成很多类,如图 6-12(a)所示,如 MoveL 指令归于 Common 类,FOR 指令归于 Prog.Flow 类,为了方便从众多的类中快速找到一条不常用的指令,可使用过滤器进行查找。单击指令菜单右上角的过滤器按钮,如图 6-12(b)所示,打开过滤器,在"活动过滤器"文本框中输入要查找的指令名称"CLEAR",单击下方的"过滤器",在指令菜单区显示文字含 CLEAR 的指令。单击"清除"可清除文本框中的查找内容,单击"重置"可关闭过滤器并清除指令菜单区中查找到的内容,单击"123>"可将字母键盘切换成数字键盘。

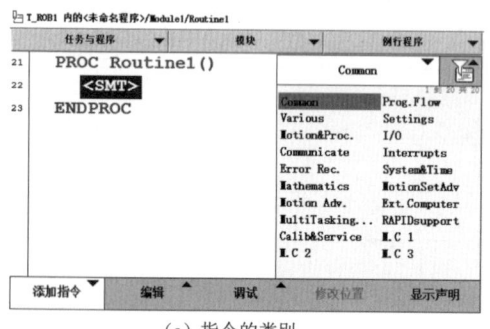

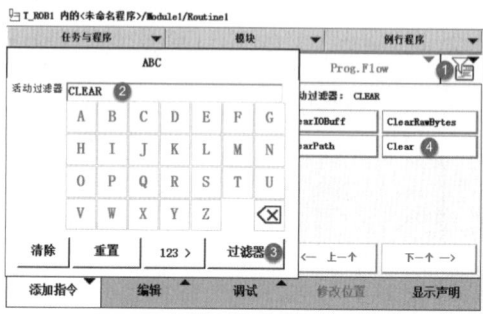

(a)指令的类别　　(b)过滤器的操作

图 6-12 用过滤器查找指令

6.6 函数的使用

函数(FUNCTION)又称功能程序,简称功能,是具有一定功能的程序块,在使用时只需为其输入数据,经内部程序处理后就会返回(输出)结果,用户只要知道函数名就可以直接使用,无须了解函数内部程序具体的代码。

6.6.1 常用的运算函数

常用的运算函数见表6-14。

表6-14 常用的运算函数

函数符号		函数功能	举 例
算术运算	Abs、AbsDnum	绝对值	val:= Abs (value)
	DIV	求商	val:= 20 DIV 3
	MOD	求余数	val:= 20 MOD 3
	quad、quadDnum	平方	val:= quad (value)
	Sqrt、SqrtDnum	平方根	val:= Sqrt (value)
	Exp	计算 e^x	val:= Exp(x_value)
	Pow、PowDnum	计算 x^y	val:= Pow(x_value,y_value)
	Round、RoundDnum	小数位取整	val:= Round(value\Dec:=1)
	Trunc、TruncDnum	小数位舍尾	val:= Trunc (value \Dec:=1)
三角函数运算	Sin、SinDnum	正弦	val:= Sin(angle)
	Cos、CosDnum	余弦	val:= Cos(angle)
	Tan、TanDnum	正切	val:= Tan(angle)
	Asin、AsinDnum	$-90°\sim 90°$ 反正弦	Angle1:= Asin (value)
	Acos、AcosDnum	$0°\sim 180°$ 反余弦	Angle1:= Acos (value)
	ATan、ATanDnum	$-90°\sim 90°$ 反正切	Angle1:= ATan (value)
	ATan2、ATan2Dnum	y/x 反正切	Angle1:= ATan(y_value, x_value)
逻辑运算	AND	逻辑"与"	val_bit:= a AND b
	OR	逻辑"或"	val_bit:= a OR b
	NOT	逻辑"非"	val_bit:= NOT a
	XOR	异或	val_bit:= a XOR b
多位逻辑运算	BitAnd、BitAndDnum	位"与"	val_byte:= BitAnd(byte1,byte2)
	BitOr、BitOrDnum	位"或"	val_byte:= BitOr(byte1,byte2)
	BitXOr、BitXOrDnum	位"异或"	val_byte:= BitXOr(byte1,byte2)
	BitNeg、BitNegDnum	位"非"	val_byte:= BitNeg(byte)
	BitLSh、BitLShnum	左移位	val_byte:= BitLSh (byte,value)
	BitRSh、BitRShnum	右移位	val_byte:= BitRSh (byte,value)
	BitCheck、BitCheckDnum	位状态检查	IF BitCheck(byte 1, value)=TRUE THEN

6.6.2 Abs 函数的功能与输入操作

Abs 函数的功能是对数值取绝对值。在示教器的程序编辑器中输入 Abs 函数（以输入"reg1:=Abs(reg3)"为例）的操作过程见表 6-15。

表 6-15 在示教器的程序编辑器中输入 Abs 函数的操作过程

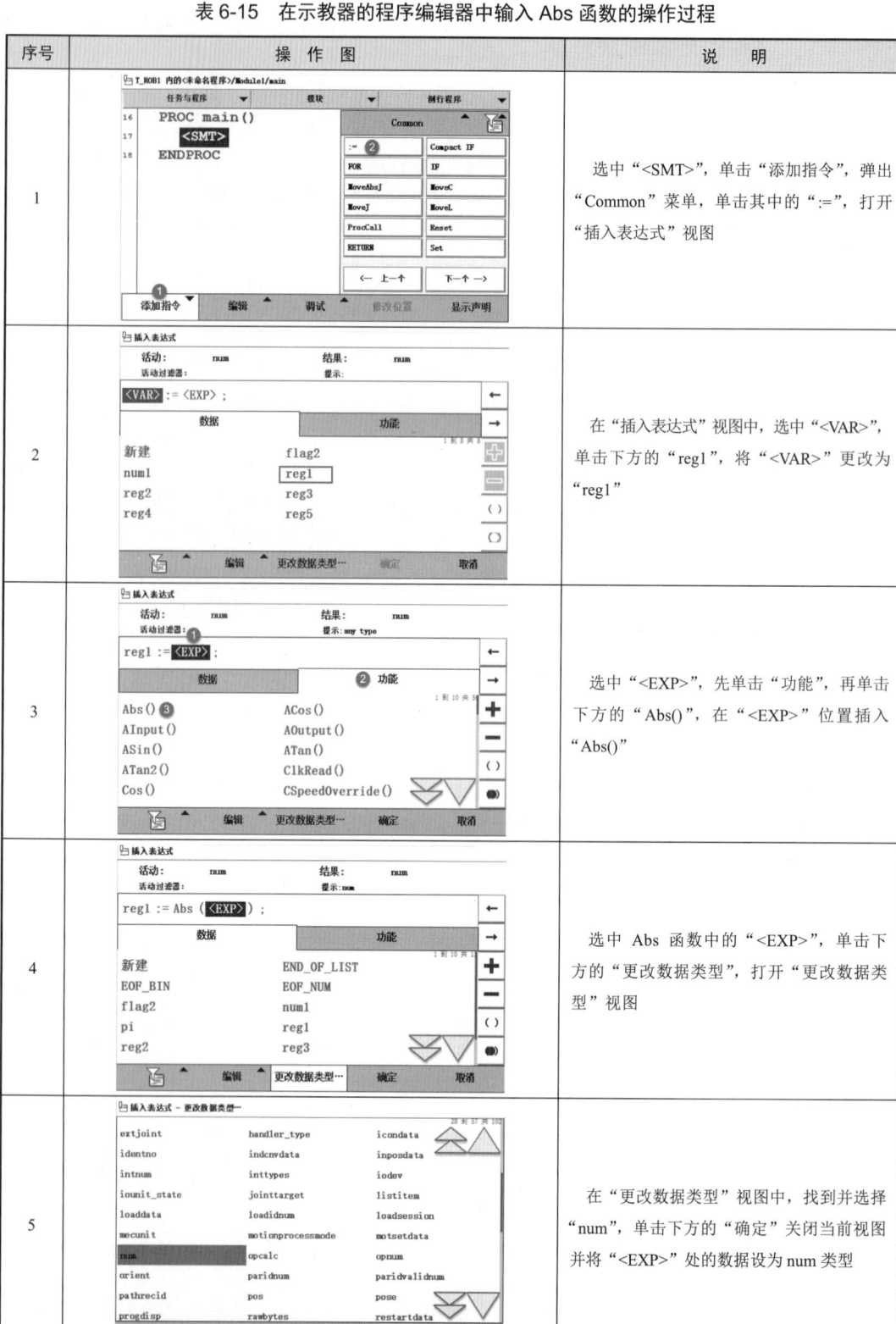

序号	操 作 图	说 明
1		选中"<SMT>",单击"添加指令",弹出"Common"菜单,单击其中的":=",打开"插入表达式"视图
2		在"插入表达式"视图中,选中"<VAR>",单击下方的"reg1",将"<VAR>"更改为"reg1"
3		选中"<EXP>",先单击"功能",再单击下方的"Abs()",在"<EXP>"位置插入"Abs()"
4		选中 Abs 函数中的"<EXP>",单击下方的"更改数据类型",打开"更改数据类型"视图
5		在"更改数据类型"视图中,找到并选择"num",单击下方的"确定"关闭当前视图并将"<EXP>"处的数据设为 num 类型

(续表)

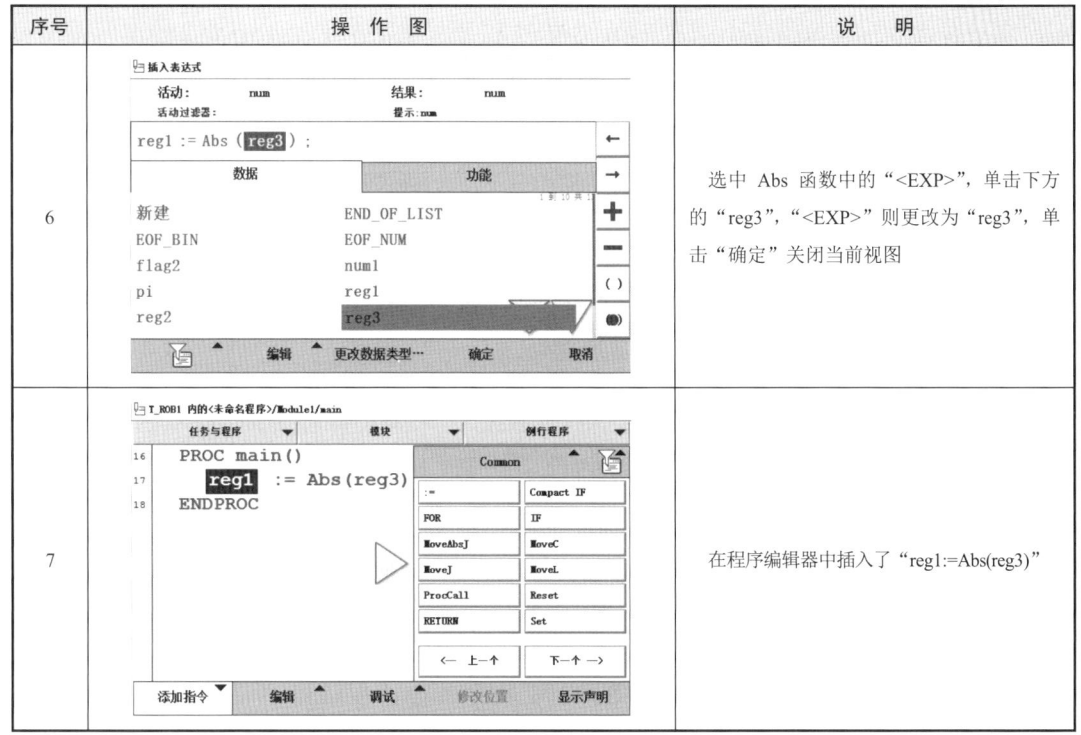

序号	操作图	说明
6		选中 Abs 函数中的"<EXP>",单击下方的"reg3","<EXP>"则更改为"reg3",单击"确定"关闭当前视图
7		在程序编辑器中插入了"reg1:=Abs(reg3)"

6.6.3 Offs 函数的功能与输入操作

1. 语法格式与使用举例

Offs 函数是一个 robtarget 型功能程序,其功能是对一个 robtarget 型机器人位置数据进行偏移,返回(得到)一个新的 robtarget 型机器人位置数据。

(1)语法格式。

Offs 函数的语法格式如下。

> Offs(Point,XOffset,YOffset,ZOffset)

Point:偏移基准点,robtarget 型数据。
XOffset:工件坐标系中 X 轴方向的偏移值(单位:mm),num 型数据。
YOffset:工件坐标系中 Y 轴方向的偏移值(单位:mm),num 型数据。
ZOffset:工件坐标系中 Z 轴方向的偏移值(单位:mm),num 型数据。

(2)使用举例。

例 1:"p20:=Offs(p10,30,40,50)",其功能是将 p10 点的位置在 X 轴方向偏移 30mm,在 Y 轴方向偏移 40mm,在 Z 轴方向偏移 50mm,将偏移后得到的 robtarget 型数据(位置数据)赋给 p20 点。

例 2:"MoveL Offs(p10,30,0,0),v1000,fine,tool0\wobj:=wobj1",其功能是将机器人的 tool0 工具的 TCP 从 p10 点往 X 轴方向偏移 30mm。

2. Offs 函数的输入

在示教器的程序编辑器中输入 Offs 函数（以输入"p20:=Offs(p10,30,40,50)"为例）的操作过程见表 6-16。

表 6-16 在示教器的程序编辑器中输入 Offs 函数的操作过程

序号	操 作 图	说 明
1		选中"<SMT>"，单击"添加指令"，弹出"Common"菜单，单击其中的":="，打开"插入表达式"视图
2		在"插入表达式"视图中，选中"<VAR>"，单击下方的"更改数据类型"，打开"更改数据类型"视图
3		在"更改数据类型"视图中，选择"robtarget"，单击下方的"确定"关闭当前视图，返回"插入表达式"视图
4		在"插入表达式"视图中，"<VAR>"的数据类型被更改为 robtarget，单击下方的"新建"，打开"新数据声明"视图

(续表)

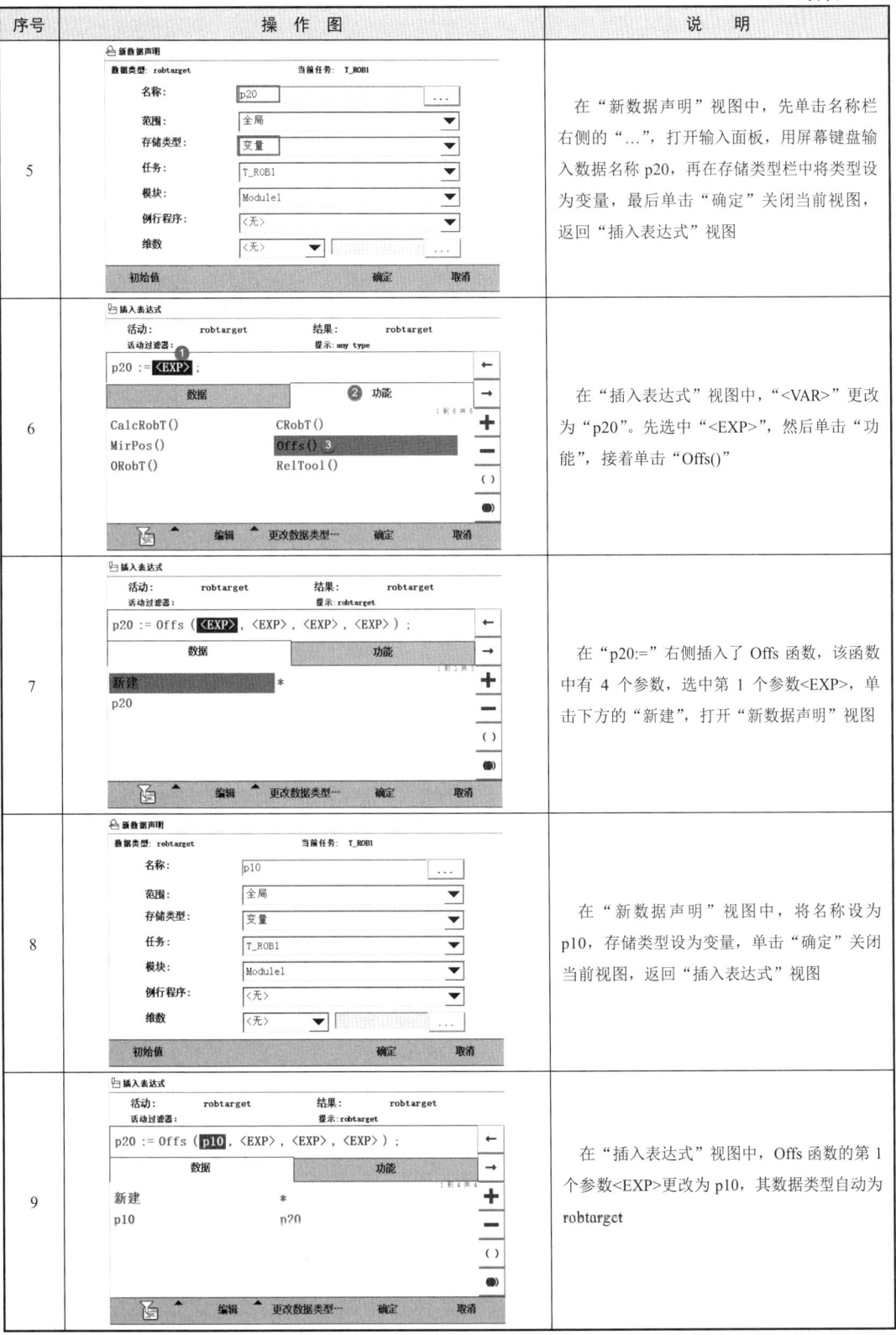

序号	操作图	说明
5		在"新数据声明"视图中，先单击名称栏右侧的"..."，打开输入面板，用屏幕键盘输入数据名称p20，再在存储类型栏中将类型设为变量，最后单击"确定"关闭当前视图，返回"插入表达式"视图
6		在"插入表达式"视图中，"<VAR>"更改为"p20"。先选中"<EXP>"，然后单击"功能"，接着单击"Offs()"
7		在"p20:="右侧插入了Offs函数，该函数中有4个参数，选中第1个参数<EXP>，单击下方的"新建"，打开"新数据声明"视图
8		在"新数据声明"视图中，将名称设为p10，存储类型设为变量，单击"确定"关闭当前视图，返回"插入表达式"视图
9		在"插入表达式"视图中，Offs函数的第1个参数<EXP>更改为p10，其数据类型自动为robtarget

171

(续表)

序号	操 作 图	说 明
10		选中 Offs 函数的第 2 个参数<EXP>，选择下方的"编辑"菜单中的"仅限选定内容"，打开输入面板
11		在输入面板中，用屏幕键盘输入 30，单击下方的"确定"关闭当前视图，返回"插入表达式"视图
12		在"插入表达式"视图中，Offs 函数的第 2 个参数<EXP>更改为 30，其数据类型自动为 num，用同样的方法依次设置 Offs 函数的第 3、4 个参数<EXP>
13		Offs 函数的第 3、4 个参数<EXP>分别设为 40、50，单击"确定"关闭当前视图，返回程序编辑器
14		在程序编辑器中插入了"p20:=Offs(p10, 30,40,50)"

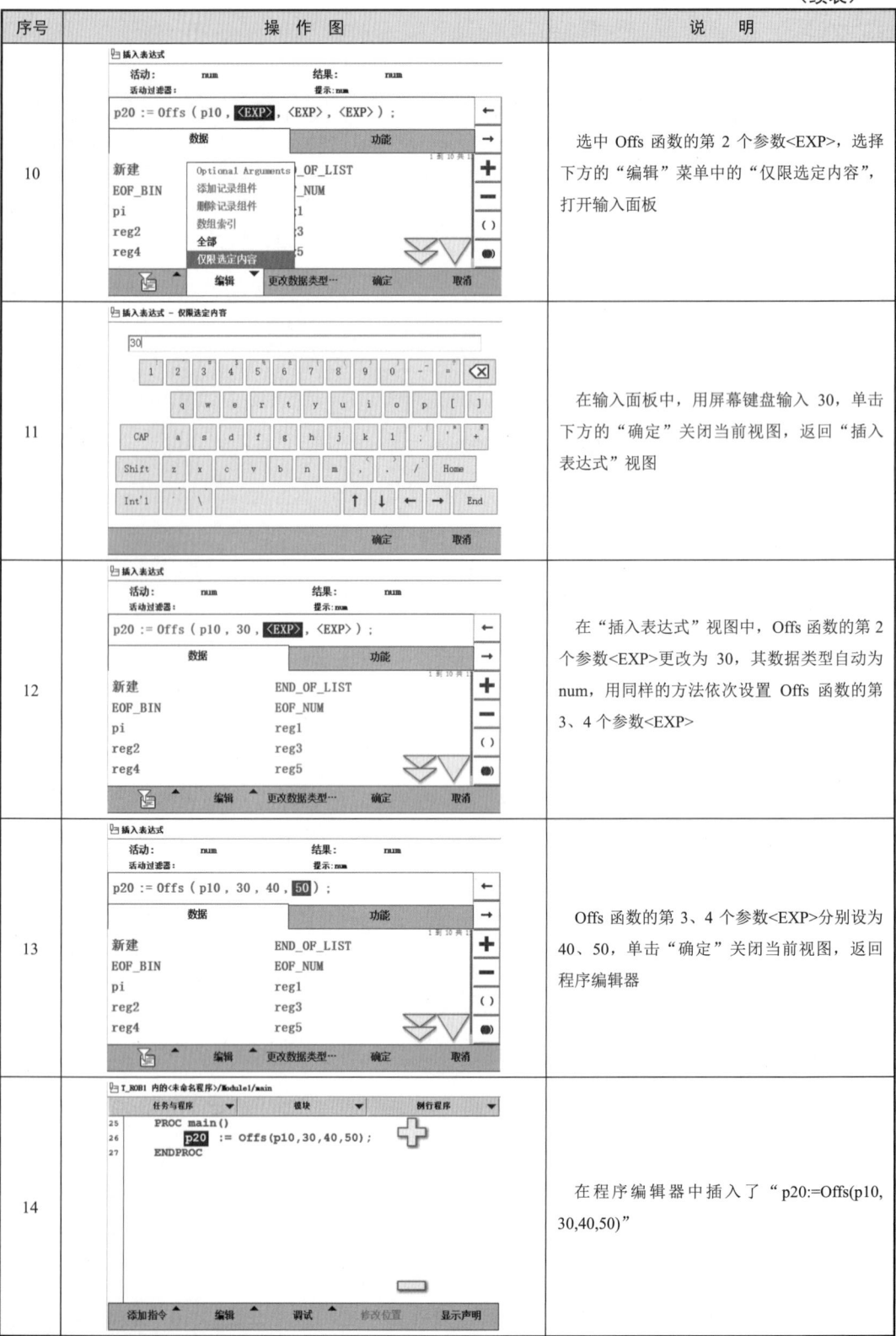

6.6.4 CRobT 函数的功能与输入操作

1. 语法格式与使用举例

CRobT 函数是一个 robtarget 型功能程序，其功能是读取并返回机器人当前的位置数据（robtarget 型数据）。位置数据包含机器人当前 TCP 的 X、Y、Z 值，姿态 $q_1 \sim q_4$ 和轴配置等数据。

（1）语法格式。

CRobT 函数的语法格式如下。

CRobT([\tool][\wobj])

[\tool]：可选参数，用于指定读取位置的工具，如果未指定则为当前使用的工具，tooldata 型数据。

[\wobj]：可选参数，用于指定读取位置的工件坐标系，如果未指定则为当前的工件坐标系，wobjdata 型数据。

（2）使用举例。

例 1："p10:=CRobT(\tool:=tool0\wobj:=wobj0)"，其功能是读取 wobj0 工件坐标系中 tool0 工具的当前位置数据（robtarget 型数据），并将其赋给 p10。为了确保读取的当前位置数据准确，执行本函数时机器人应该是静止的，若前一条指令为运动指令，那么其转角半径应使用 fine。

例 2："MoveL Offs(CRobT(),0,0,80),v500,fine,tool0"，其功能是先执行 CRobT 函数读取机器人 tool0 工具的当前位置数据，然后执行 Offs 函数将当前位置往 Z 轴方向偏移 80mm，最后执行 MoveL 指令将机器人的 tool0 工具移到偏移后的位置。

2. CRobT 函数的输入

在示教器的程序编辑器中输入 CRobT 函数（以输入"p10:=CRobT(\tool:=tool0\wobj:=wobj0)"为例）的操作过程见表 6-17。

表 6-17 在示教器的程序编辑器中输入 CRobT 函数的操作过程

序号	操作图	说明
1		选中"<SMT>"，单击"添加指令"，弹出"Common"菜单，单击其中的":="，打开"插入表达式"视图

(续表)

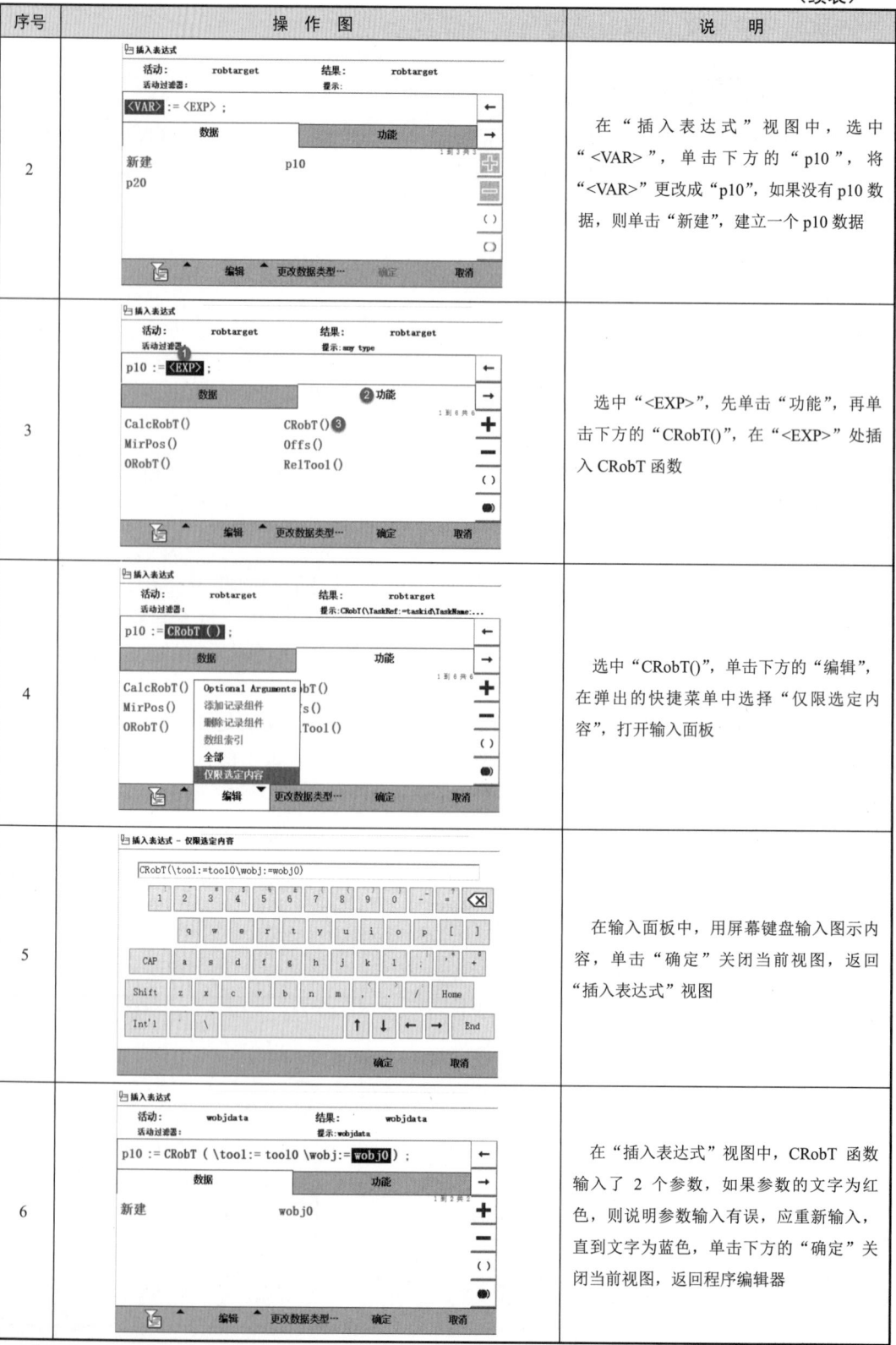

序号	操 作 图	说 明
2		在"插入表达式"视图中,选中"<VAR>",单击下方的"p10",将"<VAR>"更改成"p10",如果没有p10数据,则单击"新建",建立一个p10数据
3		选中"<EXP>",先单击"功能",再单击下方的"CRobT()",在"<EXP>"处插入CRobT函数
4		选中"CRobT()",单击下方的"编辑",在弹出的快捷菜单中选择"仅限选定内容",打开输入面板
5		在输入面板中,用屏幕键盘输入图示内容,单击"确定"关闭当前视图,返回"插入表达式"视图
6		在"插入表达式"视图中,CRobT函数输入了2个参数,如果参数的文字为红色,则说明参数输入有误,应重新输入,直到文字为蓝色,单击下方的"确定"关闭当前视图,返回程序编辑器

（续表）

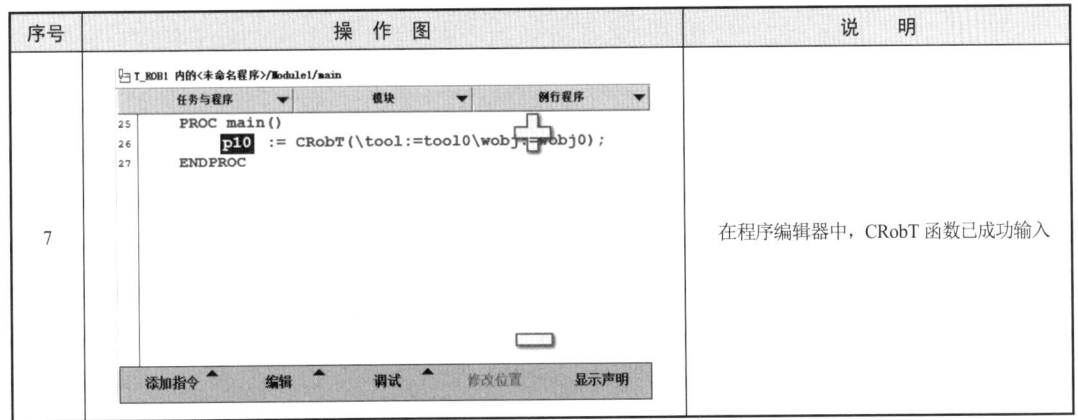

序号	操 作 图	说 明
| 7 | ```
PROC main()
  p10 := CRobT(\tool:=tool0\wobj:=wobj0);
ENDPROC
``` | 在程序编辑器中，CRobT 函数已成功输入 |

6.6.5 创建自定义函数

ABB 工业机器人系统内置很多函数，如果其中没有需要的函数，那么用户可以自己编写函数，并在程序中使用。下面创建一个两数相加函数，函数名为 AddXY，只要给函数的 Xnum、Ynum 两个输入参数赋值，函数就会将两数相加，然后返回两数的和。两数相加函数 AddXY 的创建与使用过程见表 6-18。

表 6-18 两数相加函数 AddXY 的创建与使用过程

序号	操 作 图	说 明
1	（例行程序视图，显示"新建例行程序"等菜单）	打开"例行程序"视图，在"例行程序"视图的左下角单击"文件"，在弹出的快捷菜单中选择"新建例行程序"，打开"例行程序声明"视图
2	（例行程序声明视图：名称 Routine1，类型 程序，参数 无，数据类型 num，模块 Module1）	在"例行程序声明"视图中，单击名称栏右侧的"ABC..."，打开输入面板，将名称更改为 AddXY
```

（续表）

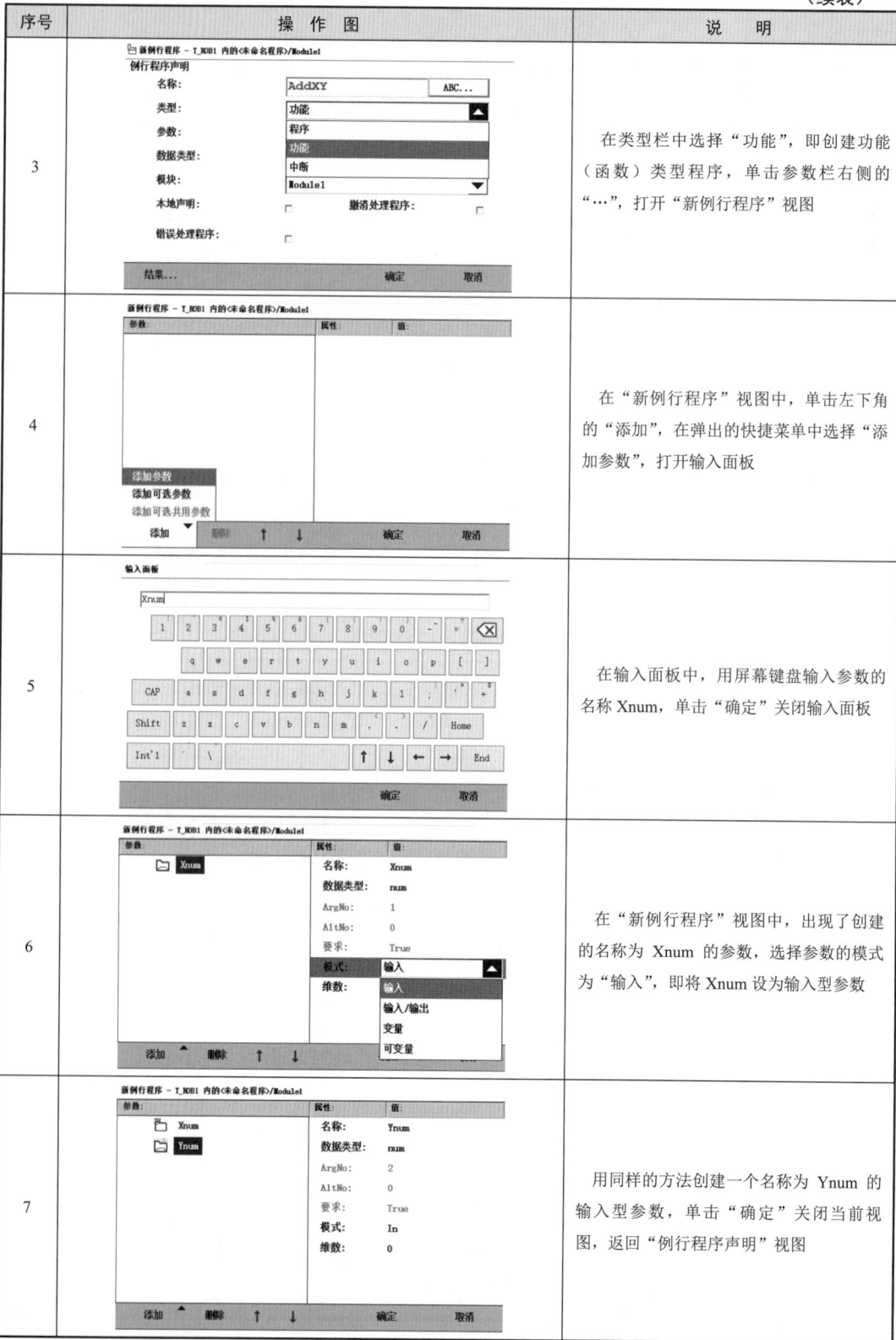

序号	操 作 图	说 明
3		在类型栏中选择"功能"，即创建功能（函数）类型程序，单击参数栏右侧的"…"，打开"新例行程序"视图
4		在"新例行程序"视图中，单击左下角的"添加"，在弹出的快捷菜单中选择"添加参数"，打开输入面板
5		在输入面板中，用屏幕键盘输入参数的名称 Xnum，单击"确定"关闭输入面板
6		在"新例行程序"视图中，出现了创建的名称为 Xnum 的参数，选择参数的模式为"输入"，即将 Xnum 设为输入型参数
7		用同样的方法创建一个名称为 Ynum 的输入型参数，单击"确定"关闭当前视图，返回"例行程序声明"视图

第 6 章 常用指令与函数

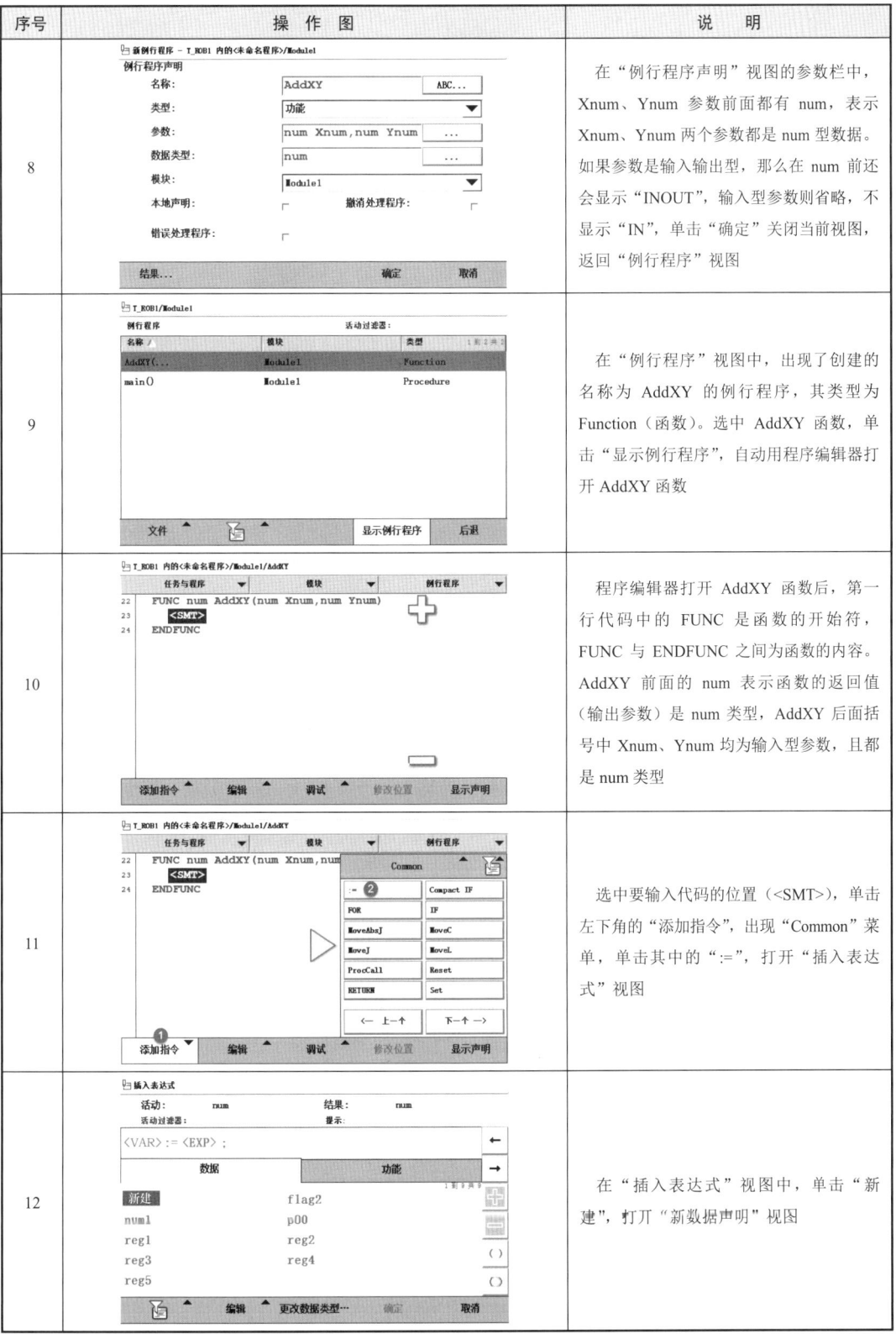

（续表）

序号	操 作 图	说 明
8		在"例行程序声明"视图的参数栏中，Xnum、Ynum 参数前面都有 num，表示 Xnum、Ynum 两个参数都是 num 型数据。如果参数是输入输出型，那么在 num 前还会显示"INOUT"，输入型参数则省略，不显示"IN"，单击"确定"关闭当前视图，返回"例行程序"视图
9		在"例行程序"视图中，出现了创建的名称为 AddXY 的例行程序，其类型为 Function（函数）。选中 AddXY 函数，单击"显示例行程序"，自动用程序编辑器打开 AddXY 函数
10		程序编辑器打开 AddXY 函数后，第一行代码中的 FUNC 是函数的开始符，FUNC 与 ENDFUNC 之间为函数的内容。AddXY 前面的 num 表示函数的返回值（输出参数）是 num 类型，AddXY 后面括号中 Xnum、Ynum 均为输入型参数，且都是 num 类型
11		选中要输入代码的位置（<SMT>），单击左下角的"添加指令"，出现"Common"菜单，单击其中的":="，打开"插入表达式"视图
12		在"插入表达式"视图中，单击"新建"，打开"新数据声明"视图

177

(续表)

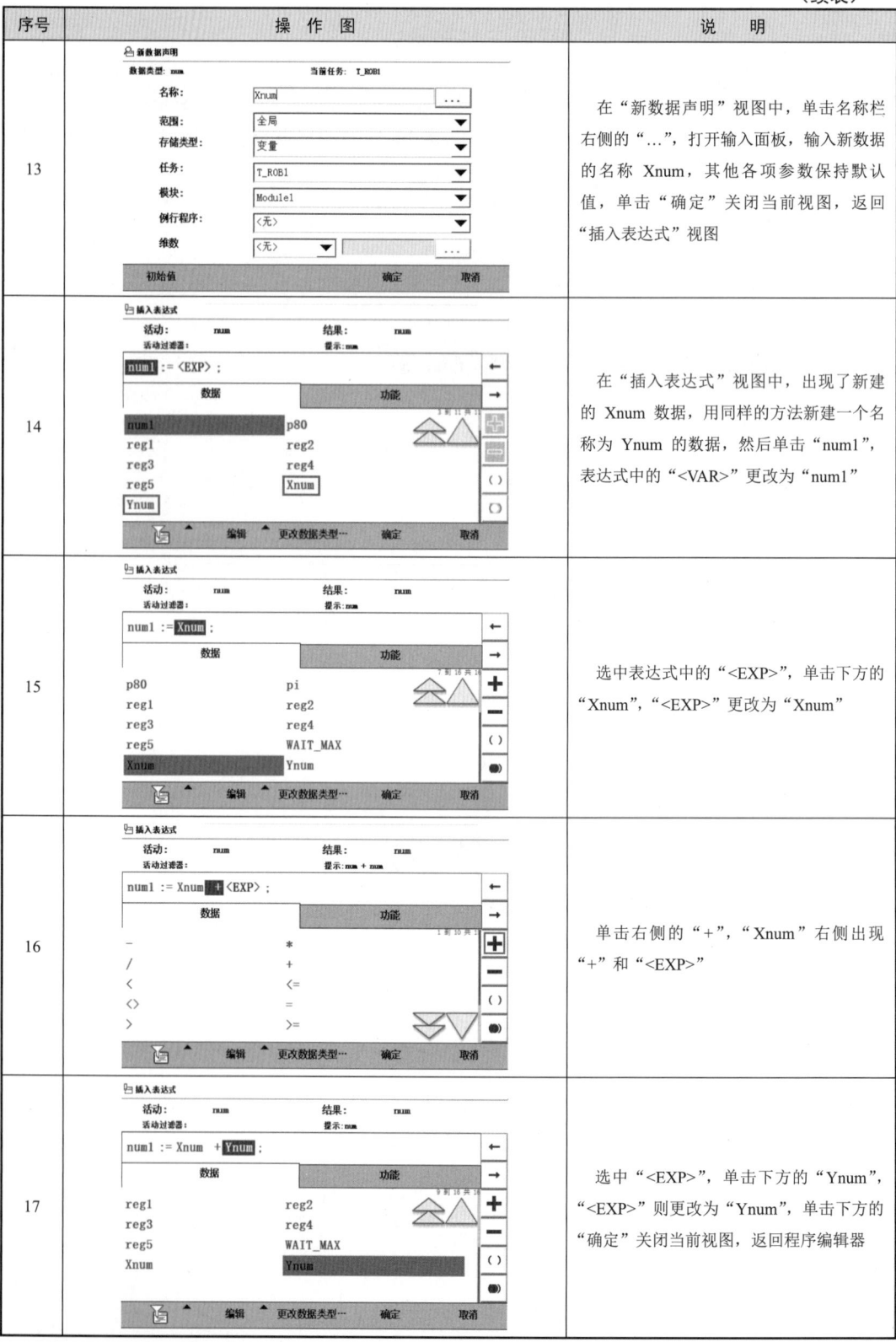

序号	操 作 图	说 明
13	新数据声明视图（数据类型：num，当前任务：T_ROB1，名称：Xnum，范围：全局，存储类型：变量，任务：T_ROB1，模块：Module1，例行程序：〈无〉，维数：〈无〉）	在"新数据声明"视图中，单击名称栏右侧的"…"，打开输入面板，输入新数据的名称 Xnum，其他各项参数保持默认值，单击"确定"关闭当前视图，返回"插入表达式"视图
14	插入表达式视图：num1 := 〈EXP〉; 数据列表含 num1、p80、reg1、reg2、reg3、reg4、reg5、Xnum、Ynum	在"插入表达式"视图中，出现了新建的 Xnum 数据，用同样的方法新建一个名称为 Ynum 的数据，然后单击"num1"，表达式中的"〈VAR〉"更改为"num1"
15	插入表达式视图：num1 := Xnum ; 数据列表含 p80、pi、reg1、reg2、reg3、reg4、reg5、WAIT_MAX、Xnum、Ynum	选中表达式中的"〈EXP〉"，单击下方的"Xnum"，"〈EXP〉"更改为"Xnum"
16	插入表达式视图：num1 := Xnum + 〈EXP〉; 功能列表含 -、*、/、+、<、<=、<>、=、>、>=	单击右侧的"+"，"Xnum"右侧出现"+"和"〈EXP〉"
17	插入表达式视图：num1 := Xnum + Ynum ; 数据列表含 reg1、reg2、reg3、reg4、reg5、WAIT_MAX、Xnum、Ynum	选中"〈EXP〉"，单击下方的"Ynum"，"〈EXP〉"则更改为"Ynum"，单击下方的"确定"关闭当前视图，返回程序编辑器

(续表)

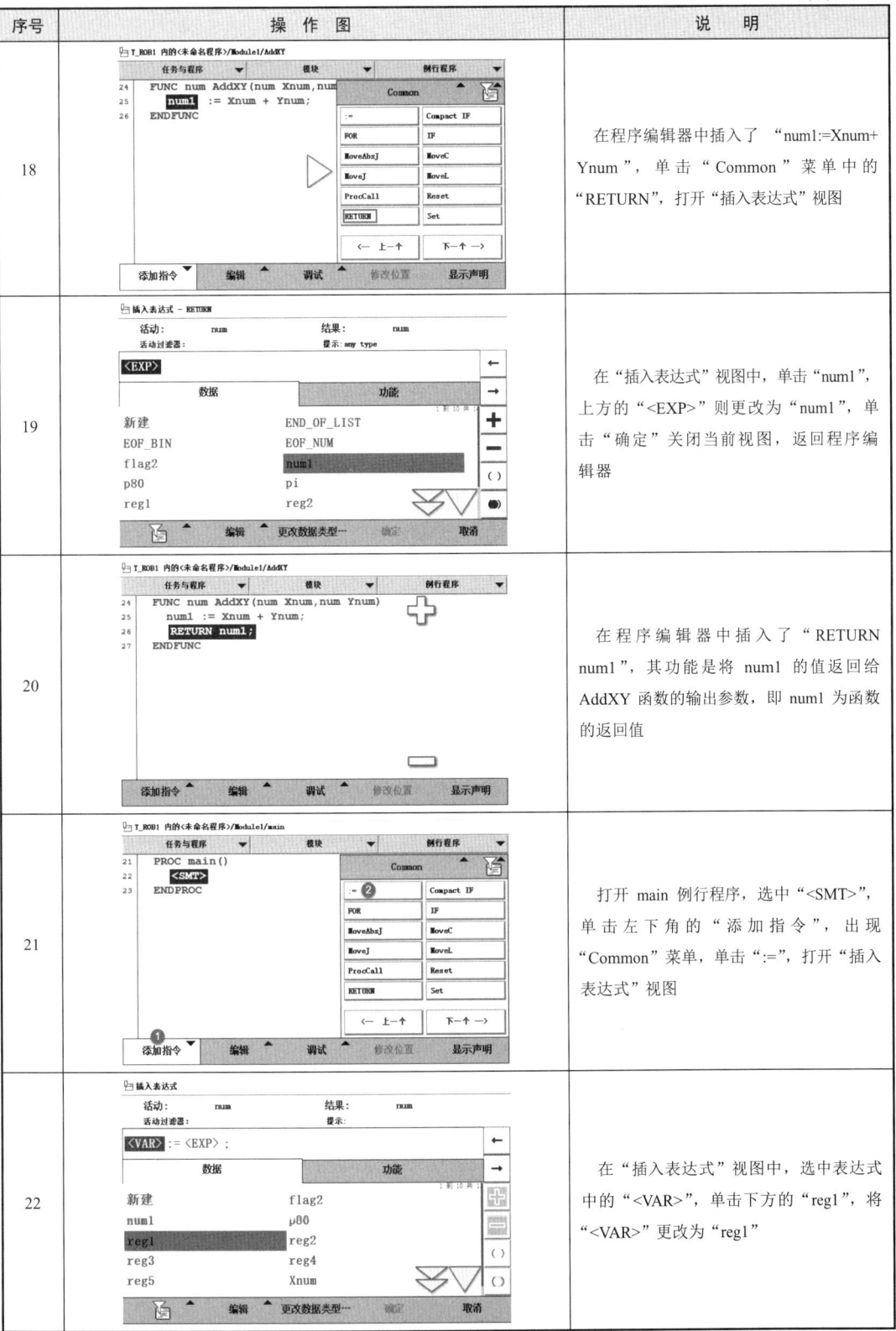

序号	操 作 图	说 明
18		在程序编辑器中插入了"num1:=Xnum+Ynum",单击"Common"菜单中的"RETURN",打开"插入表达式"视图
19		在"插入表达式"视图中,单击"num1",上方的"<EXP>"则更改为"num1",单击"确定"关闭当前视图,返回程序编辑器
20		在程序编辑器中插入了"RETURN num1",其功能是将 num1 的值返回给 AddXY 函数的输出参数,即 num1 为函数的返回值
21		打开 main 例行程序,选中"<SMT>",单击左下角的"添加指令",出现"Common"菜单,单击":=",打开"插入表达式"视图
22		在"插入表达式"视图中,选中表达式中的"<VAR>",单击下方的"reg1",将"<VAR>"更改为"reg1"

179

(续表)

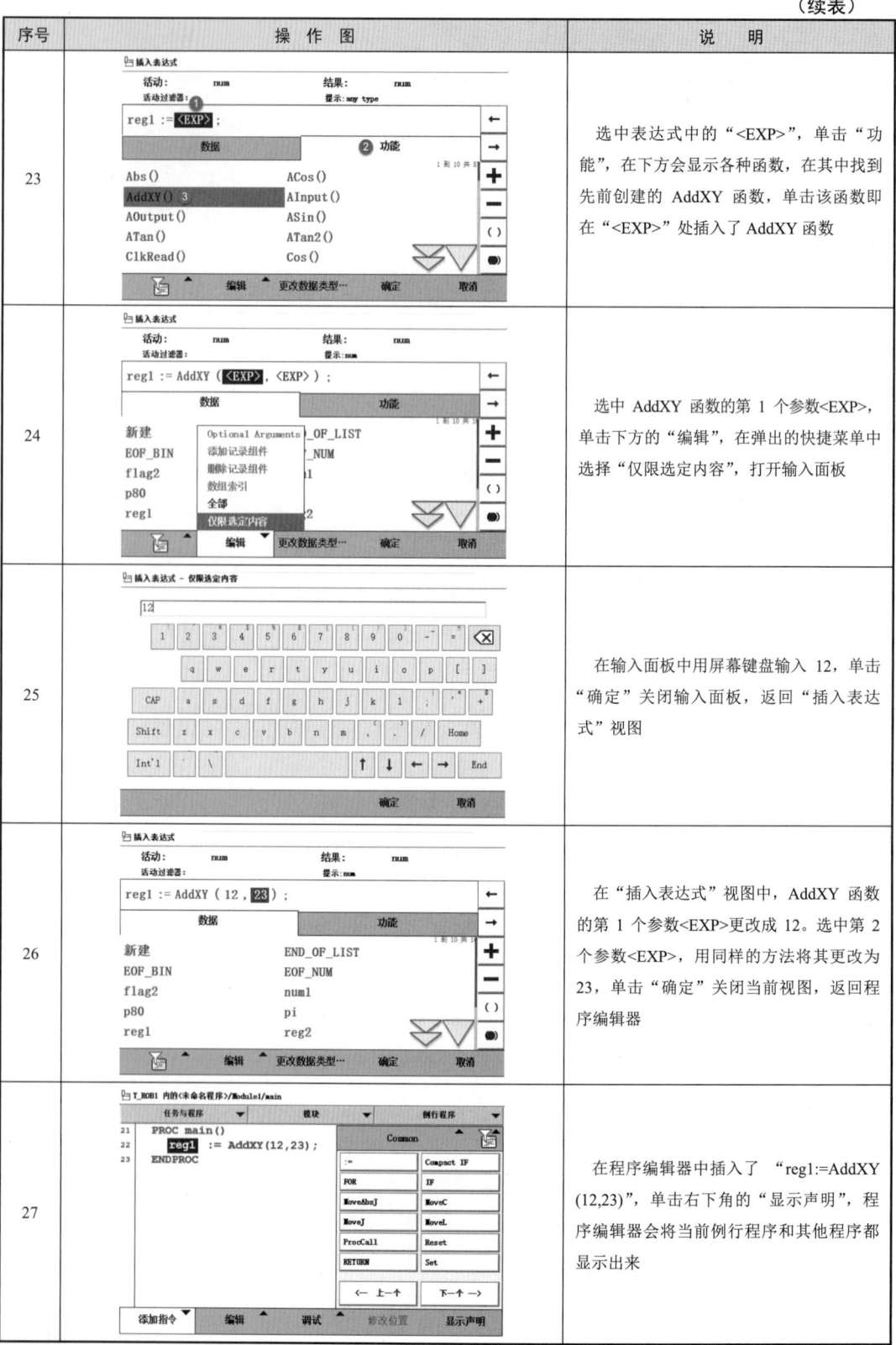

序号	操 作 图	说 明
23		选中表达式中的"<EXP>",单击"功能",在下方会显示各种函数,在其中找到先前创建的 AddXY 函数,单击该函数即在"<EXP>"处插入了 AddXY 函数
24		选中 AddXY 函数的第 1 个参数<EXP>,单击下方的"编辑",在弹出的快捷菜单中选择"仅限选定内容",打开输入面板
25		在输入面板中用屏幕键盘输入 12,单击"确定"关闭输入面板,返回"插入表达式"视图
26		在"插入表达式"视图中,AddXY 函数的第 1 个参数<EXP>更改成 12。选中第 2 个参数<EXP>,用同样的方法将其更改为 23,单击"确定"关闭当前视图,返回程序编辑器
27		在程序编辑器中插入了 "reg1:=AddXY(12,23)",单击右下角的"显示声明",程序编辑器会将当前例行程序和其他程序都显示出来

（续表）

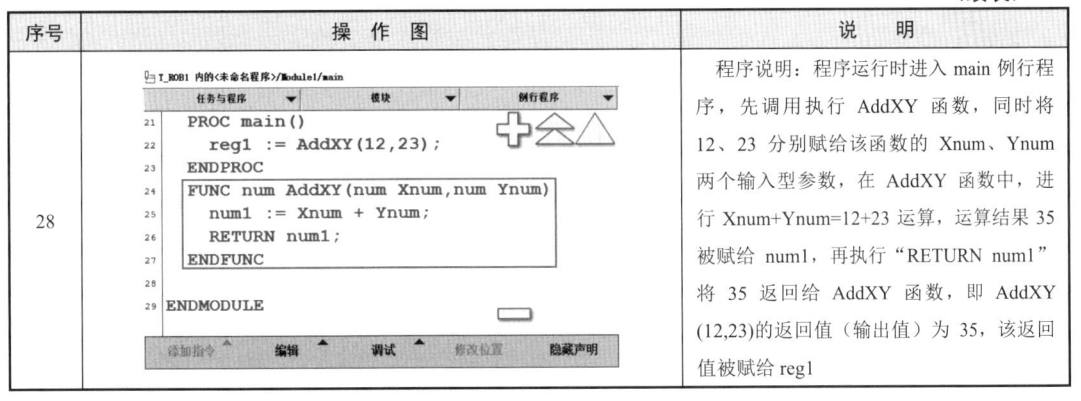

序号	操 作 图	说 明
| 28 | ```
T_ROB1 内的<未命名程序>/Module1/main
   任务与程序      模块      例行程序
21  PROC main()
22     reg1 := AddXY(12,23);
23  ENDPROC
24  FUNC num AddXY(num Xnum,num Ynum)
25     num1 := Xnum + Ynum;
26     RETURN num1;
27  ENDFUNC
28
29  ENDMODULE
   添加指令   编辑   调试   修改位置   隐藏声明
``` | 程序说明：程序运行时进入 main 例行程序，先调用执行 AddXY 函数，同时将 12、23 分别赋给该函数的 Xnum、Ynum 两个输入型参数，在 AddXY 函数中，进行 Xnum+Ynum=12+23 运算，运算结果 35 被赋给 num1，再执行"RETURN num1"将 35 返回给 AddXY 函数，即 AddXY(12,23)的返回值（输出值）为 35，该返回值被赋给 reg1 |
```

第 7 章

ABB 工业机器人编程实例

7.1 ABB 工业机器人切割图形（轨迹运动）

7.1.1 控制要求与注意事项

1. 控制要求

ABB 工业机器人安装切割工具（割刀），在一块平面材料上切割出一个三角形和一个圆形，ABB 工业机器人切割的三角形和圆形及定位点如图 7-1 所示，具体的控制要求如下。

（1）ABB 工业机器人运行时，其 TCP 从 pHome 点经 p10 点移到 p20 点。

（2）TCP 移到 p20 点后，ABB 标准 I/O 板的 do1 端子输出 1 启动切割（如让割刀伸出），控制割刀先从 p20 点移到 p30 点，再从 p30 点移到 p40 点，之后从 p40 点移到 p20 点，这样就切割出一个三角形，最后 do1 端子输出 0 关闭切割，TCP 经 p10 点移到 p100 点。

（3）TCP 移到 p100 点后，do1 端子先输出 1 启动切割，控制割刀按 p100 点→p110 点→p120 点→p130 点→p100 点顺序移动，切割出一个圆形，然后 do1 端子输出 0 关闭切割，TCP 返回 pHome 点。

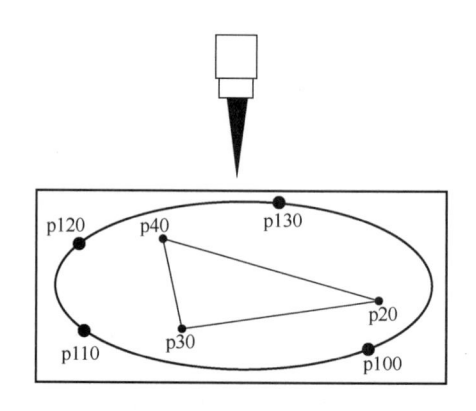

图 7-1 ABB 工业机器人切割的三角形和圆形及定位点

编写完成的切割三角形和圆形的 main 例行程序及说明见表 7-1。

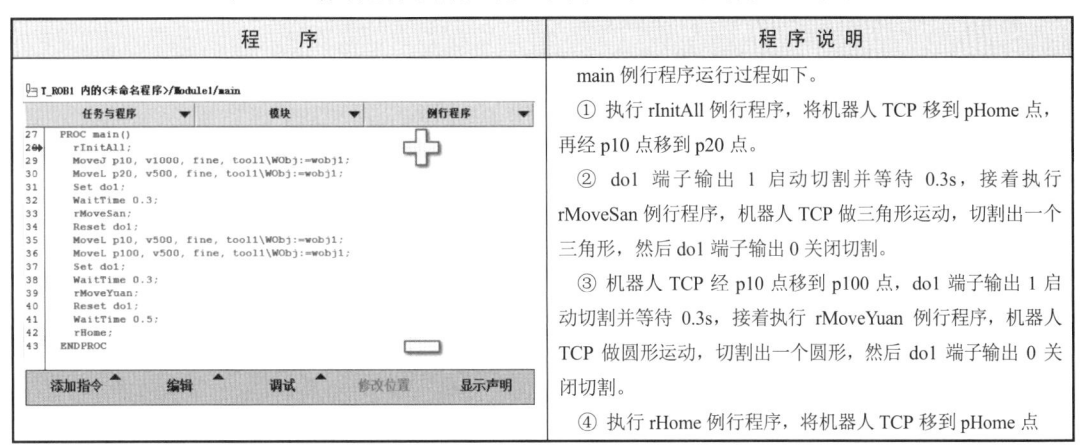

表7-1 编写完成的切割三角形和圆形的 main 例行程序及说明

程 序	程 序 说 明
T_ROB1 内的<未命名程序>/Module1/main 任务与程序　模块　例行程序 27 PROC main() 28 　rInitAll; 29 　MoveJ p10, v1000, fine, tool1\WObj:=wobj1; 30 　MoveL p20, v500, fine, tool1\WObj:=wobj1; 31 　Set do1; 32 　WaitTime 0.3; 33 　rMoveSan; 34 　Reset do1; 35 　MoveL p10, v500, fine, tool1\WObj:=wobj1; 36 　MoveL p100, v500, fine, tool1\WObj:=wobj1; 37 　Set do1; 38 　WaitTime 0.3; 39 　rMoveYuan; 40 　Reset do1; 41 　WaitTime 0.5; 42 　rHome; 43 ENDPROC 添加指令　编辑　调试　修改位置　显示声明	main 例行程序运行过程如下。 ① 执行 rInitAll 例行程序，将机器人 TCP 移到 pHome 点，再经 p10 点移到 p20 点。 ② do1 端子输出 1 启动切割并等待 0.3s，接着执行 rMoveSan 例行程序，机器人 TCP 做三角形运动，切割出一个三角形，然后 do1 端子输出 0 关闭切割。 ③ 机器人 TCP 经 p10 点移到 p100 点，do1 端子输出 1 启动切割并等待 0.3s，接着执行 rMoveYuan 例行程序，机器人 TCP 做圆形运动，切割出一个圆形，然后 do1 端子输出 0 关闭切割。 ④ 执行 rHome 例行程序，将机器人 TCP 移到 pHome 点

2．注意事项

ABB 工业机器人在做轨迹运动时，应注意以下事项。

（1）至少需要一个数字输出信号作为工具的动作信号，如涂胶作业时用于控制胶枪的开/关、激光切割作业中用于控制激光的开/关等。

（2）编程时一般将 TCP 设在工具尖端，Z 轴方向为工具末端的延伸方向。工具安装后可根据实际情况设定有效载荷和工具重心。

（3）在设置工件坐标系时，需要根据选取的固定参考点进行标定，并选择合适的坐标轴方向（特别是 Z 轴方向），否则可能会使后续的操作或程序调试无法进行。

（4）在首次自动运行时，应先将运行速度适当调低（如 25%速度），运行正常后再恢复至 100%速度。

7.1.2 配置 I/O 信号

在做轨迹运动时，ABB 工业机器人的控制器需要安装 I/O 板以输出 do1 信号控制割刀动作。如果控制器安装了 DSQC 651 I/O 板，那么要先配置 I/O 板的地址（一般设为10），再将 1 号数字量输出端子的名称设为 do1、信号类型设为数字量输出、地址设为32，配置结果如图 7-2 所示，具体配置过程在前面章节有详细介绍。

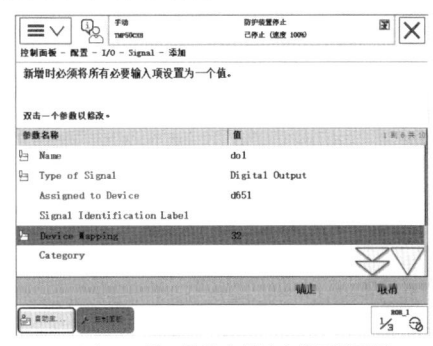

（a）I/O 板地址的配置　　　（b）I/O 板 1 号数字量输出端子的配置

图 7-2　DSQC 651 I/O 板地址及 1 号数字量输出端子的配置

7.1.3 创建工具和工件坐标数据

1. 创建工具坐标数据

ABB 工业机器人在未安装工具时,第 6 轴法兰盘的中心点为原始 TCP,以该点为中心的原始工具坐标数据保存在 tool0 数据中。ABB 工业机器人在进行不同作业时需要安装不同的工具,如搬运时安装吸盘式夹具作为工具,弧焊时安装焊枪作为工具,该情况下 TCP 就由第 6 轴法兰盘的中心点偏移到安装的工具上,这时需要进行一定的操作,让 ABB 工业机器人获得新安装工具的 TCP 坐标数据,即创建新安装工具的坐标数据(tooldata)。

在创建工具坐标数据时,给 ABB 工业机器人安装好切割工具(如一个锥型割刀),采用六点法(TCP 和 Z、X 法),先手动操作机器人手臂移动,让切割工具的尖端以 4 种姿态与工作区某个固定点(如三角形的 p20 点)接触,再手动操作机器人手臂画出 X 轴和 Z 轴方向(Y 轴方向根据右手定则确定),这样机器人系统根据上述操作产生的数据计算获得新安装工具的坐标数据。创建的工具坐标数据名称为 tool1,创建工具坐标数据的操作过程可查看前面的有关章节。

2. 创建工件坐标数据

工件坐标是工件相对于大地的坐标。对 ABB 工业机器人进行编程就是在工件坐标系中创建工具操作的目标和移动路径。ABB 工业机器人建立工件坐标数据(wobjdata)时一般采用三点法,在工件的工作台或工件边缘角位置上定义 X_1、X_2、Y 三点创建一个工件坐标系,其中 X_1、X_2 两点所在直线定义为 X 轴方向,X_1、Y 两点所在直线定义为 Y 轴方向,Z 轴方向根据右手定则确定。创建的工件坐标数据为 wobj1,创建工件坐标数据的操作过程可查看前面的有关章节。

7.1.4 编写程序

1. 建立程序文件并选择工具和工件坐标

ABB 工业机器人编程时使用示教器的程序编辑器,打开程序编辑器后会发现只有一个名称为 main 的程序文件,如果程序代码量大,则将所有代码写在一个程序文件中会有很多不便,这时可以建立多个程序文件,将不同功能的代码写在不同的程序文件中,然后在 main 程序文件中用指令调用这些文件即可。本节新建的程序文件如图 7-3 所示,新建程序文件的操作过程可查看前面的有关章节。

在编程让 ABB 工业机器人工具移动对工件进行加工时,需要在运动指令中指定所使用工具的坐标数据和被加工工件的坐标数据。本节编程时选择工具、工件坐标分别为前面已创建的 tool1 和 wobj1,如图 7-4 所示,选择工具、工件坐标的操作过程可查看前面的有关章节。

2. 编写 rHome 例行程序

rHome 例行程序的功能是将 ABB 工业机器人的 TCP 移到指定的位置(pHome 点)。rHome 例行程序的编写过程见表 7-2。

第 7 章 ABB 工业机器人编程实例

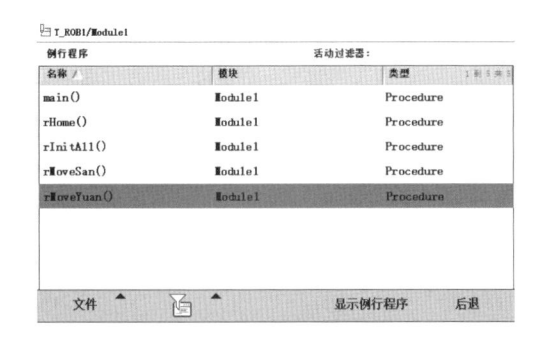

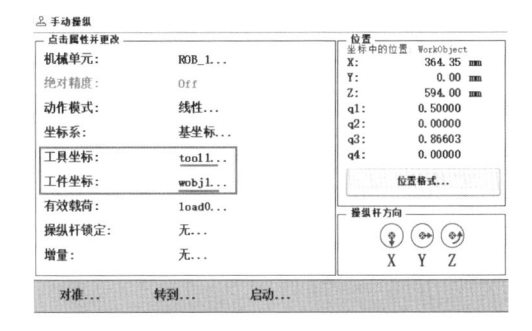

图 7-3 本节新建的程序文件　　　　图 7-4 编程前先选择使用的工具、工件坐标

表 7-2 rHome 例行程序的编写过程

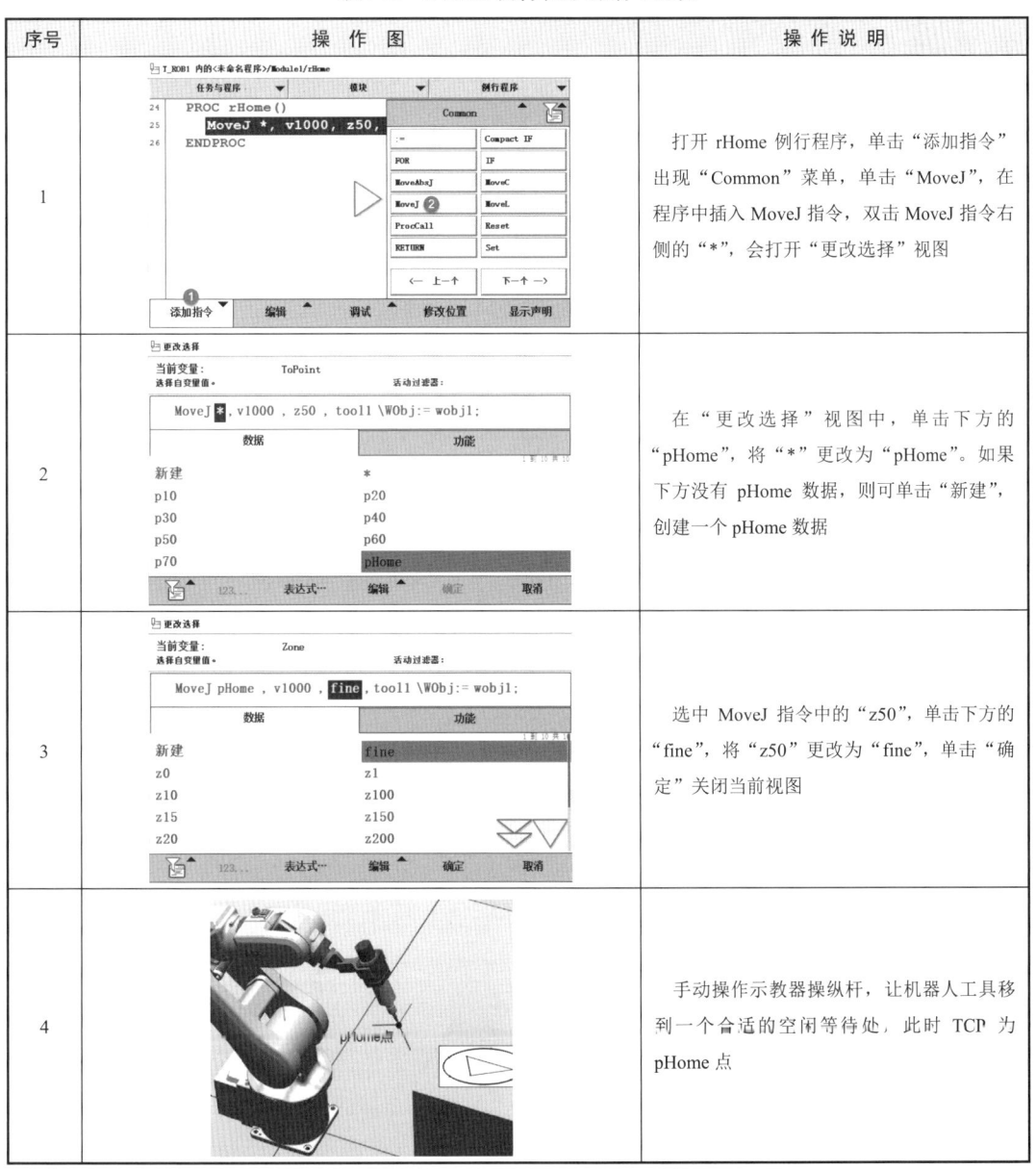

序号	操 作 图	操 作 说 明
1		打开 rHome 例行程序，单击"添加指令"出现"Common"菜单，单击"MoveJ"，在程序中插入 MoveJ 指令，双击 MoveJ 指令右侧的"*"，会打开"更改选择"视图
2		在"更改选择"视图中，单击下方的"pHome"，将"*"更改为"pHome"。如果下方没有 pHome 数据，则可单击"新建"，创建一个 pHome 数据
3		选中 MoveJ 指令中的"z50"，单击下方的"fine"，将"z50"更改为"fine"，单击"确定"关闭当前视图
4		手动操作示教器操纵杆，让机器人工具移到一个合适的空闲等待处，此时 TCP 为 pHome 点

185

（续表）

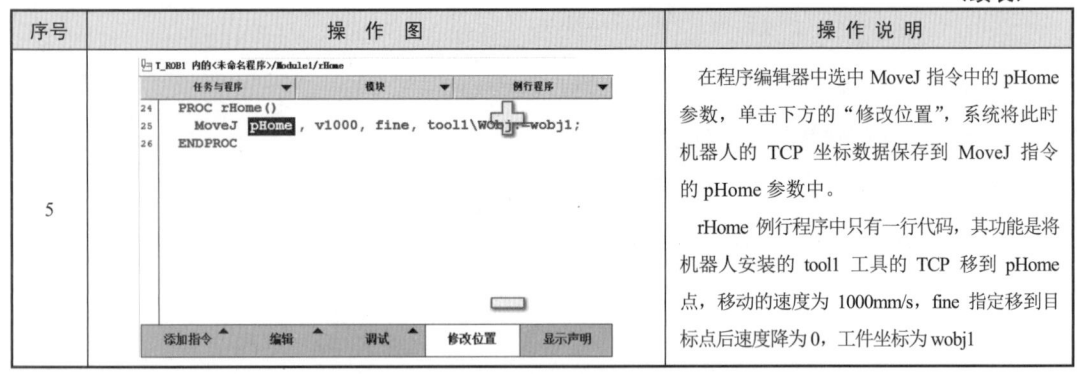

序号	操 作 图	操 作 说 明
5	PROC rHome() MoveJ pHome, v1000, fine, tool1\WObj:=wobj1; ENDPROC	在程序编辑器中选中 MoveJ 指令中的 pHome 参数，单击下方的"修改位置"，系统将此时机器人的 TCP 坐标数据保存到 MoveJ 指令的 pHome 参数中。 rHome 例行程序中只有一行代码，其功能是将机器人安装的 tool1 工具的 TCP 移到 pHome 点，移动的速度为 1000mm/s，fine 指定移到目标点后速度降为 0，工件坐标为 wobj1

3. 编写 rInitAll 例行程序

rInitAll 例行程序的功能是先设置 ABB 工业机器人的速度倍率，再执行 rHome 例行程序按设定的速度将 TCP 移到 pHome 点。rInitAll 例行程序的编写过程见表 7-3。

表 7-3　rInitAll 例行程序的编写过程

序号	操 作 图	操 作 说 明
1	PROC rInitAll() AccSet 100, 100; ENDPROC	打开 rInitAll 例行程序，单击"添加指令"出现"Common"菜单，单击其中的"Settings"，切换到"Settings"菜单，单击"AccSet"，在程序中插入 AccSet 指令
2	PROC rInitAll() AccSet 100, 100; VelSet 100, 5000; ENDPROC	在"Settings"菜单中，找到并单击"VelSet"，在程序中插入 VelSet 指令，如果要将该指令中的参数 5000 更改为 1000，则可双击"5000"打开"更改选择"视图
3	VelSet 100, 1000;	在"更改选择"视图中，"5000"自动处于选中状态，单击下方的"123"打开输入面板，输入 1000 即可将 5000 更改为 1000，单击"确定"关闭当前视图，返回程序编辑器

序号	操作图	操作说明
4	PROC rInitAll() AccSet 100, 100; VelSet 100, **1000**; ENDPROC	程序编辑器中的 VelSet 指令的第 2 个参数更改为 1000。单击"添加指令",出现"Common"菜单,单击"ProcCall",打开"子程序调用"视图
5	添加指令 - 子程序调用 main　　rHome rInitAll　rMoveSan rMoveYuan	在"子程序调用"视图中,选择 rHome 例行程序,单击"确定"关闭当前视图,返回程序编辑器
6	PROC rInitAll() AccSet 100, 100; VelSet 100, 1000; **rHome;** ENDPROC	在程序编辑器中插入了 rHome 例行程序。rInitAll 例行程序运行时,先执行 AccSet 指令,将加速度倍率和坡度均设为 100%,再执行 VelSet 指令,将速度倍率设为 100%,最大允许速度设为 1000mm/s,然后执行 rHome 例行程序(只有一条 MoveJ 指令),将机器人 TCP 移到 pHome 点,TCP 移动的加速度由 AccSet 指令设定,速度为 MoveJ 指令指定的速度 1000mm/s 与 VelSet 指令指定的速度倍率 100%的乘积

4. 编写 rMoveSan 例行程序

rMoveSan 例行程序的功能是让 ABB 工业机器人的 TCP 做三角形运动。rMoveSan 例行程序的编写过程见表 7-4。

表 7-4　rMoveSan 例行程序的编写过程

序号	操作图	操作说明
1	PROC rMoveSan() MoveJ *, v1000, z50, too ENDPROC	打开 rMoveSan 例行程序,单击"添加指令",出现"Common"菜单,单击"MoveJ",在程序中插入 MoveJ 指令,双击 MoveJ 指令右侧的"*",打开"更改选择"视图

(续表)

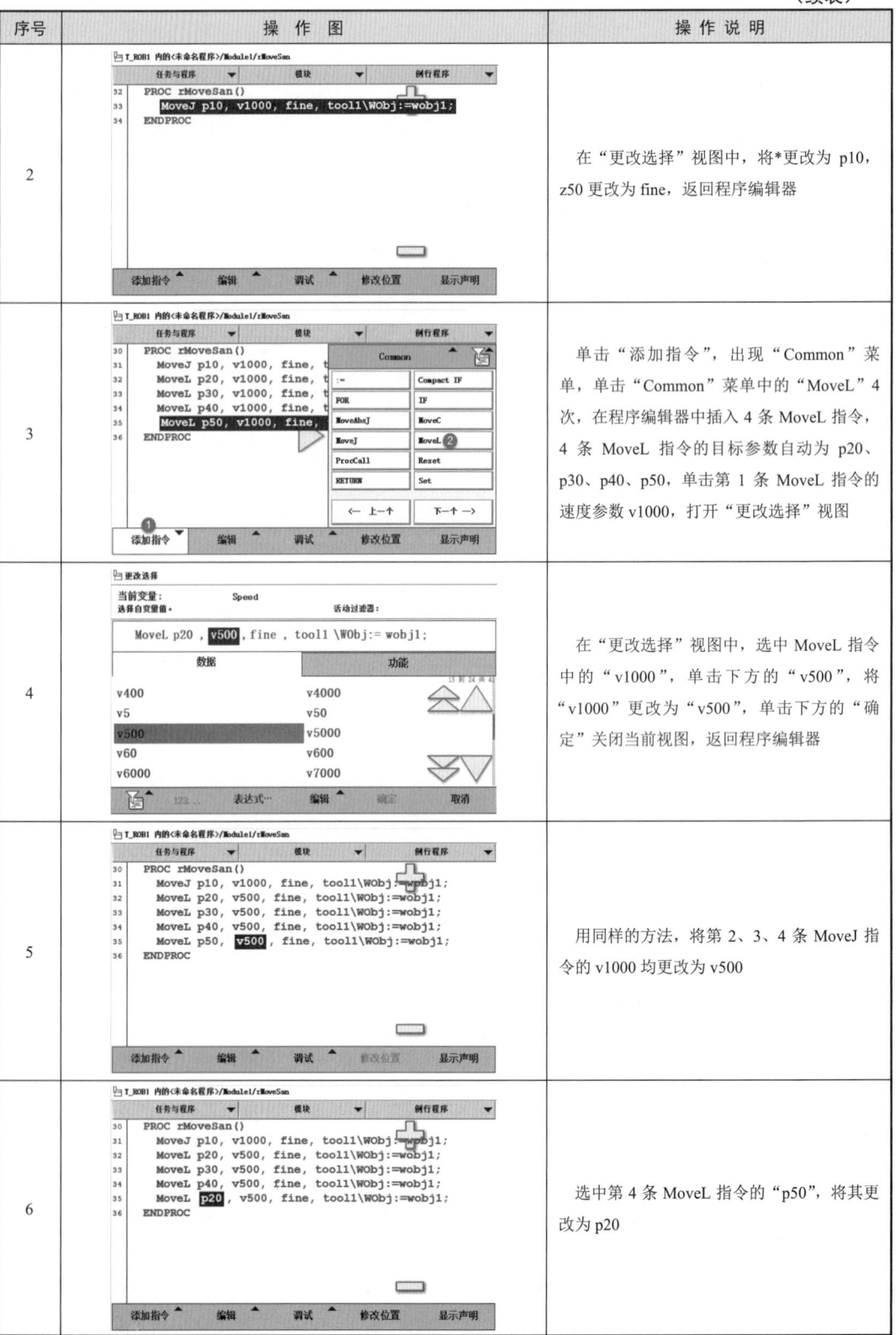

序号	操 作 图	操 作 说 明
2		在"更改选择"视图中,将*更改为 p10, z50 更改为 fine,返回程序编辑器
3		单击"添加指令",出现"Common"菜单,单击"Common"菜单中的"MoveL" 4 次,在程序编辑器中插入 4 条 MoveL 指令,4 条 MoveL 指令的目标参数自动为 p20、p30、p40、p50,单击第 1 条 MoveL 指令的速度参数 v1000,打开"更改选择"视图
4		在"更改选择"视图中,选中 MoveL 指令中的"v1000",单击下方的"v500",将"v1000"更改为"v500",单击下方的"确定"关闭当前视图,返回程序编辑器
5		用同样的方法,将第 2、3、4 条 MoveJ 指令的 v1000 均更改为 v500
6		选中第 4 条 MoveL 指令的"p50",将其更改为 p20

(续表)

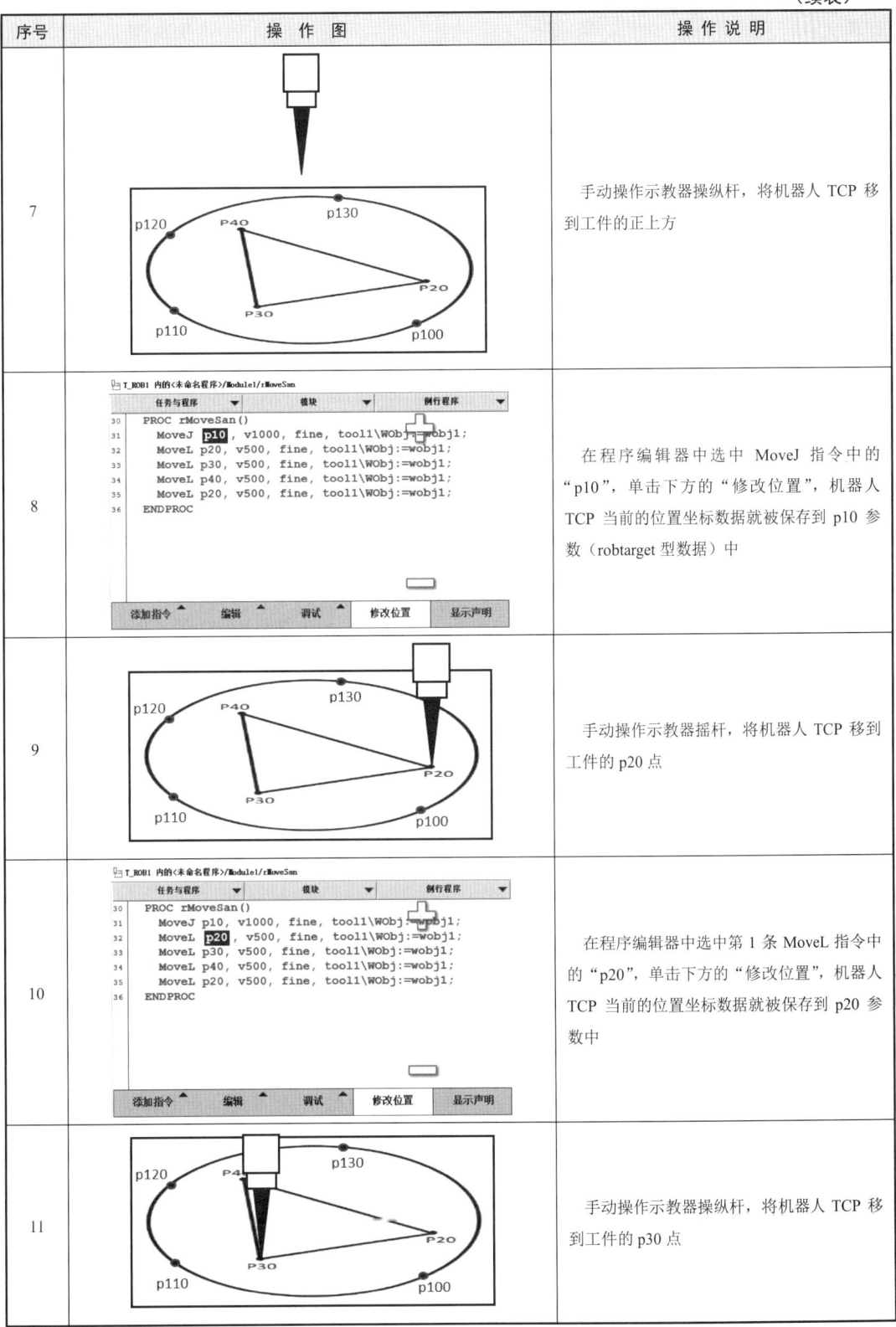

序号	操 作 图	操 作 说 明
7		手动操作示教器操纵杆，将机器人 TCP 移到工件的正上方
| 8 | ```
PROC rMoveSan()
    MoveJ p10, v1000, fine, tool1\WObj:=wobj1;
    MoveL p20, v500, fine, tool1\WObj:=wobj1;
    MoveL p30, v500, fine, tool1\WObj:=wobj1;
    MoveL p40, v500, fine, tool1\WObj:=wobj1;
    MoveL p20, v500, fine, tool1\WObj:=wobj1;
ENDPROC
``` | 在程序编辑器中选中 MoveJ 指令中的"p10"，单击下方的"修改位置"，机器人 TCP 当前的位置坐标数据就被保存到 p10 参数（robtarget 型数据）中 |
| 9 | | 手动操作示教器摇杆，将机器人 TCP 移到工件的 p20 点 |
| 10 | ```
PROC rMoveSan()
    MoveJ p10, v1000, fine, tool1\WObj:=wobj1;
    MoveL p20, v500, fine, tool1\WObj:=wobj1;
    MoveL p30, v500, fine, tool1\WObj:=wobj1;
    MoveL p40, v500, fine, tool1\WObj:=wobj1;
    MoveL p20, v500, fine, tool1\WObj:=wobj1;
ENDPROC
``` | 在程序编辑器中选中第 1 条 MoveL 指令中的"p20"，单击下方的"修改位置"，机器人 TCP 当前的位置坐标数据就被保存到 p20 参数中 |
| 11 | | 手动操作示教器操纵杆，将机器人 TCP 移到工件的 p30 点 |

（续表）

序号	操 作 图	操 作 说 明
| 12 | ```
PROC rMoveSan()
  MoveJ p10, v1000, fine, tool1\WObj:=wobj1;
  MoveL p20, v500, fine, tool1\WObj:=wobj1;
  MoveL p30, v500, fine, tool1\WObj:=wobj1;
  MoveL p40, v500, fine, tool1\WObj:=wobj1;
  MoveL p20, v500, fine, tool1\WObj:=wobj1;
ENDPROC
``` | 在程序编辑器中选中第 2 条 MoveL 指令中的"p30"，单击下方的"修改位置"，机器人 TCP 当前的位置坐标数据就被保存到 p30 参数中 |
| 13 | （图：p120、p130、p40、p30、p110、p100、P20 圆形示意图） | 手动操作示教器操纵杆，将机器人 TCP 移到工件的 p40 点 |
| 14 | ```
PROC rMoveSan()
  MoveJ p10, v1000, fine, tool1\WObj:=wobj1;
  MoveL p20, v500, fine, tool1\WObj:=wobj1;
  MoveL p30, v500, fine, tool1\WObj:=wobj1;
  MoveL p40, v500, fine, tool1\WObj:=wobj1;
  MoveL p20, v500, fine, tool1\WObj:=wobj1;
ENDPROC
``` | 在程序编辑器中选中第 3 条 MoveL 指令中的"p40"，单击下方的"修改位置"，机器人 TCP 当前的位置坐标数据就被保存到 p40 参数中。<br><br>rMoveSan 例行程序运行时，机器人 TCP 先运动到 p10 点，再运动到 p20 点，最后采用直线方式按 p20 点→p30 点→p40 点→p20 点运动 |

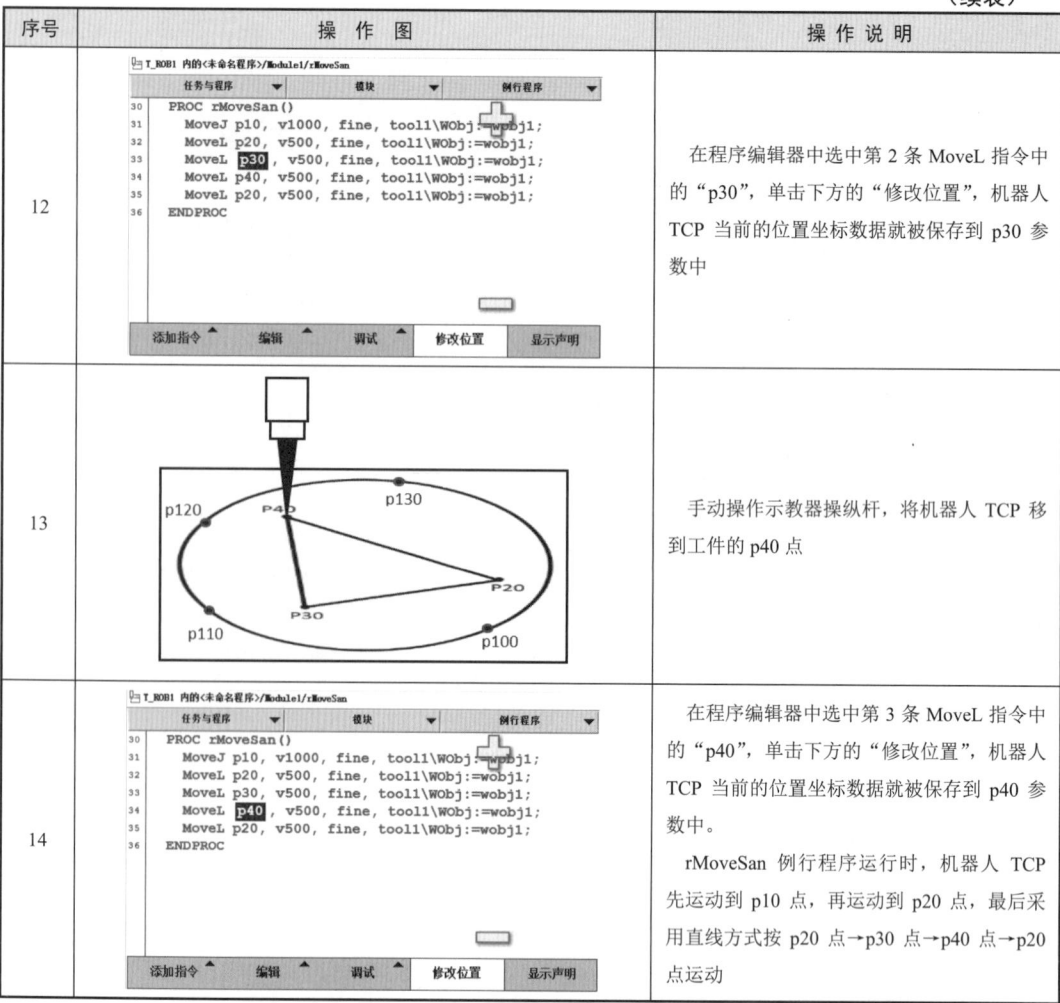

5. 编写 rMoveYuan 例行程序

rMoveYuan 例行程序的功能是让 ABB 工业机器人 TCP 做圆形运动。rMoveYuan 例行程序的编写过程见表 7-5。

表 7-5　rMoveYuan 例行程序的编写过程

序号	操 作 图	操 作 说 明
| 1 | ```
PROC rMoveYuan()
  MoveL *, v1000, z50, too
ENDPROC
``` （Common 菜单：:=、FOR、MoveAbsJ、MoveJ、ProcCall、RETURN / Compact IF、IF、MoveC、MoveL、Reset、Set） | 打开 rMoveYuan 例行程序，单击"添加指令"，出现"Common"菜单，单击"MoveL"，在程序中插入 MoveL 指令，双击 MoveL 指令中的"*"，打开"更改选择"视图 |
```

(续表)

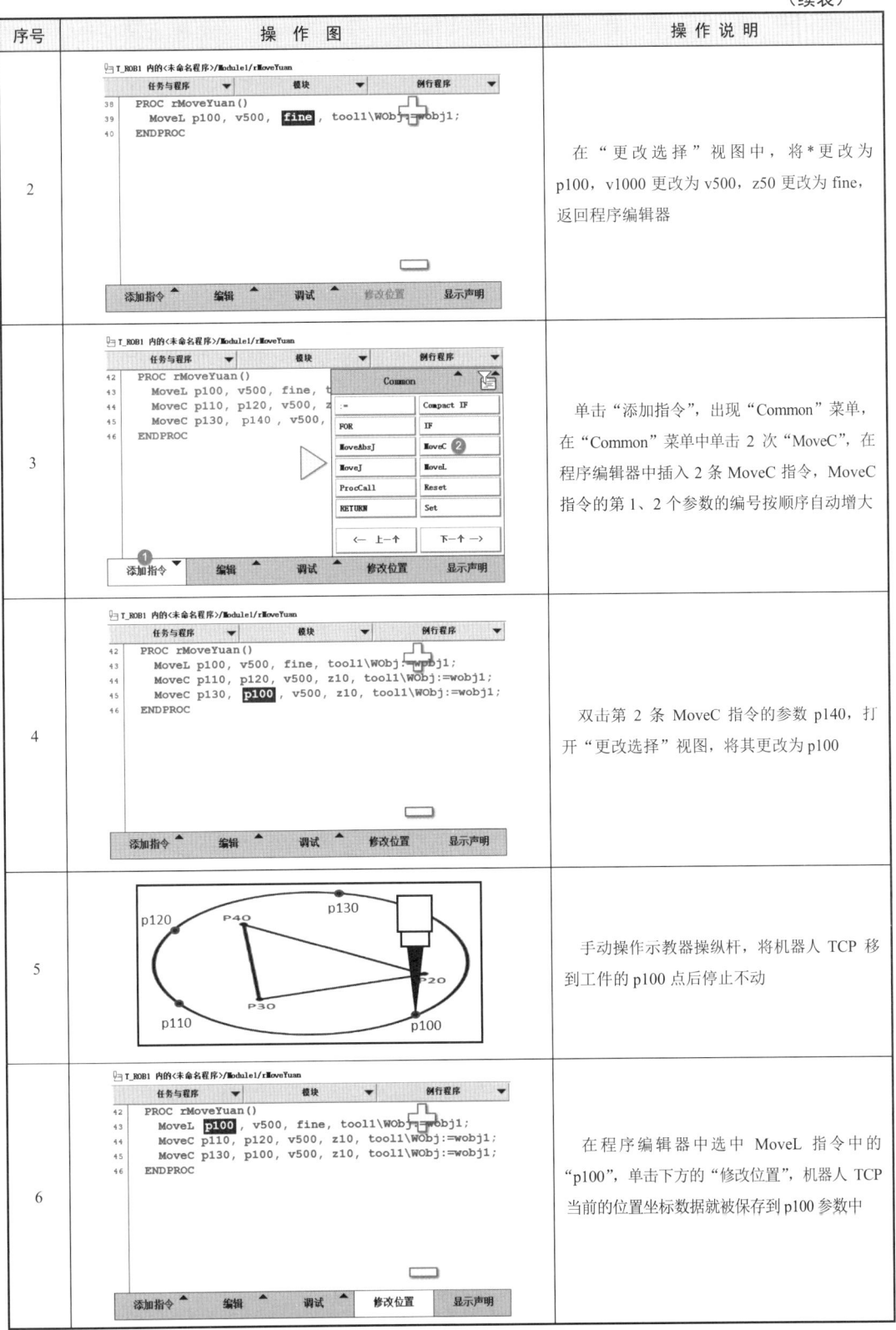

序号	操 作 图	操 作 说 明
2		在"更改选择"视图中，将*更改为p100，v1000更改为v500，z50更改为fine，返回程序编辑器
3		单击"添加指令"，出现"Common"菜单，在"Common"菜单中单击2次"MoveC"，在程序编辑器中插入2条MoveC指令，MoveC指令的第1、2个参数的编号按顺序自动增大
4		双击第2条MoveC指令的参数p140，打开"更改选择"视图，将其更改为p100
5		手动操作示教器操纵杆，将机器人TCP移到工件的p100点后停止不动
6		在程序编辑器中选中MoveL指令中的"p100"，单击下方的"修改位置"，机器人TCP当前的位置坐标数据就被保存到p100参数中

（续表）

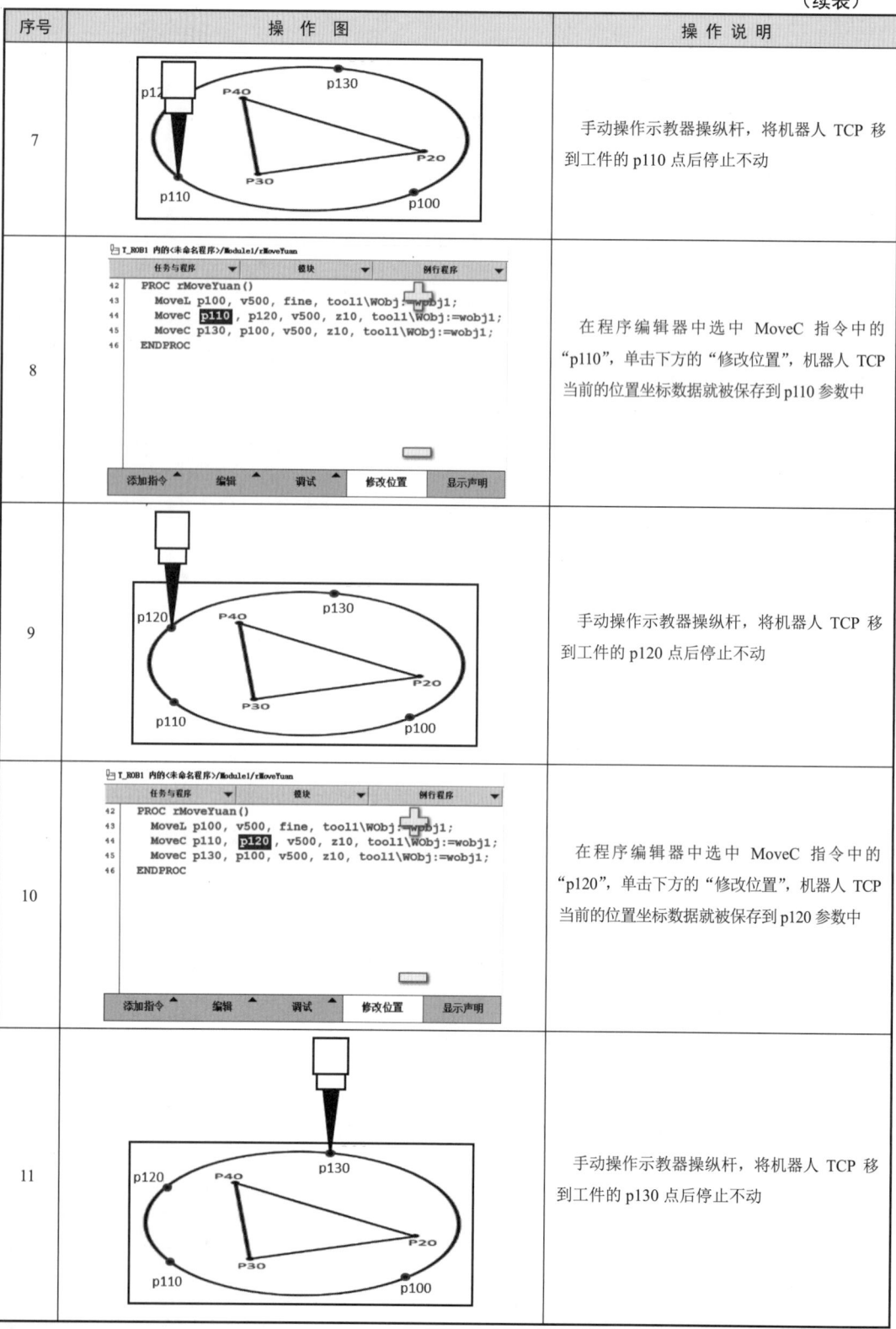

序号	操 作 图	操 作 说 明
7		手动操作示教器操纵杆，将机器人 TCP 移到工件的 p110 点后停止不动
| 8 | ```
PROC rMoveYuan()
    MoveL p100, v500, fine, tool1\WObj:=wobj1;
    MoveC p110, p120, v500, z10, tool1\WObj:=wobj1;
    MoveC p130, p100, v500, z10, tool1\WObj:=wobj1;
ENDPROC
``` | 在程序编辑器中选中 MoveC 指令中的"p110"，单击下方的"修改位置"，机器人 TCP 当前的位置坐标数据就被保存到 p110 参数中 |
| 9 | | 手动操作示教器操纵杆，将机器人 TCP 移到工件的 p120 点后停止不动 |
| 10 | ```
PROC rMoveYuan()
    MoveL p100, v500, fine, tool1\WObj:=wobj1;
    MoveC p110, p120, v500, z10, tool1\WObj:=wobj1;
    MoveC p130, p100, v500, z10, tool1\WObj:=wobj1;
ENDPROC
``` | 在程序编辑器中选中 MoveC 指令中的"p120"，单击下方的"修改位置"，机器人 TCP 当前的位置坐标数据就被保存到 p120 参数中 |
| 11 | | 手动操作示教器操纵杆，将机器人 TCP 移到工件的 p130 点后停止不动 |

（续表）

序号	操 作 图	操 作 说 明

12	PROC rMoveYuan()
	  MoveL p100, v500, fine, tool1\WObj:=wobj1;
	  MoveC p110, p120, v500, z10, tool1\WObj:=wobj1;
	  MoveC **p130**, p100, v500, z10, tool1\WObj:=wobj1;
	ENDPROC
		在程序编辑器中选中 MoveC 指令中的"p130"，单击下方的"修改位置"，机器人 TCP 当前的位置坐标数据就被保存到 p130 参数中。
		rMoveYuan 例行程序运行时，机器人 TCP 先运动到 p100 点，再采用圆弧方式按 p100 点→p110 点→p120 点→p130 点→p100 点运动

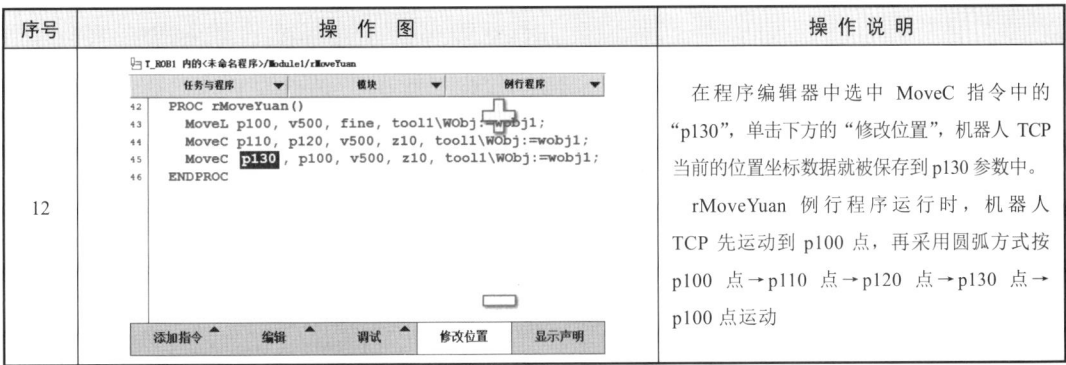

6．编写 main 例行程序

main 例行程序的功能是通过调用 rInitAll 例行程序让 ABB 工业机器人 TCP 返回 pHome 点，调用 rMoveSan 和 rMoveYuan 例行程序让 ABB 工业机器人 TCP 做三角形和圆形运动，通过执行 Set/Reset do1 指令启动/关闭切割。main 例行程序的编写过程见表 7-6。

表 7-6　main 例行程序的编写过程

序号	操 作 图	操 作 说 明
1	PROC main() rInitAll; ENDPROC	打开 main 例行程序，单击"添加指令"出现"Common"菜单，单击"ProcCall"，打开"子程序调用"视图，选择 rInitAll 例行程序，单击"确定"后，即在程序编辑器中插入了 rInitAll 例行程序

2	PROC main()
	  rInitAll;
	  MoveJ p10, v1000, fin
	  MoveL p20, v500, fine
	ENDPROC
		在"Common"菜单中，先后单击"MoveJ""MoveL"，在程序编辑器中插入了这 2 条指令，MoveJ 指令的参数依次设为 p10、v1000、fine，MoveL 指令的参数依次设为 p20、v500、fine。单击"Set"，打开"更改选择"视图

3	Set <EXP>; 新建　　　　do1	在"更改选择"视图中，"<EXP>"自动处于选中状态，选择"do1"，单击"确定"关闭当前视图，返回程序编辑器

(续表)

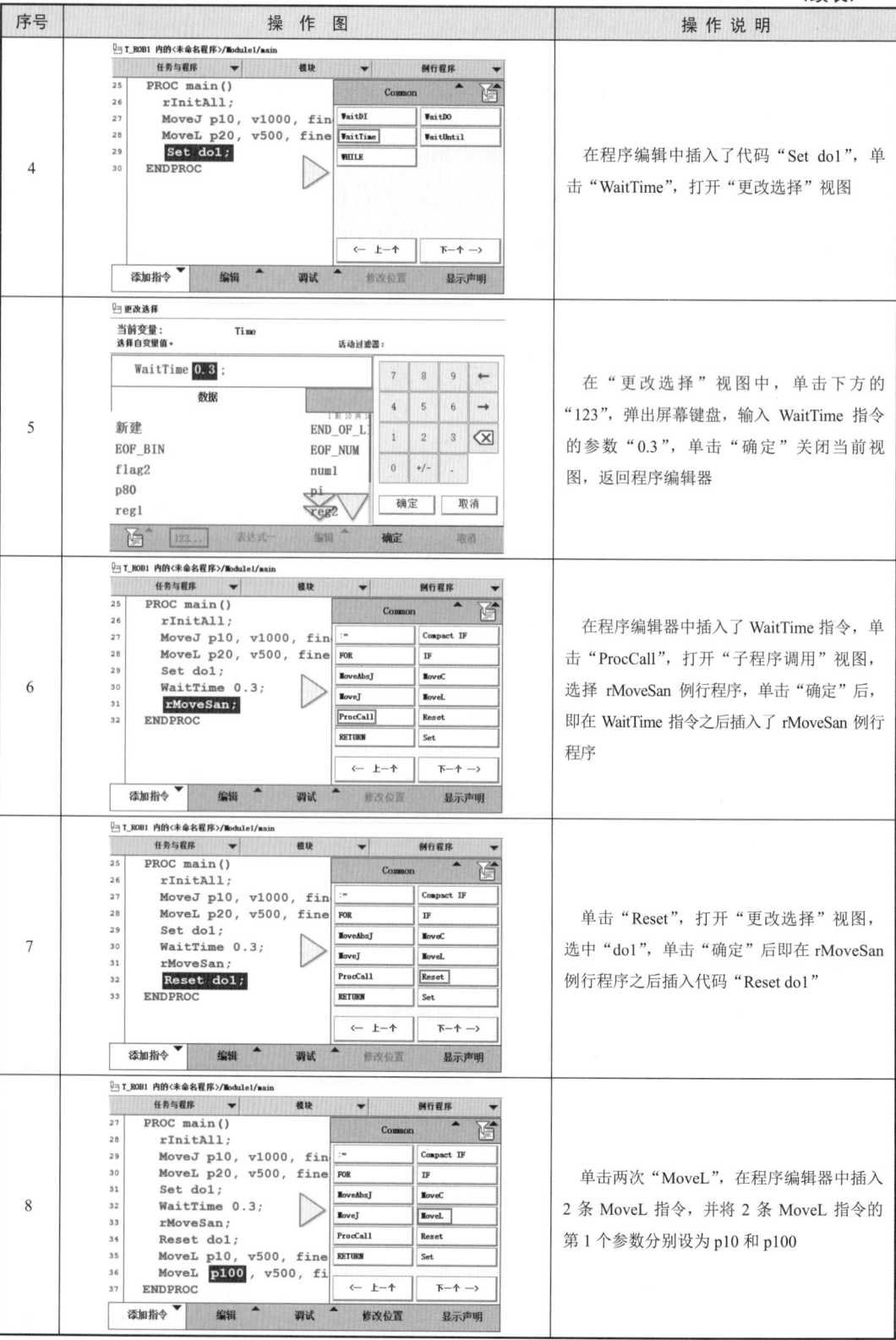

序号	操 作 图	操 作 说 明
4	PROC main() / rInitAll; / MoveJ p10, v1000, fin / MoveL p20, v500, fine / Set do1; / ENDPROC （Common面板：WaitDI, WaitDO, WaitTime, WaitUntil, WHILE）	在程序编辑中插入了代码"Set do1"，单击"WaitTime"，打开"更改选择"视图
5	更改选择 当前变量：Time / WaitTime 0.3; / 数据 / 新建 END_OF_L / EOF_BIN EOF_NUM / flag2 num1 / p80 pi / reg1 reg2 （数字键盘）	在"更改选择"视图中，单击下方的"123"，弹出屏幕键盘，输入 WaitTime 指令的参数"0.3"，单击"确定"关闭当前视图，返回程序编辑器
6	PROC main() / rInitAll; / MoveJ p10, v1000, fin / MoveL p20, v500, fine / Set do1; / WaitTime 0.3; / rMoveSan; / ENDPROC （Common面板：":=", Compact IF, FOR, IF, MoveAbsJ, MoveC, MoveJ, MoveL, ProcCall, Reset, RETURN, Set）	在程序编辑器中插入了 WaitTime 指令，单击"ProcCall"，打开"子程序调用"视图，选择 rMoveSan 例行程序，单击"确定"后，即在 WaitTime 指令之后插入了 rMoveSan 例行程序
7	PROC main() / rInitAll; / MoveJ p10, v1000, fin / MoveL p20, v500, fine / Set do1; / WaitTime 0.3; / rMoveSan; / Reset do1; / ENDPROC	单击"Reset"，打开"更改选择"视图，选中"do1"，单击"确定"后即在 rMoveSan 例行程序之后插入代码"Reset do1"
8	PROC main() / rInitAll; / MoveJ p10, v1000, fin / MoveL p20, v500, fine / Set do1; / WaitTime 0.3; / rMoveSan; / Reset do1; / MoveL p10, v500, fine / MoveL p100, v500, fi / ENDPROC	单击两次"MoveL"，在程序编辑器中插入 2 条 MoveL 指令，并将 2 条 MoveL 指令的第 1 个参数分别设为 p10 和 p100

(续表)

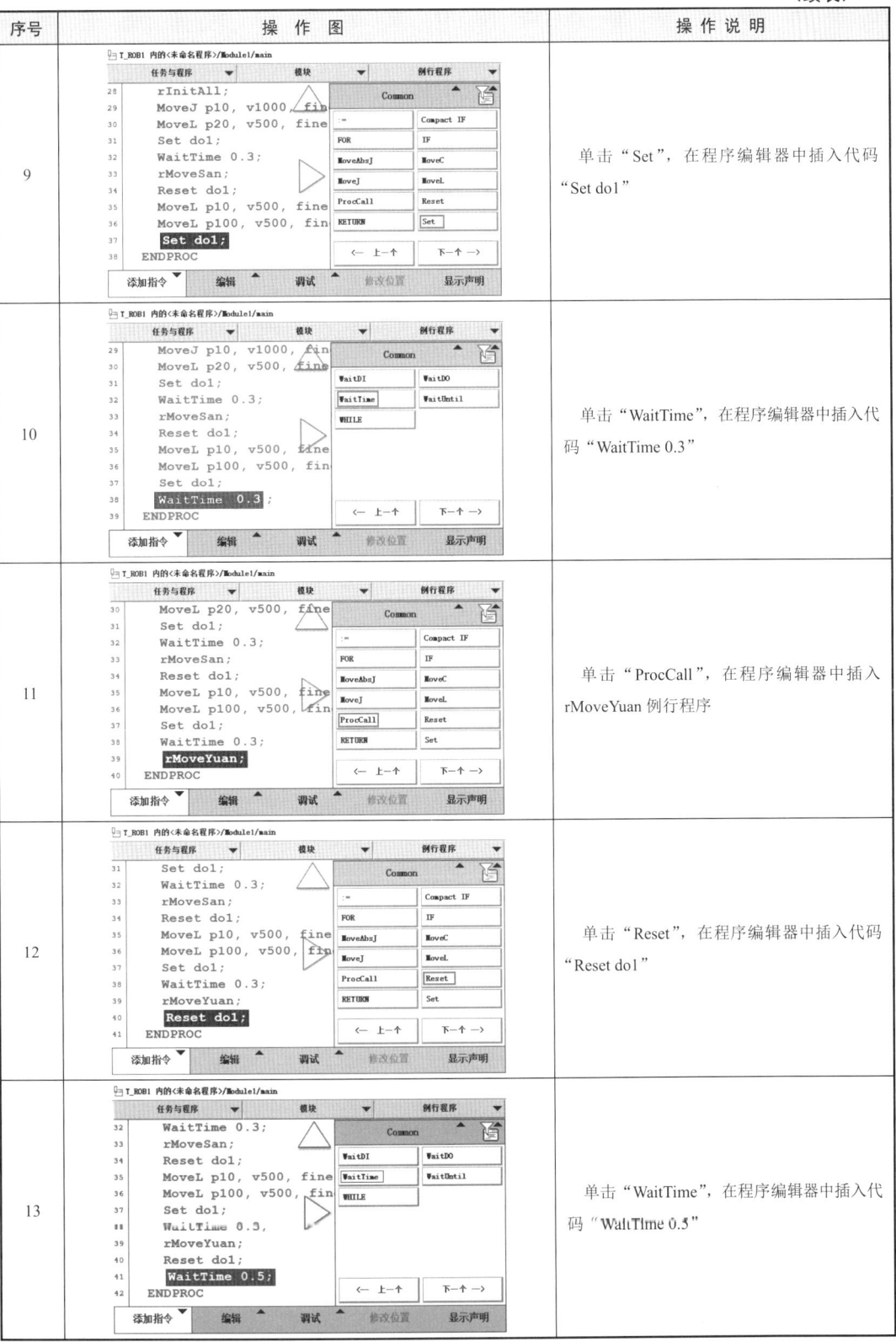

序号	操 作 图	操 作 说 明
9		单击"Set",在程序编辑器中插入代码"Set do1"
10		单击"WaitTime",在程序编辑器中插入代码"WaitTime 0.3"
11		单击"ProcCall",在程序编辑器中插入rMoveYuan例行程序
12		单击"Reset",在程序编辑器中插入代码"Reset do1"
13		单击"WaitTime",在程序编辑器中插入代码"WaitTime 0.5"

(续表)

序号	操 作 图	操 作 说 明
14		单击"ProcCall",在程序编辑器中插入 rHome 例行程序
15		单击左下角的"添加指令",将"Common"菜单隐藏起来,再次单击"添加指令","Common"菜单又会显示出来
16		程序编写完成后,可让系统检查程序是否有错误。在程序编辑器下方单击"调试",打开调试菜单,单击其中的"检查程序",系统会对程序进行检查,如果出现图示对话框,说明程序没有错误(至少在语法上没有错误)

7.1.5 程序调试和设置自动运行

1. 调试程序

程序编写完成后在正式运行前一般先进行调试运行,若调试运行时 ABB 工业机器人工作不正常或未达到要求,则需要找到问题并解决后才投入正式运行。ABB 工业机器人程序调试过程见表 7-7。

表 7-7 ABB 工业机器人程序调试过程

序号	操 作 图	操 作 说 明
1		打开 main 例行程序,单击右下角的设置按钮,上方出现 6 个设置项图标,单击第 3 个图标,即运行模式图标,展开运行模式选项,从中选择单周模式

(续表)

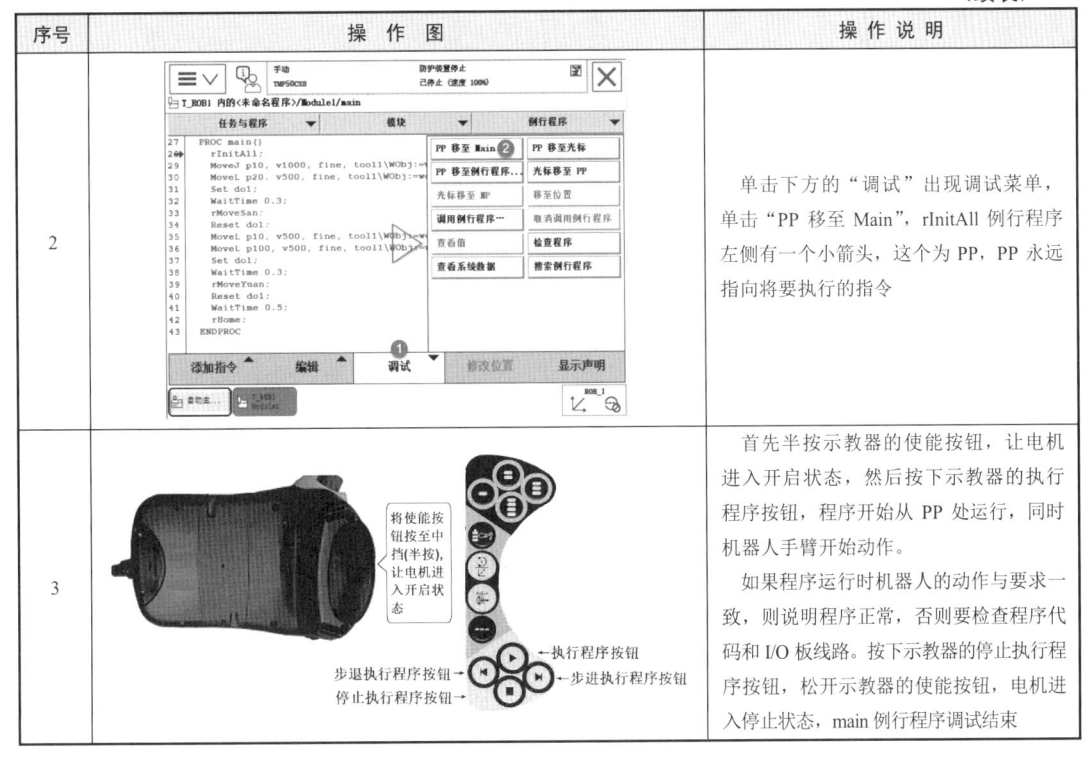

序号	操 作 图	操 作 说 明
2		单击下方的"调试"出现调试菜单，单击"PP 移至 Main"，rInitAll 例行程序左侧有一个小箭头，这个为 PP，PP 永远指向将要执行的指令
3		首先半按示教器的使能按钮，让电机进入开启状态，然后按下示教器的执行程序按钮，程序开始从 PP 处运行，同时机器人手臂开始动作。 如果程序运行时机器人的动作与要求一致，则说明程序正常，否则要检查程序代码和 I/O 板线路。按下示教器的停止执行程序按钮，松开示教器的使能按钮，电机进入停止状态，main 例行程序调试结束

2. 设置程序自动运行

程序调试正常后，可将程序设为自动运行。设置程序自动运行操作见表 7-8。

表 7-8　设置程序自动运行操作

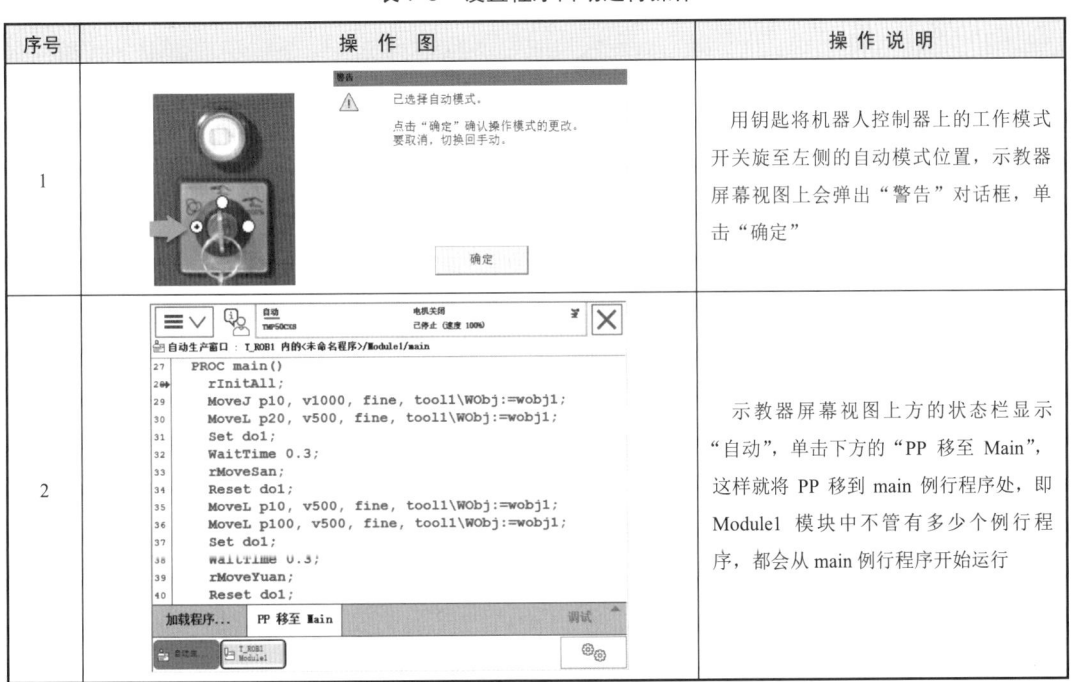

序号	操 作 图	操 作 说 明
1		用钥匙将机器人控制器上的工作模式开关旋至左侧的自动模式位置，示教器屏幕视图上会弹出"警告"对话框，单击"确定"
2		示教器屏幕视图上方的状态栏显示"自动"，单击下方的"PP 移至 Main"，这样就将 PP 移到 main 例行程序处，即 Module1 模块中不管有多少个例行程序，都会从 main 例行程序开始运行

(续表)

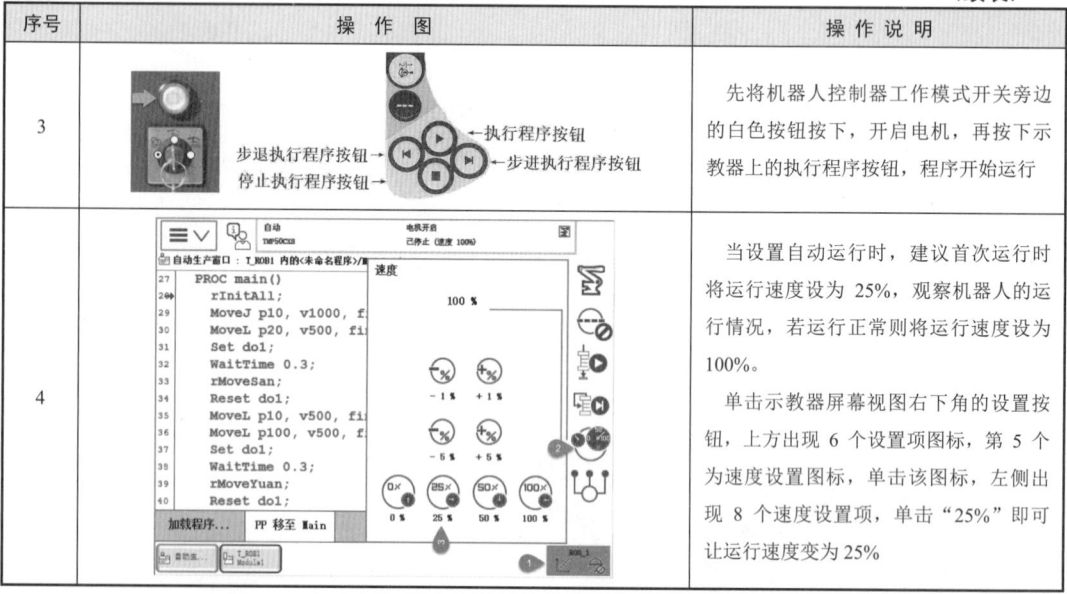

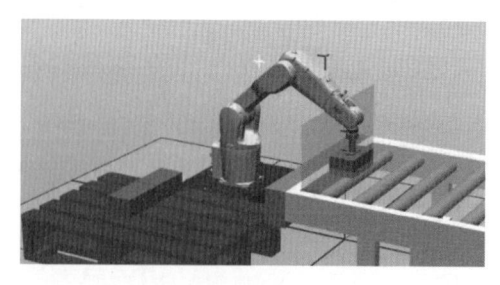

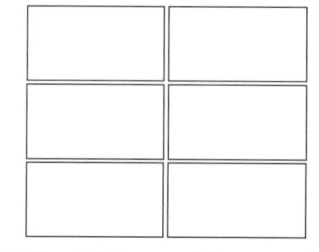

序号	操作图	操作说明
3	步退执行程序按钮←　←执行程序按钮 停止执行程序按钮←　←步进执行程序按钮	先将机器人控制器工作模式开关旁边的白色按钮按下,开启电机,再按下示教器上的执行程序按钮,程序开始运行
| 4 | ```
27  PROC main()
28    rInitAll;
29    MoveJ p10, v1000, f..
30    MoveL p20, v500, fi..
31    Set do1;
32    WaitTime 0.3;
33    rMoveSan;
34    Reset do1;
35    MoveL p10, v500, fi..
36    MoveL p100, v500, f..
37    Set do1;
38    WaitTime 0.3;
39    rMoveYuan;
40    Reset do1;
``` | 当设置自动运行时,建议首次运行时将运行速度设为 25%,观察机器人的运行情况,若运行正常则将运行速度设为 100%。<br>单击示教器屏幕视图右下角的设置按钮,上方出现 6 个设置项图标,第 5 个为速度设置图标,单击该图标,左侧出现 8 个速度设置项,单击"25%"即可让运行速度变为 25% |

7.2 ABB 工业机器人搬运码垛

7.2.1 控制要求

ABB 工业机器人安装吸盘式工具(后面简称吸盘),将传送带送来的 6 个方块依次搬运到放置台并按要求排列,如图 7-5 所示,具体的控制要求如下。

(1)当传送带上的方块到达指定位置(工件到位)时,ABB 工业机器人安装的吸盘 TCP 从 pHome 点先移到方块正上方 100mm 处,再直线下降到 pPick 点,同时吸盘通电抓取方块。

(2)吸盘抓取方块后先直线上升 100mm,再移到 pPlace1 点上方 100mm 处,最后直线下降 100mm 到达 pPlace1 点,同时吸盘断电放置方块。

(3)放置完方块后,吸盘先从 pPlace1 点上升 100mm,再移到 pPickWait 点。

(a) 外形

单个方块规格:长为300mm,宽为150mm,高为100mm
(b) 方块的排列与规格

图 7-5　ABB 工业机器人搬运方块
```

(c) 系统的关键点与移动路线

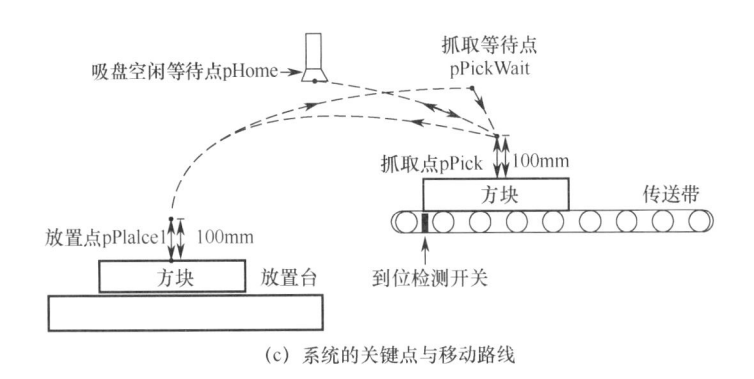

图 7-5　ABB 工业机器人搬运方块（续）

当传送带上的下一个方块到达指定位置时，吸盘从 pPickWait 点移往 pPick 点抓取方块，之后的过程与上述相同，当抓取并放置了 6 个方块后，ABB 工业机器人停止抓取动作。

编写完成的 ABB 工业机器人搬运方块的 main 例行程序及说明见表 7-9。

表 7-9　编写完成的 ABB 工业机器人搬运方块的 main 例行程序及说明

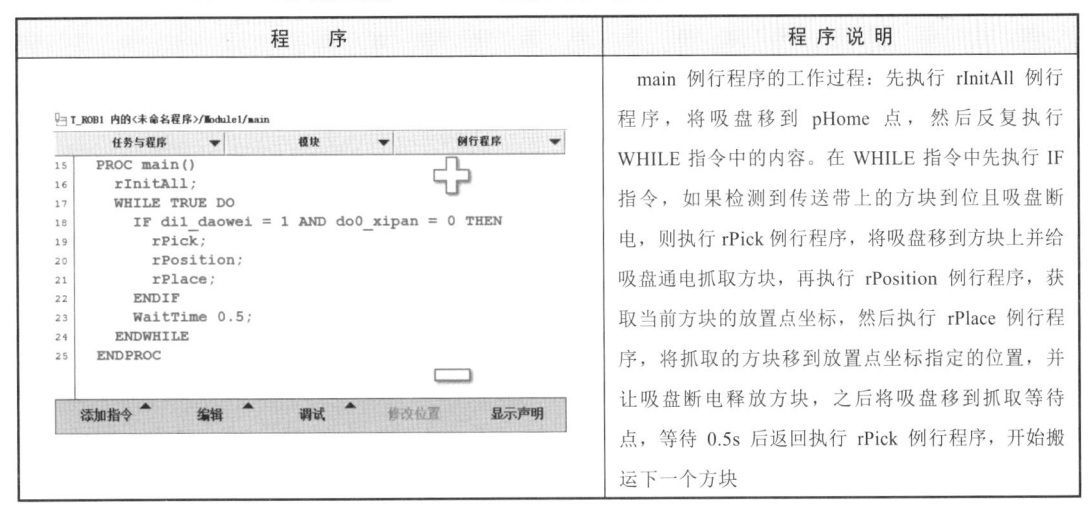

程　　序	程 序 说 明
``` T_ROB1 内的<未命名程序>/Module1/main 15 PROC main() 16 rInitAll; 17 WHILE TRUE DO 18 IF di1_daowei = 1 AND do0_xipan = 0 THEN 19 rPick; 20 rPosition; 21 rPlace; 22 ENDIF 23 WaitTime 0.5; 24 ENDWHILE 25 ENDPROC ```	main 例行程序的工作过程：先执行 rInitAll 例行程序，将吸盘移到 pHome 点，然后反复执行 WHILE 指令中的内容。在 WHILE 指令中先执行 IF 指令，如果检测到传送带上的方块到位且吸盘断电，则执行 rPick 例行程序，将吸盘移到方块上并给吸盘通电抓取方块，再执行 rPosition 例行程序，获取当前方块的放置点坐标，然后执行 rPlace 例行程序，将抓取的方块移到放置点坐标指定的位置，并让吸盘断电释放方块，之后将吸盘移到抓取等待点，等待 0.5s 后返回执行 rPick 例行程序，开始搬运下一个方块

7.2.2　配置 I/O 信号

ABB 工业机器人在搬运方块时，控制器需要安装 I/O 板以使用 di1、do0 端子，di1 端子的输入信号来自传送带的到位检测开关，用于检测传送带上的方块是否到位，只有方块到位时才执行搬运操作，do0 端子的输出信号用于控制吸盘通/断电来抓/放方块。

如果控制器安装了 DSQC 651 I/O 板，则要先配置 I/O 板的地址（一般设为 10），再将 1 号数字量输入端子的名称设为 di1_daowei、信号类型设为数字量输入、地址设为 1，将 0 号数字量输出端子的名称设为 do0_xipan、信号类型设为数字量输出、地址设为 0，配置结果如图 7-6 所示，具体配置方法可查看前面有关章节。

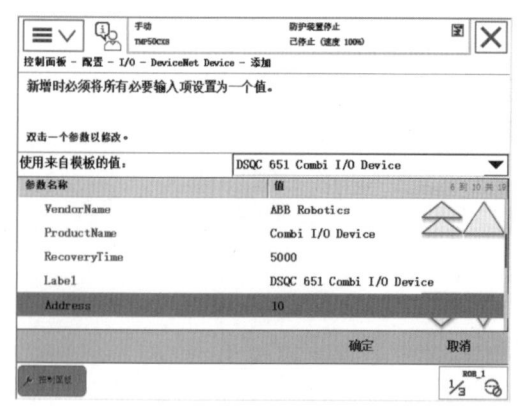

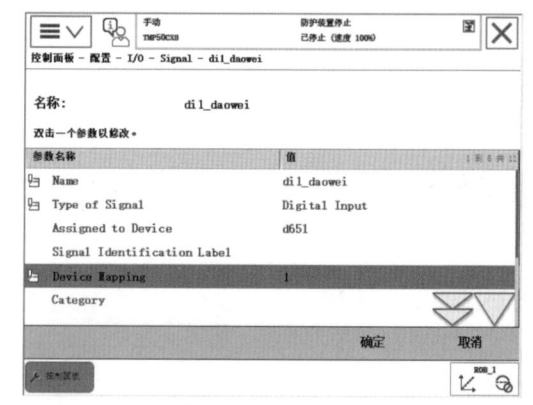

(a) I/O 板地址的配置

(b) I/O 板 1 号数字量输入端子的配置

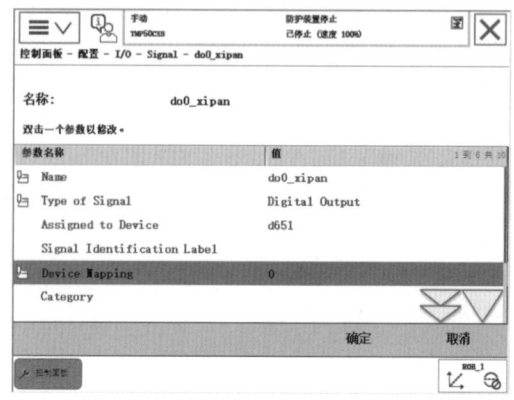

(b) I/O 板 0 号数字量输出端子的配置

图 7-6　DSQC 651 I/O 板地址及端子的配置

7.2.3　创建工具、工件、载荷数据

1. 创建工具坐标数据

ABB 工业机器人在未安装工具时，第 6 轴法兰盘的中心点为原始 TCP，以该点为中心的原始工具坐标数据保存在 tool0 数据中。在搬运时 ABB 工业机器人安装吸盘，TCP 就由第 6 轴法兰盘的中心点偏移到吸盘上，由于吸盘的 TCP 比较简单，是由原始 TCP 在 Z 轴方向偏移 50mm 得到的，吸盘的质量为 1kg，因此可以将这些数据直接输入而创建吸盘的工具坐标数据 tool1，如图 7-7 所示。创建工具坐标数据的详细操作过程可查看前面有关章节。

2. 创建工件坐标数据

ABB 工业机器人搬运方块时，要将多个方块准确地码放在放置台相应的位置，故应以放置台为基准创建一个工件坐标系。在放置台边缘角位置上定义 X_1、X_2、Y 三点创建一个工件坐标系，其中 X_1、X_2 两点所在直线定义为 X 轴方向，X_1、Y 两点所在直线定义为 Y 轴方向，Z 轴方向根据右手定则确定。创建的工件坐标数据为 wobj1，创建工件坐标数据的详细操作过程可查看前面有关章节。

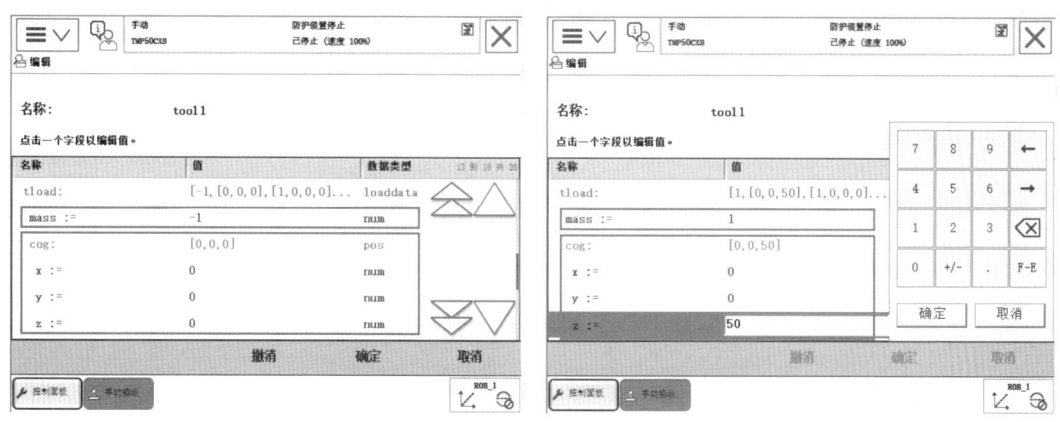

(a) 创建前的 tool1 数据内容 　　　　　(b) 输入吸盘 TCP 和质量

图 7-7　创建吸盘的工具坐标数据 tool1

3. 创建有效载荷数据

搬运类机器人在搬运时除安装的搬运工具有一定的质量外，搬运的工件也有一定的质量，在空载和带载时机器人的载荷不同。在搬动较重的工件时，为了让机器人可靠协调地工作，除要在工具坐标数据（tooldata）中设置工具的质量和重心外，还应在有效载荷数据（loaddata）中设置搬动工件时的质量和重心。

搬运类机器人安装吸盘抓取方块，方块的质量为 3kg，其厚度为 100mm，重心为方块中心，在未抓取方块（空载）时有效载荷数据为 load0，在抓取方块时有效载荷数据为 load1，创建有效载荷数据 load1 如图 7-8 所示。创建有效载荷数据的详细操作过程可查看前面有关章节。

(a) 创建前的 load1 数据内容 　　　　　(b) 输入工件质量和重心

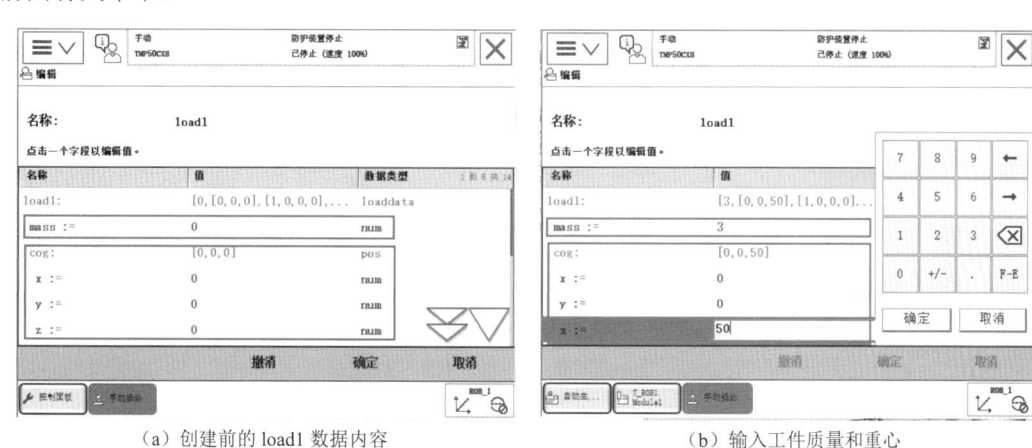

图 7-8　创建有效载荷数据 load1

7.2.4　编写程序

1. 建立程序文件并选择工具坐标、工件坐标和有效载荷

在 ABB 工业机器人示教器中打开程序编辑器，先在 Module1 模块中建立 rInitAll、rPick、rPlace、rPosition 和 main 5 个例行程序，如图 7-9 所示，再打开"手动操纵"视

图，工具坐标选择 tool1，工件坐标选择 wobj1，有效载荷选择 load0，如图 7-10 所示。

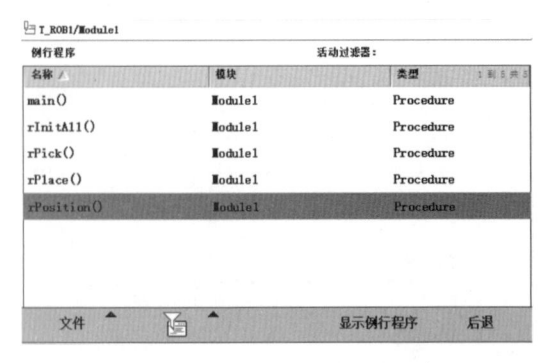

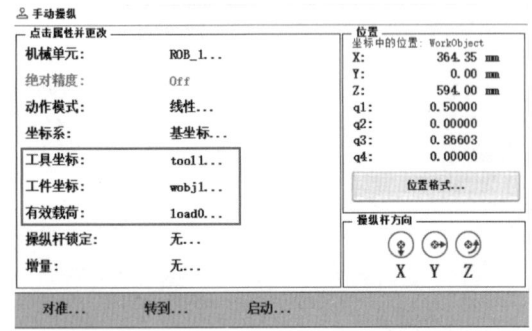

图 7-9　在 Module1 模块中建立 5 个例行程序　　图 7-10　编程前选择工具坐标、工件坐标和有效载荷

2. 建立 ABB 工业机器人目标位置数据

ABB 工业机器人的各种动作是由各关节轴转动使 TCP 在各个指定位置之间移动完成的，因此编写程序控制 ABB 工业机器人动作时必须要确定各个关键点位置（又称目标位置）。目标位置数据可在编程时确定，也可以在编程前建立。ABB 工业机器人搬运方块需要建立的目标位置数据（robtarget）有 pHome 点、pPick 点、pPlace1 点、pPickWait 点和 pPlace 点，其建立过程见表 7-10。

表 7-10　ABB 工业机器人目标位置数据建立过程

序号	操　作　图	操　作　说　明
1		在示教器屏幕视图的左上角单击主菜单按钮，打开主菜单视图，单击"程序数据"，打开"程序数据"视图
2		在"程序数据"视图中，单击右下角"视图"，弹出快捷菜单，选择"全部数据类型"，视图中会显示全部数据类型

(续表)

序号	操 作 图	操 作 说 明
3	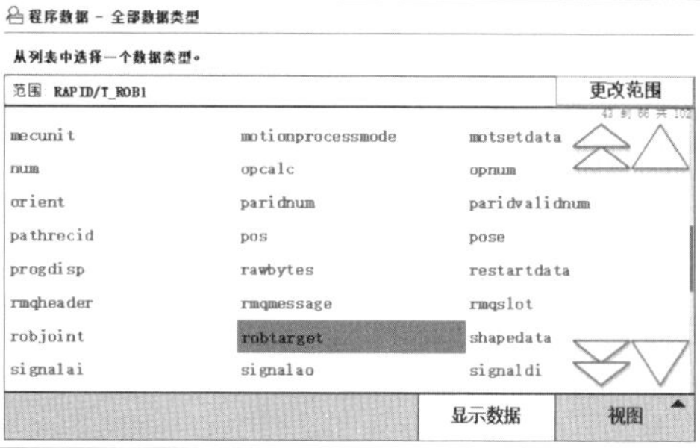	在"全部数据类型"视图中,单击下三角按钮,找到 robtarget 类型并选中,单击下方的"显示数据",打开"robtarget"视图
4	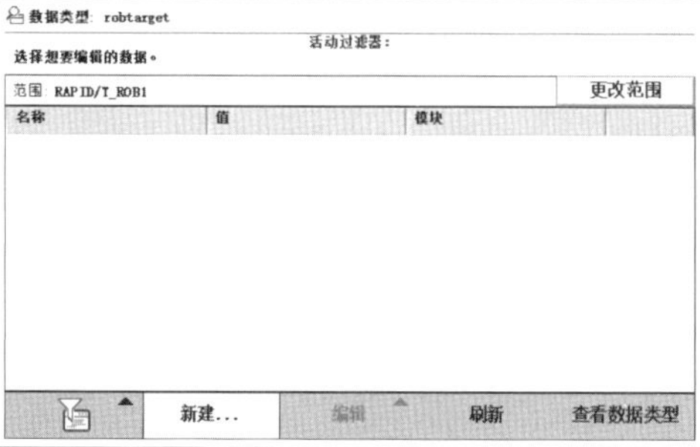	在"robtarget"视图中,单击下方的"新建",打开"数据声明"视图
5	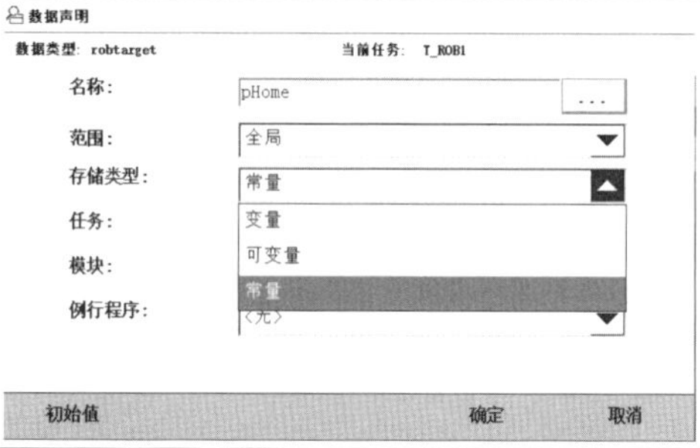	在"数据声明"视图中,单击名称栏右侧的"...",打开输入面板,输入数据的名称"pHome",存储类型选择"常量",其他各项参数保持默认值,单击"确定"关闭当前视图,返回"robtarget"视图
6	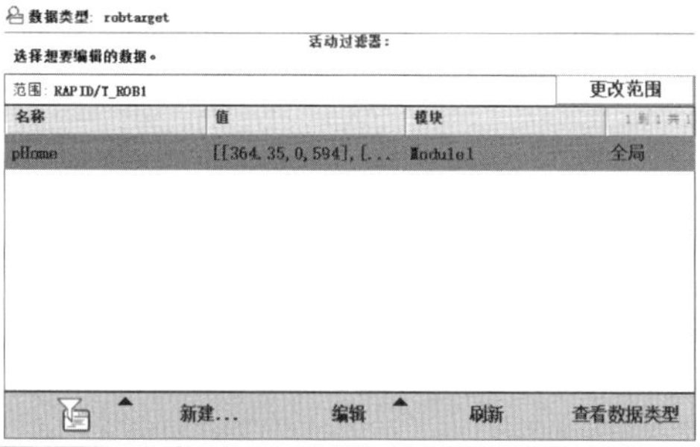	在"robtarget"视图中成功新建了一个名称为 pHome 的 robtarget 类型的数据
7	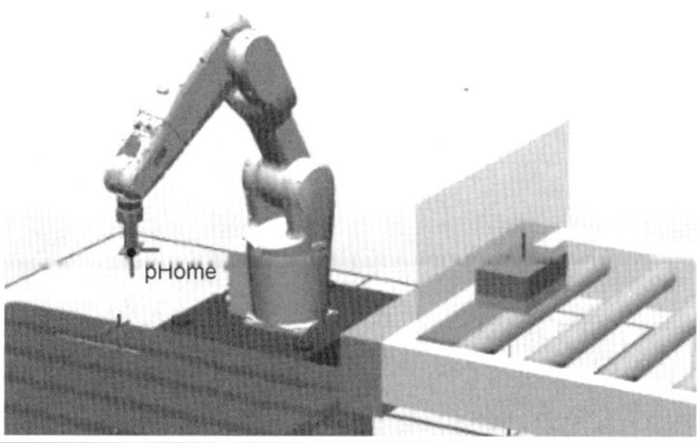	手动操作示教器操纵杆,将机器人吸盘移到一个合适的空闲等待处,此时 TCP 为 pHome 点

(续表)

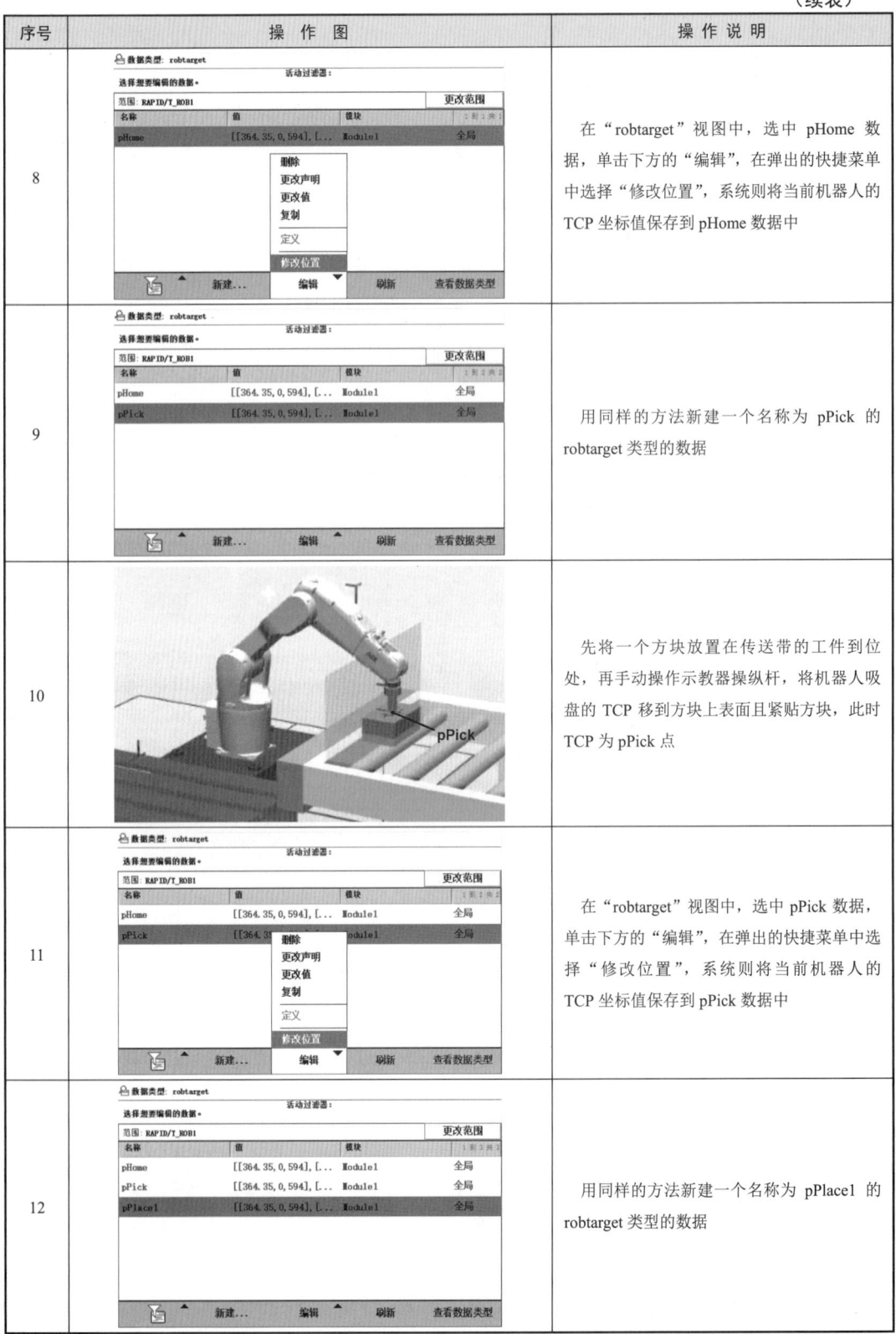

序号	操 作 图	操 作 说 明
8		在"robtarget"视图中，选中 pHome 数据，单击下方的"编辑"，在弹出的快捷菜单中选择"修改位置"，系统则将当前机器人的 TCP 坐标值保存到 pHome 数据中
9		用同样的方法新建一个名称为 pPick 的 robtarget 类型的数据
10		先将一个方块放置在传送带的工件到位处，再手动操作示教器操纵杆，将机器人吸盘的 TCP 移到方块上表面且紧贴方块，此时 TCP 为 pPick 点
11		在"robtarget"视图中，选中 pPick 数据，单击下方的"编辑"，在弹出的快捷菜单中选择"修改位置"，系统则将当前机器人的 TCP 坐标值保存到 pPick 数据中
12		用同样的方法新建一个名称为 pPlace1 的 robtarget 类型的数据

(续表)

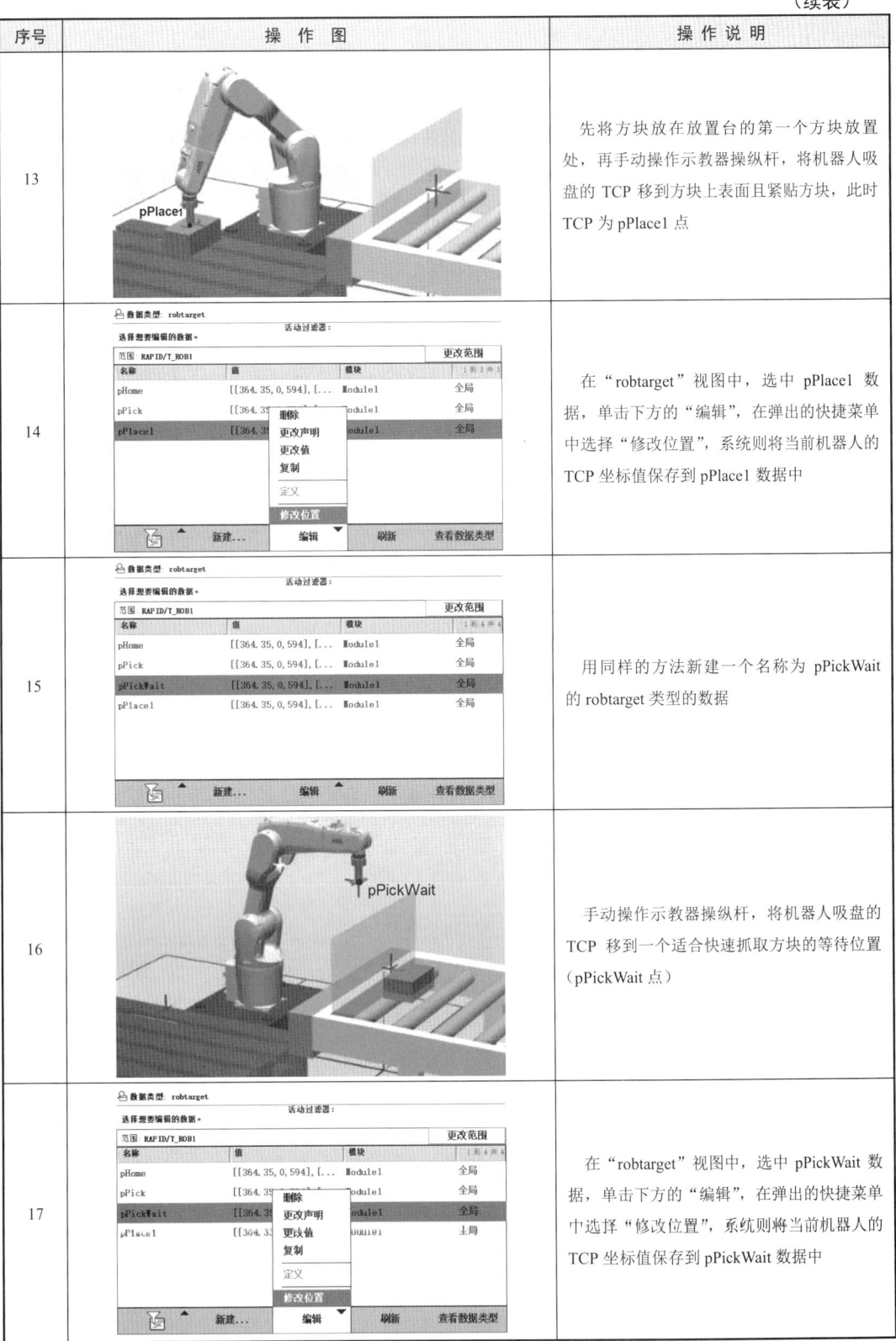

序号	操 作 图	操 作 说 明
13		先将方块放在放置台的第一个方块放置处,再手动操作示教器操纵杆,将机器人吸盘的 TCP 移到方块上表面且紧贴方块,此时 TCP 为 pPlace1 点
14		在"robtarget"视图中,选中 pPlace1 数据,单击下方的"编辑",在弹出的快捷菜单中选择"修改位置",系统则将当前机器人的 TCP 坐标值保存到 pPlace1 数据中
15		用同样的方法新建一个名称为 pPickWait 的 robtarget 类型的数据
16		手动操作示教器操纵杆,将机器人吸盘的 TCP 移到一个适合快速抓取方块的等待位置(pPickWait 点)
17		在"robtarget"视图中,选中 pPickWait 数据,单击下方的"编辑",在弹出的快捷菜单中选择"修改位置",系统则将当前机器人的 TCP 坐标值保存到 pPickWait 数据中

(续表)

序号	操作图	操作说明
18	数据类型：robtarget 范围：RAPID/T_ROB1 名称　　值　　　　　　　模块 pHome　　[[364.35,0,594],[...　Module1　全局 pPick　　[[364.35,0,594],[...　Module1　全局 pPickWait　[[364.35,0,594],[...　Module1　全局 **pPlace**　[[364.35,0,594],[...　Module1　全局 pPlace1　[[364.35,0,594],[...　Module1　全局	用同样的方法新建一个名称为 pPlace 的 robtarget 类型的数据，该数据的数值不固定，在放置不同方块时，该数据会被赋予不同的坐标值，以便将方块放在不同的位置，因此在新建 pPlace 数据时，其存储类型要选择"变量"

3. 编写 rInitAll 例行程序

rInitAll 例行程序的功能是先将 ABB 工业机器人的吸盘移到 pHome 点，然后关闭机器人关节运动的轴配置监视功能，并复位 do0_xipan 信号，让吸盘断电。rInitAll 例行程序的编写过程见表 7-11。

表 7-11　rInitAll 例行程序的编写过程

序号	操作图	操作说明
1	T_ROB1 内的<未命名程序>/Module1/rInitAll PROC rInitAll() 　MoveJ *, v1000, z50, tool1\WO ENDPROC Common 菜单：:=、FOR、MoveAbsJ、**MoveJ**、ProcCall、RETURN / Compact IF、IF、MoveC、MoveL、Reset、Set	打开 rInitAll 例行程序，单击"添加指令"出现"Common"菜单，单击"MoveJ"，在程序中插入 MoveJ 指令，双击 MoveJ 指令中的"*"，打开"更改选择"视图
2	更改选择 当前变量：ToPoint MoveJ *, v1000, z50, tool1\WObj:=wobj1; 数据　　功能 新建 pHome	在"更改选择"视图中，单击下方的"pHome"，将*更改为 pHome。如果下方没有"pHome"，则可单击"新建"，创建一个 pHome 数据
3	更改选择 当前变量：Zone MoveJ pHome, v1000, **fine**, tool1\WObj:=wobj1; 数据　　功能 新建　　fine z0　　　z1 z10　　　z100 z15　　　z150 z20　　　z200	选中 MoveJ 指令中的参数 z50，单击下方的"fine"，将 z50 更改为 fine，单击"确定"关闭当前视图

(续表)

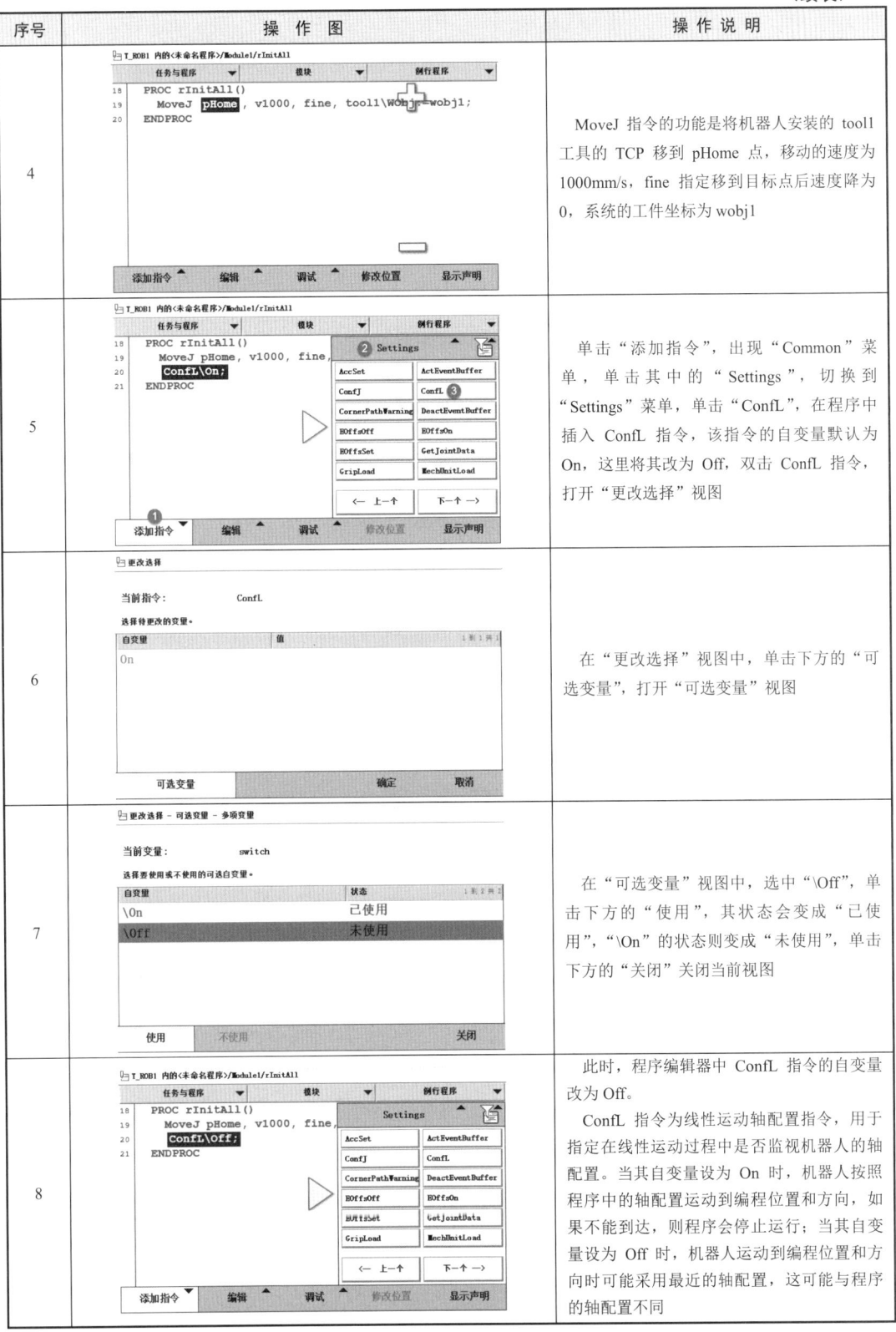

序号	操 作 图	操 作 说 明
4	PROC rInitAll() MoveJ pHome, v1000, fine, tool1\WObj:=wobj1; ENDPROC	MoveJ 指令的功能是将机器人安装的 tool1 工具的 TCP 移到 pHome 点,移动的速度为 1000mm/s,fine 指定移到目标点后速度降为 0,系统的工件坐标为 wobj1
5	PROC rInitAll() MoveJ pHome, v1000, fine, ConfL\On; ENDPROC	单击"添加指令",出现"Common"菜单,单击其中的"Settings",切换到"Settings"菜单,单击"ConfL",在程序中插入 ConfL 指令,该指令的自变量默认为 On,这里将其改为 Off,双击 ConfL 指令,打开"更改选择"视图
6	当前指令: ConfL 选择待更改的变量。 自变量 值 On	在"更改选择"视图中,单击下方的"可选变量",打开"可选变量"视图
7	当前变量: switch 选择要使用或不使用的可选自变量。 自变量 状态 \On 已使用 \Off 未使用	在"可选变量"视图中,选中"\Off",单击下方的"使用",其状态会变成"已使用","\On"的状态则变成"未使用",单击下方的"关闭"关闭当前视图
8	PROC rInitAll() MoveJ pHome, v1000, fine, ConfL\Off; ENDPROC	此时,程序编辑器中 ConfL 指令的自变量改为 Off。 ConfL 指令为线性运动轴配置指令,用于指定在线性运动过程中是否监视机器人的轴配置。当其自变量设为 On 时,机器人按照程序中的轴配置运动到编程位置和方向,如果不能到达,则程序会停止运行;当其自变量设为 Off 时,机器人运动到编程位置和方向时可能采用最近的轴配置,这可能与程序的轴配置不同

（续表）

序号	操作图	操作说明
9		在"Settings"菜单中单击"ConfJ",在程序中插入 ConfJ 指令,与 ConfL 指令一样将其自变量改为 Off。ConfJ 为关节运动轴配置指令,用于指定在关节运动过程中是否监视机器人的轴配置。当其自变量设为 On 时,机器人按照程序中的轴配置运动到编程位置和方向,如果不能到达,则程序会停止运行;当其自变量设为 Off 时,机器人运动到编程位置和方向时可能采用最近的轴配置,这可能与程序的轴配置不同
10		单击"添加指令",出现"Common"菜单,单击其中的"Reset",打开"更改选择"视图
11		在"更改选择"视图中,选择 Reset 的对象为"do0_xipan",若无该项则可单击"新建"来建立该数据,单击"确定"关闭当前视图,返回程序编辑器
12		在程序中插入了 Reset 指令。rInitAll 例行程序的功能是先将机器人吸盘的 TCP 移到 pHome 点,然后关闭机器人关节运动的轴配置监视功能,并复位 do0_xipan 信号,让吸盘断电

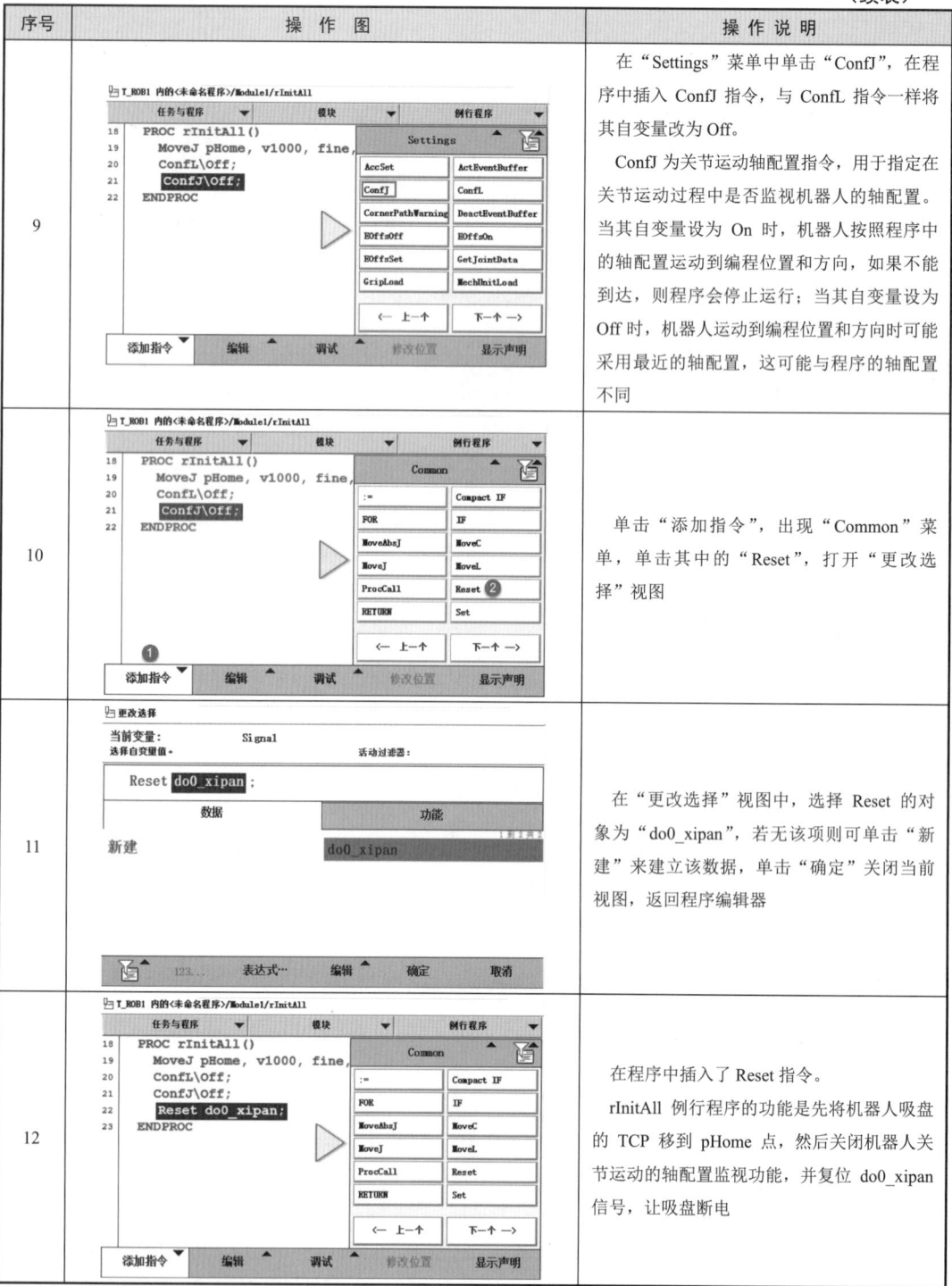

4. 编写 rPick 例行程序

rPick 例行程序的功能是当传送带上的方块到达指定位置时,先将 ABB 工业机器人的吸盘移到方块上通电并抓取方块,再直线上移 100mm。rPick 例行程序的编写过程见表 7-12。

表 7-12　rPick 例行程序的编写过程

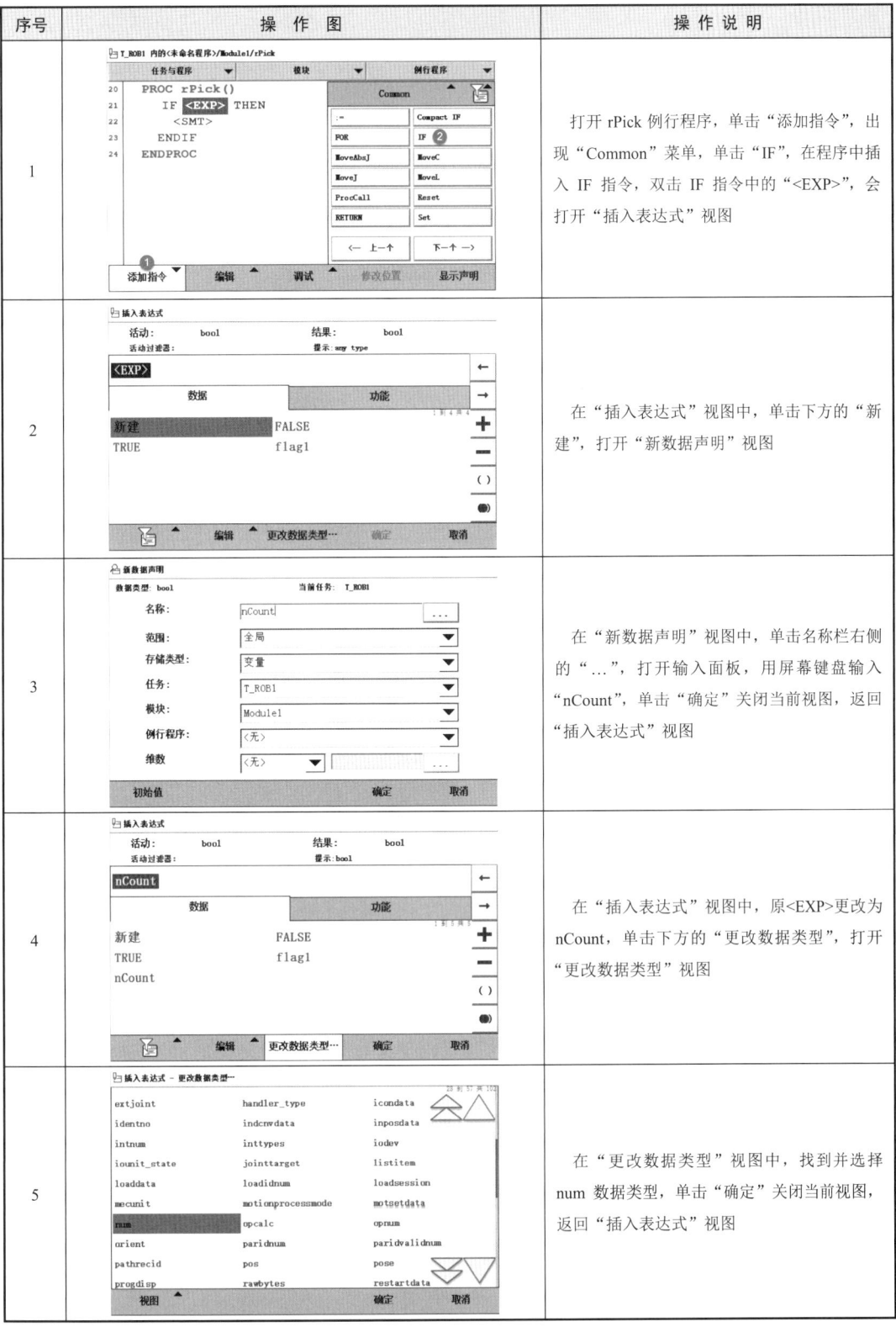

序号	操 作 图	操 作 说 明
1		打开 rPick 例行程序，单击"添加指令"，出现"Common"菜单，单击"IF"，在程序中插入 IF 指令，双击 IF 指令中的"<EXP>"，会打开"插入表达式"视图
2		在"插入表达式"视图中，单击下方的"新建"，打开"新数据声明"视图
3		在"新数据声明"视图中，单击名称栏右侧的"..."，打开输入面板，用屏幕键盘输入"nCount"，单击"确定"关闭当前视图，返回"插入表达式"视图
4		在"插入表达式"视图中，原<EXP>更改为 nCount，单击下方的"更改数据类型"，打开"更改数据类型"视图
5		在"更改数据类型"视图中，找到并选择 num 数据类型，单击"确定"关闭当前视图，返回"插入表达式"视图

(续表)

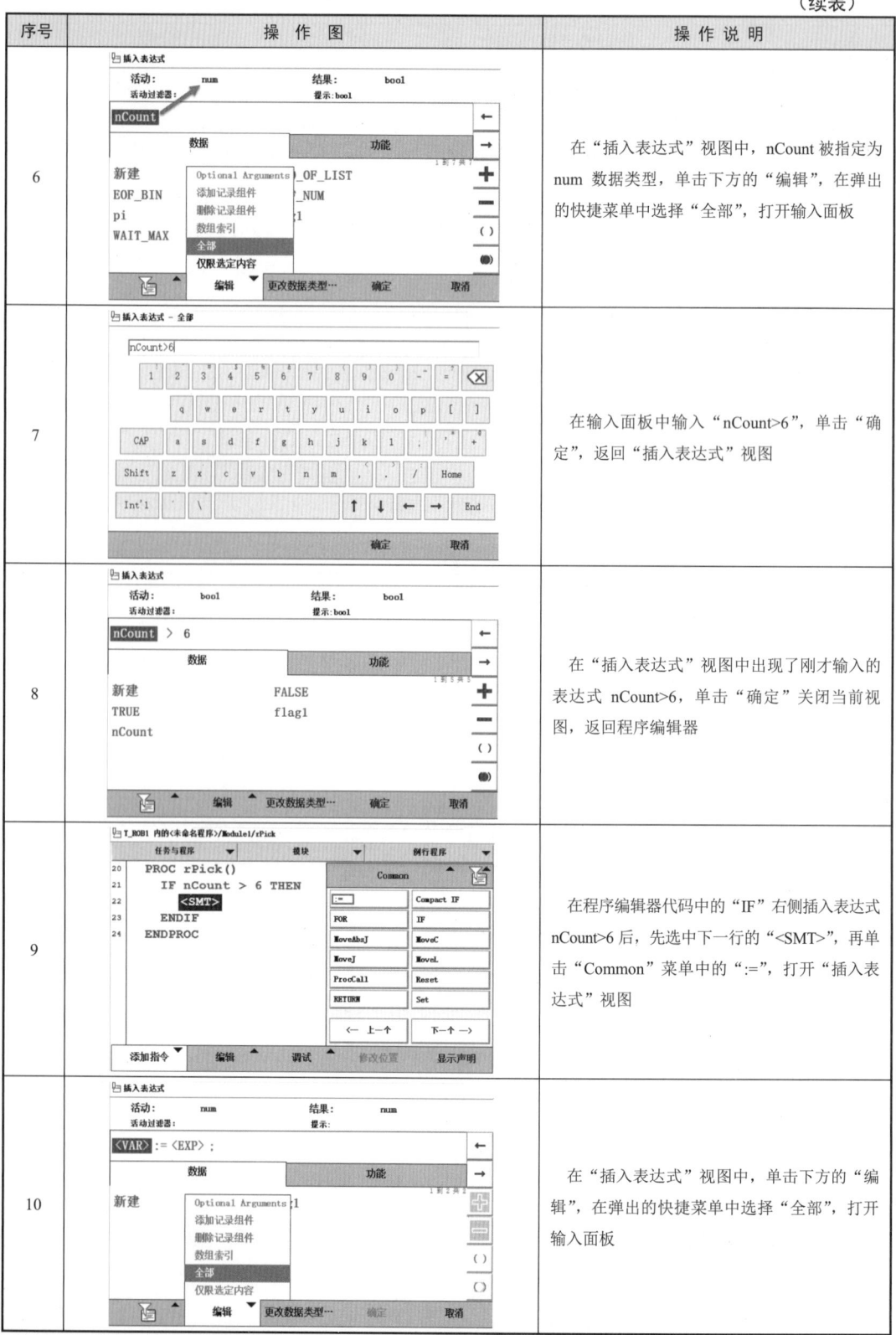

序号	操 作 图	操 作 说 明
6		在"插入表达式"视图中,nCount 被指定为 num 数据类型,单击下方的"编辑",在弹出的快捷菜单中选择"全部",打开输入面板
7		在输入面板中输入"nCount>6",单击"确定",返回"插入表达式"视图
8		在"插入表达式"视图中出现了刚才输入的表达式 nCount>6,单击"确定"关闭当前视图,返回程序编辑器
9		在程序编辑器代码中的"IF"右侧插入表达式 nCount>6 后,先选中下一行的"<SMT>",再单击"Common"菜单中的":=",打开"插入表达式"视图
10		在"插入表达式"视图中,单击下方的"编辑",在弹出的快捷菜单中选择"全部",打开输入面板

210

(续表)

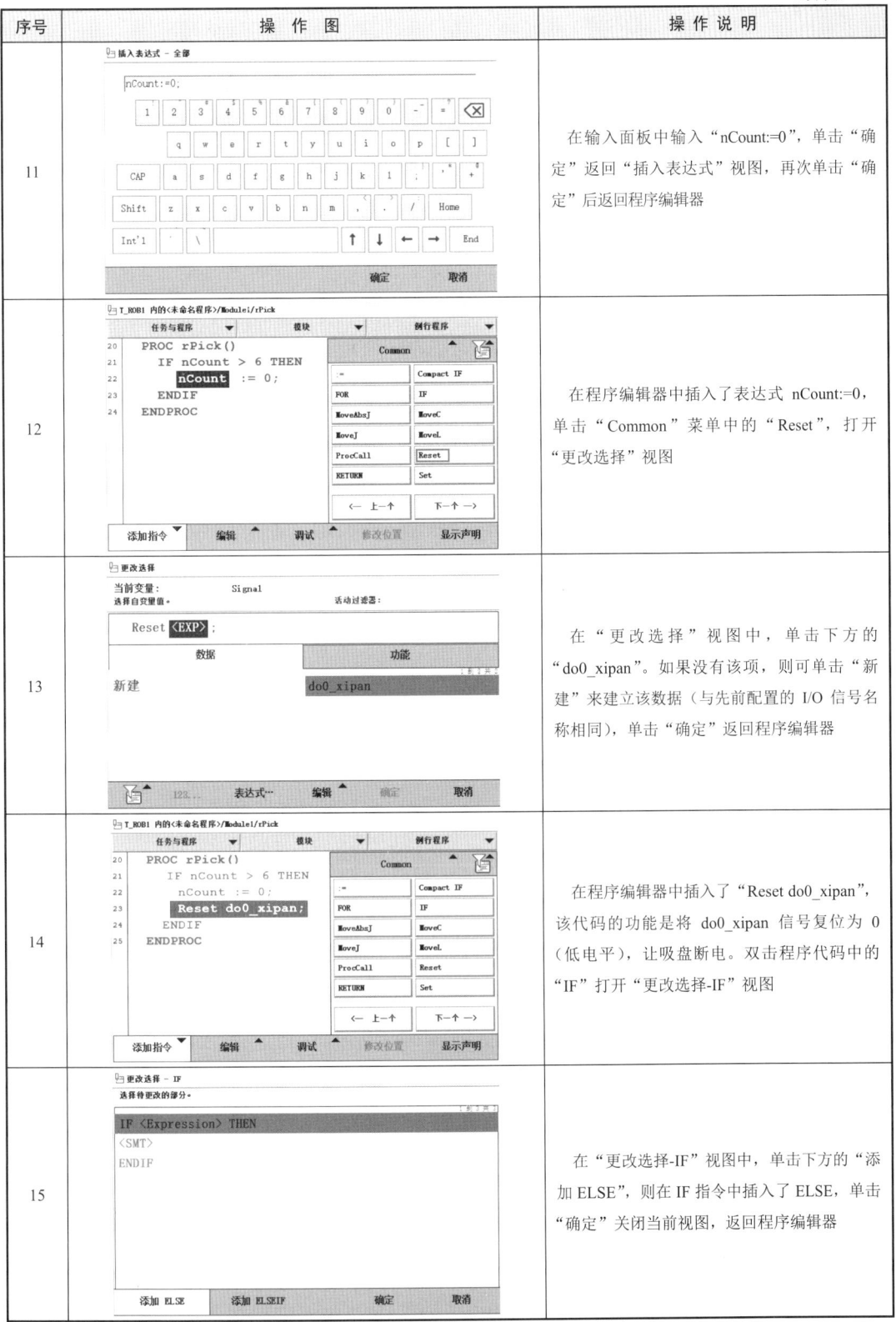

序号	操 作 图	操 作 说 明
11		在输入面板中输入"nCount:=0",单击"确定"返回"插入表达式"视图,再次单击"确定"后返回程序编辑器
12		在程序编辑器中插入了表达式 nCount:=0,单击"Common"菜单中的"Reset",打开"更改选择"视图
13		在"更改选择"视图中,单击下方的"do0_xipan"。如果没有该项,则可单击"新建"来建立该数据(与先前配置的 I/O 信号名称相同),单击"确定"返回程序编辑器
14		在程序编辑器中插入了"Reset do0_xipan",该代码的功能是将 do0_xipan 信号复位为 0(低电平),让吸盘断电。双击程序代码中的"IF"打开"更改选择-IF"视图
15		在"更改选择-IF"视图中,单击下方的"添加 ELSE",则在 IF 指令中插入了 ELSE,单击"确定"关闭当前视图,返回程序编辑器

211

(续表)

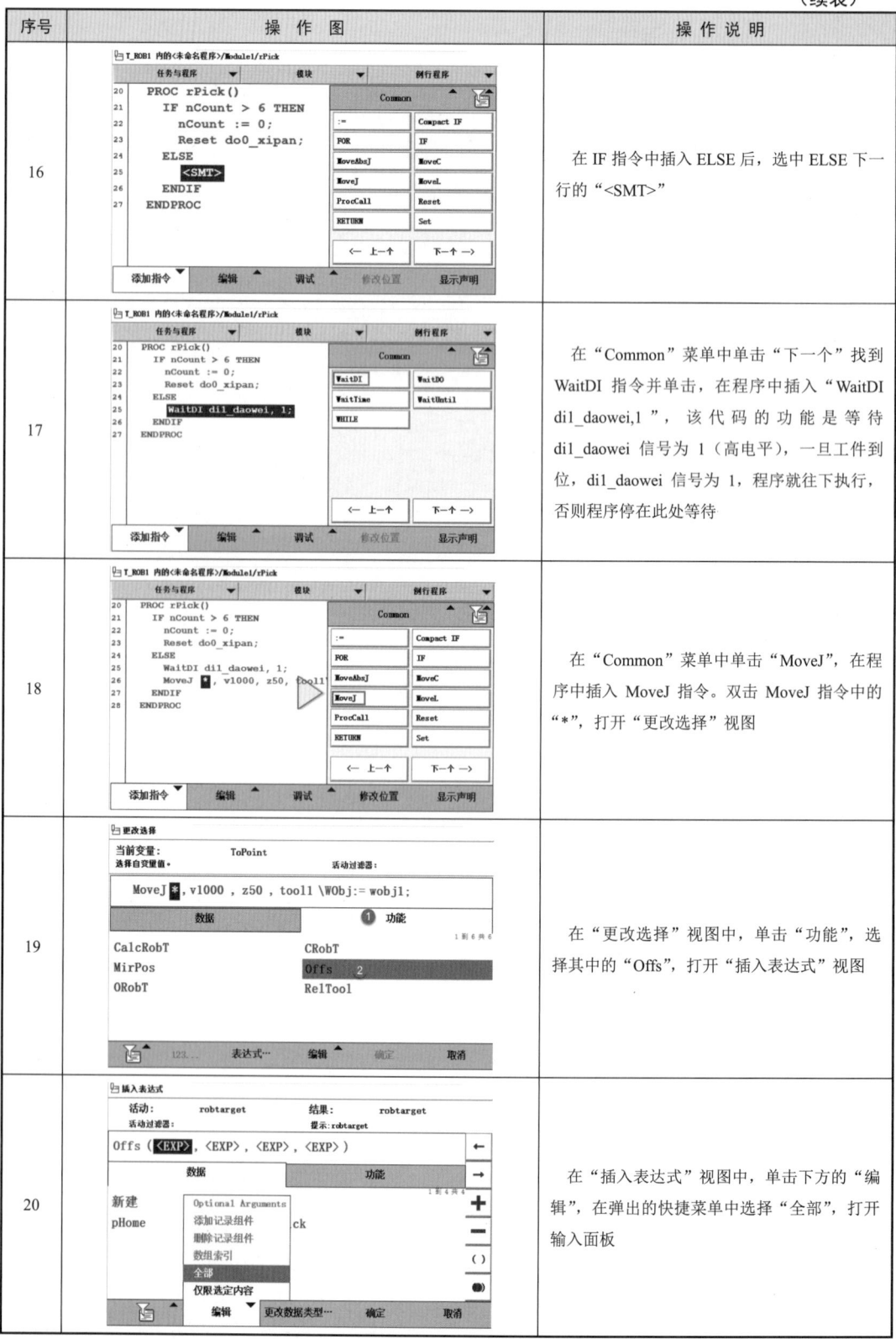

序号	操 作 图	操 作 说 明
16		在 IF 指令中插入 ELSE 后，选中 ELSE 下一行的 "<SMT>"
17		在 "Common" 菜单中单击 "下一个" 找到 WaitDI 指令并单击，在程序中插入 "WaitDI di1_daowei,1"，该代码的功能是等待 di1_daowei 信号为 1（高电平），一旦工件到位，di1_daowei 信号为 1，程序就往下执行，否则程序停在此处等待
18		在 "Common" 菜单中单击 "MoveJ"，在程序中插入 MoveJ 指令。双击 MoveJ 指令中的 "*"，打开 "更改选择" 视图
19		在 "更改选择" 视图中，单击 "功能"，选择其中的 "Offs"，打开 "插入表达式" 视图
20		在 "插入表达式" 视图中，单击下方的 "编辑"，在弹出的快捷菜单中选择 "全部"，打开输入面板

(续表)

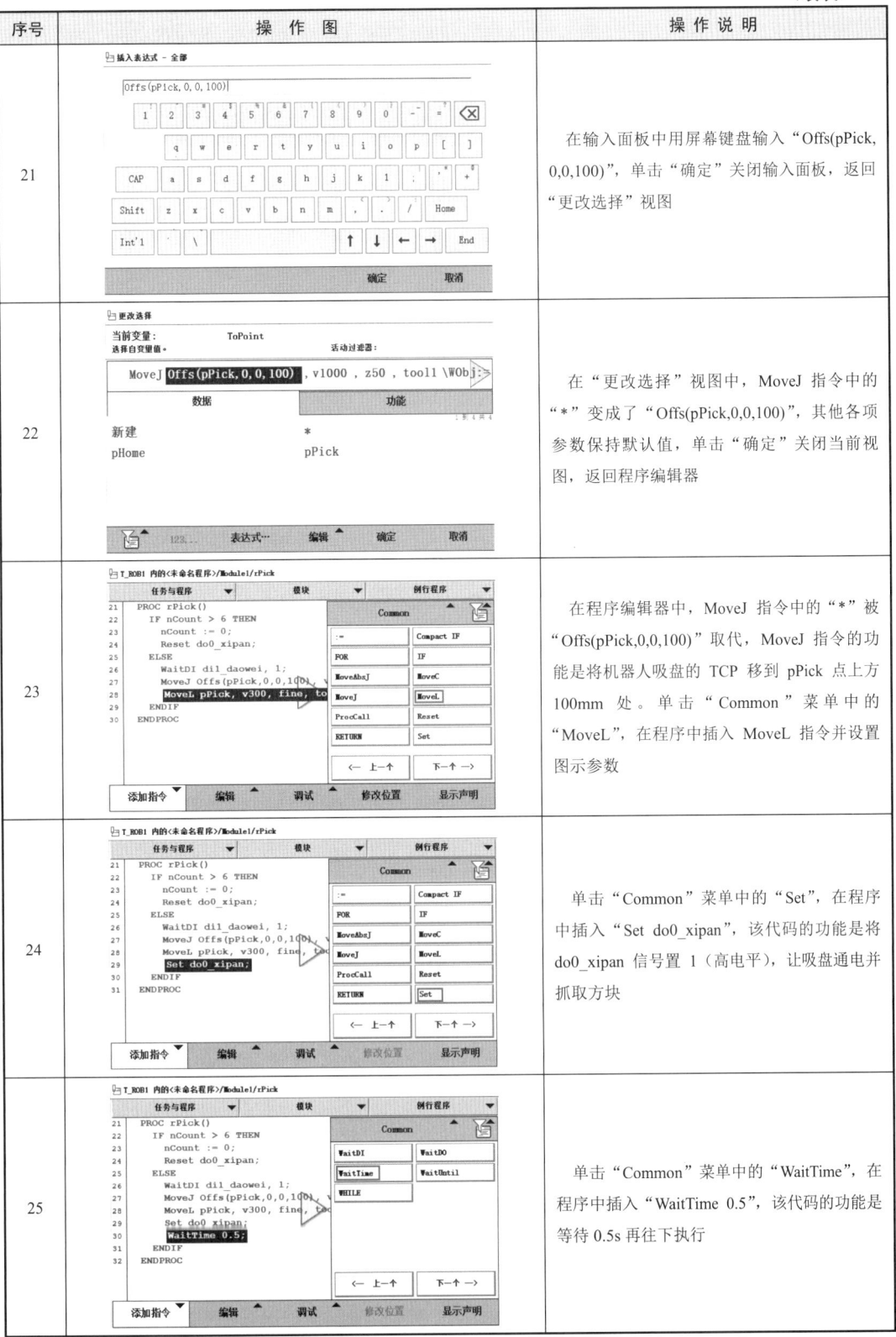

序号	操作图	操作说明
21		在输入面板中用屏幕键盘输入"Offs(pPick,0,0,100)",单击"确定"关闭输入面板,返回"更改选择"视图
22		在"更改选择"视图中,MoveJ 指令中的"*"变成了"Offs(pPick,0,0,100)",其他各项参数保持默认值,单击"确定"关闭当前视图,返回程序编辑器
23		在程序编辑器中,MoveJ 指令中的"*"被"Offs(pPick,0,0,100)"取代,MoveJ 指令的功能是将机器人吸盘的 TCP 移到 pPick 点上方 100mm 处。单击"Common"菜单中的"MoveL",在程序中插入 MoveL 指令并设置图示参数
24		单击"Common"菜单中的"Set",在程序中插入"Set do0_xipan",该代码的功能是将 do0_xipan 信号置 1(高电平),让吸盘通电并抓取方块
25		单击"Common"菜单中的"WaitTime",在程序中插入"WaitTime 0.5",该代码的功能是等待 0.5s 再往下执行

213

(续表)

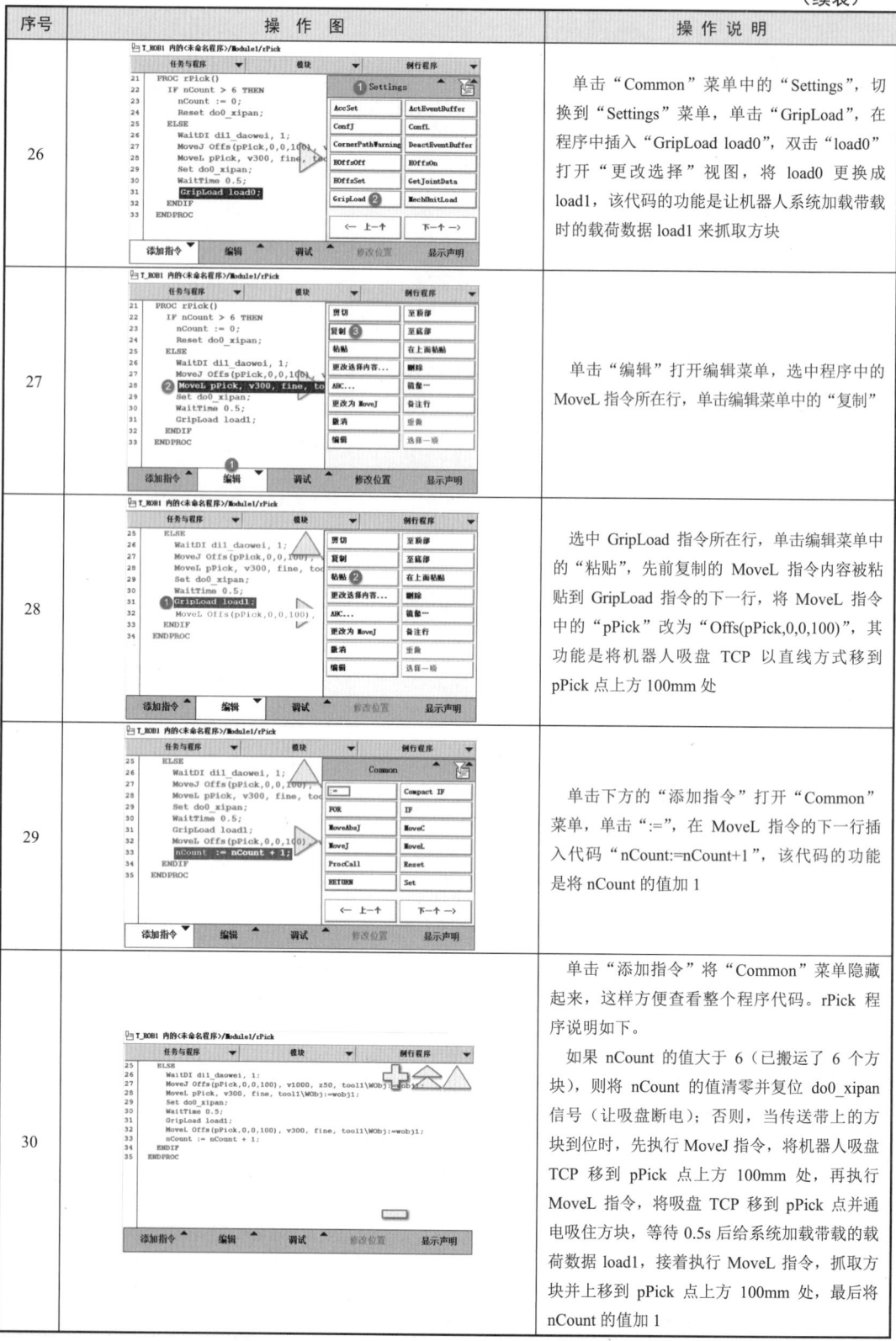

序号	操 作 图	操 作 说 明
26		单击"Common"菜单中的"Settings",切换到"Settings"菜单,单击"GripLoad",在程序中插入"GripLoad load0",双击"load0"打开"更改选择"视图,将 load0 更换成 load1,该代码的功能是让机器人系统加载带载时的载荷数据 load1 来抓取方块
27		单击"编辑"打开编辑菜单,选中程序中的 MoveL 指令所在行,单击编辑菜单中的"复制"
28		选中 GripLoad 指令所在行,单击编辑菜单中的"粘贴",先前复制的 MoveL 指令内容被粘贴到 GripLoad 指令的下一行,将 MoveL 指令中的"pPick"改为"Offs(pPick,0,0,100)",其功能是将机器人吸盘 TCP 以直线方式移到 pPick 点上方 100mm 处
29		单击下方的"添加指令"打开"Common"菜单,单击":=",在 MoveL 指令的下一行插入代码"nCount:=nCount+1",该代码的功能是将 nCount 的值加 1
30		单击"添加指令"将"Common"菜单隐藏起来,这样方便查看整个程序代码。rPick 程序说明如下。 如果 nCount 的值大于 6(已搬运了 6 个方块),则将 nCount 的值清零并复位 do0_xipan 信号(让吸盘断电);否则,当传送带上的方块到位时,先执行 MoveJ 指令,将机器人吸盘 TCP 移到 pPick 点上方 100mm 处,再执行 MoveL 指令,将吸盘 TCP 移到 pPick 点并通电吸住方块,等待 0.5s 后给系统加载带载的载荷数据 load1,接着执行 MoveL 指令,抓取方块并上移到 pPick 点上方 100mm 处,最后将 nCount 的值加 1

5. 编写 rPlace 例行程序

rPlace 例行程序的功能是先将 ABB 工业机器人的吸盘 TCP 移到放置台的 pPlace 点并释放抓取的方块，然后快速移到 pPickWait 点，等待抓取下一个方块。rPlace 例行程序的编写过程见表 7-13。

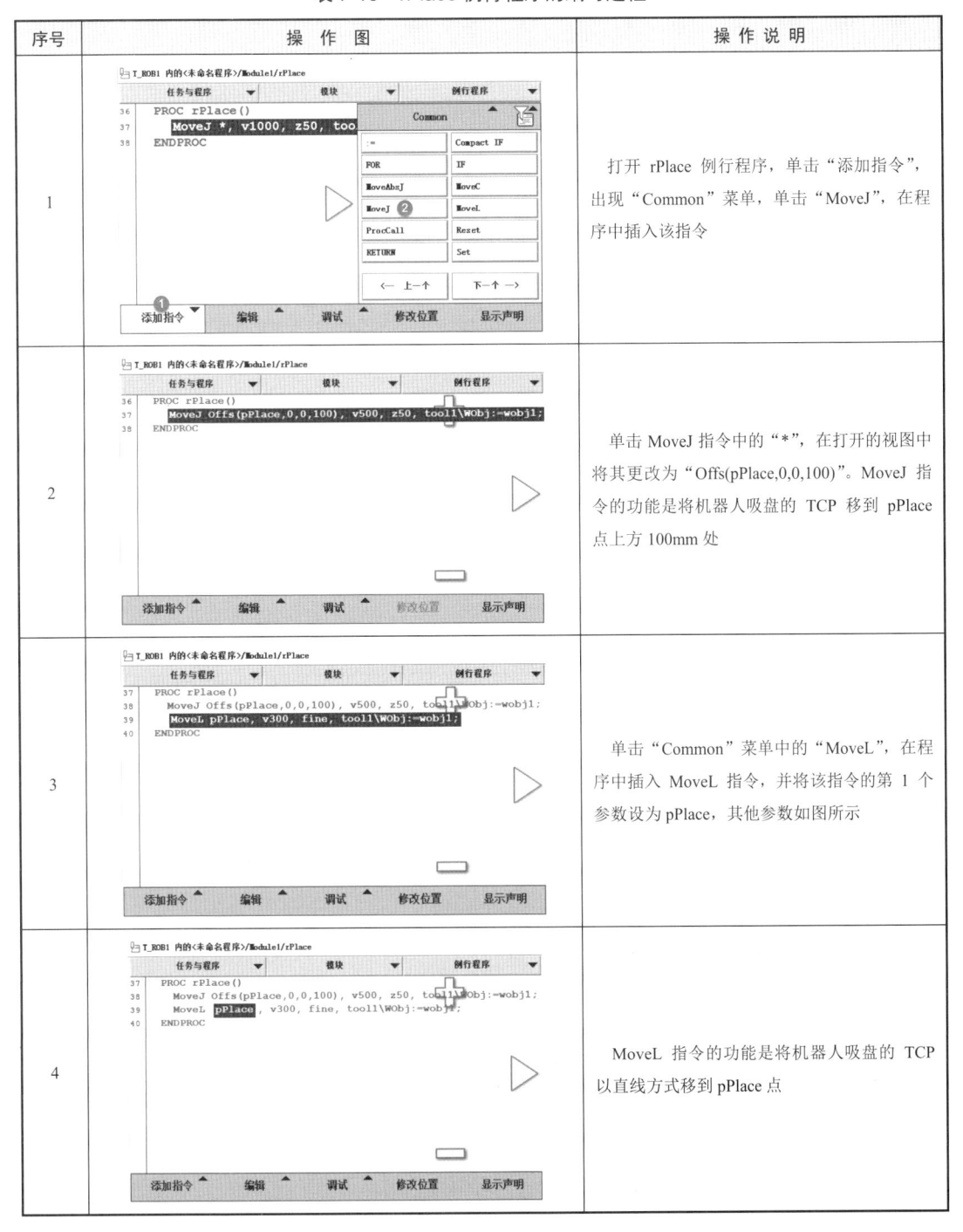

表 7-13 rPlace 例行程序的编写过程

序号	操 作 图	操 作 说 明
1		打开 rPlace 例行程序，单击"添加指令"，出现"Common"菜单，单击"MoveJ"，在程序中插入该指令
2		单击 MoveJ 指令中的"*"，在打开的视图中将其更改为"Offs(pPlace,0,0,100)"。MoveJ 指令的功能是将机器人吸盘的 TCP 移到 pPlace 点上方 100mm 处
3		单击"Common"菜单中的"MoveL"，在程序中插入 MoveL 指令，并将该指令的第 1 个参数设为 pPlace，其他参数如图所示
4		MoveL 指令的功能是将机器人吸盘的 TCP 以直线方式移到 pPlace 点

215

（续表）

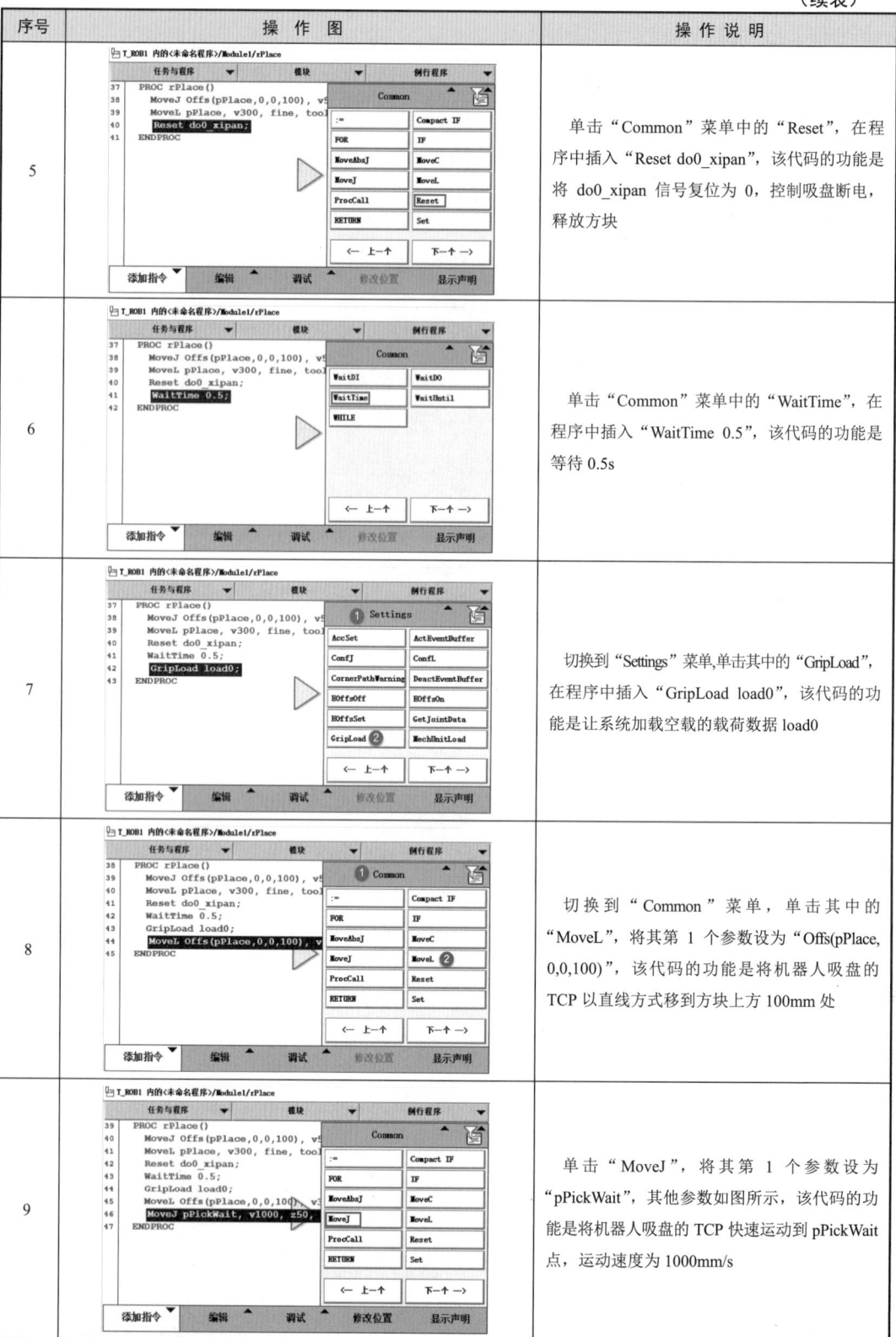

序号	操 作 图	操 作 说 明
5		单击"Common"菜单中的"Reset"，在程序中插入"Reset do0_xipan"，该代码的功能是将 do0_xipan 信号复位为 0，控制吸盘断电，释放方块
6		单击"Common"菜单中的"WaitTime"，在程序中插入"WaitTime 0.5"，该代码的功能是等待 0.5s
7		切换到"Settings"菜单，单击其中的"GripLoad"，在程序中插入"GripLoad load0"，该代码的功能是让系统加载空载的载荷数据 load0
8		切换到"Common"菜单，单击其中的"MoveL"，将其第 1 个参数设为"Offs(pPlace,0,0,100)"，该代码的功能是将机器人吸盘的 TCP 以直线方式移到方块上方 100mm 处
9		单击"MoveJ"，将其第 1 个参数设为"pPickWait"，其他参数如图所示，该代码的功能能是将机器人吸盘的 TCP 快速运动到 pPickWait 点，运动速度为 1000mm/s

(续表)

序号	操作图	操作说明
| 10 | ```
T_ROB1 内的<未命名程序>/Module1/rPlace
   任务与程序     模块      例行程序
39  PROC rPlace()
40    MoveJ Offs(pPlace,0,0,100), v500, z50, tool1\WObj:=wobj1;
41    MoveL pPlace, v300, fine, tool1\WObj:=wobj1;
42    Reset do0_xipan;
43    WaitTime 0.5;
44    GripLoad load0;
45    MoveL Offs(pPlace,0,0,100), v300, fine, tool1\WObj:=wobj1;
46    MoveJ pPickWait, v1000, z50, tool1\WObj:=wobj1;
47  ENDPROC
   添加指令   编辑   调试   修改位置   显示声明
``` | rPlace 例行程序的功能是先将机器人吸盘的 TCP 移到放置台的 pPlace 点上方 100mm 处，再直线下降到 pPlace 点，然后让吸盘断电释放抓取的方块，接着等待 0.5s 后加载空载的载荷数据，之后让吸盘直线上升 100mm 并快速运动到 pPickWait 点，等待抓取下一个方块 |

6. 编写 rPosition 例行程序

rPosition 例行程序的功能是判断 ABB 工业机器人抓取了第几个方块，并将该方块的放置点数据赋给机器人放置目标点 pPlace。rPosition 例行程序的编写过程见表 7-14。

表 7-14　rPosition 例行程序的编写过程

序号	操作图	操作说明
1	（图示：放置台上6个方块的排列示意图，⑤⑥在上排，③④在中排，①②在下排；①位置标为 pPlace1；X 方向间距 300mm，Y 方向间距 150mm；单个方块规格：长为 300mm，宽为 150mm，高为 100mm）	机器人吸盘从传送带上抓取方块后，要将 6 个方块按图示顺序放在放置台上，每个方块的长、宽、高分别为 300mm、150mm 和 100mm。如果第 1 个方块的中心点为 pPlace1 点，那么第 2 个方块的中心点坐标就由 pPlace1 点在 X 轴正方向偏移 300mm 得到，第 3 个方块的中心点坐标由 pPlace1 点在 Y 轴正方向偏移 150mm 得到，第 4 个方块的中心点坐标由 pPlace1 点在 X 轴正方向偏移 300mm、在 Y 轴正方向偏移 150mm 得到，第 5、6 个方块的坐标可自行分析。 放置单层方块时不用考虑 Z 轴偏移量，如果放置两层方块，则在放置第 2 层时应在 Z 轴方向偏移方块的高度值
| 2 | ```
T_ROB1 内的<未命名程序>/Module1/rPosition
   任务与程序     模块      例行程序
48  PROC rPosition()
49    TEST <EXP>
50    CASE <EXP>:
51       <SMT>
52    ENDTEST
53  ENDPROC
        Prog.Flow
        SystemStopAction  TEST
        WHILE
        ← 上一个    下一个 →
   添加指令   编辑   调试   修改位置   显示声明
``` | 打开 rPosition 例行程序，单击"添加指令"，出现"Common"菜单，单击其中的"Prog.Flow"，切换到"Prog.Flow"菜单，单击"TEST"，在程序中插入该指令，单击 TEST 指令中的"<EXP>"，打开"插入表达式"视图 |

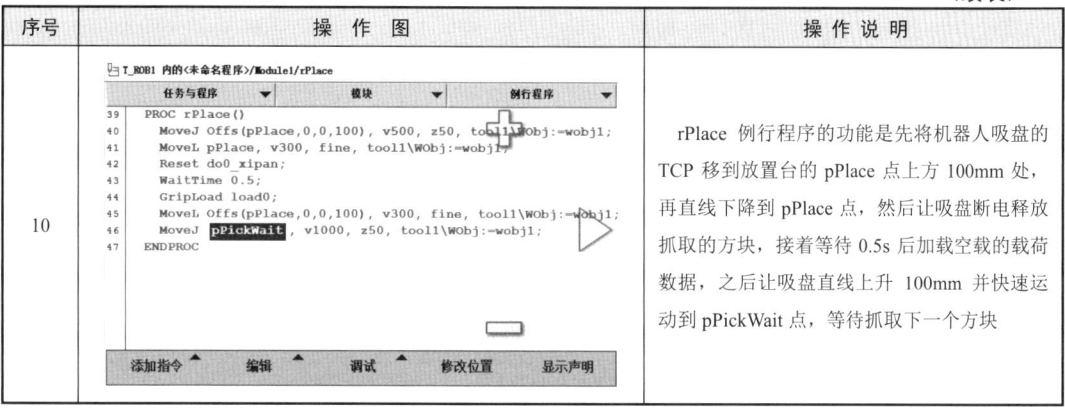

(续表)

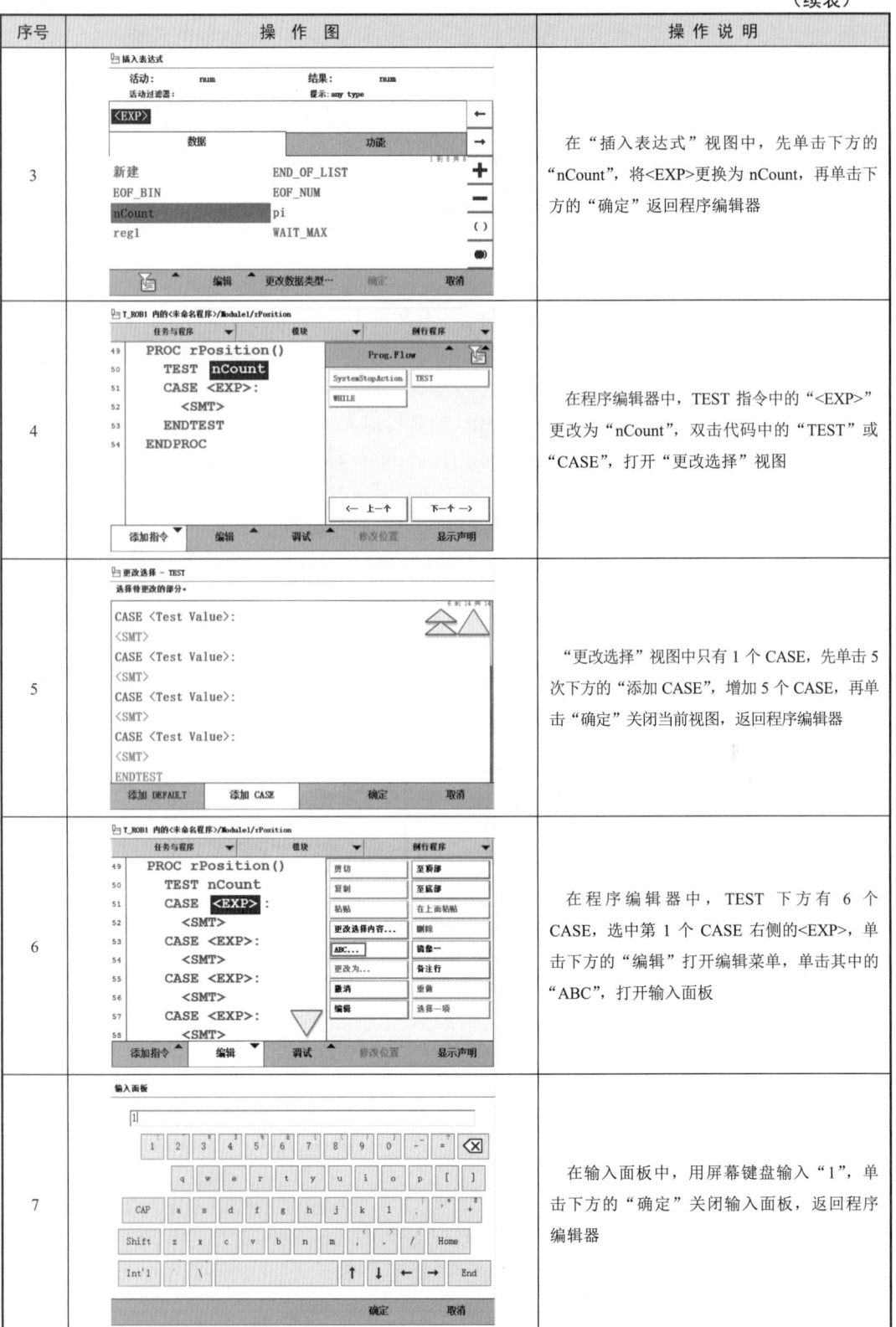

序号	操 作 图	操 作 说 明
3		在"插入表达式"视图中,先单击下方的"nCount",将<EXP>更换为nCount,再单击下方的"确定"返回程序编辑器
4		在程序编辑器中,TEST指令中的"<EXP>"更改为"nCount",双击代码中的"TEST"或"CASE",打开"更改选择"视图
5		"更改选择"视图中只有1个CASE,先单击5次下方的"添加CASE",增加5个CASE,再单击"确定"关闭当前视图,返回程序编辑器
6		在程序编辑器中,TEST下方有6个CASE,选中第1个CASE右侧的<EXP>,单击下方的"编辑"打开编辑菜单,单击其中的"ABC",打开输入面板
7		在输入面板中,用屏幕键盘输入"1",单击下方的"确定"关闭输入面板,返回程序编辑器

(续表)

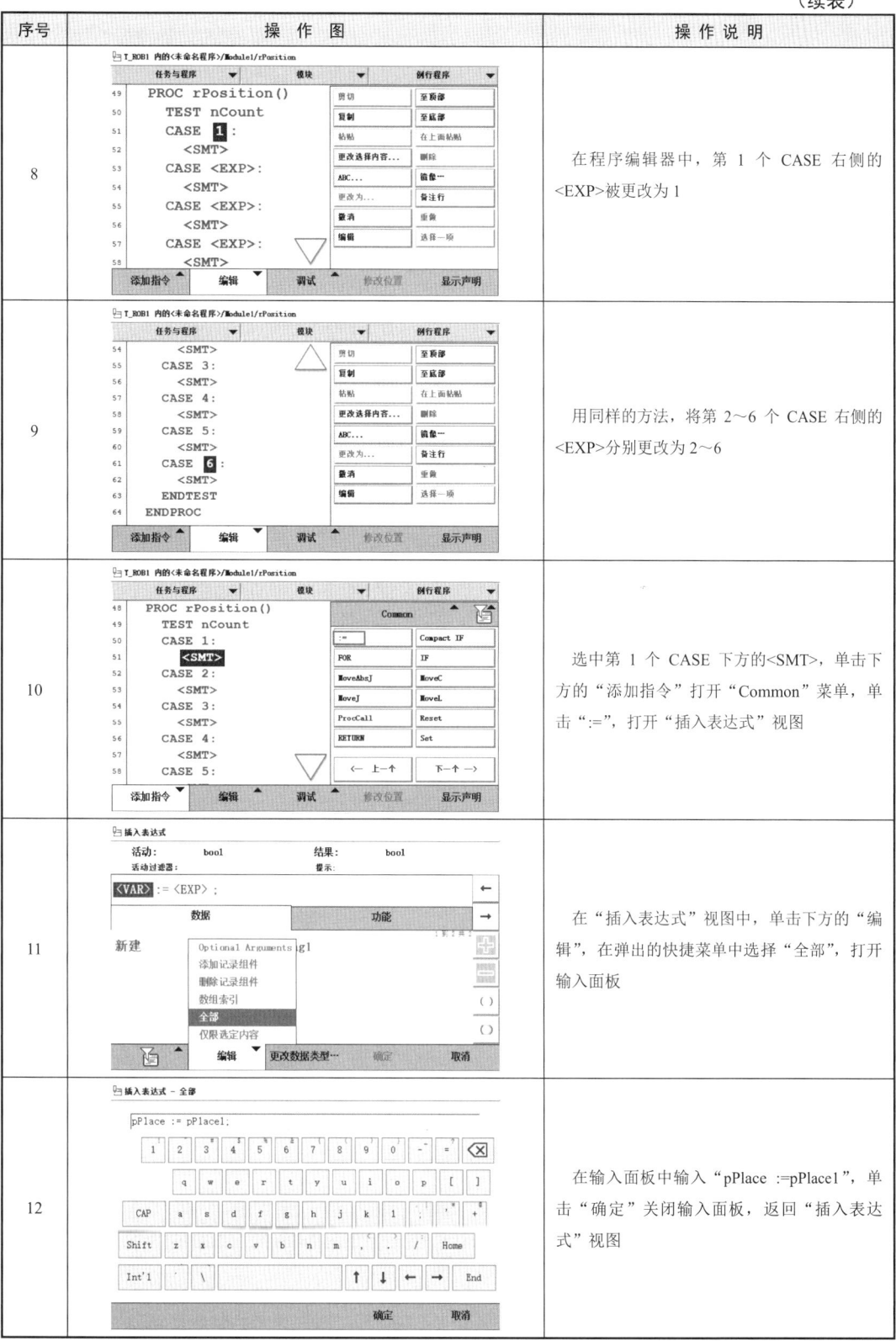

序号	操作图	操作说明
8		在程序编辑器中，第 1 个 CASE 右侧的 <EXP> 被更改为 1
9		用同样的方法，将第 2~6 个 CASE 右侧的 <EXP> 分别更改为 2~6
10		选中第 1 个 CASE 下方的 <SMT>，单击下方的"添加指令"打开"Common"菜单，单击":="，打开"插入表达式"视图
11		在"插入表达式"视图中，单击下方的"编辑"，在弹出的快捷菜单中选择"全部"，打开输入面板
12		在输入面板中输入"pPlace :=pPlace1"，单击"确定"关闭输入面板，返回"插入表达式"视图

(续表)

序号	操 作 图	操 作 说 明
13		在"插入表达式"视图中，pPlace 和 pPlace1 的数据类型应都是 robtarget，如果不是，则可单击下方的"更改数据类型"，在打开的视图中选择"robtarget"，单击"确定"关闭"插入表达式"视图，返回程序编辑器
14		在程序编辑器中，第 1 个 CASE 下方的 <SMT>被更改为 pPlace :=pPlace1
15		将第 2 个 CASE 下方的<SMT>更改为 pPlace :=Offs（pPlace1,300,0,0）
16		用同样的方法将第 3~6 个 CASE 下方的<SMT>按左图所示进行更改。 rPosition 例行程序的功能是判断 nCount 的值，如果 nCount=1（机器人抓取第 1 个方块），则将 pPlace1 点的位置数据赋给 pPlace，机器人 TCP 会移到 pPlace1 点放置方块；如果 nCount=2（机器人抓取第 2 个方块），则将 pPlace1 点的位置数据在 X 轴正方向偏移 300mm 后赋给 pPlace，机器人 TCP 会移到偏移后的位置放置方块。机器人抓取第 3~6 个方块时，nCount 依次为 3~6，pPlace1 点的位置数据会偏移不同的值后赋给 pPlace，机器人抓取的方块就能放在不同位置

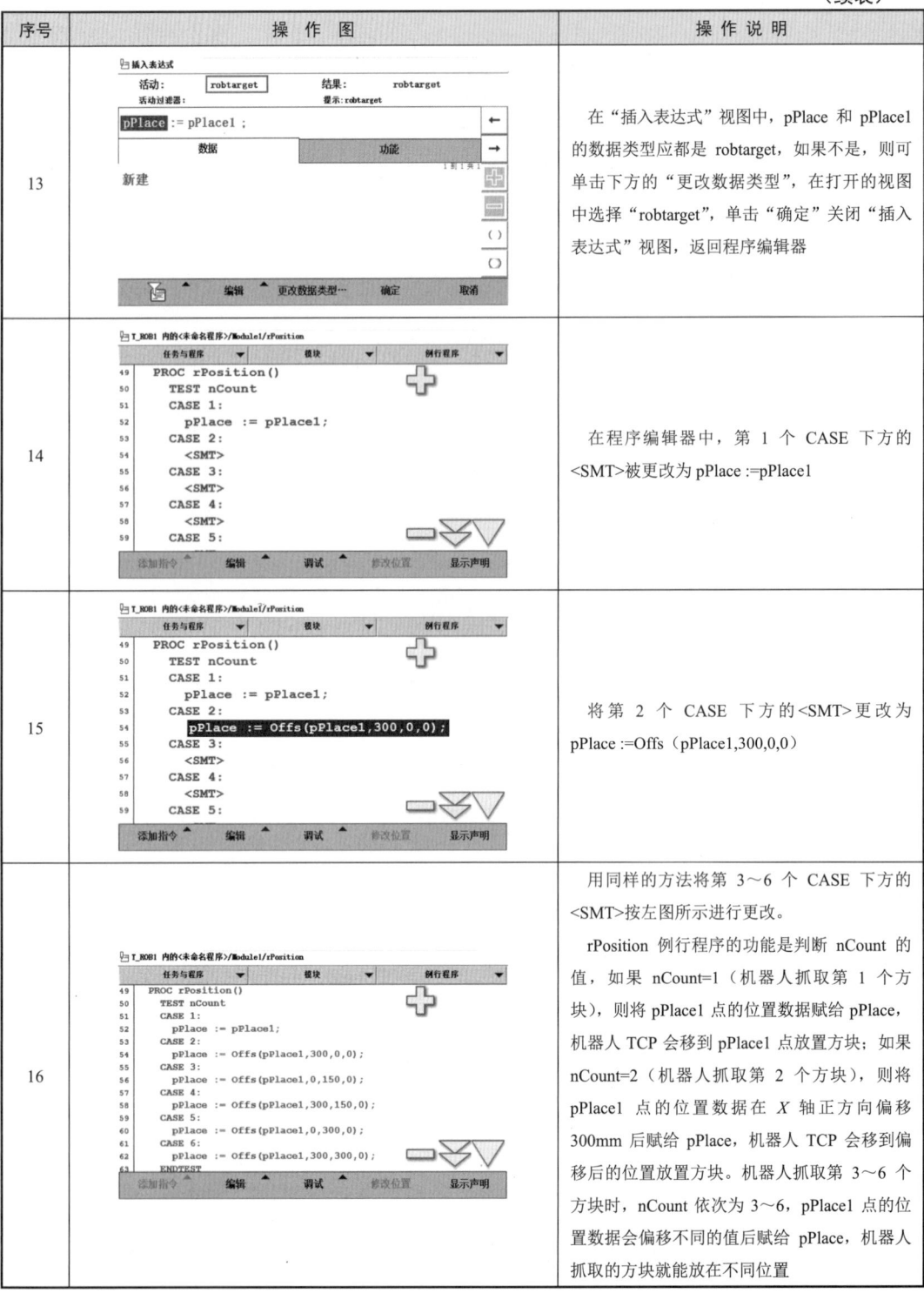

7. 编写 main 例行程序

main 例行程序的功能是先调用执行 rInitAll 例行程序将 ABB 工业机器人吸盘的 TCP

移到 pHome 点，再调用执行 rPick 例行程序从传送带上抓取方块，然后调用执行 rPosition 例行程序获取当前方块的放置坐标，之后调用执行 rPlace 例行程序将方块移放到放置台的指定位置，此后将吸盘 TCP 移到 pPickWait 点，等待 0.5s 后，按上述方式抓取后续方块。main 例行程序的编写过程见表 7-15。

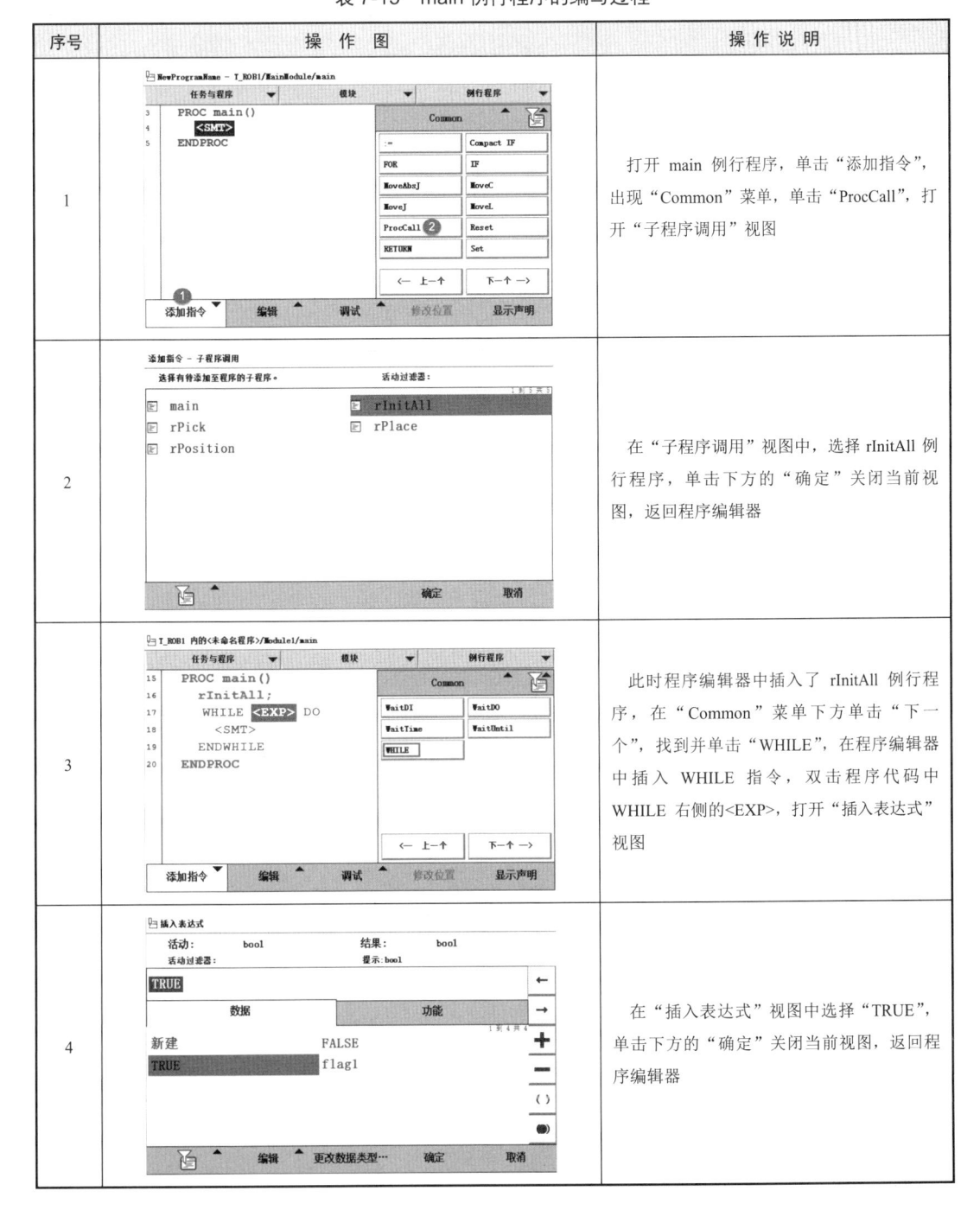

表 7-15　main 例行程序的编写过程

序号	操 作 图	操 作 说 明
1		打开 main 例行程序，单击"添加指令"，出现"Common"菜单，单击"ProcCall"，打开"子程序调用"视图
2		在"子程序调用"视图中，选择 rInitAll 例行程序，单击下方的"确定"关闭当前视图，返回程序编辑器
3		此时程序编辑器中插入了 rInitAll 例行程序，在"Common"菜单下方单击"下一个"，找到并单击"WHILE"，在程序编辑器中插入 WHILE 指令，双击程序代码中 WHILE 右侧的<EXP>，打开"插入表达式"视图
4		在"插入表达式"视图中选择"TRUE"，单击下方的"确定"关闭当前视图，返回程序编辑器

（续表）

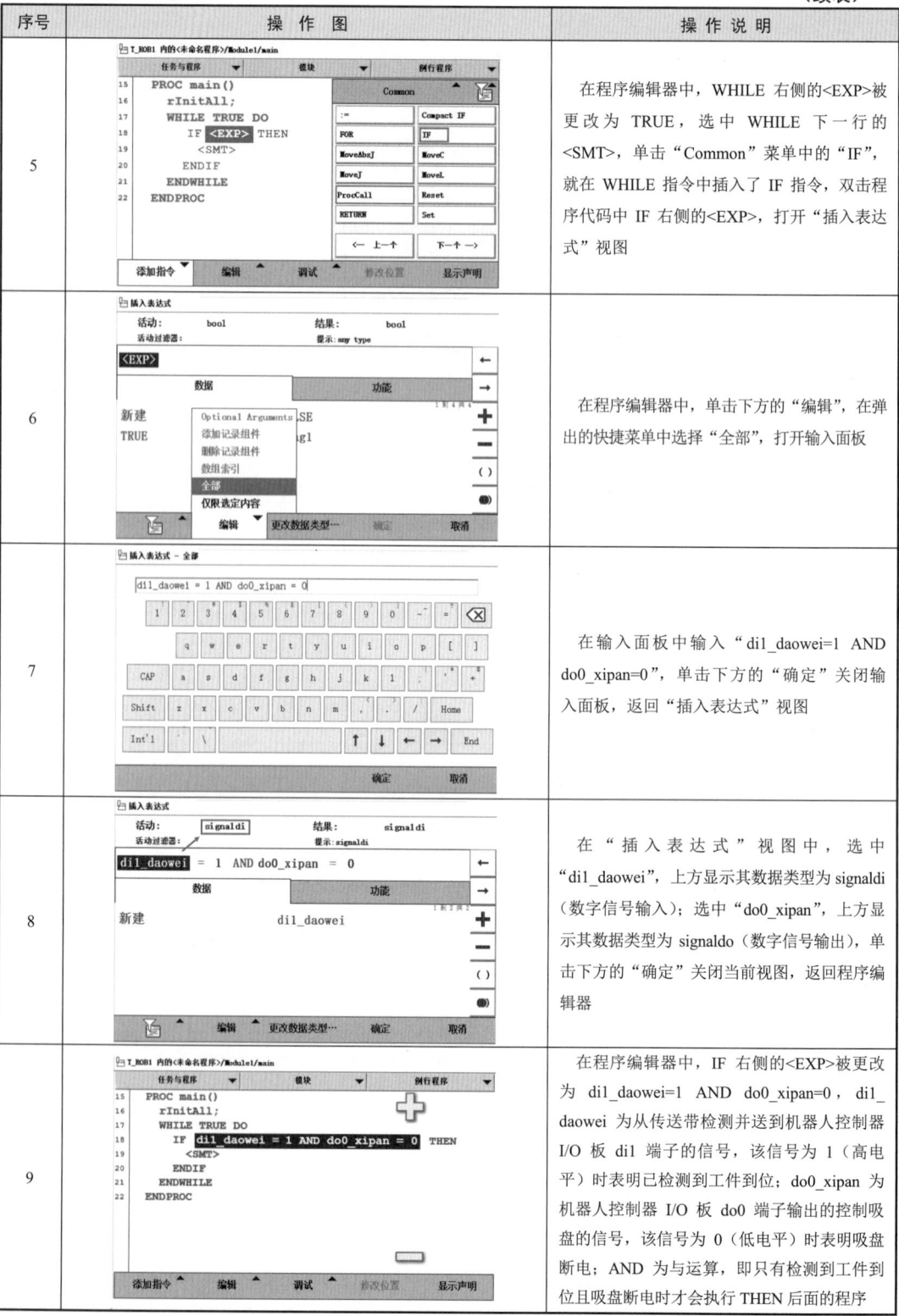

序号	操 作 图	操 作 说 明
5		在程序编辑器中，WHILE 右侧的<EXP>被更改为 TRUE，选中 WHILE 下一行的<SMT>，单击"Common"菜单中的"IF"，就在 WHILE 指令中插入了 IF 指令，双击程序代码中 IF 右侧的<EXP>，打开"插入表达式"视图
6		在程序编辑器中，单击下方的"编辑"，在弹出的快捷菜单中选择"全部"，打开输入面板
7		在输入面板中输入"di1_daowei=1 AND do0_xipan=0"，单击下方的"确定"关闭输入面板，返回"插入表达式"视图
8		在"插入表达式"视图中，选中"di1_daowei"，上方显示其数据类型为 signaldi（数字信号输入）；选中"do0_xipan"，上方显示其数据类型为 signaldo（数字信号输出），单击下方的"确定"关闭当前视图，返回程序编辑器
9		在程序编辑器中，IF 右侧的<EXP>被更改为 di1_daowei=1 AND do0_xipan=0，di1_daowei 为从传送带检测并送到机器人控制器 I/O 板 di1 端子的信号，该信号为 1（高电平）时表明已检测到工件到位；do0_xipan 为机器人控制器 I/O 板 do0 端子输出的控制吸盘的信号，该信号为 0（低电平）时表明吸盘断电；AND 为与运算，即只有检测到工件到位且吸盘断电时才会执行 THEN 后面的程序

(续表)

序号	操 作 图	操 作 说 明
10		在程序编辑器中选中 IF 下一行中的<SMT>，单击"Common"菜单中的"ProcCall"，在程序中插入 rPick 例行程序，用同样的方法依次插入 rPosition 和 rPlace 例行程序
11		在程序编辑器中单击"IF"，选中整个 IF 指令内容，单击"Common"菜单下方的"下一个"，找到并单击"WaitTime"，打开"更改选择"视图
12		在"更改选择"视图中，单击下方的"123"，打开屏幕键盘，在 WaitTime 之后输入"0.5"，单击"确定"关闭当前视图并返回程序编辑器
13		此时，在程序编辑器中插入了"WaitTime 0.5"。 main 例行程序的工作过程：先调用执行 rInitAll 例行程序，将机器人吸盘 TCP 移到 pHome 点，然后反复执行 WHILE 指令中的内容。在 WHILE 指令中先执行 IF 指令，如果检测到传送带工件到位且吸盘断电，则调用执行 rPick 例行程序，将机器人吸盘 TCP 移到方块上并给吸盘通电抓取方块，再调用执行 rPosition 例行程序，获取当前方块的放置点坐标，然后调用执行 rPlace 例行程序，将抓取的方块移到放置点坐标指定的位置，并让吸盘断电释放方块，之后将机器人吸盘 TCP 移到抓取等待点，等待 0.5s 后又返回调用执行 rPick 例行程序，开始搬运下一个方块

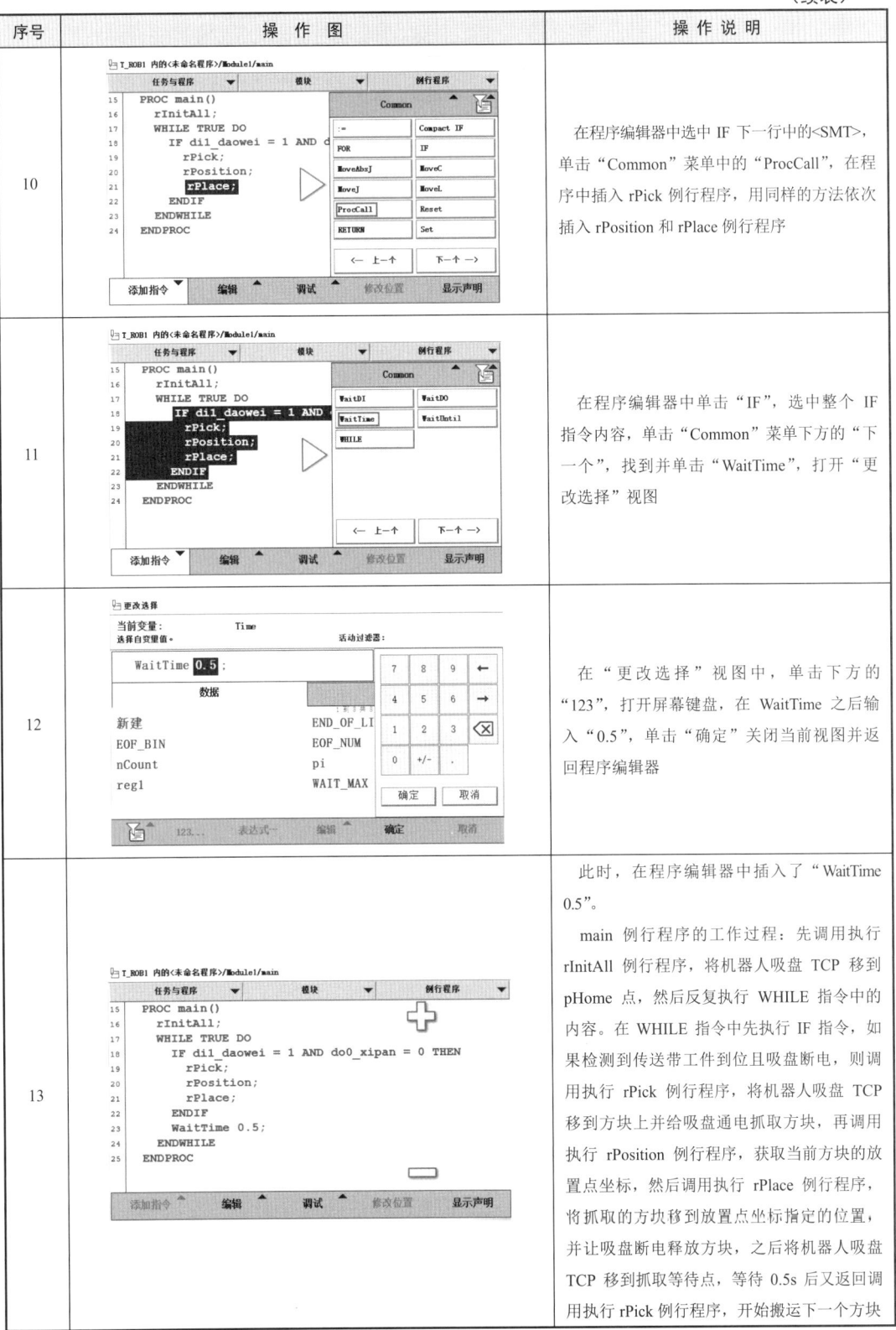

(续表)

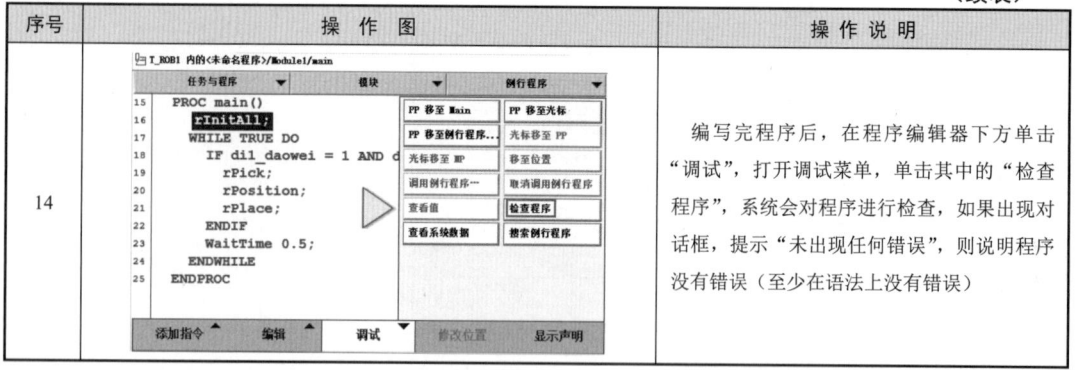

序号	操作图	操作说明
| 14 | ```
PROC main()
  rInitAll;
  WHILE TRUE DO
    IF di1_daowei = 1 AND d
      rPick;
      rPosition;
      rPlace;
    ENDIF
    WaitTime 0.5;
  ENDWHILE
ENDPROC
``` (行号15-25，调试菜单含：PP 移至 Main、PP 移至例行程序…、光标移至 MP、调用例行程序…、查看值、查看系统数据、PP 移至光标、光标移至 PP、移至位置、取消调用例行程序、检查程序、搜索例行程序) | 编写完程序后，在程序编辑器下方单击"调试"，打开调试菜单，单击其中的"检查程序"，系统会对程序进行检查，如果出现对话框，提示"未出现任何错误"，则说明程序没有错误（至少在语法上没有错误） |

7.2.5 程序调试和设置自动运行

程序编写完成后在正式运行前一般先进行调试运行，若调试运行时 ABB 工业机器人工作不正常或未达到要求，则需要找到问题并解决后才投入正式运行。程序调试和设置自动运行的操作方法在前面的实例中已有介绍，这里不再说明。
```

附录 A ABB 工业机器人常用 RAPID 指令

附表 1 程序控制

指　令	功 能 说 明
ProCall	调用例行程序
CallByVar	通过带变量的例行程序名称调用例行程序
RETURN	返回原例行程序
Compacl IF	如果满足给定的条件，则执行一个单一程段
IF	如果满足不同的条件，则执行对应的多个不同的程序段
FOR	指定次数的循环
WHILE	在满足条件的情况下，无限次执行循环
TEST …CASE	根据变量的值的不同，执行不同的程序段
GOTO	跳转至程序内相应标签处
Label	标签
Stop	停止程序执行
EXIT	终止并退出程序
Break	跳出程序执行
SystemStopAction	停止程序执行与机器人运动

附表 2 变量与信号

指　令	功 能 说 明
WaitTime	延时等待指定的时间
WaitUntil	等待条件满足
WaitDI	等待输入信号满足要求
WaitDO	等待输出信号满足要求
Comment	注释
Load	从机器人硬盘加载程序模块至内存
UnLoad	卸载一个内存中运行的程序模块
Start Load	在程序执行过程中，加载一个程序模块至内存
Wait Load	当 Start Load 使用后，使用此指令将程序模块连接到任务中使用
Cancel Load	取消程序模块的加载
CheckProgRef	检测程序引用
Save	保存程序模块
EraseModule	从运行内存中删除程序模块
TryInt	判断数据是否是有效的整数
OpMode	读取当前机器人的操作模式
RunMode	读取当前机器人程序的运行模式

(续表)

指　令	功　能　说　明
Dim	获取一个数组的维度
Present	读取带参数的例行程序的可选参数值
IsPers	判断参数是否是可变量
IsVar	判断参数是否是变量
StrToByte	将字符串转换为字节数据
ByteToStr	将字节数据转换为字符串

附表3　运动设定

指　令	功　能　说　明
MaxRobSpeed	获取当前型号机器人可实现的最大TCP速度
VelSet	设定最大速度与倍率
AceSet	定义机器人的加速度
SpeedRefresh	更新当前运动的速度倍率
WorldAccLim	设定大地坐标系中工具与载荷的加速度
PathAccLim	设定运动路径中TCP的加速度
ConfL	线性运动的轴配置控制
ConfJ	关节运动的轴配置控制
SingArea	设定机器人运动时，在奇异点的插补方式
PDispOn	激活位置偏移
PDispSet	激活指定数值的位置偏移
PDispOff	关闭位置偏移
EOffsOn	激活外轴位置偏移
EOffsSet	激活指定数值的外轴位置偏移
EOffsOff	关闭外轴位置偏移
DefDFrame	通过3个位置数据计算出位置的偏移
DefFrame	通过6个位置数据计算出位置的偏移
ORobT	从一个位置数据中删除位置偏移
DefAccFrame	根据原始位置和替换位置定义一个框架
SoftAct	激活一个或多个轴的软伺服功能
SoftDeact	关闭软伺服功能
TuneServo	伺服调整
TuneReset	伺服调整复位
PathResol	几何路径精度调整
CirParthMode	在圆弧插补运动时，指定工具姿态的变换方式
WZBoxDef	定义一个方形的监控空间
WZCylDef	定义一个圆柱形的监控空间
WZSphDef	定义一个球形的监控空间
WZHomeJointDef	定义一个关节轴坐标的监控空间
JointDef	定义一个限定为不可进入的关节轴坐标监控空间

(续表)

指　　令	功　能　说　明
WzlimWZLimSup	激活一个监控空间并限定为不可进入
WZDOSet	激活一个监控空间并与一个输出信号关联
WZEnable	激活一个临时的监控空间
WZFree	关闭一个临时的监控空间

附表 4　运动控制

指　　令	功　能　说　明
MoveC	TCP 圆弧运动
MoveL	TCP 线性运动
MoveJ	关节运动
MoveAbsJ	轴绝对角度位置运动
MoveExtJ	外部直线轴与旋转轴运动
MoveCDO	TCP 圆弧运动的同时触发一个输出信号
MoveLDO	TCP 线性运动的同时触发一个输出信号
MoveJDO	关节运动的同时触发一个输出信号
MoveCSync	TCP 圆弧运动的同时执行一个例行程序
MoveLSync	TCP 线性运动的同时执行一个例行程序
MoveJSync	关节运动的同时执行一个例行程序
SearchC	TCP 圆弧搜索运动
SearchL	TCP 线性搜索运动
SearchExtJ	外部轴搜索运动
TriggIO	定义触发条件在一个指定的位置触发输出信号
TriggInt	定义触发条件在一个指定的位置触发中断信号
TriggCheckIO	对一个指定的位置进行 I/O 状态的检查
TriggEquip	在一个指定的位置触发输出信号，并对信号响应延迟进行补偿设定
TriggRampAO	在一个指定的位置触发模拟输出信号，并对信号响应延迟进行补偿设定
TriggC	带触发事件的圆弧运动
TriggL	带触发事件的线性运动
TriggJ	带触发事件的关节运动
TriggLIOs	在一个指定的位置触发输出信号的线性运动
StepBwdPath	在 RESTART 的事件程序中进行路径的返回
TriggStopProc	在系统中创建一个监控处理程序，用于进行在 STOP 和 QSTOP 中需要信号复位和程序数据复位的操作
TriggSpeed	定义模拟输出信号与实际 TCP 速度之间的配合关系
StopMove	停止机器人运动
StartMove	启动机器人运动
StartMoveRetry	启动机器人运动及相关参数设定
StartMoveReset	复位已停止的运动状态，但不启动机器人运动
StorePath	存储已生成的最近路径

(续表)

指　　令	功　能　说　明
RestoPath	重新生成之前存储的路径
ClearPath	清空当前路径级别中的整个运动路径
PathLevel	获取当前路径级别
SyncMoveSuspend	在 StorePath 的路径级别中暂停同步坐标运动
SyncMoveResume	在 StorePath 的路径级别中重返同步坐标运动
ActUnit	激活一个外部轴单元
DeactUnit	关闭一个外部轴单元
MechUnitLoad	定义外部轴单元的有效载荷
GetNextMechUnit	检索外部轴单元在机器人系统中的名字
IsMechUnitActive	检查一个外部轴单元状态是关闭还是激活
IndAMove	将一个轴设定为独立轴模式并进行绝对位置方式运动
IndCMove	将一个轴设定为独立轴模式并进行连续方式运动
IndDMove	将一个轴设定为独立轴模式并进行角度方式运动
IndRMove	将一个轴设定为独立轴模式并进行相对位置方式运动
IndReset	取消独立轴模式
IndInpos	检查独立轴是否已达到指定位置
IndSpeed	检查独立轴是否已达到指定速度
CorrCon	连接到一个路径修正生成器
CorrWrite	将路径坐标系统中的修正值写到路径修正生成器
CorrDiscon	断开一个已连接的路径修正生成器
CorrClear	取消所有已连接的路径修正生成器
CorrRead	读取所有已连接的路径修正生成器的总修正值
PathRecStart	开始记录机器人路径
PathRecStop	停止记录机器人路径
PathRecMoveBwd	机器人根据记录的路径做后退运动
PathRecMoveFwd	机器人根据记录的路径做前进运动，运动到之前执行 PathRecMoveBwd 指令时的位置
PathRecValidBwd	检查是否已激活路径记录及是否有可后退的路径
PathRecValidFwd	检查是否有可前进的记录路径
WaitWObj	等待传送带上的工件坐标
DropWObj	放弃传送带上的工件坐标
WaitSensor	将一个在开始窗口的对象与传感器设备关联起来
SyncToSensor	开始/停止机器人与传感器设备的运动同步
DropSensor	断开当前对象的连接
MotionSup	激活/关闭运动监控
LoadID	加载一个工具或有效载荷的识别符
ManLoadID	加载外部轴有效载荷的识别符
Offs	机器人位置偏移
RelTool	工具位置和姿态偏移
CalcRobT	根据 jointtarget（关节位置数据）计算出 robtarget（机器人位置数据）
CPos	读取机器人当前的三维坐标 X、Y、Z

(续表)

指　令	功　能　说　明
CRobT	读取机器人当前的位置数据
Cjoint	读取机器人当前的关节位置数据
ReadMotor	读取轴电机当前的角度
CTool	读取工具坐标当前的数据
CWObj	读取工件坐标当前的数据
MirPos	镜像一个位置
CalcJointT	根据 robtarget（机器人位置数据）计算出 jointtarget（关节位置数据）
Distance	计算两个位置的距离
PFRestart	检查因电源关闭而中断的当前路径
CSpeedOverride	读取当前使用的速度倍率

附表 5　I/O 信号处理

指　令	功　能　说　明	指　令	功　能　说　明
InvertDO	对一个数字输出信号取反	TestDI	检查一个数字输入信号是否已置 1
PulseDO	数字输出信号采用脉冲输出	ValidIO	检查 I/O 信号是否有效
Reset	将数字输出信号置 0	WaitDI	等待一个数字输入信号的指定状态
Set	将数字输出信号置 1	WaitDO	等待一个数字输出信号的指定状态
SetAO	设定模拟输出信号的值	WaitGI	等待一个组输入信号的指定值
SetDO	设定数字输出信号的值	WaitGO	等待一个组输出信号的指定值
SetGO	设定组输出信号的值	WaitAI	等待一个模拟输入信号的指定值
AOutput	读取模拟输出信号的当前值	WaitAO	等待一个模拟输出信号的指定值
DOutput	读取数字输出信号的当前值	IODisable	关闭一个 I/O 模块
GOutput	读取组输出信号的当前值	IOEnable	开启一个 I/O 模块

附表 6　通信功能

指　令	功　能　说　明	指　令	功　能　说　明
TPErase	清屏	ClearIOBuff	清空串口的输入脉冲
TPWrite	在示教器操作界面写信息	ReadAnyBin	从串口读取任意的二进制数
ErrWrite	在示教器事件日志中写报警信息并存储	RendNum	读取数字量
TPReadFK	互动的功能键操作	ReadStr	读取字符串
TPReadNum	互动的数字键操作	ReadBin	从二进制串口读取数据
TPShow	通过 RAPID 程序打开指定的窗口	ReadStrBin	从二进制串口读字符串
Open	打开串口	SocketCreate	创建新的 Socket
Write	对串口进行写文本操作	SocketConnect	连接远程计算机
Close	关闭串口	SocketSend	发送数据到远程计算机
WriteBin	写一个二进制数的操作	SocketReceive	从远程计算机接收数据
WriteAnyBin	写任意二进制数的操作	SocketClose	关闭 Socket
WriteStrBin	写字符的操作	SocketGetStatus	获取当前 Socket 的状态
Rewind	设定文件开始的位置		

附表7　中断设定与控制

指令	功能说明	指令	功能说明
CONNECT	连接一个中断符号到中断程序	TriggInt	在一个指定的位置触发中断
ISignalDI	使用一个数字输入信号触发中断	IPers	使用一个可变量触发中断
ISignalDO	使用一个数字输出信号触发中断	IError	当一个错误发生时触发中断
ISignalGI	使用一个组输入信号触发中断	IDelete	取消中断
ISignalGO	使用一个组输出信号触发中断	ISleep	关闭一个中断
ISignalAI	使用一个模拟输入信号触发中断	IWatch	激活一个中断
ISignalAO	使用一个模拟输出信号触发中断	IDisable	关闭所有中断
ITimer	计时中断	IEnable	激活所有中断

附表8　系统相关

指令	功能说明	指令	功能说明
ClkReset	计时器复位	ClkDate	读取当前日期
ClkStart	计时器开始计时	ClkTime	读取当前时间
ClkStop	计时器停止计时	GetTime	以数值格式读取当前时间
ClkRead	读取计时器数值		

附表9　数学运算

指令	功能说明	指令	功能说明
Clear	清空数值	ACos	计算反余弦值
Add	加或减操作	ASin	计算反正弦值
Incr	加1操作	ATan	计算反正切值[-90°,90°]
Decr	减1操作	ATan2	计算反正切值[-180°,180°]
Abs	取绝对值	Cos	计算余弦值
Round	四舍五入	Sin	计算正弦值
Trunc	舍位操作	Tan	计算正切值
Sqrt	计算平方根	EulerZYX	从姿态计算欧拉角
EXP	计算指数值e*	OrientZYX	从欧拉角计算姿态
POW	计算指数值		